# Übungen aus der Vergleichenden Physiologie

## Atmung · Verdauung · Blut · Stoffwechsel
## Kreislauf · Nervenmuskelsystem

von

### Hermann J. Jordan
Utrecht

Unter Mitwirkung von

### G. Chr. Hirsch
Utrecht


Mit 77 Abbildungen

Berlin

Verlag von Julius Springer

1927

ISBN-13: 978-3-642-98522-5          e-ISBN-13: 978-3-642-99336-7
DOI: 10.1007/978-3-642-99336-7

# Vorwort.

Die Aufgabe dieses Buches ist ein Kursus der Tierphysiologie, dargestellt an sechs der am besten bekannten Gebiete. Der Kursus soll zunächst die Möglichkeit geben, mit einer größeren Anzahl von Kursusteilnehmern gleichzeitig eine Reihe von Versuchen auszuführen. Hierbei kann es sich nicht um eingehende Untersuchungen handeln, da es nicht möglich ist, in einem solchen Kursus wirklich exakt zu arbeiten. Der erstgenannte Verfasser hält seit dem Jahre 1909 jedes Jahr einen derartigen Kursus der Tierphysiologie für Studenten der Biologie. Es war sein Wunsch, in den folgenden Blättern das Material, welches hierbei verarbeitet wird, ziemlich unverändert wiederzugeben. Er hofft, daß der subjektive Charakter dieses Buches mehr Vorteile als Nachteile haben wird. Der Hauptnachteil dieses Verfahrens ist der, daß die Auswahl der behandelten Kapitel nicht vollständig ist; man wird zahlreiche Versuche dem hier Mitgeteilten hinzufügen können; aber wir haben uns beschränkt auf Versuche, durch welche die geistige Methode der Vergleichenden Physiologie vor allem gelernt werden kann und die bei uns erprobt waren. Der Hauptvorteil dieser subjektiven Art, Arbeitsmethoden mitzuteilen, ist der, daß wir für die Brauchbarkeit der Methoden einstehen können, zumal wir hier unter Brauchbarkeit auch verstehen, daß die Arbeiten in kurzer Zeit, mit wenig Kosten und ohne allzuviel Übung des betreffenden Studierenden ausgeführt werden können. Und schließlich ist ein Vorteil, daß auch in der Reihenfolge und dem Aufbau dieser Kursus ein erarbeitetes Ganzes darstellt.

Im Utrechter Laboratorium für Vergleichende Physiologie, dessen Aufgabe es ist, zahlreiche Studenten der Zoologie und der Botanik in der Tierphysiologie auszubilden (die Tierphysiologie ist in Utrecht der Zoomorphologie vollkommen gleichgestellt), werden die praktischen Arbeiten der Studenten in folgender Weise verteilt. Alle Studierenden genannter Fächer müssen mit dem Kursus, dessen Material wir hier mitteilen wollen, anfangen. Die Aufgabe des Kursus ist es, ihnen über diese sechs Gebiete einen Überblick zu geben und sie in die Methoden einzuführen. Später werden ihnen einzelne Themen gegeben, welche sie dann gründlich, mit voller Untersuchungstechnik, zu bearbeiten lernen. Daher sind denn auch alle Untersuchungen, die eine derartige gründliche Technik voraussetzen, in diesem Buche weggelassen. Immerhin ist der Kursus doch auch wieder so zusammengestellt, daß wir dem zukünftigen Lehrer der Biologie auch dann eine hinreichende experimentelle Grundlage geben, wenn er sich in seinen späteren Studienjahren andern Fächern zuwendet. Es soll ihm die Möglichkeit er-

öffnet werden, wenn er späterhin selbst Unterricht erteilt, tierphysio-
logische Versuche vor der Klasse zu zeigen.

Es wurden im großen und ganzen nur Versuche gewählt, die mit
Hilfe einer sehr einfachen Ausrüstung ausgeführt werden können.
Von dieser Regel werden einige Ausnahmen gemacht; der Gebrauch
einiger Apparate wurde beschrieben, die man nicht einem jeden Teilnehmer in die Hände wird geben können. Derartige Versuche sind
als Demonstrationsversuche gedacht. Unsere Apparate, die wir für die
Lehre der Atmung und des Blutes gebrauchen, sind so billig, daß
jedes Institut sie sich verschaffen kann. Etwas anderes ist es mit der
Lehre vom Zentralnervensystem. Hierzu ist eine kostspieligere Appa-
ratur sehr erwünscht; doch werden auch hier die Versuche so mitgeteilt, daß man mit einer billigeren Ausrüstung auskommen kann.
Die Auswahl der Versuche beschränkt sich vollkommen auf das Material
des Binnenlandes. Das Halten von Seetieren im Binnenlande und
zwar so, daß diese Seetiere noch für Versuche zu gebrauchen sind,
bereitet große Schwierigkeiten.

Noch ein Wort über die Verteilung der Versuche auf Wirbeltiere
und Wirbellose. Es ist selbstverständlich, daß für die Physiologie der
Wirbeltiere Untersuchungen hier mitgeteilt wurden, die längst bekannt
sind. Wir konnten uns nicht auf originelle Versuche beschränken.
Einzelne findet der Leser aber hier anders als in den üblichen An-
leitungen zu praktischen Übungen in der medizinischen Physiologie.
Die Gesichtspunkte, durch die wir uns bei der Ausarbeitung dieser
Änderungen leiten ließen, waren die folgenden:

Erstens vermeiden wir, soweit es irgendwie geht, Versuche an
lebenden Wirbeltieren. Es scheint uns dies schon deswegen richtig,
weil der zukünftige Lehrer ja auch vor der Klasse derartige Versuche
nicht ausführen kann. Man wird z. B. im Abschnitt über Blut eine
Reihe zuverlässiger Versuche finden, die an Blut ausgeführt werden
können, welches man sich im Schlachthause verschaffen kann.

In zweiter Linie ließen wir uns bei der Auswahl leiten durch die
besonderen Anforderungen der Vergleichenden Physiologie. Alle z. B.
nur klinisch wichtigen Methoden wurden weggelassen. In einem Kursus
müssen diejenigen Versuche den Vorrang haben, bei denen der Schüler
sich ein gewisses technisches Können aneignet und die ihm den
geistigen Weg bahnen, aber nicht die Versuche, die nur irgendeine
Erscheinung zeigen, da es sich ja nicht um eine Demonstration, sondern
um eine Übung handelt.

Weiterhin soll der Biologe die einzelne Erscheinung in ihrer prin-
zipiellen Form studieren und dazu bedürfen wir in sehr vielen Fällen
des niederen Tieres. Im übrigen betrachten wir es als Aufgabe
der Vergleichenden Physiologie, eine Synthese zwischen der Physiologie der höheren und niederen Tiere zu machen.

Da es uns darauf ankommt, den Teilnehmern des Kursus solche
Aufgaben zu stellen, von denen wir uns etwas für seine Ausbildung
versprechen können, durften wir auch nicht vor einfachen quantitativen

Versuchen zurückschrecken, allerdings nur in solchen Fällen, wo die quantitative Methode dazu dient, um qualitative Unterschiede nachzuweisen. Es ist allerdings nicht möglich, wirklich quantitative Arbeiten in der kurzen Zeit auszuführen, die in einem Kursus hierfür zur Verfügung steht. Um genaue Werte zu erhalten, ist eine wochen- ja monatelange Übung nötig. Der Schüler muß nicht meinen, daß die geringe Genauigkeit, die er innerhalb eines Kursus erreichen kann, wissenschaftliche Bedeutung hat. Allein er wird mit quantitativen Methoden, mit dem Zeichnen von Kurven usw. viel mehr Erfahrungen sammeln, als mit dem bloßen Beobachten einfacher Erscheinungen.

Utrecht, im August 1927.

H. J. JORDAN.  G. C. HIRSCH.

# Inhaltsverzeichnis.

### III. Das Blut.

## IV. Der Stoffwechsel.



## V. Der Blutkreislauf.



## VI. Das Nervenmuskelsystem.

# I. Die Atmung.

## A. Einfachste Formen des Gaswechsels.

Tiere ohne Atmungsventilation mit zeitweiser Lufterneuerung.
Diffusion. Lunge und Kieme.

Wir wollen die Untersuchung der Atmungserscheinungen mit einigen
einfachen Beobachtungen anfangen, um uns erst langsam an die eigentliche experimentelle Methode zu gewöhnen.

### Die Schneckenlunge.

Wir wählen zuerst ein Objekt, bei dem die Atmungsorgane einfach
sind, aber doch auch wieder nicht so einfach, daß sich in ihrer Arbeit
der Prozeß nicht verrät, auf den es uns ankommt. Die einfachste Form
der Atmung ist zwar reine Hautatmung, wie sie etwa bei dem Regenwurm vorkommt. Allein dieser Prozeß äußert sich durch keinerlei
wahrnehmbare Erscheinungen an dieser Haut. Etwas anderes ist es,
wenn wir Tiere mit echten Lungen nehmen und zwar vom einfachsten
Typus. Hier kann man ohne Hilfsmittel einiges beobachten über die
Aufgabe der Lunge, um als Verkehrsweg für Gase zwischen Außenwelt und Blut zu dienen. Wir wählen daher als Beispiel die Lungenschnecken (*Helix pomatia* oder große *Limax*-Arten). Ehe wir an die
Beobachtungen des lebenden Tieres gehen, betrachten wir uns den Bau
der Lunge, wie wir ihn aus den anatomischen Übungen her kennen.
Es ist ein einfacher Raum zwischen Mantel und Rücken des Tieres, an
dessen Dach das Blutgefäßsystem ein zierliches Netz von vortretenden
Leisten bildet (Abb. 1). Dann betrachten wir uns einen mikroskopischen
Schnitt durch dieses Dach (Abb. 2). Hierbei beachten wir, daß in jenen
Leisten, neben einem zentralen Blutgefäße, zahlreichere kleine Blut-
gefäße außerordentlich dicht unter die Oberfläche der Leisten treten,
so daß zwischen Blutgefäß und dem Lungenraume nur eine ganz dünne
Wand sich befindet, durch welche der Sauerstoff leicht hindurchdiffundieren kann, um in das Blut der Gefäße zu gelangen.

Nun werden wir dazu übergehen, das lebende Tier zu beobachten.
Bei einer eingezogenen Schnecke sehen wir in dem sogenannten Mantel,
der die Öffnung des Hauses schließt, von Zeit zu Zeit ein Loch auftreten.
Es ist die Lungenöffnung; wir können durch sie bis tief in den Lungenraum hineinsehen. Nach einiger Zeit schließt sich das „Atemloch" wieder. Auch bei kriechenden Schnecken, zumal bei *Limax* oder *Arion*-
Arten, läßt sich das Spiel des Atemloches leicht beobachten.

Die Bedeutung der Bewegung der Atemöffnung ist nicht ohne weiteres verständlich. Handelt es sich um eine Erneuerung des Sauerstoffes
innerhalb des Lungenraumes, d. h. um dasjenige was wir später, bei

anderen Tieren, als Ventilation kennen lernen werden, oder um etwas anderes? Um eine Ventilation handelt es sich ganz sicherlich nicht. Gewiß sehen wir öfters, daß beim Öffnen des Atemloches eine Luftblase auftritt und platzt. Allein es genügt, um eine *Helix* in total feuchte Umgebung zu bringen, oder ihr Atembedürfnis durch Wärme (bei hinreichender Feuchtigkeit) zu erhöhen, so wird das Loch stets offen bleiben. Die Tatsache, daß das Loch bei hinreichender Feuchtigkeit sich nicht schließt, gibt uns schon einen Hinweis für die Auffassung, daß normaliter die Atemöffnung von Zeit zu Zeit sich schließt, um einen größeren Wasserverlust durch die Lunge zu vermeiden.

Wenn wir auf diese Weise einsehen, daß die Atmung bei den Schnekken ohne Hilfe einer Pump- oder Ventilationsbewegung stattfindet, so erhält die Lunge der Schnecke, verglichen mit derjenigen des Menschen, die folgende Bedeutung. Der Mensch saugt, wie wir übrigens noch hören werden, bei jedem Atemzuge eine bestimmte Menge Luft in seine Lungen; doch diese Menge wird nicht bis in die eigentlichen Lungenalveolen gesogen, da diese gefüllt bleiben mit einem recht beträchtlichen Gasvolumen, mit der die frische Luft sich durch Diffusionserscheinung mischt. Was beim Menschen zwischen der eingeatmeten Luft und dem Gas der Lungenalveolen stattfindet, das findet bei der Schneckenlunge statt zwischen dem gesamten Lungenraum und der umgebenden Atmosphäre. Es entspricht also die Schneckenlunge einer einzigen menschlichen Lungenalveole: Der Verkehr zwischen ihrem Inhalt, nämlich der verbrauchten Luft einerseits und der frischen Luft der Atmosphäre andererseits, findet ausschließlich durch Diffusion statt.

Die Tatsache, daß die Lunge von Zeit zu Zeit geschlossen wird, hat zur Folge, daß in den Perioden des Geschlossenseins der vorher aufgenommene Sauerstoff langsam verbraucht wird. Wir werden also in der Schneckenlunge je nach den genannten Umständen recht verschiedene Sauerstoff- und Kohlensäurespannung erwarten müssen. Wir wollen hier schon feststellen, daß die Schnecke zu den „Tieren mit inkonstantem Gasdruck der Lunge" gehört, während wir den Menschen als Beispiel für „Tiere mit konstantem alveolären Gasdruck" kennen lernen werden, bei dem nämlich durch ständige, streng regulierte, rhythmische Ventilationen der Gasdruck der Lungen fast vollständig konstant erhalten wird.

## Die Vorratslunge.

Bei tauchenden Tieren, wie z. B. *Limnaea* und *Planorbis*, zwei anderen Lungenschnecken, spielt die Lunge während der ganzen Zeit des Tauchens die Rolle eines Vorratsraumes, so daß sie langsam ihres Sauerstoffgehaltes beraubt wird. Es läßt sich dieses leicht aus der Zeit erschließen, welche derartige Tiere unter Wasser bleiben können, zumal dann, wenn man diese Versuche in sauerstofffreiem Wasser ausführt. Solange das Wasser nämlich Sauerstoff enthält, sind solche amphibische Tiere imstande, auch dem Wasser Sauerstoff zu entnehmen. Wie kommt das? Die Atmung ist eine Leistung, die an und für sich nicht an bestimmte Organe gebunden ist. Jeder Teil der Körperoberfläche, wenn er dünn genug ist, kann den Übertritt von Sauerstoff in das Blut vermitteln. Nun finden wir, daß bei den Wasserlungenschnecken besondere Organe ausgebildet sind, mit dünner Haut, reicher Blutversorgung und im Verhältnis zu ihrem Volumen großer Oberfläche. Wir werden unter Wasser kriechende Schnecken beobachten und diese Organe sehen (Abb. 4). Auffallend ist der Unterschied, der sich ergibt, wenn wir die Zeit vergleichen, die eine *Planorbis* und eine *Limnaea* unter Wasser bleibt. In sauerstoffhaltigem sowie in sauerstofflosem Wasser bleibt *Planorbis* viel länger unter Wasser; *Limnaea* kommt viel häufiger an die Oberfläche, öffnet ihre Lunge und nimmt auf diese Weise frische Luft auf. Eine Erklärung für diesen Unterschied finden wir in der Tatsache, daß *Planorbis* rotes Blut hat. Wir werden später erst die Bedeutung des roten Blutfarbstoffes für alle Atmungsprozesse verstehen lernen (s. Kap. III). Hier wollen wir schon sagen, daß es sich bei dem roten Blutfarbstoffe von *Planorbis* nicht um ein Mittel handelt, um einen Vorrat an gebundenem Sauerstoff mit in die Tiefe zu nehmen, sondern vielmehr um ein Mittel, durch welches der Vorrat an Lungenluft auf wesentlich bessere Weise ausgenutzt wird, als das Blut von *Limnaea* dieses vermag.

### Die Kiemen.

Wir haben schon angedeutet, daß die Aufnahme von Sauerstoff aus dem Wasser durch jede beliebige dünne Stelle der Körperoberfläche erfolgen kann. Wenn ein Tier seinen Sauerstoffbedarf völlig aus dem Wasser decken muß, so muß eine solche Stelle hinreichend große Oberfläche haben. Solche Kiemen sind also ausgezeichnet durch eine enorme Oberflächenvergrößerung: sie bestehen z. B. aus zahlreichen Blättchen, reich mit Blutgefäßen versorgt, nebeneinander, oder aus Fransen. Die (echten) Kiemen der echten Wasserschnecken (z. B. *Vivipara*) sind hierfür ein gutes Beispiel, auch als Gegensatz zu den einfachen Hautanhängen der Lungenschnecken, die unter Wasser nur nebenher Dienst als Kiemen („Adaptivkiemen", Abb. 4) tun, d. h. dem Tiere nur einen kleinen Teil des Sauerstoffbedarfes zuführen, während eine *Vivipara* vollkommen an das Wasserleben angepaßt ist.

### Exkurs über Land- und Wasseratmung.

Was ist nun der Unterschied zwischen einer Lunge und einer Kieme? Wie kommt es, daß Wassertiere auf dem Lande und echte Landtiere im Wasser nicht leben können? Der Unterschied zwischen beiden Organen liegt nicht im eigentlichen sauerstoffaufnehmenden und kohlensäureabgebenden Epithel, sondern lediglich in der Weise, wie das äußere Medium dieses Epithel erreicht. Daß das Epithel prinzipiell aus dem Wasser, ebensogut wie aus der Luft, Sauerstoff aufnehmen kann, ergibt sich aus einer einfachen Überlegung. Wir können uns das atmende Epithel (gleichgültig ob wir es zu tun haben mit dem Epithel der Haut bei Hautatmung, oder einer Lunge, oder einer Kieme) vorstellen als eine dünne Schicht Wasser, welche an der einen Seite mit dem äußeren Medium (Wasser oder Luft) an der anderen Seite mit dem inneren Medium (Blut) in innigem Kontakte steht. Wenn eine Schicht Wasser, dessen Salzgehalt wir unberücksichtigt lassen wollen, mit atmosphärischer

Luft in Berührung kommt, so daß Gleichgewicht zwischen beiden Phasen entsteht, so bedeutet dieses, daß in der Wasserschicht ein Sauerstoffgehalt von ungefähr 0,7 vH entsteht. Wenn eine Wasserschicht in Berührung kommt mit gut ventiliertem Aquariumwasser, welch letzteres auch in Gleichgewicht mit der Atmosphäre ist und demnach 0,7 vH Sauerstoff enthält (bei einer bestimmten Temperatur), so wird die betreffende untersuchte Wasserschicht durch Ausgleich auch 0,7 vH Sauerstoff aufnehmen müssen. Die „Aufladung" der atmenden Wasserschicht ist aus beiden Medien gleich hoch.

Die alte Frage, ob dem Wassertiere nicht viel weniger günstige Atmungsverhältnisse geboten werden als dem Landtiere, ist daher verneinend zu beantworten. Solange die Kieme von gutventiliertem Wasser umspült wird, steht dem Wassertiere genau soviel Sauerstoff zur Verfügung wie dem Landtiere. Die Abfuhr der Kohlensäure ist im Wasser außerordentlich günstig, was wir im Laufe dieser Versuche ohne weiteres verstehen werden, denn Wasser nimmt Kohlensäure sehr begierig auf (hoher Absorptionskoeffizient). Die Sauerstoffversorgung dieser atmenden Oberflächen hängt überhaupt nicht ab von dem Prozentsatz des Sauerstoffs, der in dem Wasser anzutreffen ist (Wasser bei 15°, 0,7 vH, Luft 21 vH), sondern vom Gasdruck; und der ist, wenn zwischen beiden Medien Gleichgewicht der Gase herrscht, in beiden derselbe. Der einzige Unterschied ist, daß, wenn ein Tier von den 7 ccm Sauerstoff, die 1 Liter Wasser enthält, zehrt, diese Menge sich viel schneller erschöpft, der Gasdruck viel schneller absinkt, als dieses beim Atmen in der Luft, mit der 30 fachen Sauerstoffmenge im gleichen Volumen der Fall ist. Dem steht jedoch gegenüber, daß alle Wassertiere über ausgiebige Mittel verfügen, um das die Kiemen umspülende Wasser zu erneuern.

Wenn nun ein luftatmendes Tier, welches Lungen besitzt, ins Wasser fällt, dann wird dieses zur Folge haben, daß sich seine Lunge mit Wasser füllt; es ist wohl selbstverständlich, daß dieses Wasser seines Sauerstoffes beraubt wird; allein da Luftatmung stets darauf beruht, daß die letzte Strecke des Sauerstofftransportes bis zu den atmenden Epithelien durch Diffusion zuwege gebracht wird, die Diffusion im Wasser aber sehr langsam ist, so wird kein frisches Wasser an die Epithelien herangebracht werden in der Zeit, die nötig wäre, um das Tier im Leben zu erhalten[1].

Wie kommt es nun umgekehrt, daß Wassertiere, z. B. Fische, häufig auf dem Lande nicht leben können? Eine Untersuchung der Kieme einer *Vivipara* wird uns hierauf eine Antwort geben. Wir werden die zahlreichen Kiemblättchen sehen, die innerhalb des Wassers leicht als Kieme Dienst tun können, denn das Wasser vermag zwischen sie zu dringen und so überall das atmende Epithel zu erreichen. Im Trocknen dagegen verkleben die Blättchen miteinander und lassen keine Luft in die Zwischenräume treten. Dieses wird uns noch deutlicher, wenn wir

---

[1] Tauchende lungenatmende Tiere vermeiden es stets, Wasser in die Lungen aufzunehmen. Wenn der Sauerstoff der Lunge erschöpft ist, kommen sie zum Atmen an die Oberfläche. Lungenlose Landtiere, wie der Regenwurm, vermögen besser im Wasser zu leben.

die Kieme einer amphibischen Schnecke betrachten, die zu einer Gruppe echter Wassertiere gehört, nämlich zu den Prosobranchiaten. Wir nehmen als Beispiel *Litorina* (Abb. 3) und finden da eine Kieme, ähnlich wie bei *Vivipara*; seitwärts aber gehen die Blättchen in lange niedrige Leisten über, die miteinander nicht verkleben können, wenn das Tier bei Ebbe in die Luft kommt. Ähnliche amphibische Atmungsorgane findet man z. B. bei *Gecarcinus, Birgus latro* (beides Landkrustazeen) und bei den amphibischen Labyrinthfischen. Bei den Letzten ist z. B. oberhalb der Kiemen ein Raum mit reichlich gefalteten Blättchen, die durch Knochenlamellen gestützt und dadurch vor dem Verkleben geschützt werden. Die Schleimhaut der Blättchen ist reich mit Blutgefäßen versehen. In diesen Raum muß bei der Luftatmung Luft eintreten; keineswegs dient er, wie man zuweilen liest, als Vorratsraum für Wasser.

### *Beobachtungen und Versuche an Tieren mit Lunge ohne Ventilation und an Wasserschnecken.*

**1. *Untersuchung der Lunge einer toten Helix.*** *Die Tiere werden auf die folgende Weise getötet. Sie werden etwa $2 \times 24$ Stunden vor der Übung in reines Wasser gebracht, unter einen Deckel, so daß sie das Wasser*

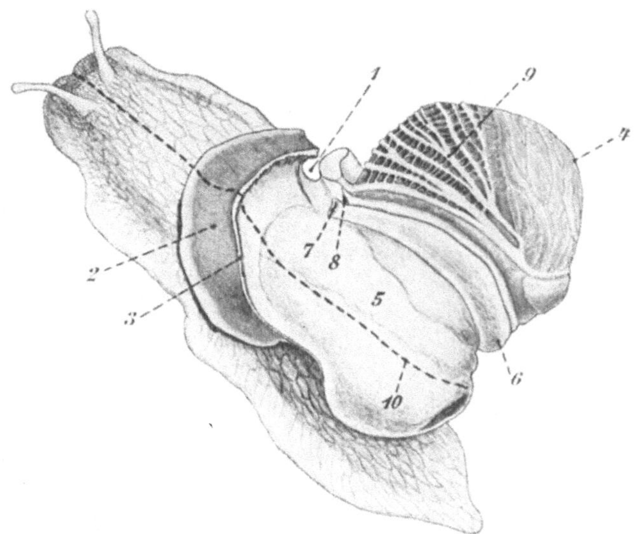

Abb. 1. *Helix pomatia von links oben.* Lunge geöffnet. Mantel umgeklappt. — 1. Atemöffnung. — 2. Mantelwulst. — 3. Schnittfläche. — 4. Mantelrand, abgeschnitten, umgeklappt. — 5. Boden der Mantelhöhle (nichtrespiratorischer Teil der Lungenhöhle). — 6. Enddarm. — 7. Anus. — 8. Nierenporus. — 9. Lungenvenen. (Aus RÖSELER-LAMPRECHT 1914.)

*nicht verlassen können. Durch den Salzgehalt ihres Blutes schwellen sie auf (Osmose) und sterben durch die Aufnahme großer Wassermengen in die Gewebe (Wasserstarre). Das Wasser braucht nicht erst ausgekocht zu werden, da es sich nicht, wie allgemein angenommen wird, um ein Ersticken des Tieres handelt.*

Wir beobachten zunächst an der rechten Seite des Mantelrandes die Atemöffnung. Sodann wird das Gehäuse vorsichtig entfernt und die Mantel- oder Lungenhöhle geöffnet (Abb. 1). Man verfolgt den Lauf der Blutgefäße bis zum Herzen.

**2. Mikroskopische Untersuchung von Schnitten durch die Lunge einer Lungenschnecke (Abb. 2).** Wir beobachten die in das Lumen vorragenden blutgefäßführenden Leisten. Bei stärkerer Vergrößerung sehen wir in ihnen ein zentrales größeres Blutgefäß und am Rande kleine Blutgefäße: die Kapillaren; zwischen deren Lumen und der Lungenhöhle befindet sich nur eine ganz dünne Wand.

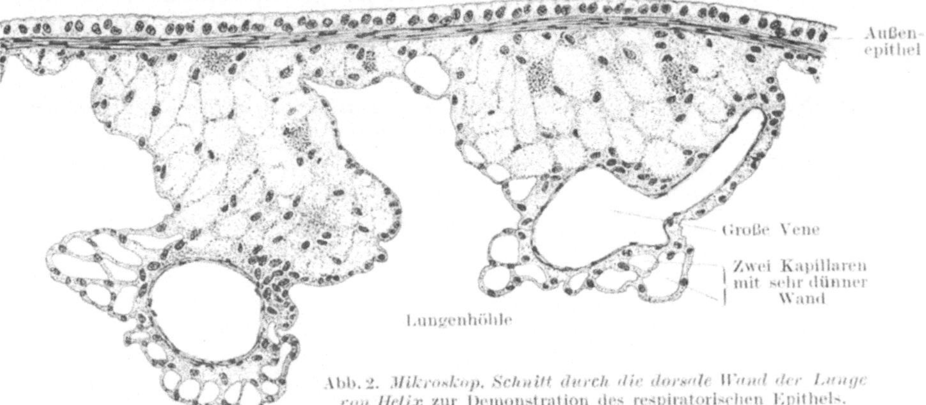


Abb. 2. Mikroskop. Schnitt durch die dorsale Wand der Lunge von *Helix* zur Demonstration des respiratorischen Epithels.

**3. Die Bewegungen der Lungenöffnung bei Helix.** Eine Ventilation findet nicht statt, wenn auch zuweilen beim Öffnen der Lunge eine Luftblase aus ihr hervortritt und springt. Wir zählen nun, wie oft in einer bestimmten Zeit dieses Loch sich öffnet und schließt, um festzustellen, wie lange Zeit die Schnecke vom eingeschlossenen Luftvorrat lebt. Wir machen zum Beispiel eine Tabelle wie folgt:

|        auf:        |        zu:        |
| ----------------- | ----------------- |
| 11 Uhr 02′         | 11 Uhr 04′30″      |
| 11 ,,  08′         | 11 ,,  12′25″  usw. |

Die Zeiten, während welcher die Lunge geschlossen ist, werden für die Periode von einer halben Stunde zusammengezählt.

**4. Der gleiche Versuch bei verschiedenen Temperaturen.** Helix kommt in ein Becherglas. Dieses paßt in ein größeres Becherglas, welches Wasser von bestimmter Temperatur enthält. Beide Gläser sind so zu wählen, daß es genügt, einen schweren Glasdeckel auf das große Becherglas zu legen, um das kleine unter Wasser zu erhalten, ohne daß es umschlägt. Die höchsten Temperaturen, die wir anwenden, sind 35 bis höchstens 38°. Ehe man anfängt die Bewegungen der Lungenöffnung zu zählen, muß man warten, bis die Schnecke einigermaßen die Temperatur des Wasserbades angenommen hat. Man sollte auf alle Fälle 10 Minuten warten. Ein vollständiger Ausgleich dauert allerdings länger.

**5. Die Kieme von Vivipara.** *Man taucht ein Exemplar von Vivipara in kochendes Wasser, so daß sie gerade dadurch getötet wird, ohne daß das Gewebe zu sehr leidet. Das Gehäuse wird entfernt. Die Kieme ist am Dach der Kiemenhöhle angebracht. Man sieht sie in der Regel schon von außen als einen weißen breiten Streifen, so daß man beim Einschnitt ihre Verletzung vermeiden kann. Der Mantel wird dorso-median durchgeschnitten und unter Wasser nach links umgeschlagen. Man sieht die Kieme, die man unter schwacher Vergrößerung besieht und zeichnet.*

**6. Amphibische Kieme von Litorina (Abb. 3).** *Man verwendet entweder lebendes Material bei gleicher Behandlungsweise wie Vivipara*

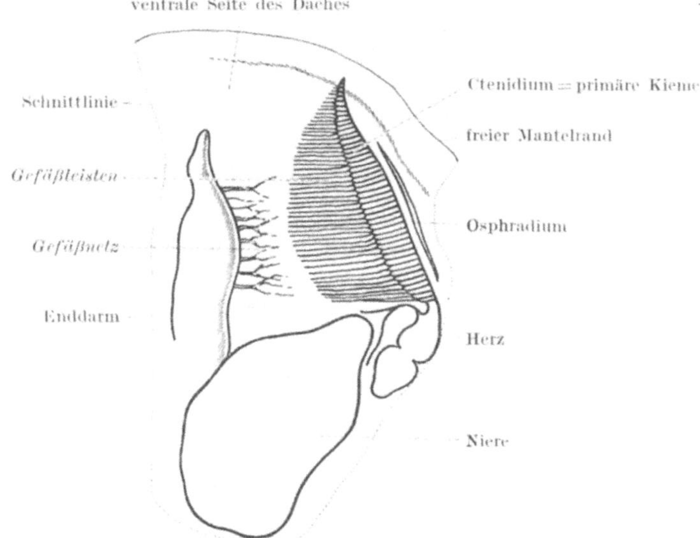


Abb. 3. *Dach der Mantelhöhle von Litorina rudis,* von innen gesehen.
(Im Anschluß an PELSENEER 1895 und LANG 1900.)

*oder konserviertes Material. Die Präparation ist die gleiche wie bei Vivipara. Neben der federförmigen primären Kieme sieht man die Gefäßleisten und -netze am Dache der Kiemenhöhle, welche an die Blutgefäßleisten in der Lunge von Helix erinnern.*

**7. Amphibische Lungenschnecken: Planorbis corneus und Limnaea stagnalis.** *Man beobachtet beide Schneckenarten im Wasser:*

*a) Die Art, wie sie an die Oberfläche kommen und Luft schöpfen. Man beachte dabei die Tatsache, daß der Rand der Lungenöffnung unbenetzbar ist: hohe Oberflächenspannung des Randes gegenüber dem Wasser verhindert nämlich die Benetzung.*

*b) Wir zählen erstens, wie häufig Planorbis und Limnaea an die Oberfläche kommen und vergleichen die Zahlen, die wir auf diese Weise erhalten, miteinander. Der Versuch wird zweitens wiederholt mit sauerstofffreiem Wasser. (Unter sauerstofffreiem Wasser verstehen wir ein Wasser, welches gut ausgekocht worden ist und durch welches man eine Zeitlang reinen*

*Stickstoff geleitet hat. Reiner Stickstoff ist Stickstoff aus einer Bombe, der über glühendes Kupfer in einem Verbrennungsapparat geleitet worden ist; sodann noch durch einige Waschflaschen mit reduzierenden Lösungen, für welche wir später noch ein Rezept geben werden [S. 29]. Zur Not genügt gut ausgekochtes Wasser.)*

*Das Resultat dieser Vergleichung hängt sehr von der Jahreszeit ab. Im Winter bleiben derartige Tiere außerordentlich lange unter Wasser; doch läßt sich auch dann ein Unterschied zwischen beiden Arten feststellen. Die Temperatur des Wassers muß bei allen Versuchen die gleiche sein.*

*Planorbis verdankt ihre Überlegenheit über Limnaea dem Besitze von Hämoglobin (s. Kap. III).*

***8. Adaptivkieme von Planorbis** (Abb. 4). Links vom Kopfe sieht man oft bei einer kriechenden Planorbis einen dreieckigen Zipfel (ein Stück des Mantels) hervorragen. Man kann ihn präparieren und bei schwacher Vergrößerung das Blutgefäßnetz in ihm sehen.*

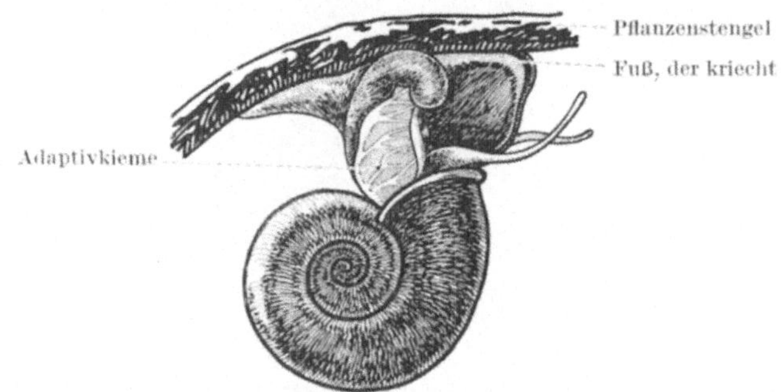


Abb. 4. *Planorbis corneus*, an einem Pflanzenstengel kriechend. Demonstration der Adaptivkieme. (Nach H. J. JORDAN.)

## B. Die Atmung der Wasserinsekten.

Diffusion als Ursache des Übertritts von $O_2$ in eine Luftschicht, die dem Tier selbst zugehört.

### 1. Die Gase des Wassers.

Wir wollen uns nun zum ersten Male einen experimentellen Einblick in die Menge der Gase verschaffen, die im Wasser aufgelöst sind. Wir wissen aus der Physik, wieviel das ist, bei jeder Temperatur und jedem Salzgehalt des Wassers. Nun handelt es sich aber darum, selbst diese Menge zu sehen und ferner nachzuweisen, daß, und wieviel von dem Gas verbraucht wird, wenn wir in einer bestimmten Wassermenge ein Tier leben lassen. In zweiter Linie wollen wir uns durch eine solche Versuchsmethode einen Einblick verschaffen in das Vermögen gasfrei gemachten Wassers, durchgeleitete Gase wieder aufzunehmen. Die Methode, die wir verwenden werden, kann keinen Anspruch auf wissenschaftliche Genauigkeit machen. Für wissenschaftliche Untersuchung benutzt man ausschließlich die Titriermethode von WINKLER; für die Zwecke unseres Kursus eignet sich jedoch die folgende Methode besser, da sie in ihren Resultaten viel anschaulicher ist. Man kann die Gase, welche in einer bestimmten Wassermenge aufgelöst sind, dadurch erhalten, daß man das Wasser auskocht und diese Gase dabei auffängt und zwar in einer kalibrierten Röhre. Man kann dann also sagen, daß die bestimmte Wassermenge ungefähr soviel Gas enthält. Später werden wir lernen, eine solche Gasmenge zu analysieren. Jetzt sind wir jedoch noch nicht dazu imstande und müssen demnach annehmen, daß etwa ein Drittel des ausgekochten Gases Sauerstoff ist. — Wenn wir auf diese Weise mit den Gasen des Wassers haben umgehen lernen, werden wir eine erste Versuchsreihe machen über die Atmung von Wasserinsekten. Wenn ich ein Tier eine Zeitlang in einem Kolben leben lasse, der eine bestimmte Wassermenge bekannten Gasgehaltes enthält, dann weiß ich, daß das Tier im Gasgehalte dieses Wassers die folgende Veränderung hervorgerufen hat: Es hat Sauerstoff verbraucht und Kohlensäure an das Wasser abgegeben. Wenn ich nun zu dem Wasser Alkali hinzufüge, das beim Kochen nicht entweicht, z. B. Natronlauge, um die ausgeschiedene Kohlensäure zu binden, und ich koche nunmehr aus, dann erhalte ich ein Gas, welches um soviel weniger Sauerstoff enthält als das Tier verbraucht hat, im übrigen aber unverändert ist. Die fehlende Gasmenge ist also verbrauchter *Sauerstoff*.

## 2. Atmen durch einen Luftvorrat als physikalische Kieme.

Diese Methode werden wir nun anwenden, um die Atmung gewisser amphibischer Wasserinsekten zu untersuchen. Es gibt Wasserinsekten, die an der Oberfläche einen Luftvorrat schöpfen und mit diesem Luftvorrat die Tiefe aufsuchen. Der Luftvorrat klebt dabei an gewissen Teilen der Körperoberfläche und verleiht dem Tiere unter Wasser an diesen Stellen einen starken Silberglanz (dies gilt auch für die Spinne Argyroneta aquatica). Wenn die Tiere unter Wasser sind, so atmen sie aus diesem Vorrat, denn dieser befindet sich stets an irgendeiner Körperstelle, an der die Atemöffnungen, die Stigmen, münden. So beobachten wir z. B. bei Notonecta und anderen Wasserwanzen an der Bauchfläche einen solchen Luftvorrat, der durch Haarkämme festgehalten wird; an der Bauchfläche finden wir auch die Stigmen. Umgekehrt findet man einen Luftvorrat bei Dytiscus unter den Flügeldecken, also dorsal; hier sind denn auch die Stigmen.

In den allermeisten Fällen steht ein Teil dieses Luftvorrates in unmittelbarem Kontakt mit dem umgebenden Wasser. Man beobachte beispielsweise bei Notonecta daß, neben dem ventralen Luftvorrat, noch die Flügel durch einen eigenartigen Silberglanz verraten, daß sie durch eine Luftschicht bedeckt sind. Diese Luftschicht steht mit dem ventralen Vorrat in Verbindung. Da nun durch die Atmung der Sauerstoff in diesen Vorratsmengen sinkt, so muß aus dem Wasser dauernd durch Diffusion Sauerstoff nachströmen und durch die Luftschicht aufgenommen werden: *Der Luftvorrat ist eine physikalische Kieme.* Der Grund, weshalb wir uns hier eingehender mit der Wasseratmung durch diese physikalische Kieme beschäftigen werden, ist der, *daß wir hier die Atmung in ihrer einfachsten Form vor uns sehen.* Kein lebendes

Gewebe schaltet sich hier zwischen Wasser und atmender Luftschicht ein. Der Vorgang kann also nicht anders als rein physikalisch sein.

Wir werden zunächst feststellen, daß in der Tat Wasserinsekten dem Wasser Sauerstoff zu entziehen imstande sind; ein Vermögen, welches verloren geht, wenn man denjenigen Teil des Vorrates entfernt, der in engem Kontakte mit dem Wasser steht, also wenn man etwa einer Notonecta die Flügel abnimmt. Daß wir hierbei mit einer reinen Diffusionsatmung zu tun haben, hat Ege, ein Schüler Kroghs[1] gezeigt. Er wies nach, daß die aufgenommene Menge Sauerstoff bei dem gegebenen Diffusionsgefälle und der gegebenen Oberfläche der Luftschicht durch Diffusion aus dem Wasser in die Luftschicht treten muß. Dabei ergab sich, daß, wenigstens im Winter und in der Ruhe, die Wasserinsekten durch Wasseratmung ihren Sauerstoffbedarf vollständig decken können. Trotzdem können sie nicht dauernd unter Wasser leben, sondern müssen von Zeit zu Zeit an die Oberfläche kommen, um frische Luft zu schöpfen. Die Ursache hiervon lernen wir im folgenden Abschnitte kennen.

Wenn man ein Wasserinsekt mit Luftvorrat in Wasser bringt, welches mit reinem Sauerstoff gesättigt ist und zwar so, daß das Insekt als Gasvorrat gleichfalls reinen Sauerstoff mitzunehmen gezwungen ist, so kann das Tier viel *weniger lang* unter Wasser bleiben als wenn der Gasvorrat und das Sättigungsmittel des Wassers einfache Luft sind. Dieses ist, so paradox es auch klingen mag, so zu verstehen: Sowohl im Gasvorrat als im Wasser herrscht hier ein Sauerstoffdruck von 100 vH einer Atmosphäre. Demnach wird, wenn das Tier von dem Sauerstoff seines Vorrates verbraucht, der Prozentgehalt des Sauerstoffes in diesem Vorrat sich nicht ändern können. Die Menge nimmt ab, bleibt aber 100 vH Sauerstoff, da die Kohlensäure, die das Insekt abgibt, vom Wasser aufgenommen werden wird. Von 100 vH zu 100 vH gibt es keine Diffusion, da ein Gefälle fehlt! Die Folge hiervon ist, daß der Sauerstoffvorrat aufgezehrt wird, daß er nicht als physikalische Kieme dienen kann und daß nach Verbrauch des Sauerstoffes das Tier, wenn wir es verhindern, an die Oberfläche zu kommen, ertrinkt. (Solch ein Insekt wird durch den Verlust der Gasschicht schwerer und sinkt zu Boden.)

Hieraus ergibt sich auch die Antwort auf die Frage, warum ein Wasserinsekt mit Luftvorrat nicht dauernd unter Wasser bleiben kann. Sobald das Insekt von dem Luftvorrat soviel Sauerstoff verbraucht hat, daß der Sauerstoffgehalt auf etwa 16 vH heruntergegangen ist, ist der Stickstoffgehalt gestiegen auf 84 vH, ist also um 5 vH höher als sein Gleichgewichtsäquivalent im Wasser. Es wird Stickstoff aus dem Vorrat in das Wasser hineindiffundieren; das Tier verliert seinen *Stickstoff*, dessen Rolle *als Empfangsphase* uns nunmehr verständlich ist, und muß wieder an die Oberfläche kommen, um seinen Vorrat zu ergänzen. Tatsächlich kann ein Tier im Wasser, mit entsprechend hohem Stickstoffdruck, länger leben als wenn das Wasser nur luftgesättigt ist.

---

[1] Ege, R.: On the respiratory function of the air-stores carried by some aquatic insects. Zeitschr. allg. Physiol. Bd. 17, S. 81. 1915.

### 3. Tracheenkiemen.

Es besteht kein prinzipieller Unterschied zwischen Atmung durch Vorratsluft und mit Tracheenkiemen. Die Tracheenkiemen lernen wir kennen als Hautanhänge, in welchen die Tracheen des Tieres sich außerordentlich reichlich und fein verzweigen. In den Tracheen befindet sich ein Gas, welches sauerstoffärmer ist als das Wasser. Dieses Gas ist vom Wasser geschieden durch eine äußerst dünne Chitinschicht, die für Gase sehr durchgänglich ist. Im übrigen erfolgt die Atmung einfach durch Diffusion.

Es ergibt sich nun die Frage, wie es kommt, daß Tiere mit Tracheenkiemen (z. B. Ephemeridenlarven, Köcherfliegenlarven und viele andere) dauernd unter Wasser bleiben können. Die Antwort muß lauten:

1. Das Verhältnis zwischen dem Volumen der empfangenden Luftphase und seiner Oberfläche ist bei den Tracheenkiemen viel günstiger als bei dem einfach flächenhaft ausgebreiteten Luftvorrat, denn in den Tracheenkiemen befindet sich das Gas in außerordentlich vielen feinen Röhrchen.

2. Da das Gas in den Kiemen vollständig eingeschlossen ist, kann eine ausgiebige Ventilationsbewegung stattfinden. Bei Ephemeridenlarven kann man diese Ventilationsbewegung der seitlichen Kieme gut beobachten („schwirrende" Bewegungen).

3. Ein dritter Punkt ist jedoch bislang nicht geklärt, nämlich die Frage, wie innerhalb des Tracheensystems dieser Kieme die Empfangsgasmenge konstant erhalten wird, so daß nicht durch Diffusion stets ein Teil des Stickstoffes verloren geht[1].

Wir werden Tracheenkiemen in verschiedener Form kennen lernen: in Form von Blättchen oder Fransen (als äußerlich sichtbare Körperanhänge), daneben aber auch als Gebilde, die man innerhalb des Rektums findet und zwar bei Libellenlarven. Bei diesen Tieren sind sechs Reihen sogenannter Rektaldrüsen (sechs Längswülste) umgebildet zu sechs Paar Reihen äußerst feiner Blättchen, in denen die Tracheen zu überraschend zierlichen, sehr zahlreichen Schleifen angeordnet sind. Das Rektum ist bei diesen Tieren reichlich mit Tracheenästen versehen, die dann ihrerseits mit den genannten Schleifen in Verbindung stehen. Endlich verfügt dieser Enddarm über eine kräftige Muskulatur: die radiären Muskeln (vom Rektum durch die Leibeshöhle zur Körperwand ziehend) erweitern, die Ringmuskeln verengern das Rektum. Hier kann also Wasser in das Rektum eingesogen und auch wieder ausgestoßen werden (Wasserventilation). Wir werden diese Wasserventilation am leichtesten beobachten, wenn wir das Tier zur Flucht reizen; dann sehen wir, wie es plötzlich eine größere Wassermenge aus dem Anus ausstößt (Wasserströmungen, wodurch kleine suspendierte Teilchen mitgerissen werden); aber auch als typische Atembewegung können wir sie beobachten. Die Sauerstoffmenge, welche aufgenommen

---

[1] Da die Gase in Röhren mit fester Wand eingeschlossen sind, so daß diese Wand, und nicht das Gas den Druck des Wassers zu tragen hat, so kann der Druck in den Tracheen niedriger sein, als im umgebenden Wasser. Hierdurch wird die Sauerstoffaufnahme begünstigt, der Stickstoffverlust aber hintangehalten.

werden kann in diesen Rektalkiemen, diffundiert durch die großen Tracheenstämme bis in den Kopf des Tieres (KROGH). Da auf diese große Entfernung (zwischen den Kiemen und dem Kopf) natürlich auch ein großes Gefälle notwendig ist, um dem Kopf die Sauerstoffmenge zuzuführen, deren er bedarf, muß ein Druckunterschied zwischen Kiemen und Kopf bestehen von 6,2 vH einer Atmosphäre Sauerstoff; so ist es selbstverständlich, daß bei diesen Tieren der Bedarf an frischem Wasser groß ist. Sie reagieren denn auch auf Sauerstoffmangel leicht durch gesteigerte Atmungsbewegungen.

### C. Die Wassergase und die Wasserventilation.

Atmungsbewegungen und -Regulation bei Fischen.

Wir schließen an diese Untersuchungen eine solche über die Atmung der Fische an. Wir werden hierbei in erster Linie ihre Atmungsbewegungen beobachten. Bekanntlich saugt der Fisch durch Senkung des

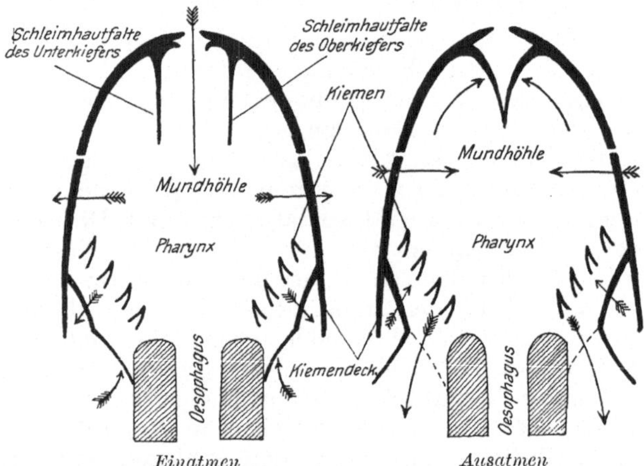


bb. 5. *Schema zum Atmungsmechanismus der Teleostei.* Beim Betrachten ist daran zu denken, daß die hintere Hälfte jeder Zeichnung als Horizontalschnitt, die vordere Hälfte aber als Sagittal-(Längs-)schnitt gedacht ist. (Nach BAGLIONI aus IHLE, V. KAMPEN, NIERSTRASZ, VERSLUYS 1927.)

Unterkiefers das Atemwasser ein und preßt es zwischen den Kiemen durch die Kiemenöffnung wieder aus (Abb. 5). Der Kiemendeckel besteht aus einem festen Teil, den die Operkularknochen stützen, aus einem etwas beweglicheren Teil, den der Branchiostegalapparat stützt und endlich aus einem weichen Saum. Wenn der Fisch den Mund öffnet um Wasser einzunehmen, dann entfernt sich auch der Kiemendeckel vom Körper, doch so, daß zunächst der weiche Saum auf der Körperoberfläche haftet. Es entsteht also eine doppelte Saugung durch Mundboden und Kiemendeckel, die den Wasserstrom zwingt, vom geöffneten Munde nach den Kiemen zu gehen. Nun erfolgt der Schluß des Mundes (wobei in diesem zwei Klappen das Zurückströmen des Wassers behindern), zugleich läßt der Saum die Körperwand los, die Kiemenspalte klafft, das Wasser strömt aus. Hierauf schließt sich der Kiemendeckel wieder:

durch diese Bewegung wird dem Wasser noch ein Ruderschlag erteilt, der es als dritte Instanz zwingt, den Kiemenraum zu verlassen. Hierbei erteilt ihm der Branchiostegalapparat eine ganz bestimmte Richtung, die je nach Lebensweise des Tieres eine andere ist. Bei frei schwimmenden Fischen wird das Wasser einfach nach hinten ausgestoßen. Bei Fischen dagegen, die den Boden des Wassers bewohnen, wird das Atemwasser in die Höhe gestoßen (BAGLIONI[1]). Zu gleicher Zeit etwa sind Mund und Kiemendeckel wieder geschlossen und die nächste Phase der Atmung setzt wieder ein.

Die *Regulierung dieser Atmungsmechanik* beruht nun darauf, daß die Tiere bei Sauerstoffmangel heftigere und schnellere Bewegungen ausführen. Die Ursache einer solchen Bewegung ist Sauerstoffmangel *im Inneren des Tieres*. Sobald dieser eingetreten ist, tritt auch gesteigerte Atmung auf. Sauerstoffmangel spielt hier eine ähnliche Rolle wie der Kohlensäureüberschuß bei Säugetieren (s. S. 32). Gegenüber dieser Reaktion auf den Zustand des *inneren Milieus* steht die Reaktion der Libellenlarven, über die wir gesprochen haben, die sehr wahrscheinlich Sauerstoffmangel in der Umgebung, dem äußeren Milieu, wahrnehmen und darauf mit gesteigerter Atemtätigkeit antworten.

Bei den Fischen (und anderen Tieren) kann man diese Steigerung auch erzielen durch erhöhte Temperatur. Hierbei steht es von vornherein nicht fest, ob die Temperatur direkt oder indirekt wirkt. Direkt — das würde bedeuten, daß die Atmungsbewegung, wie jede andere Bewegung, durch höhere Temperatur beschleunigt wird. Indirekt würde bedeuten, daß durch die höhere Temperatur der Sauerstoffverbrauch zunimmt und demnach die beschleunigte Atmung eine Reaktion auf das erhöhte Sauerstoffbedürfnis ist. Genaue Messungen der Steigerung in ihrer Abhängigkeit von der Temperatur (allerdings bei anderen Tieren) haben CROZIER zur Überzeugung gebracht, daß die gefundenen Zahlen dem durch die Wärme gesteigerten *Sauerstoffverbrauch* entsprechen. Er schließt, daß dieser die unmittelbare Ursache derartiger gesteigerter Ventilationsbewegungen ist, wie sie durch Wärme erzeugt werden.

### Versuche über die Gase des Wassers.

| *Für die folgenden Versuche haben wir eine Tabelle notwendig, die uns den Absorptionskoeffizienten und den Sauerstoffgehalt von destilliertem Wasser bei einigen Temperaturen wiedergibt und zwar im Gleichgewicht mit Luft bei 760 mm Barometerstand.* | Temperatur ($t$) | Absorptionskoeffizient ($\alpha$) | $O_2$-Gehalt des destillierten Wassers, im Gleichgewicht mit atmosph. Luft. vH |
|---|---|---|---|
| | 0° | 0,04889 | 1,019 |
| | 5° | 0,04287 | 0,891 |
| | 10° | 0,03802 | 0,787 |
| | 15° | 0,03415 | 0,704 |
| | 20° | 0,03103 | 0,636 |
| | 25° | 0,02845 | 0,578 |
| | 30° | 0,02616 | 0,526 |

[1] BAGLIONI, S.: Der Atmungsmechanismus der Fische. Zeitschr. f. allgem. Physiol. Bd. 7. S. 177, 1907. — KUIPER, T.: Untersuchungen über die Atmung der Teleostier. Arch. f. d. ges. Physiol. Bd. 117, S. 1. 1907.

*Die Beziehung zwischen den in der Tabelle angegebenen Werten ergibt sich aus der folgenden Formel: Der Sauerstoffgehalt des destillierten Wassers $V = \alpha_t \cdot$ dem Sauerstoffgehalt der Luft.*

**9. Bestimmung der Gasmenge im Wasser.** *Der Apparat, mit dem wir das Wasser auskochen und seine Gase auffangen (siehe Abb. 6), besteht zunächst aus einem Kolben und einer S-förmig gebogenen Glasröhre, welche durch die Bohrung eines Gummipfropfens in den erstgenannten Kolben eingeführt werden kann. Der Kolben sollte geeicht sein, am besten auf*

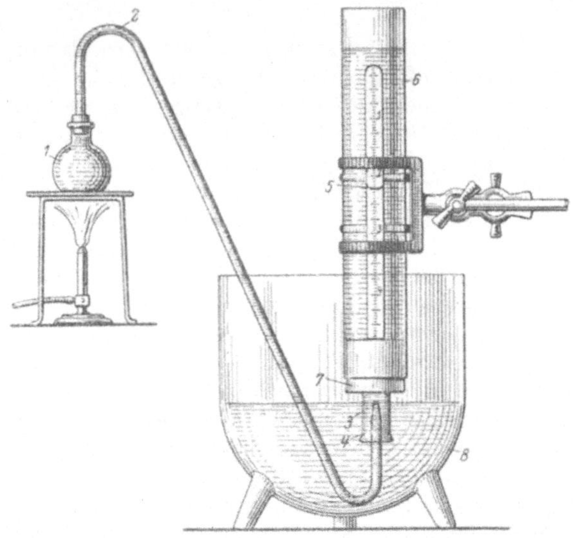

Abb. 6. *Apparat zum Auskochen des Wassers,* um die darin enthaltenen Gase zu bestimmen. — 1. Kolben zu 100 ccm Inhalt. — 2. Die gebogene Röhre, die die Gase aus dem Kolben in die Bürette leitet. — 3. Die Ausströmspitze von 2. — 4. Die Erweiterung der Bürette, mit welcher die Gase aufgefangen werden. — 5. Der Meniskus in der Bürette. — 6. Der Kühler. — 7. Der Gummipfropfen. der den Kühler von unten abschließt. — 8. Wanne mit Wasser, unter welchem die Gase aufgefangen werden.

*100 ccm und als Eichmarke einen Ring am Halse tragen, der so angebracht ist, daß man den Gummipfropfen genau bis an diesen Ring drücken kann. Wenn man nun den Kolben füllt, kann man später den Gummipfropfen mit der Glasröhre bis zum Eichstrich einsetzen und weiß dann, daß man eine Menge von 100 ccm untersucht. Der Apparat, mit dem wir die Gase auffangen, ist eine einfache eudiometrische Bürette, die unten einen verhältnismäßig breiten Auffangteil hat. Diese Bürette ist kalibriert, so daß man mehrere Kubikzentimeter Gas in ihr auffangen und messen kann. Die Bürette selbst befindet sich in einem größeren Glaszylinder, der unten durch einen großen Kork verschlossen ist, durch dessen Mitte ein Loch gebohrt ist. Durch das Loch führen wir die Bürette bis zu ihrer Erweiterung in den Raum des großen Zylinders, der, mit Wasser gefüllt, als Kühlraum zu dienen hat.*

*Außer den genannten Teilen bedürfen wir zweier Stative. Eines hält den Kolben über der Gasflamme (wir vermeiden in der Regel die Anwen-*

*dung eines Drahtnetzes); ein zweites hält die Bürette über dem Wasser-
behälter, in welches ihr erweiterter Teil zu tauchen hat.*

*Füllung des Apparates. Als Wasser, welches zur Untersuchung dient,
benutzen wir Leitungswasser, das geraume Zeit vor den Versuchen in einer
großen Flasche aufbewahrt und von Zeit zu Zeit mit Luft geschüttelt wird.
Man sorge für konstante Temperatur dieses Wassers. Hiermit füllt man
den Kolben bis zum Rande. Sodann nimmt man die Glasröhre mit ihrem
Gummipfropfen; der Teil der Glasröhre, der durch diesen Gummipfropfen
hindurchgeht, darf nicht über dem unteren Rande des Pfropfens hervorragen. Wir füllen nun die S-förmige Glasröhre am einfachsten unter der
Wasserleitung, lassen also den Wasserstrahl auf die im Gummipfropfen
befindliche Mündung der Röhre laufen. Wir sorgen, daß das Wasser die
Luft innerhalb der Röhre vollkommen verdrängt; und wenn dieses geschehen
ist, schließen wir das andere, ausgezogene Ende der Glasröhre mit dem
Finger. Nun setzen wir den Gummipfropfen so auf den Kolben, daß keine
Luft zwischen dem Wasser des Glasrohres und demjenigen des Kolbens
kommt. Vorsichtig drücken wir das Glasrohr in den Kolben, lassen nun
die ausgezogene Öffnung mit dem Finger los und drücken nunmehr, während
wir den Kolben am Hals mit der linken und den Gummipfropfen mit dem
Glasrohr in der rechten Hand halten, den Pfropfen genau bis zur Eichmarke. Sollten größere Mengen Luft in die Röhre eingedrungen sein, so
müssen wir die Füllung wiederholen. Eine kleine Luftblase entfernen wir
dadurch, daß wir die Röhre so halten, daß die Luftblase bis in ihre äußerste
Spitze geht, dann tauchen wir diese unter Wasser und üben einen derartigen
Druck auf den Gummipfropfen aus, daß die Luftblase ausgetrieben und
beim elastischen Zurückweichen des Pfropfens durch Wasser ersetzt wird. —
Nunmehr schrauben wir vorsichtig den Kolben in das eine Stativ, die Spitze
des Glasrohres taucht eben unter den Wasserspiegel der Wanne, in welcher
das Auffangen des Gases stattfindet. Nun wird die Bürette vollständig
mit Wasser gefüllt, mit dem Zeigefinger der rechten Hand geschlossen und
so unter Wasser über die Ausströmöffnung des S-förmigen Glasrohres gebracht, daß keine Luft in die Bürette tritt. Die Bürette wird nun festgeschraubt mit einer Muffel, die groß genug ist, um den Kühlzylinder zu
umfassen. Daraufhin füllen wir auch diesen mit kaltem Wasser. Die
Wasseroberfläche der großen Wanne, in welche Bürette und Röhre tauchen,
darf nicht zu hoch über der Mündung der S-Röhre stehen, da der Dampf
sonst einen zu großen Druck zu überwinden hat; die Spitze des Glasrohres
rage aber hinreichend weit in die Bürette, damit keine Gasblasen verloren
gehen. — Nunmehr entzünden wir den Bunsenbrenner unter dem Kolben,
erwärmen gleichmäßig mit einer kleinen Flamme. Bei hinreichender Erwärmung des Kolbens stellen wir den Brenner genau in die Mitte des Kolbens und geben den vollen Gasdruck. Sobald das Wasser anfängt zu kochen,
beobachtet man, daß eine Gasmenge durch das Rohr wandert und in die
Bürette eintritt. Von diesem Moment ab läßt man genau 2 Minuten lang
kochen und zwar so, daß ein kontinuierlicher Dampfstrom aus der
Öffnung der S-förmigen Röhre in die Bürette übertritt. Sobald der Dampf-
druck zu gering wird, so daß die entstehenden Gase vor der Mündung des
S-Rohres stagnieren, muß die Flamme vergrößert werden. Andererseits*

*darf der Strom nicht zu stark sein, da sonst leicht Gasverluste am Übergang zur Bürette stattfinden können. Auf diese Dinge muß man gut achten. — Die Frage, warum wir genau 2 Minuten kochen, wollen wir hier nicht näher besprechen. Kocht man länger, so erhält man wohl noch kleine Mengen Gas, allein es treten andere Fehlerquellen auf, die man nur bei Anwendung sehr komplizierter und daher teurer Apparate vermeiden kann (z. B. den Tenax-Apparat, der auch in seiner neuesten vereinfachten Form kostspielig ist). Die Genauigkeit, die wir durch die Beschränkung des Auskochens auf 2 Minuten erzielen, ist für unsere Zwecke ausreichend. Wir stellen nunmehr fest, wieviel Gas in 100 ccm Wasser gelöst ist und wissen dann, daß etwa $^1/_3$ dieses Gases Sauerstoff ist. Genauere Zahlen sind für diese Methode nicht nötig.*

*    **10. Titrimetrische Bestimmung des Sauerstoffes in Wasser.** Obwohl wir in der Regel uns auf das Auskochen des Wassers beschränken, wollen wir doch, in Anbetracht der Ungenauigkeit unserer Auskochmethode mit einfachem Apparate, eine genauere Methode zur Bestimmung des Sauerstoffs in Wasser geben. Es ist die Titriermethode von* WINKLER.

*    Wir bereiten die folgenden Lösungen:*

*    1. Manganochloridlösung durch Lösen von 800 g Manganochlorid in so viel destilliertem Wasser, daß die Lösung 1000 ccm (1 l) beträgt.*

*    2. Jodkaliumhaltige Natriumhydroxydlösung. Man bereitet eine annähernd zwölfmal normale Lösung von nitritfreiem Natriumhydroxyd (= 480 g NaOH im Liter) und löst in 100 ccm hiervon etwa 15 g Jodkalium.*

*    3. $^1/_{100}$ Normal Thiosulfatlösung (2,4764 g Natriumthiosulfat[1] pro 1 l destillierten Wassers).*

*    4. Stärkelösung. Man verteilt 10 g Kartoffel- oder Reisstärke, oder am besten Amylum solubile in $^1/_2$ l kalten Wassers recht gut, kocht sie unter stetigem Umrühren so lange, bis alle Stärke gequollen ist; den dünnen Kleister filtriert man warm. Um die Stärkelösung haltbar zu machen, gibt man vor dem Filtrieren einige Milligramm rotes Quecksilberjodid zu.*

*    5. Reine rauchende Salzsäure.*

*    Formeln zur Andeutung der Reaktionen:*

$$2\,Mn\,(OH)_2 \quad + \quad O_2 \quad = 2\,H_2MnO_3$$

*Manganhydroxyd   im Wasser   Manganige*
*entsteht aus Mangan-   gelöst.   Säure.*
*chlorid und Lauge.*

$$H_2MnO_3 + 4\,HCl = MnCl_2 + 3\,H_2O + Cl_2$$
$$2\,KJ + Cl_2 = 2\,KCl + J_2$$

*1 Grammatom Jod zeigt demnach 8 g = 5597,75 ccm Sauerstoff bei $0°$ und 760 mm Barometerdruck an, entsprechend 1 ccm unserer Thiolösung 0,00008 g oder 0,05598 ccm $O_2$. Die Titration des Jods durch Thiosulfat wird als bekannt vorausgesetzt.*

---

[1] Eine derartig genaue Abwägung ist unnötig, da die Lösung doch gestellt werden muß. Man wägt 2,48 g ab, oder besser 12,4 g auf 5 l Wasser. Durch die im destillierten Wasser vorhandene Kohlensäuremenge verändert sich der Titer. Es setzt sich Schwefel am Boden ab. Ist die Kohlensäure des Wassers verbraucht und verhindert man den Zutritt von Kohlensäure aus der Luft, dann wird der Titer konstant.

*Wir bedienen uns geeichter Kolben, wie sie auch beim Auskochen Dienst tun (Abb. 5); nur ist es vorteilhaft, größere Kolben von etwa 250 ccm zu nehmen. Auch diese Kolben werden mit einem Gummipfropfen verschlossen, der genau bis zum Eichringe reicht; in der Mitte ist der Pfropfen durchbohrt, und diese Bohrung ist mit einem Glasstift verschlossen. Wenn man beim Verschließen des Kolbens erst den Gummipfropfen, dann den Stift aufsetzt, so kann man den Einschluß von Luftblasen vollkommen vermeiden. (Der Pfropfen wird etwas seitlich eingedrückt, so daß die Luft seitlich vom Glasstab durch die Bohrung entweichen kann.) Die Sauerstoffbestimmung wird nun wie folgt ausgeführt: Der Kolben enthält eine genau bekannte Menge Wasser, in dem beispielsweise ein Tier gelebt hat. (In diesem Falle muß man vom Eichvolumen des Wassers das Volumen des Objektes abziehen.) Nun fügen wir mittels langer Pipette, wie sie für alle quantitativen Arbeiten gebraucht werden, $^1/_2$ ccm jodkaliumhaltige Natriumhydroxydlösung und weiterhin $^1/_2$ ccm Manganochloridlösung hinzu, welche wir beide auf den Boden der Flasche bringen. Diese wird sodann auf die angegebene Weise, ohne Luftblase, verschlossen[1]. Wenn das zu untersuchende Wasser zum Eichstrich reichte (wenn kein Tier in dem Wasser geatmet hat), so tritt bei diesem Verschluß durch die Bohrung des Pfropfens soviel Flüssigkeit aus, als wir zugesetzt haben (falls es sich aber um Titrieren von Wasser handelt, in dem ein Tier gelebt hat, so muß der Verlust entsprechend berechnet werden). Die austretende Wassermenge wird von der Gesamtwassermenge abgezogen: also wenn die Flasche voll war (ohne Tier) muß 1 ccm abgezogen werden. Die Flasche wird im verschlossenen Zustande mehrmals gewendet, so daß die zugefügte Flüssigkeit sich gut verteilt. Es entsteht ein flockiger Niederschlag, den man vollkommen am Boden sich absetzen läßt. Wenn dies geschehen ist, so öffnet man die Flasche vorsichtig, und zwar so, daß man erst den Glasstift herausnimmt, sodann erst den Pfropfen. Nun fügt man vorsichtig, ohne den Niederschlag umzurühren, 5 ccm rauchende Salzsäure hinzu, mit langer Pipette, wieder auf den Boden der Flasche. Dann verschließt man abermals und mischt den Inhalt. Die bei der Zufügung von Salzsäure oben abfließende klare Flüssigkeit kommt nicht in Betracht, sie ist ihres Sauerstoffes beraubt. Der Niederschlag löst sich rasch. Sobald er gelöst ist, wird der Inhalt des Kolbens quantitativ in ein Becherglas übergeführt (gut nachspülen). Es werden einige Kubikzentimeter der Stärkelösung hinzugefügt; sodann titriert man mit Thiosulfatlösung $^1/_{100}$ norm. bis Entfärbung der Jodstärke auftritt.*

*Beispiel einer Berechnung[2]. In der Flasche befinden sich 256 ccm Wasser. Nach Zusatz von $^1/_2$ ccm jodkaliumhaltiger Natriumhydroxydlösung und $^1/_2$ ccm Manganochloridlösung bleiben 255 ccm übrig. Zur Titration seien verbraucht 31,4 ccm Thiosulfatlösung, von welcher 1 ccm 0,00008 g oder 0,05598 ccm Sauerstoff bedeutet. (Bei 0° und 760 mm Barometerdruck.) So berechnet sich der Sauerstoffgehalt zu 0,055825 . 31,4 = 1,7577 ccm pro 255 ccm Wasser, also per Liter* $\dfrac{1,7577 \cdot 1000}{255} = 6,89$ *ccm Sauerstoff.*

---

[1] Gegebenenfalls Anfüllen mit t o t a l s a u e r s t o f f f r e i e m W a s s e r, wenn der Zusatz der Reagentien nicht genügt, um Verschluß ohne Luftblase zu ermöglichen.

[2] Zum Teil nach KARL KNAUTHE. Das Süßwasser. 1907.

*Das Stellen des Thiosulfats. Die nach obiger Vorschrift gemachte Thiosulfatlösung ist niemals genau. Einige Tage nach ihrer Bereitung müssen wir ihre wahre Konzentration durch Titrierung einer Probelösung feststellen, die eine genau bekannte Jodmenge enthält. Diese erhalten wir dadurch, daß wir Kaliumjodat ( $KJO_3$ ) mit Schwefelsäure und Kaliumjodid ( $KJ$ ) mischen*

$$1\, KJO_3 + 3\, H_2SO_4 + 5\, KJ = 3\, K_2SO_4 + 3\, H_2O + 6\, J.$$

*1 Mol. Jodat gibt 6 Atome Jod.*

*Dieses Jod wird durch die Thiosulfatlösung gebunden (Entfärbung der durch Jod braunen Lösung)*

$$2\, J + 2\, Na_2S_2O_3 = 2\, NaJ + Na_2S_4O_6.$$

*Daher entspricht 1 $KJO_3$ (6 Jod) = 6 $Na_2S_2O_3$.*

*In einen Erlenmeyerkolben pipettiert man 10 ccm $^1/_{100}$ norm. $KJO_3$ und fügt hinzu 5 ccm 0,4 norm. Schwefelsäure und 3 ccm $KJ$ von etwa 3 vH. Man titriert bis zur Entfärbung und berechnet nach obigem die Konzentration der Thiolösung. Thiolösungen werden durch Kohlensäure verändert; man bewahre sie deswegen in gut schließender Flasche; durch den doppelt durchbohrten Gummipfropfen ragt ein Natronkalkröhrchen und ein Heber, zum Füllen der Bürette, in das Innere der Flasche. Beim Titrieren läßt man die Luft durch ein Natronkalkröhrchen oben zur Bürette zutreten.*

**11. Das Aufnahmevermögen von Wasser für Gas.** *In einem großen Kolben wird Wasser gründlich (20 Minuten lang) ausgekocht. Diesen Kolben versehen wir sodann mit einem Heber, der vollständig mit dem gleichen Wasser gefüllt und durch einen Quetschhahn geschlossen ist. Nun füllen wir mit dem noch heißen Wasser zwei Kolben der obengenannten Art und zwar so, daß der Heber jeweilig bis auf den Boden des Kolbens gebracht wird, so daß die Füllung stattfindet, ohne daß das Wasser mit dem Sauerstoff der Luft mehr als nötig in Berührung kommt. Nunmehr verschließt man den einen Kolben unmittelbar, so daß er nach Abkühlung als Kontrolle untersucht werden kann. Den anderen aber kühlt man erst auf Zimmertemperatur ab. Dann wird durch dieses Wasser ein Luftstrom geblasen. Dieses kann dadurch geschehen, daß wir mit einer Glasröhre mit feiner, ausgezogener Spitze einfach ausgeatmete Luft hindurchblasen. Besser ist die folgende Methode: Eine große Flasche ist mit doppelt durchbohrtem Pfropfen geschlossen. Durch ihn ragen zwei Glasröhren in das Innere der Flasche. Die lange steht mit der Wasserleitung, die kurze mit dem ausgezogenen Glasrohr in Verbindung, welches die aus der Flasche durch das Wasser ausgetriebene Luft durch das ausgekochte Wasser leitet. Man kann das Durchblasen verschiedene Zeit lang fortsetzen, etwa eine Minute lang, in einem anderen Versuch 2 Minuten, dann in einem dritten Versuch 5 Minuten usw. Nun kocht man beide Kolben nacheinander aus und vergleicht die Gasmengen, die sie enthalten. Es ist unbedingt notwendig, das durchlüftete Wasser jeweilig zu vergleichen mit auf gleiche Weise ausgekochtem, nicht durchlüftetem Wasser.*

*Dieser Versuch hat für uns einen doppelten Wert: Durch die Feststellung, wie schnell das Wasser Gase aufnimmt, lernen wir einmal die Eigenschaften des Wassers als Lebensmilieu (z. B. auch die Bedeutung der Ventilation eines Aquariums) kennen. Dann aber erhalten wir einen Ein-*

*blick in das Vermögen der einfachsten Formen von Tierblut, in einer Lunge Sauerstoff aufzunehmen; denn eine Lunge kann aufgefaßt werden als eine Traube von solchen Gasblasen, wie wir sie durch den Kolben gehen ließen. Es gibt tatsächlich Tiere, deren Blut bei der Aufnahme der Gase lediglich physikalisch diese Gase löst, wie Wasser das tut.*

### Versuche mit Wasserinsekten.

**12. Sauerstoffverbrauch der Wasserinsekten.** *Wir füllen zwei Kolben (Versuch 9 auf S. 14) aus unserem luftgeschüttelten Wasservorrat. In einen dieser Kolben kommt eines jener Wasserinsekten, die einen sichtbaren Luftvorrat mit in die Tiefe nehmen (z. B. Notonecta). Der Kolben wird so geschlossen, daß keinerlei Luft unter dem Pfropfen bleibt. Nunmehr lassen wir das Insekt eine Zeitlang in dem Kolben leben. Die Zeit, die wir warten müssen, kann nicht ein für allemal angegeben werden; sie hängt ab von der Temperatur und von der Jahreszeit. Im Sommer genügt $^1/_2$ Stunde; auch ist es wohl meistens hinreichend, ein einziges Tier in solch einen Kolben zu bringen. Im Winter dagegen wird man längere Zeit warten oder mehrere Tiere zugleich in den Kolben bringen müssen. Nach entsprechender Zeit wird der lose aufsitzende Pfropfen entfernt, das Tier mit einer Pinzette vorsichtig ergriffen, wenn es an die Oberfläche kommt. (Keine Luft in das Wasser rühren!) Hierauf fügt man zu dem Wasser des Kolbens 1 ccm Natronlauge von 2 vH. Der Kolben ist nun wieder so voll, daß man ohne weiteres ein S-förmiges Rohr mit Gummipfropfen aufbringen kann (Abb. 6). Er wird sodann ausgekocht. Auch zum Kontrollkolben wird 1 ccm Natronlauge von 2 vH hinzugefügt, um in beiden Kolben die Bedingungen, abgesehen von der Atmung des Insektes, genau gleich zu gestalten. Nachdem beide Kolben nach obiger Vorschrift ( S. 15) ausgekocht worden sind, überzeugt man sich, daß der Kolben, der das Tier beherbergt hat, weniger Gas abgibt als der andere; dieses fehlende Gas kann nur Sauerstoff sein, den das Tier veratmet hat.*

**13. Atmungsbewegungen bei Nepa cinerea.** *Es empfiehlt sich, während der Vorbereitung zu den obigen Versuchen an den Wasserinsek-*

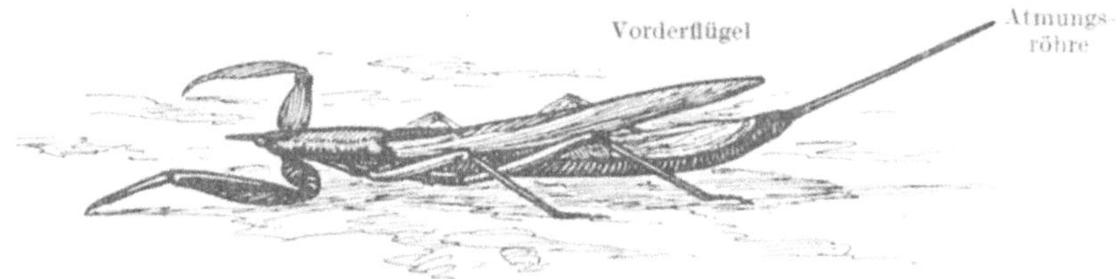


Abb. 7a. *Nepa cinerea*, die unter Wasser atmet: Die Vorderflügel sind aufgehoben; man sieht darunter die silberglänzenden Hinterflügel.

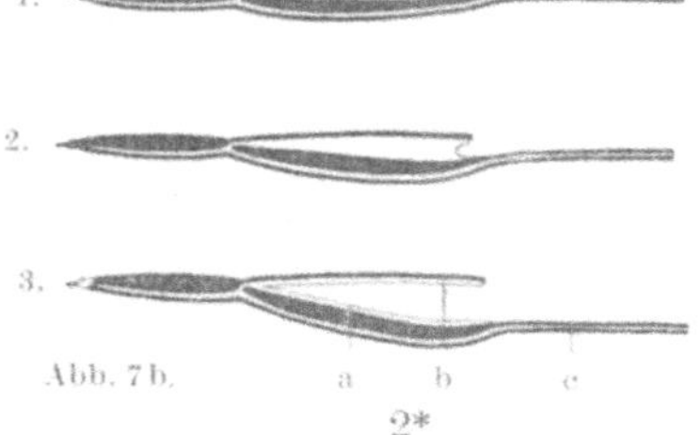


Abb. 7b. a Hinterflügel, b Vorderflügel, c Atmungsröhre. Schema der Atmungsbewegungen bei Nepa: untereinander drei Stadien der Inspiration. Der Hinterflügel ist mit der Atemluft überzogen; der Vorderflügel führt die Ventilation aus; mit Hülfe der Atmungsröhre wird an der Wasseroberfläche Luft geschöpft.

2*

*ten, die wir in kleinen Aquarien in Vorrat halten, einige Beobachtungen auszuführen. Wir wollen sie kurz aufzählen.*

*Bei Nepa beobachte man die Art des Luftschöpfens durch eine Röhre am Abdomen des Tieres; sie hängt mit den abdominalen Stigmen zusammen. Von Zeit zu Zeit, zumal wenn das Luftschöpfen an der Oberfläche durch die Wassertiefe erschwert ist, beobachtet man klappende Bewegungen des vorderen Flügelpaares. (Ventilation, Abb. 7.)*

***14. Atmungsluftblasen bei Dytisciden (kleine Arten) und Gyrinus.*** *Die genannten Insekten nehmen Luftvorrat unter den Elytren mit in die Tiefe. Um diesen Vorrat als physikalische Kieme gebrauchen zu können, lassen sie an ihrem Hinterende eine kleine Luftblase (aus diesem Vorrat) hervorragen, deren Kontakt mit dem Wasser die Diffusion ermöglicht. Diese Blase liefert den aufgenommenen Sauerstoff durch Mischung an den unsichtbaren Luftvorrat ab. Gyrinus schwimmt normalerweise auf der Wasseroberfläche. Man muß dieses Tier, durch Berührung etwa, zwingen, unter Wasser zu tauchen, um das Austreten der Gasblase beobachten zu können.*

***15. Luftvorrat der Argyroneta aquatica.*** *Der Luftvorrat der Wasserspinne ist leicht zu beobachten (Silberglanz des Abdomens); wenn man sie in einem kleinen Aquarium hält, in welchem sich Wasserpflanzen befinden, so wird sie ohne weiteres dazu übergehen, in diesen Wasserpflanzen durch Gespinstfäden ein Nest zu machen, welches mit Luft aus dem mitgenommenen Vorrat gefüllt wird. Dieser Luftraum unter Wasser dient dem Tiere zum Aufenthaltsorte, dessen Sauerstoff veratmet wird. Auch hier findet, durch Diffusion aus dem umgebenden Wasser, eine Sauerstofferneuerung in Vorrat und Nestluft statt.*

***16. Notonecta.*** *Man beobachte den Silberglanz der Flügel von Notonecta. Will man sich davon überzeugen, daß die Sauerstoffaufnahme aus dem Wasser vornehmlich durch diese Luftschicht stattfindet, welche die Flügel überzieht, so kann man einem Exemplar die Flügel abschneiden. Die Untersuchung kann dann auf zweierlei Weise geschehen. Entweder man bestimmt die Zeit, welche ein Exemplar mit und ein Exemplar ohne Flügel unter Wasser gehalten, am Leben bleibt; oder man bestimmt bei beiden Tieren, in oben angegebener Weise, den Sauerstoffverbrauch aus dem Wasser (am besten durch Titrieren).*

***17. Elytren und Stigmata von Dytiscus marginalis.*** *Bei einem getöteten Exemplar untersuchen wir den Luftvorratsraum unter den Elytren. Wir sehen, daß diese, wie der Deckel einer Uhr, mit einem Falz auf den Rückenteil des Abdomens passen. Nun präparieren wir die Haut des Rückens hinten sorgfältig ab, bringen diese auf einen Objektträger und beobachten die großen hinteren Stigmata. Diese Stigmata haben zweierlei Leistungen: Einmal saugen sie Luft ein, wenn der Käfer das Hinterende seines Körpers mit der Luft an der Wasseroberfläche in Berührung bringt; dann aber vermögen sie unter Wasser die Luft des Vorratsraumes zu veratmen.*

***18. Luftschöpfen der Wasserinsekten.*** *Man kann ferner bei den verschiedenen Tieren die Art beobachten, wie sie an der Oberfläche Luft schöpfen. Dieses ist für verschiedene Wasserinsekten verschieden und kann hier nicht weiter besprochen werden.*

**19. Tracheenkiemen.** *Es werden unter dem Mikroskop beobachtet die Tracheenkiemen verschiedener Larven, je nachdem man sie sich verschaffen kann, z. B.:*

*Ephemeridenlarven: Blättchen mit feinen Tracheenverzweigungen (u. d. Mikroskop). Schwirrende Bewegungen dieser Blättchen beim lebenden Tier.*

*Köcherfliegenlarven: Mit rechts und links je zwei Reihen fransenförmiger Kiemen, dazwischen eine dunkle Reihe von Haaren, die „Seitenlinie".*

*Diese Köcherfliege führt wellenförmige Bewegungen des Körpers aus, durch welche sie das Wasser durch ihre Wohnröhre treibt.*

**20. Die rektalen Kiemen der Libellenlarven.** *Die Kiemen der Libellenlarven wollen wir genauer untersuchen.*

*Untersuchungen an lebenden Tieren. Wir beobachten, daß aus dem Anus des Tieres ein Wasserstrom kommt, der von Zeit zu Zeit, z. B. wenn wir das Tier reizen, mit soviel Kraft ausgestoßen wird, daß er das Tier vorwärts treibt. Wir können derartige Larven in sauerstoffarmes Wasser bringen (leicht ausgekochtes, abgekühltes Wasser) und sehen dann eine deutliche Zunahme der Atembewegungen, die oftmals erst durch Dyspnoe sichtbar werden. Die Bauchwand des Hinterleibes wird rhythmisch eingezogen und wieder vorgewölbt.*

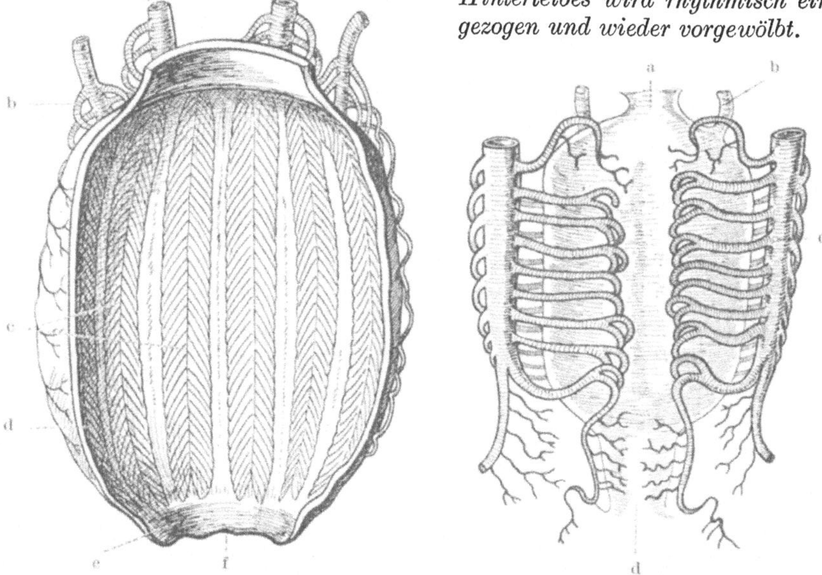


Abb. 8a.       Abb. 8b.

Abb. 8. *Rektum einer Larve von Aeschna maculatissima*. — Abb. 8a: Rektum aufgeschnitten. a dorsaler Tracheenstamm, b ventraler Tracheenstamm, c Kiemenblättchenreihe der Tracheen, d aufgeschnittene Rektumwand, e Sphincter ani, f Anus. – Abb. 8b: Rektum intakt herauspräpariert, umsponnen mit Tracheen. a Rektum, b dorsaler Tracheenstamm, c ventraler Tracheenstamm, d Anus. (Nach E. OUSTALET 1869.)

*Untersuchungen am toten Tiere. Das Abdomen wird vorsichtig dorsal geöffnet, indem man die Rückenhaut seitlich am Rande mit einer feinen Schere durchschneidet, so daß die gesamte Rückenhaut entfernt werden kann. Nun sieht man das Rektum mit seinen sehr bedeutenden Tracheenstämmen*

*(Abb. 8b). Es empfiehlt sich, von diesen Organen eine Zeichnung anzufertigen. Sodann schneidet man mit feiner Schere das Rektum auf, entnimmt ihm ein kleines Stück einer der deutlich sichtbaren Kiemenblättchenreihen, sorgt dafür, daß dieses Stück auf einem Objektträger gut mit einer Nadel auseinandergezogen wird, ohne jedoch ein eigentliches Zupfpräparat zu machen, da das Eindringen des Wassers in die Tracheen vermieden werden soll. Mit Deckglas bedecken, Beobachtung bei schwacher Vergrößerung. Man sucht ein Blättchen, das vollständig frei liegt und betrachtet dieses bei stärkerer Vergrößerung: Zierliche Tracheenschleifen.*

*    **21. Rektale Atmung bei Stylaria lacustris.** Falls man einige Exemplare von diesen Süßwasserwürmern zur Verfügung hat, so beobachte man die rektale Atmung dieser Tiere. Man sieht dann deutlich einen Wasserstrom vom Anus in das Rektum eintreten, durch Zilienbewegung getrieben, während man zuweilen zugleich peristaltische Darmbewegungen wahrnimmt, welche den festen Darminhalt dem Anus zutreiben. Der Atmungswasserstrom bewegt sich zwischen Kot und Darmwand. Der Sauerstoff wird hier einfach durch die Darmwand in das Blut aufgenommen. Exakte Untersuchungen fehlen.*

***Versuche über die Atmung der Fische.***

*    **22. Beobachtung der Atmungsbewegungen bei Teleostiern.** Ein beliebiger Knochenfisch kommt in einen kleinen Behälter mit Wasser. Man wartet, bis das Tier zur Ruhe kommt und betrachtet das Spiel des Mundes (Unterkiefer), sowie des Kiemendeckels. Folgende Phasen werden wahrgenommen:*

*    Inspiration: Mund offen (Unterkiefer und Mundboden nach unten): Erweiterung des Mundraumes (Saugen). Das Operkulum hebt sich ein wenig. Die Kiemenöffnung bleibt aber geschlossen (Operkularsaum).*

*    Exspiration a: Der Mund schließt sich. Das Operkulum öffnet sich vollständig, da der Saum losläßt.*

*    Exspiration b: Das Operkulum schließt sich schnell, gleichzeitig hat sich der Mund vollkommen geschlossen. Phase 1 der folgenden Atmungsbewegung kann nun wieder auftreten.*

*    **23. Einfluß von Sauerstoffmangel und höherer Temperatur auf die Atmungsregulation.** Man zählt die Atmungsbewegungen bei einem Fisch, den man bei gewöhnlicher Temperatur in gutem Leitungswasser hält. Nunmehr bringt man das Tier vorsichtig in einen anderen Behälter, der entweder lauwarmes Wasser, 25—28°, enthält (während der Fisch aus Wasser von einer Temperatur von etwa 12° kommt), oder aber eine Mischung von etwa $^1/_2$ gut ausgekochten und $^1/_2$ frischen Wassers und zählt nun wieder die Atmungsbewegungen, sobald der Fisch nach der Übertragung zur Ruhe gekommen ist. Bei Versuchen mit sauerstoffarmem Wasser muß darauf geachtet werden, daß beim Übertragen des Fisches das Wasser nicht zuviel Sauerstoff aufnimmt. Die Empfindlichkeit und die Unsicherheit, mit der die Tiere reagieren, ist je nach Fischart verschieden. Wenn man z. B. Leuciscus rutilis gebraucht, haben die Versuche bei höherer Temperatur ein viel sichereres Resultat als diejenigen mit geringerer Sauerstoffspannung.*

**24. Genauere Messung der Atmungsregulation bei Fischen.**
*Wenn man den Einfluß des Sauerstoffmangels für die Regulierung der Atmung bei Fischen genauer untersuchen will, so muß man sich dazu eines Apparates bedienen, wie ihn Abb. 9 darstellt. Bei der unmittelbaren Übertragung aus gutem in schlechtes Wasser wird der Fisch, wie angedeutet,*

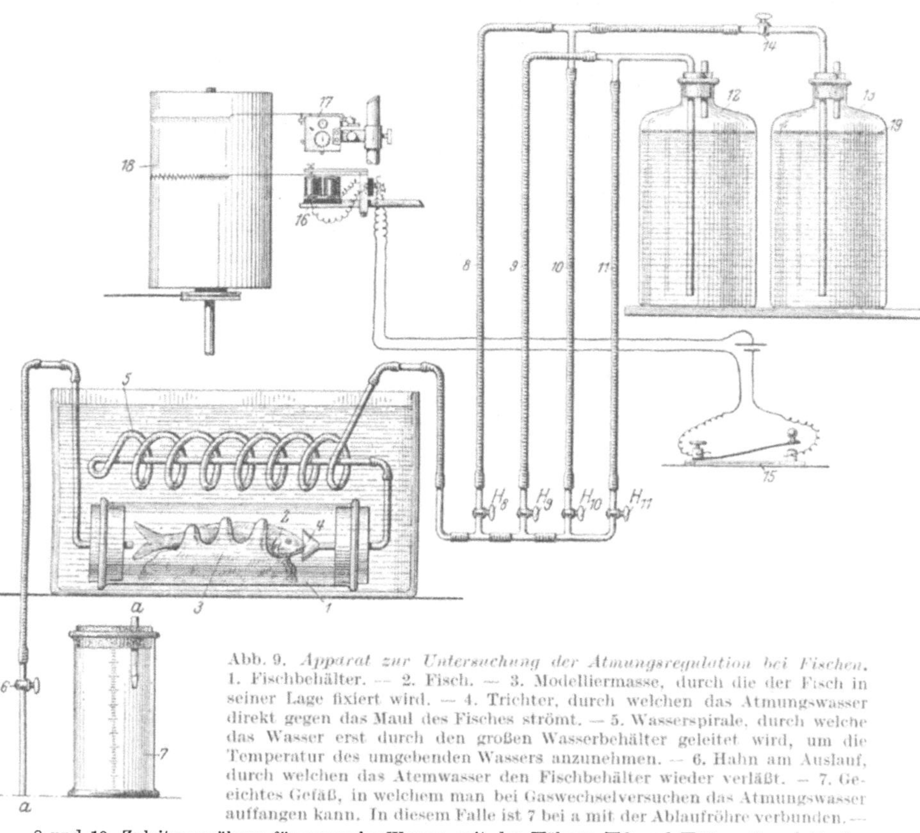

Abb. 9. *Apparat zur Untersuchung der Atmungsregulation bei Fischen.*
1. Fischbehälter. — 2. Fisch. — 3. Modelliermasse, durch die der Fisch in seiner Lage fixiert wird. — 4. Trichter, durch welchen das Atmungswasser direkt gegen das Maul des Fisches strömt. — 5. Wasserspirale, durch welche das Wasser erst durch den großen Wasserbehälter geleitet wird, um die Temperatur des umgebenden Wassers anzunehmen. — 6. Hahn am Auslauf, durch welchen das Atemwasser den Fischbehälter wieder verläßt. — 7. Geeichtes Gefäß, in welchem man bei Gaswechselversuchen das Atmungswasser auffangen kann. In diesem Falle ist 7 bei a mit der Ablaufröhre verbunden. — 8 und 10. Zuleitungsröhren für normales Wasser, mit den Hähnen H 8 und H 10. — 9 und 11. Zuleitungsröhren für Wasser mit abnormalem Gasgehalt. — H 9 und H 11. die dazugehörigen Hähne, oberhalb welcher Karminpulver gebracht wird, um den Eintritt des betreffenden Wassers in den Tierbehälter beobachten zu können. — 12. Gefäß mit dem Wasser abnormalen Gasgehaltes. — 13. Wasser mit normalem Gasgehalte. — 14. Hahn am Ausfluß des Behälters 13 (kann bei den meisten Versuchen weggelassen werden). 15. Kontakt zur Markierung der Atembewegungen mit Hülfe des elektromagnetischen Schreibhebels 16. — 17. Zeitmarkierer von JAQUET. — 18. Kymographion mit berußtem Papier, auf dem die Atembewegungen registriert werden (auf der Abbildung sieht man die Frequenzzunahme). — 19. Paraffinölschicht auf dem Wasser der Flasche 13 (auf 12 befindet sich eine gleiche Schicht). (Der Apparat ist in unserem Laboratorium konstruiert durch Herrn H. RAMAER.)

*in der Regel zu sehr beunruhigt, als daß sich die Erscheinungen mit befriedigender Genauigkeit beobachten ließen. Der betreffende Apparat erlaubt Wasserwechsel, ohne daß der Fisch dadurch überhaupt beunruhigt würde. 1 ist ein Glaszylinder, in welchem der Fisch mit Hilfe einer Modelliermasse (3) gefesselt wird, der man die hierzu geeignete Form geben kann, wie sie auf der Abb. 9 abgebildet ist. Der Fisch gewöhnt sich bald an diese Lage. Durch den vorderen Kork ragt in diesen Zylinder ein Glasrohr, welches wir in einer trichterförmigen Mündung (4) endigen lassen, die das Wasser unmittelbar auf den Mund des Fisches konzentriert. Dieses Zuleitungsrohr läuft in einer Spirale (5); da nämlich das Ganze in einen großen Wasserbehälter mit konstanter Temperatur taucht, so nimmt das zugeleitete Wasser diese Temperatur beim Durchströmen der Spirale an, ehe es sich in den Zylinder 1 ergießt. 12 und 13 sind Wasserbehälter, von denen 13 z. B. Wasser mit normalem Sauerstoffgehalte, 12 aber Wasser mit abnormalem Gasgehalte, z. B. mit wenig Sauerstoff, enthält. Das Wasser in beiden Behältern ist mit Paraffinöl überschichtet, um eine Veränderung des Gasgehaltes während des Versuches zu verhindern (19). Die beiden Behälter sind nun durch je zwei Röhren mit der Röhre 5 verbunden: 14 verteilt sich in 8 und 10, während das Wasserrohr aus 12 sich verteilt in 9 und 11. Alle vier Zugangswege sind mit Hähnen versehen. Vor Beginn der Versuche fügt man in 9, 10 und 11 dem daselbst vorhandenen Wasser etwas Karminpulver in Suspension hinzu, so daß sich dieses oberhalb der Hähne H 9, H 10, H 11 absetzt. Dies geschieht, nachdem man durch kurze Durchströmung dafür gesorgt hat, daß die vier Röhren je das gleiche Wasser enthalten, wie die zugehörigen Wasserbehälter (Öffnung der Schlauchverbindung).*

*Der Versuch gestaltet sich wie folgt. Wir öffnen Hahn H 8, so daß normales Wasser durch den Zylinder (1) strömt und stellen nun den Rhythmus der Atmung fest, wenn der Fisch sich völlig beruhigt und im ganzen System die Temperatur sich ausgeglichen hat. — Die Feststellung des Rhythmus geschieht, wie die Abb. 9 zeigt, am besten mit Hilfe der graphischen Methode. Wir haben einen Kontakt (15), der bei jedem Niederdrücken einen Strom schließt. Dieser geht durch den Elektromagneten eines sogenannten Reizsignales (s. Kap. IV.), so daß jeder Druck auf den Kontakt auf dem berußten Zylinder eines Kymographions aufgeschrieben wird, während zugleich darüber (oder darunter) eine Jaquetuhr (oder eine andere Zeitmarkierung) die Zeit aufschreibt. Nun schließen wir gleichzeitig H 8 und öffnen H 9. Den Augenblick, wo das Karminpulver den Fisch erreicht, markieren wir auf dem Kymographion, etwa durch zwei Kontaktschlüsse die einander viel unmittelbarer folgen, als zwei Atembewegungen. Daraufhin nehmen wir den Rhythmus der Atmung auf, bis nach einiger Zeit, wenn der Sauerstoffvorrat in Blut und Schwimmblase aufgezehrt ist, schnellere dyspnoische Atmung auftritt. Nun öffnen wir Hahn H 10 und schließen gleichzeitig H 9. Wir markieren wieder den Augenblick, wenn das Karmin von H 10 den Fisch erreicht und finden später, daß beinahe unmittelbar die Atmungsbewegungen wieder langsamer werden. Sobald wir uns davon überzeugt haben, schließen wir H 10 und öffnen gleichzeitig H 11, markieren den Augenblick, wenn das Karmin den Fisch erreicht, und überzeugen uns durch die Aufnahme der Rhythmen, daß nun, da kein Sauerstoffvorrat vorhanden war, unmittelbar dyspnoische Atmung auftritt.*

**25. Messung des O-Verbrauches der Fische.** *Wenn man den Sauerstoffverbrauch des Fisches unter verschiedenen Umständen feststellen will, so verbindet man das Ausflußrohr mit einem graduierten Zylinder*

*(7), so daß das Wasser aufgefangen und gemessen werden kann. Der Sauerstoff wird vor und nach dem Durchgang durch den Fischbehälter (1) titrimetrisch bestimmt. Bei Wechsel des Mediums während des Versuches entnimmt man Proben zum Titrieren ( S. 16) an irgendeiner Stelle der Röhre[1].*

## D. Luftatmung bei konstanter alveolärer Gasspannung.
### Die Luft und die Lungengase des Menschen.

Im Gegensatz zu den Schnecken ist bei den Säugetieren der Weg, den die Gase der Atmung zurückzulegen haben, vom Mund bis zu der Stelle, wo die Gase durch Diffusion die Lungenwand durchsetzen, so groß, daß der Verkehr nicht mehr durch reine Diffusion in hinreichender Menge zuwege gebracht werden kann. Durch rhythmische Atembewegungen wird eine bestimmte Luftmenge eingesogen, so daß sie bis in die unmittelbare Nähe der Lungenbläschen kommt. Auf der letzten Strecke verhalten sich die Gase genau so wie bei der Schnecke zwischen Atmosphäre und Lunge, d. h. der Austausch beschränkt sich auf Diffusion. Daher ergibt es sich auch hier, daß in der Lunge, auch nach der Ausatmung, Gasmengen übrig bleiben, mit denen sich die eingesogenen Luftmengen mischen müssen. Die Atmung könnte man daher vergleichen mit dem Verfahren, welches der Chemiker Dekantierung nennt.

Es fragt sich zunächst, wieviel Luft wird durch diesen Prozeß aufgenommen und mit welchen Gasmengen wird diese Luft gemischt (Abb. 10)? In unserer Lunge bleibt nach der Ausatmung etwa 3¹/₂ Liter Gas. Von dieser Menge können wir, wenn wir gewaltsam ausatmen, noch etwa 2¹/₂ Liter auspressen

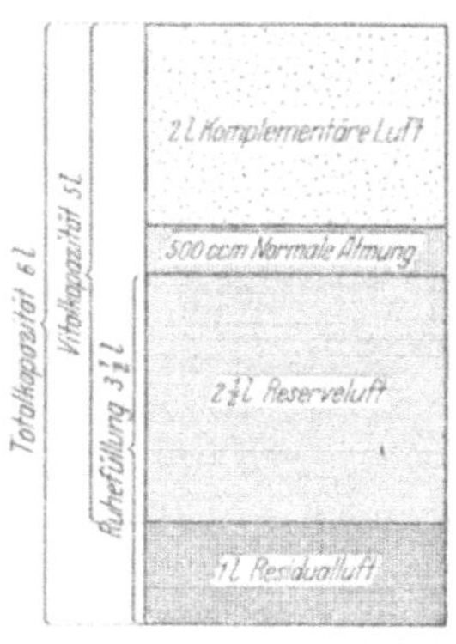


Abb. 10. *Schema der Luftquanta in der menschlichen Lunge.* Die einzelnen Quanta sind so gezeichnet, als ob sie aufeinander liegen blieben, ohne sich zu mischen. Die Residualluft kann überhaupt niemals während des Lebens aus der Lunge entfernt werden. Die Reserveluft bleibt nach ruhiger, normaler Ausatmung in der Lunge, bei heftiger Atmung wird auch sie ausgeatmet. Die Komplementärluft wird nur bei abnormal tiefer Einatmung in die Lunge aufgenommen. Ruhefüllung ist die nach ruhiger Ausatmung in der Lunge vorhandene Luftmenge. Totalkapazität bedeutet die Luftmenge, die sich nach maximaler Einatmung insgesamt in der Lunge befindet. Vitalkapazität ist diejenige Luftmenge, die nach maximaler Einatmung maximal ausgeatmet werden kann.

(,,Reserveluft"). Unter allen Bedingungen bleibt also etwa 1 Liter Gas in der Lunge (,,Residualluft"). Abgesehen von dieser gewaltsamen Ausatmung kann man also sagen, daß bei jeder Einatmung die eingesogene Luftmenge sich mit 3¹/₂ Liter stagnierender Gase mischen muß. Die Gasmenge, die wir zur Erneuerung der Luft in unsere eigentlichen Lungenalveolen aufnehmen, beträgt etwa 360 ccm. In der Tat werden

---

[1] Entsprechende Versuche kann man machen mit sauerstoffreichem Wasser, sowie mit Wasser von normalem Sauerstoffgehalte aber hoher Kohlensäurespannung. Doch wollen wir uns, was die genaue Beschreibung betrifft, auf die Versuche mit gutem und sauerstoffarmem Wasser beschränken.

durch unsere Atmungsbewegungen 500 ccm eingesogen und wieder ausgestoßen. Allein von dieser Menge dienen etwa 140 ccm, um die Luftröhre und die Bronchien zu füllen und haben somit keine Gelegenheit, um mit dem Gase unserer Lungenalveolen in Wechselwirkung zu treten. Man nennt denn auch den Raum, den diese Luft erfüllt, den „*schädlichen Raum*". Dieser schädliche Raum ist nach Ausatmung erfüllt mit den Gasen der Alveolen, der sogenannten „alveolären Luft". Zu Anfang der Einatmung wird diese Gasmenge in die Alveolen zurückgesogen, es strömt frische Luft nach, deren letzte Menge den schädlichen Raum erfüllt; ehe durch Diffusion der Sauerstoff dieser Menge in die Alveolen hat treten können, wird sie zu Beginn der folgenden Ausatmung wieder ausgestoßen. Nach ruhiger Einatmung können wir durch willkürliche Steigerung der Atembewegung noch weitere 2 Liter und mehr Luft einziehen, die sogenannte Komplementärluft.

Bei angestrengter körperlicher Arbeit veratmen wir viel mehr Luft. Die Menge der eingeatmeten Luft kann dann bis 5—6 Liter bei jeder Einatmung steigen; das ist die sogenannte Vitalkapazität, d. h. die Gasmenge, welche nach tiefster Einatmung maximal ausgeatmet werden kann. (Die Totalkapazität beträgt daher 6—7 Liter, das ist die Vitalkapazität plus „Residualluft".)

Das Verhältnis der im Ruhezustande wirklich eingeatmeten Luftmenge, die also ihren Sauerstoff zum Teil an das Blut abgibt, zur gesamten Gasmenge, die sich nach der normalen Einatmung in der Lunge befindet, nennt man den *Ventilationsquotienten*. Er ist für den Menschen gleich $^1/_9$.

Bei Tieren dagegen mit inkonstantem alveolären Gasdrucke, die tauchend ihre Atmungsorgane als Vorratsraum gebrauchen, besteht das Vermögen, viel mehr Luft durch je eine normale Atmung aufzunehmen. Bei der Larve von Dytiscus marginalis ist der normale Ventilationsquotient $\frac{1}{2,37}$ (KROGH). Übrigens gibt es auch bei manchen Tieren mit konstantem alveolären Gasdruck hohe Ventilationsquotienten.

Die Tatsache, daß der Ventilationsquotient beim Menschen niedrig ist (verglichen mit ebengenannten Tieren, die einen Luftvorrat in die Lunge nehmen und damit unter Wasser tauchen), hat zur Folge, daß in der Lunge ein Gasgemisch vorhanden ist, welches sich sehr wesentlich von Luft unterscheidet. Es ist viel·ärmer an Sauerstoff und viel reicher an Kohlensäure als atmosphärische Luft. Folgende Werte erhält man, wenn man die Zusammensetzung der alveolären Luft vergleicht mit derjenigen der atmosphärischen Luft.

Tabelle zur Vergleichung der Zusammensetzung der Luft und der alveolären Lungengase.

| Atmosphärische Luft | Alveoläre Gase |
|---|---|
| Sauerstoff . . . 20,9   vH | 14,6 vH (= 104 mm Hg) |
| Kohlensäure  .  0,03   „ | 5,6   „   (= 40   „     „ ) |
| Stickstoff . . . 79,07   „ | 79,8   „ |

Da die einzelnen Atemzüge ziemlich schnell aufeinander folgen, so findet man hier, wenn man nur den Atmungsrhythmus nicht stört, eine verhältnismäßig konstante Zusammensetzung der alveolären Gase, die zwischen Ein- und Ausatmung nur um ein Geringes schwankt. Es ist jetzt unsere Aufgabe, diese Dinge selbst zu untersuchen und zwar mit einer vereinfachten Methode, deren Ungenauigkeit wir allerdings kennen müssen, die aber gerade für unsere Zwecke sich besser eignet als die komplizierte Methode, mit der obige Zahlen festgestellt wurden.

Wir müssen zunächst lernen, die Zusammensetzung der atmosphärischen Luft zu bestimmen. Wenn wir das gelernt haben, wollen wir unsere eigenen Lungengase mit demselben Apparat untersuchen.

### *Versuche über den Gasgehalt der Luft.*

*26. Vorübungen mit der Utrechter Gaspipette. Abb. 11 zeigt uns die Gaspipette, mit der wir nun eine ganze Reihe von Versuchen machen werden. Man sieht eine graduierte Kapillare, welche an einem Ende ein Stück dickwandigen Gummischlauches*

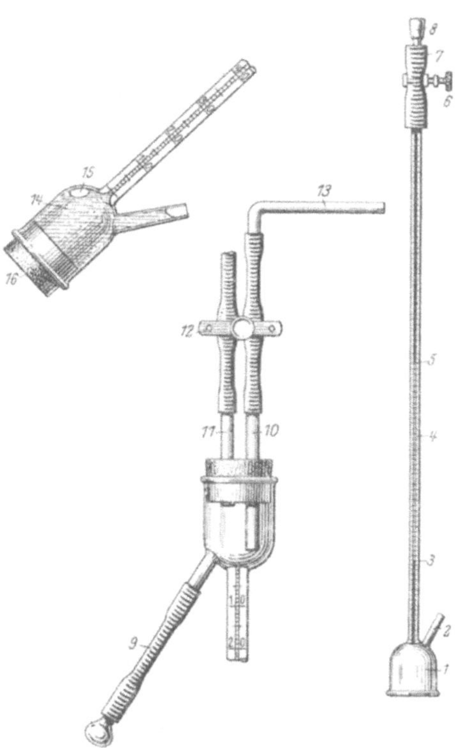

Abb. 11. *Die Utrechter Gaspipette.* Rechts: mit einer Gasprobe in der Kapillare, die gemessen werden kann. In der Mitte: ausgerüstet zum Auffangen ausgeatmeter Lungengase des Menschen. Links: während der Absorption der Gase in der Glocke. — 1. die Glocke. — 2. das Seitenrohr. — 3. der unterste Meniskus zwischen Absperrflüssigkeit und Gasprobe. — 4. der Gasfaden (die Analyseprobe). — 5. oberster Meniskus zwischen Gasprobe (Analyse) und Absperrflüssigkeit. — 6. der Quetschhahn. — 7. Pipettgummischlauch (mit der Schraube des Quetschhahnes wird die Analysegasblase in der Kapillare bewegt). — 8. der Glasstift, mit welchem der Pipettschlauch oben verschlossen wird. — 9. Der Gummischlauch, durch den die Seitenröhre beim Auffangen menschlicher Lungengase verschlossen wird; der Schlauch seinerseits ist durch einen Glasstift verschlossen. — 10. 11. die beiden Glasröhren, die in die Glocke ragen; 10 (länger als 11) trägt oben das Mundstück 13. Beide Gummischläuche, die mit den genannten Glasröhren verbunden sind, gehen gemeinsam durch den einen Quetschhahn 12. — 14. die Absorptionsflüssigkeit. — 15. die Analysegasblase. — 16. der Gummistöpsel, durch den die Glocke verschlossen ist.

*trägt. Dieser ist an seinem freien Ende durch einen Glasstift geschlossen und trägt in der Mitte einen Schraubquetschhahn, mit dessen Hilfe man das Volumen des Schlauches verkleinern oder vergrößern kann. Am anderen Ende der Kapillare, welche eine Länge von etwa 30 cm haben sollte, findet man eine ziemlich große Erweiterung: die „Glocke", die auf der Seite ein schräg aufgeschmolzenes Röhrchen trägt, das „Seitenrohr“. — Wir können in die Kapillare eine Flüssigkeit bringen; sodann, durch Zurückschrauben des Quetschhahnes, eine bestimmte Gasmenge, z. B. Luft, in die Kapillare saugen, später wieder ein wenig Abschließungsflüssigkeit. Nun können wir die Gasmenge dadurch messen, daß wir die Länge der kapillaren Säule ablesen. Wenn wir nun in die Glocke Absorptionsflüssigkeit bringen, dann die gemessene Luft hineinschrauben und warten, bis das betreffende Gas, welches absorbiert werden soll, wirklich verschwunden ist, dann können wir die Luftblase wieder zurücksaugen, wieder messen und nun durch Abziehen beider Messungen die Menge des absorbierten Gases bestimmen.*

*In erster Linie muß man sicher sein, daß die Kapillare überall den gleichen Durchmesser hat. Bei einzelnen Versuchen müssen wir auch den Kubikinhalt der Kapillare kennen. Man nimmt eine Kapillare von etwa 1 mm Durchmesser. Die Einteilung ist in Millimetern auf ihr angegeben. Die Kontrolle der Gleichmäßigkeit der Kapillare geschieht dadurch, daß man eine kleine Flüssigkeitsmenge, z. B. Quecksilber, auf die Mündung der Kapillare bringt (in der Glocke), und diese Menge, mit Hilfe der Schraube, in die Kapillare einsaugt; sie soll hierin nicht länger sein als etwa 1 cm. Nun wird sie langsam durch die ganze Länge der Kapillare gesogen und überall wird genau gemessen, ob sie die gleiche Länge behält. Wenn die Abweichungen nicht zu groß sind, so kann man für Prozentrechnungen die Kapillare gebrauchen, wenn man nur dafür sorgt, daß bei jeder Analyse die analysierten Gasmengen stets wieder an der gleichen Stelle der Kapillare gemessen werden, also vom gleichen unteren Teilstrich ausgehend. Das Volumen eines bestimmten Teiles der Kapillare bestimmt man durch Wägen einer Quecksilbermenge, die z. B. die Länge von 10 cm innerhalb der Kapillare annimmt.*

*Fettfreimachen der Kapillare. Benutzt wird eine Lösung von Kaliumbichromat und Schwefelsäure (Kaliumbichromat 100 Teile, Schwefelsäure (96 vH) 500 Teile, auf 1000 Teile Wasser, welche heiß durch die Kapillare gesaugt wird. Dies geschieht am besten mit Hilfe einer Wasserstrahlsaugpumpe. Die Pumpe wird angeschlossen an eine dickwandige Saugflasche, welche mit durchbohrtem Gummipfropfen geschlossen ist. In die Bohrung kommt dasjenige Ende der Kapillare, welches den Pipettschlauch zu tragen pflegt. Die Seitenröhre der Glocke wird durch ein Stück Gummischlauch mit Quetschhahn geschlossen. Die Glocke dient als Trichter, um die Bichromat-Schwefelsäure hineinzugießen, die dann durch das Vakuum durchgesogen wird. (Die Lösung kann wiederholt gebraucht werden.) Nach dieser Reinigung reichliches Durchspülen mit destilliertem Wasser!*

*Füllung der Kapillare mit der Abschließungsflüssigkeit. In Fällen, in denen man nur Sauerstoff bestimmen will und in denen man weiß, daß keine nennenswerten Mengen Kohlensäure anwesend sind, kann man Wasser als Abschließungsflüssigkeit gebrauchen. Es ist viel leichter, mit Wasser als mit Quecksilber zu arbeiten. Die Luft enthält 0,03 vH Kohlensäure. Diese Menge kann man mit der Gaspipette nicht nachweisen; sei spielt aber bei unseren Versuchen keine Rolle, darf also unberücksichtigt bleiben.*

*Um die Kapillare mit Wasser zu füllen, nehmen wir das Stück Pipettschlauch (mit Glasstift) ab, füllen es unter der Wasserleitung vollkommen mit*

*Wasser und setzen es wieder auf die Kapillare. Dies ist hinreichend, um die Kapillare vollkommen mit Wasser zu füllen. Wir stellen die Schraube so, daß wir einsaugen können, halten die Glasglocke nach oben, trocknen die Glocke vollkommen, saugen Luft ein. Die Schraubbewegungen müssen sehr gleichmäßig stattfinden, nicht ruckweise, da sonst der Luftfaden reißt. Auch soll man ganz langsam schrauben, damit auf der Kapillarenwand keine Wasserschicht hängen bleibt. Wenn der Luftfaden große Neigung zeigt, um sich zu teilen, so ist dieses ein Zeichen dafür, daß die Kapillare nicht sauber ist; sie muß dann aufs neue mit einer heißen Lösung von Kaliumbichromat und Schwefelsäure gereinigt werden.*

*Nachdem wir eine bestimmte Luftmenge eingesogen haben, etwa 100 mm, bringt man auf die Mündung der Kapillare in der Glocke etwas Wasser, saugt auch dieses ein, so daß der untere Meniskus des Luftfadens (3) (d. h. derjenige, der der Glocke zugekehrt ist) etwa 4 cm oberhalb der Glocke steht. Wie gesagt, muß man dafür sorgen, daß bei jeder Messung der Meniskus wieder auf diese Zahl eingestellt wird. — Nun muß der Luftfaden gemessen werden. Um den Fehler zu vermeiden, der dadurch entsteht, daß bei verschiedenen Temperaturen die Gase ein anderes Volumen annehmen, legen wir die Gaspipette in eine Schüssel mit Wasser. Man braucht hierzu flache Schüsseln, auf deren Boden, entsprechend der Länge der Pipette, ein breiter schwarzer Lackstrich gemacht worden ist, da auf schwarzer Grundlage die Zahlen am leichtesten abzulesen sind. Natürlich legt man die Pipette so hin, daß das Seitenröhrchen auf der Seite liegt, die Zahlen der Graduierung oben und man sorgt dafür, daß die Schraube des Pipettschlauches auch nach oben gerichtet ist. Die Ablesung muß sehr sorgfältig erfolgen und man muß sich jeweilig überzeugen, daß beide Menisci die einmal angenommene Lage wirklich beibehalten. Die Ablesung hat so zu erfolgen, daß man senkrecht auf den Gipfel des Meniskus sieht, eventuell mit einer Lupe, und den Teilstrich abliest, auf dem er sich befindet, oder aber den Zwischenraum zwischen zwei Teilstrichen schätzt.*

*An den Arbeitsplätzen befinden sich zwei Büretten, die keine Eichung zu haben brauchen und die an ihren Ausläufen eine ausgezogene Glasröhre haben, welche man ohne Schwierigkeit durch das Seitenrohr bis in die Glocke hineinbringen kann. In einer von diesen beiden Büretten befindet sich Natronlauge von 2 vH als Absorptionsmittel für Kohlensäure. In der anderen befindet sich die Flüssigkeit, welche Sauerstoff zu absorbieren imstande ist. Wir verwenden zur Absorption des Sauerstoffes folgende Mischung:*

*Seignettesalz 30 vH . . . . . . 5 Teile*  
*Ferrosulfat 40 „ . . . . . . 1 Teil*  
*Natronlauge 40 „ . . . . . . 1 „*  
*oder Kalilauge 60 „ . . . . . . 1 „*

*Diese drei Flüssigkeiten werden gemischt in der Reihenfolge, in der sie hier angegeben sind. Man mische nicht mehr als nötig ist, um die Büretten zu füllen. Man schichte in den Büretten etwas Paraffinöl auf diese Flüssigkeit, damit sie nicht durch den Luftsauerstoff verändert wird. — An Stelle dieser Lösung kann man auch Pyrogallol in alkalischer Lösung verwenden; doch geben wir obiger Mischung den Vorzug.*

*Nun schließen wir die Glocke durch einen gut schließenden Gummistöpsel, führen die ausgezogene Glaskanüle der Bürette in die Seitenröhre ein und lassen Absorptionsflüssigkeit zulaufen bis Glocke und Seitenröhre voll sind. Es darf kein Luftbläschen sich mehr in der Glocke befinden. Die Haltung der Pipette muß so sein, daß die Luft entweichen kann. Nun dreht man die Pipette so um, daß das Seitenrohr nach unten kommt. Das Seitenrohr soll etwa wagerecht liegen, jedenfalls muß die Mündung etwas höher als die Stelle liegen, wo das Seitenrohr aufgeschmolzen ist, denn es muß vermieden werden, daß Luft durch das Seitenrohr in die Glocke eintritt. (Es ist nicht schwierig, den Verlust der Analyseblase durch das Seitenrohr zu verhindern.) Nun ziehen wir die Pipettschraube an, die Gasblase bewegt sich nach der Glocke, tritt in die Glocke ein und bleibt nun eine Zeitlang in Berührung mit der Flüssigkeit. Bei einiger Übung kann man den Apparat, den man dauernd in der Hand behält, ein wenig schütteln, ohne Verlust zu befürchten. Es ist wichtig, daß man das Gas nicht länger als nötig in Berührung mit der Absorptionsflüssigkeit läßt; doch kann man keine Zeit angeben, die diese Absorption dauert, da sie von der Gasmenge und der Temperatur abhängt. Wir verfahren daher bei Sauerstoffabsorption wie folgt: Nach einer Zeit, etwa einer Minute, saugen wir die Gasblase wieder ein, messen die Länge, bringen die Gasblase wieder auf etwa 10 Sekunden in die Absorptionsflüssigkeit, saugen sie wieder auf und setzen dieses fort, bis die Länge des Gasfadens konstant ist. Dann lesen wir ab. Kohlensäureabsorption in Natronlauge erfolgt innerhalb weniger Sekunden. Vor der Ablesung ist es nötig, den Gummipfropfen von der Glocke zu entfernen und die Absorptionsflüssigkeit auslaufen zu lassen. Sodann spülen wir Glocke und Seitenrohr gut mit Wasser, um nun erst die Pipette in die mit Wasser von konstanter Temperatur gefüllte Schüssel zu legen. (Wenn wir dieses Spülen nämlich vernachlässigen, so wird Lauge in das Wasser der Schüssel kommen und den Farblack aus den Teilstrichen und Zahlen der Kapillare entfernen. Hierdurch wird das Ablesen sehr erschwert.)*

**27. Einfache Luftanalysen.** *Wir üben uns nun mit einfachen Luftanalysen und gehen erst dann dazu über, die bei der Atmung entstehenden Gase zu analysieren, wenn wir in einer Reihe von Versuchen Werte für den Luftsauerstoff erhalten haben, die etwa zwischen die Grenzen 20,5 und 21,4 fallen. Es ergibt sich, daß bei derartigen Analysen eine Reihe kleiner Fehlerquellen vorkommen, die man erst aus der Erfahrung kennen und vermeiden lernen kann. Es ist unmöglich, sie hier alle aufzuzählen. Geschickte Kursusteilnehmer lernen bald den Luftsauerstoff auf etwa 20,7—21,1 vH zu bestimmen, späterhin natürlich noch genauer.*

### Versuche über die alveolären Gase des Menschen.

**28. Die Einrichtung der Gaspipette für die Untersuchung der Lungengase des Menschen.** *Wir füllen die Kapillare des Apparates (Abb. 11) für die folgenden Versuche am besten gänzlich mit Quecksilber auf gleiche Weise, wie wir sie in den vorigen Versuchen mit Wasser gefüllt haben. Es kommt uns nämlich darauf an, auch die ausgeatmete Kohlensäure zu bestimmen. Der Absorptionskoeffizient für Kohlen-*

*säure ist außerordentlich hoch, was zur Folge hat, daß Wasser dieses Gas in hohem Maße aufnimmt. Jede Spur Wasser, die in unserem Apparat ist, beeinträchtigt also die Genauigkeit der Kohlensäurebestimmungen. Wenn man nun das Arbeiten mit Quecksilber beschränken will (da es ja zu großen Übelständen führt, wenn in einem größeren Raume viel Quecksilber verschüttet wird, solange der Boden nicht speziell für Arbeiten mit Quecksilber eingerichtet ist), so empfiehlt sich das folgende Verfahren. Man füllt die Kapillare mit Wasser und saugt von der Glocke aus, als letzte Füllung, einige Zentimeter (etwa 6) der Kapillarenlänge voll Quecksilber. Auch muß, nach Aufnahme des Gases in die Kapillare, diese mit Quecksilber abgeschlossen werden. Naturgemäß muß man nunmehr noch vorsichtiger und gleichmäßiger die Schraube der Pipette drehen, damit so wenig wie möglich Wasser an den Kapillarenwänden hängen bleibt. Wenn man auf diese Weise den Pipettschlauch und die Kapillare teilweise mit Wasser gefüllt hat, muß die Glocke sehr sorgfältig getrocknet werden. Wir wiederholen, daß für genaue Bestimmungen nur reine Quecksilberfüllung in Frage kommt. Bei allen Versuchen, bei denen die Kapillare mit Quecksilber gefüllt ist, muß man, will man den Apparat zum Zwecke des Einsaugens von Gasen senkrecht halten, das Quecksilber erst tief genug in die Kapillare einsaugen, da auch bei Benutzung von dickwandigem Pipettschlauch das Quecksilber durch sein Gewicht immer die Neigung zeigt, sich etwas nach unten zu verschieben, wobei es, wenn man es nicht hinreichend hinaufgesogen hat, in die Glocke fällt. Bei der Ablesung spielt der Druck des Quecksilbers keine Rolle, da diese in horizontaler Lage stattfindet.*

*Nun wird die Glocke geschlossen durch einen doppelt durchbohrten Gummipfropfen, wie Abb. 11 zeigt. Durch beide Bohrungen führt je eine Glasröhre ins Innere der Glocke. Beide Glasröhren sind mit einem Gummischlauch versehen, welche gemeinsam durch einen Schraubquetschhahn geschlossen werden können. Einer der Gummischläuche trägt ein Mundstück aus Glas. Die Seitenröhre ist mit einem Stückchen Gummischlauch, das an seinem freien Ende durch ein Glasstiftchen geschlossen ist, ihrerseits vollständig abgeschlossen. Wir blasen nun durch das eine, mit Mundstück versehene Rohr unsere Lungenluft durch die Glocke. Diese Luft strömt durch die Glocke, entfernt zunächst aus ihr die atmosphärische Luft, die darin vorhanden war, so daß ich nach Durchtritt einiger Kubikzentimeter Lungenluft weiß, daß die Glocke ausschließlich Lungenluft enthält. Sodann sauge ich eine Probe dieser Luft in die Kapillare und schließe diese Probe innerhalb der Kapillare durch Quecksilber ab, ehe ich die Glocke wieder für die Analyse öffne. Dieses Einschließen der Probe kann auf zweierlei Weise geschehen, die wir beide hier beschreiben wollen, es dem Einzelnen überlassend, welche er wählt.*

*a) Es kommt Quecksilber in die Seitenröhre und zwar so, daß das Quecksilber beinahe bis in die Glocke ragt. Wenn nun die Probe eingesogen worden ist, so genügt ein leichter Druck auf das Stückchen Gummischlauch, womit die Seitenröhre abgeschlossen ist, um einen Tropfen Quecksilber in die Glocke, und da diese bei vertikalem Stand der Kapillare oben ist, auf die Mündung der Kapillare fallen zu lassen, so daß das Quecksilber leicht eingesogen werden kann.*

*b) Nach dem Durchblasen der Luft und Verschluß der Zu- und Ableitungsröhre kann man ein wenig Quecksilber aus der Kapillare in die Glocke schrauben, dann das Gasmuster einsaugen, nachdem man durch leichte Neigung das Quecksilber von der Kapillarmündung entfernt hat, sodann die Kapillare wieder rein vertikal halten; das Quecksilber fällt hierdurch wieder auf die Mündung und wird eingesogen.*

**29. Aufnahme der Lungengase in den Apparat.** *Der Apparat kommt an ein Stativ in vertikale Lage, die Glocke oben. Wir nehmen das Mundstück in den Mund und blasen nun die Luft, die wir in der Lunge haben, aus. Hierbei muß mindestens soviel Luft durchgeblasen werden, daß die Schlauchleitung, die Glocke, sowie der Inhalt unseres eigenen schädlichen Raumes vollkommen „ausgewaschen" werden. Man tut gut, um durchzublasen, bis man fühlt, daß man nicht länger wird blasen können. Sodann schließt man, ohne das Mundstück loszulassen, den Quetschhahn sorgfältig, läßt nun das Mundstück los und läßt eine Luftprobe aus der Glocke in die Kapillare eintreten, verschließt diese, wie oben beschrieben, durch reichlich tiefes Einsaugen eines Quecksilbertropfens. Nunmehr wird erst der Quetschhahn des Mundstückes geöffnet, sodann der Gummipfropfen entfernt und erst die Kohlensäure, sodann der Sauerstoff bestimmt[1].*

*Kohlensäure und Sauerstoff werden in Prozent der Gesamtlänge des ursprünglichen Gasfadens ausgedrückt. Reduktion auf Trockenheit, 0° und 760 mm Barometerstand kann in einem Kursus unterbleiben.*

*Bei den obigen Versuchen sollte man es nach einiger Übung soweit bringen, daß man eine Zusammensetzung der Lungengase erhält, wie sie sich etwa aus der obigen Tabelle ergibt. Sobald keine Analysefehler mehr gemacht werden, bleibt für diese Versuche als weitere Fehlerquelle die Enge der Gasleitung. Man atmet gegen einen Widerstand, also notgedrungen zu langsam aus und erhält schließlich eine Luft, die weniger Sauerstoff und mehr Kohlensäure enthält, als dies in normalen alveolären Gasen der Fall ist. Bei einiger Übung wird man die Dauer des Ausblasens so beschränken, daß die Abweichung nicht allzu groß ist. Nunmehr geht man dazu über, künstlich derartige Abweichungen zu erzeugen.*

**30. Untersuchung der Lungengase bei Apnoë.** *Wir atmen eine Reihe von Malen heftig ein und aus, um nach der letzten Einatmung unmittelbar die Luft durch den Apparat zu blasen und nach hinreichender Auswaschung des gesamten schädlichen Raumes, sobald wie möglich also, eine Probe einzusaugen. Bei der Analyse ist die Kohlensäurearmut zu beachten. Im Zusammenhang mit dieser Kohlensäurearmut steht die Tatsache, daß man nach solchen heftigen Atmungsbewegungen eine Zeitlang keinen Drang zum Atmen fühlt, denn die Kohlensäure wird durch sie ausgewaschen und sie ist es, die den natürlichen Reiz zur Atmung innerhalb des verlängerten Markes hervorruft.*

---

[1] Wenn sich in der Gasprobe Kohlensäure in nachweisbarer Menge befindet, so muß der Sauerstoffbestimmung die Kohlensäurebestimmung vorabgehen, da auch die Absorptionsmittel für Sauerstoff Kohlensäure absorbieren, und man sonst eine zu hohe Zahl für „Sauerstoff" erhalten würde.

***31. Untersuchung der Lungengase bei Dyspnoë.*** *Man hält den Atem solange an, wie man kann, um dann die Luft wieder bis zum letzten Lungeninhalte, den man noch ausatmen kann, durch den Apparat zu blasen. Man untersucht hier wieder die Gase. Der heftige Atemreiz, den man empfindet, steht im Zusammenhang mit der Kohlensäureanhäufung in diesen Gasen und demnach auch im Blut. Es empfiehlt sich, vor Ausführung dieses Versuches sich zu üben, derartige Versuche in vollkommener Ruhe anzustellen, denn es ergibt sich häufig, daß durch die Aufregung des Anfängers eine übertriebene Atmung, die dem Versuche vorabgeht, den Kohlensäuregehalt der Lungenluft stark vermindert hat, so daß ein Resultat mit dieser Methode nicht erzielt wird.*

***32. Untersuchung des Einflusses körperlicher Arbeit auf die Lungengase.*** *Bei Versuchen über den Einfluß körperlicher Arbeit auf die Lungengase ist das Folgende zu beobachten. Bei Muskelarbeit nimmt die Kohlensäureproduktion zu, zugleich aber auch der Zwang zur Atmung, so daß die Kohlensäurespannung in der Lunge nicht nennenswert zunimmt. Wenn man eine Zeitlang angestrengt körperlich arbeitet, so kann die Kohlensäuremenge in der Lunge sogar abnehmen, da Milchsäure im Blute auftritt, welche Kohlensäure austreibt.*

## E. Aufnahme von Sauerstoff aus Wasser durch eine Stickstoffblase.
### Physikalische Atmung, Tonometrie.

Der Versuch, den wir nun anstellen, hat den folgenden Zweck. Wir werden eine Stickstoffblase in Kontakt bringen mit reinem, luftgesättigtem Wasser und werden uns davon überzeugen, daß nach einiger Zeit die Stickstoffblase Sauerstoff aufgenommen hat. Wir sehen hier also im Apparat die physikalische Atmung, wie wir sie für die Wasserinsekten besprochen und untersucht haben (S. 9 u. 19). Dieser Versuch hat eine weitere Bedeutung: Da Gase und Flüssigkeiten, welche man hinreichend lange miteinander in Kontakt hält, schließlich die gleiche Gasspannung haben, so kann man auf diese Weise die Sauerstoffspannung in einer Flüssigkeit direkt messen (Tonometrie). Wir wollen zunächst den Versuch beschreiben, um sodann die Bedeutung und die Methode der Tonometrie zu besprechen.

***Versuche über Physikalische Atmung und Tonometrie.***
***33. Aufnahme von Sauerstoff aus Wasser durch eine Stickstoffblase.*** *Eine kleine Luftprobe wird, als ob wir sie analysieren wollten, in der Glocke des Apparates (Abb. 11) durch Absorptionsflüssigkeit ihres Sauerstoffes vollständig beraubt (Versuch 26); sie wird hierauf wieder in die Kapillare eingesogen, die Glocke gründlich ausgewaschen. Sodann wird die Glocke in reines Wasser eingetaucht, die Gasblase in sie hineingeschraubt, die Kapillare mit dem reinen Wasser gründlich ausgewaschen und nunmehr die Stickstoffblase wieder eingesogen und gemessen. — Daraufhin erzeugen wir innerhalb der Glocke einen regelmäßigen Wasserstrom und zwar auf die folgende Weise. In die Glocke kommt ein Gummipfropfen mit einfacher Durchbohrung, an das Seitenrohr ein Stück Gummischlauch. Dieser Schlauch wird angeschlossen an die Mündung eines*

*Hebers, der aus einer Flasche luftgesättigtes Wasser durch die Glocke strömen läßt; man kann ihn auch unmittelbar an die Wasserleitung anschließen. Der Apparat wird in vertikaler Haltung, Glocke nach unten, festgeschraubt, so daß der Wasserstrom von oben nach unten durch die Glocke hindurchgeht, während dafür gesorgt ist, daß sich in der Glocke keinerlei Luft befindet. Nun schrauben wir die Stickstoffblase hinunter, so daß sie in Berührung mit dem strömenden Wasser kommt und belassen sie so verschiedene Zeiten: 10 Minuten, $^1/_2$ Stunde, 1 Stunde usw. Zwischendurch analysiert man auf Sauerstoff. Schließlich zeichnet man eine Kurve, deren Abszissen den Zeiten entspricht, die man gewartet hat, deren Ordinaten die aufgenommenen Sauerstoffmengen bei den entprechenden Zeiten bedeuten.*

*34. Messung der O-Spannung in Flüssigkeiten (Tonometrie) (auch auf Exkursionen). Während wir bei den Versuchen, die uns einen Einblick in die physikalische Atmung geben sollten, von größtmöglichem Spannungsunterschied ausgegangen sind, müssen wir für die Tonometrie (der Messung der Sauerstoffspannung in einer Flüssigkeit) so wenig wie möglich Spannungsunterschied zwischen beiden Phasen wählen. Die Notwendigkeit hierzu ergibt sich ohne weiteres aus den Resultaten der genannten Versuche mit der Stickstoffblase.*

*Bedingungen der Tonometrie. Wenn man eine kleine Luftblase in Berührung bringt mit einer Flüssigkeitsmenge, so kann nur dann die Sauerstoffaufnahme oder -abgabe von seiten der Luftblase ein Maß sein für die Sauerstoffspannung in der Flüssigkeit, wenn der Gesamtgasdruck in der Flüssigkeit und in der Luftblase gleich sind. Ist die Flüssigkeit relativ zu dem in ihr herrschenden Druck gasarm, so löst sie die Luftblase auf, so daß deren Volumen stark vermindert und ihre prozentige Zusammensetzung nach dem Versuch zu keinen Schlüssen berechtigt. Umgekehrt, wenn in dem Wasser Gasüberdruck herrscht, so nimmt die Blase an Volumen zu, wodurch der Versuch wieder wertlos wird. Vor der Analyse der Gasblase wird diese daher stets wieder gemessen und aus den gefundenen Sauerstoffzahlen die Sauerstoffspannung im Wasser nur berechnet, wenn das Volumen der Blase sich nicht wesentlich verändert hat.*

*Wir wollen unsere Versuche hier beschränken auf Umstände, bei denen eine nennenswerte Abweichung von dem barometrischen Drucke im Wasser nicht vorkommt. Es genügt hierzu, eine hinreichende Menge von sauerstoffarmem Gas eine Zeitlang durch Wasser hindurchzuleiten (in einer Gaswaschflasche), unter Umständen, bei denen der Druck nicht von der Atmosphäre abweicht. Hierzu lassen wir das Gas aus dem Wasser frei in die Atmosphäre entweichen. Dies kann geschehen mit „Stickstoff“ aus einer Stickstoffbombe (sauerstoffarm) oder Leuchtgas (sauerstofffrei). Die Luftblase, die wir mit einem solchen Wasser in Berührung bringen, soll klein sein, etwa $1^1/_2$ cm Kapillarlänge. Nach einiger Zeit (10 Minuten) muß ein Gleichgewicht eingetreten sein. Dieses ist auch wirklich der Fall, wenn man Wasser, in dem der Sauerstoffdruck etwa 16 vH einer Atmosphäre ist, mißt mit einer gewöhnlichen Luftblase von der genannten Länge. — Diese Methode empfehlen wir bei hydrobiologischen Exkursionen anzuwenden, wo sie interessantere Resultate ergibt als im Laboratorium. Es* *gibt Gewässer, in denen reichlicher Pflanzenwuchs für Sauerstoff sorgt, so daß der Sauerstoffdruck hier mindestens dem der atmosphärischen Luft entspricht. Anders liegen die Dinge in Tümpeln und Wassergräben, auf deren Boden sich viel organischer Schlamm befindet. Durch Gärung entsteht hier Sumpfgas, welches, zumal bei warmer Witterung, in dicken Blasen aufsteigen kann und hierbei den Sauerstoff, den das Wasser in Lösung hält, auswäscht. Die Folge davon ist, daß wir hier normalen Gasdruck, aber abnormal niedrigen Sauerstoffgehalt haben.*

*Wir nehmen eine Gaspipette, saugen eine kleine Luftmenge ein, wieder etwa von $1^1/_2$ cm Kapillarlänge und messen sie. Nun tauchen wir den Apparat ein, erst so, daß alle Luft der Glocke aus dem Seitenrohr entweicht. Dann drehen wir den Apparat um seine Achse, um 180°, daß das Seitenrohr an der unteren Seite liegt, schrauben nun unsere Luftblase in die Glocke und führen vorsichtig Bewegungen aus von oben nach unten, in der Richtung der Seitenröhre, wodurch wir es erreichen, daß dauernd ein Wasserstrom von der Glockenmündung zum Seitenrohr, und umgekehrt, sich bewegt. Bei einiger Übung wird es niemals geschehen, daß die Luftblase dabei verloren geht. Nun analysieren wir nach etwa 10 Minuten die Luftblase mit Hilfe von Absorptionsflüssigkeiten, welche wir in Fläschchen, die mit Pipettstöpseln geschlossen sind, mitgebracht haben und stellen fest, daß die Luftblase einen wesentlich geringeren Sauerstoffwert hat als Luft. Bei einiger Übung wird man die Sauerstoffspannungen des Wassers recht genau angeben können[1]. Es ist dann weiterhin sehr interessant festzustellen, daß je nach Sauerstoffgehalt eine andere Fauna, vor allen Dingen andere Mückenlarven vorkommen. Bei sauerstoffarmem Wasser finden wir z. B. rote Formen von Chironomuslarven (oder ähnlichen Mückenlarven), während im sauerstoffreichen Wasser helle bis weiße Formen vorkommen.*

## F. Beispiele der Atmung von Tieren mit inkonstanter alveolärer Gasspannung.

Wir haben auf Seite 2 die Bedeutung der Inkonstanz der alveolären Gase kennen gelernt und wollen nunmehr dazu übergehen, uns durch einige Versuche an Rana und Wasserschnecken als Beispiele über diese Tatsache Rechenschaft zu geben.

Wir werden zu diesem Zwecke zuerst bei einem lebenden Frosche die Atmungsbewegungen beobachten. Wir werden dreierlei unterscheiden: 1. Die Bewegung der Kehle. 2. Das sich Öffnen und Schließen der Nasenlöcher. 3. Die Flankenbewegungen. Diese drei Bewegungen haben folgende Bedeutung. Der Frosch hat keine Rippen; seine Lunge liegt demnach nicht in einem geschlossenen Raum, dessen Volumen derartig verändert werden kann, daß eine Saugwirkung entsteht. Die Atmung

---

[1] Es genügt hierbei, den Sauerstoffdruck in Prozenten einer Atmosphäre anzugeben, eine Zahl, die sich bei der Analyse der Tonometerblase ohne weiteres ergibt. Wenn man diese Zahl mit dem Absorptionskoeffizienten bei der betreffenden Temperatur multipliziert, so erhält man den Sauerstoffprozentgehalt des Wassers und zwar recht genau, da die Tonometrie diesen Wert, um etwa das 30 fache vergrößert, zu messen gestattet, entsprechend dem Koeffizienten.

des Frosches beruht vielmehr darauf, daß Luft aus dem Munde, durch eine Art Schluckbewegung, in die Lunge gepreßt wird. Allein auch hier finden wir, wie beim Menschen, Einrichtungen, welche die Lungenwand vor unmittelbarer Berührung mit der atmosphärischen Luft schützen. Niemals kann der Zugang der Atmosphäre zum Mund (Mundöffnung oder Nasenlöcher), sowie der Zugang des Mundes zur Lunge (Kehlkopf) gleichzeitig geöffnet werden. Öffnung von Mund oder Nasenlöchern hat Schluß des Kehlkopfes, Öffnung des Kehlkopfes reflektorischen Schluß des Mundes zur Folge. Hierbei übt der Unterkiefer einen Druck durch Vermittlung des Os intermaxillare auf die Nasenknochen aus und bedingt hierdurch einen Verschluß der Nasenlöcher[1]. Dadurch muß die Atmung des Frosches in zwei Phasen zerfallen: 1. Eine Erneuerung der Luft im Munde, 2. Eine Mischung der Mundluft mit der Lungenluft und das Abschlucken.

1. Die Nasenlöcher sind offen, die Kehle bewegt sich auf und nieder. Hierdurch wird Luft in den Mund gesaugt und wieder ausgestoßen, so daß die Mundluft mit atmosphärischer Luft etwa gleich wird.

2. Von Zeit zu Zeit schließen sich die Nasenlöcher, die Flanken sinken ein, dann erweitern die Flanken sich wieder. In dieser Zeit hat das Folgende stattgefunden. Bei Schluß der Nasenlöcher öffnet sich die Stimmritze, unter Einsinken der Flanken wird Lungenluft in den Mund gepreßt (Vortreten der Augen, der Trommelfelle und der Kehle) und mit der Mundluft gemischt. Daraufhin wird ein Teil dieser Mischung, durch Hebung der Kehle (durch das Zungenbein mit seiner Muskulatur und durch eigene Muskulatur des Mundbodens) in die Lunge gepreßt (wieder Aufschwellen der Flanken).

### *Versuche über Tiere mit inkonstanter alveolärer Luft.*

*35. Atmungsbewegungen bei Rana. Man zählt die Bewegungen des Mundbodens (der Kehle), die Bewegungen der Nasenlöcher (Öffnen oder Schließen), sowie die Bewegungen der Flanken. Dieses kann z. B. auch so geschehen, daß je zwei Kursusteilnehmer zusammen arbeiten, wobei der eine seine Aufmerksamkeit beschränkt auf den Mundboden, während der andere Nasenlöcher und Flanken beobachtet. Der Letzte stellte dann fest, daß Verschluß der Nasenlöcher und Flankenbewegung stets zusammengehen. In einer bestimmten Zeit, z. B. einer Minute, erhält man dann beim Zählen etwa die folgenden Werte:*

*Kehlbewegungen . . . . . . . 30*  
*Nasenlöcherbewegungen . . . 10*  
*Flankenbewegungen . . . . 10*

*Auf drei Kehlbewegungen kommt also eine Lungenfüllung. Von diesen drei Mundbodenbewegungen dienten je zwei für die Mundatmung, eine für das Abschlucken der Luft.*

*36. Morphologische Beobachtungen zur Atmung an Rana. Am getöteten Frosch beobachtet man den Verschluß des Mundes: Der Unterkiefer paßt genau, und zwar mit einem Falz, in den Oberkiefer (hermetischer Verschluß). Mit einer Sonde üben wir vorn in der Mitte des Oberkiefers*

---

[1] BAGLIONI, S.: Erg. d. Physiol. Jahrg. 11, S. 537. 1911.

*von der Mundseite zwischen beiden Nasenlöchern einen Druck aus: Verschluß der Nase. Auf diese Weise ahmen wir den Druck nach, den der vorderste Teil des Unterkiefers beim Verschluß des Mundes ausübt. Die*

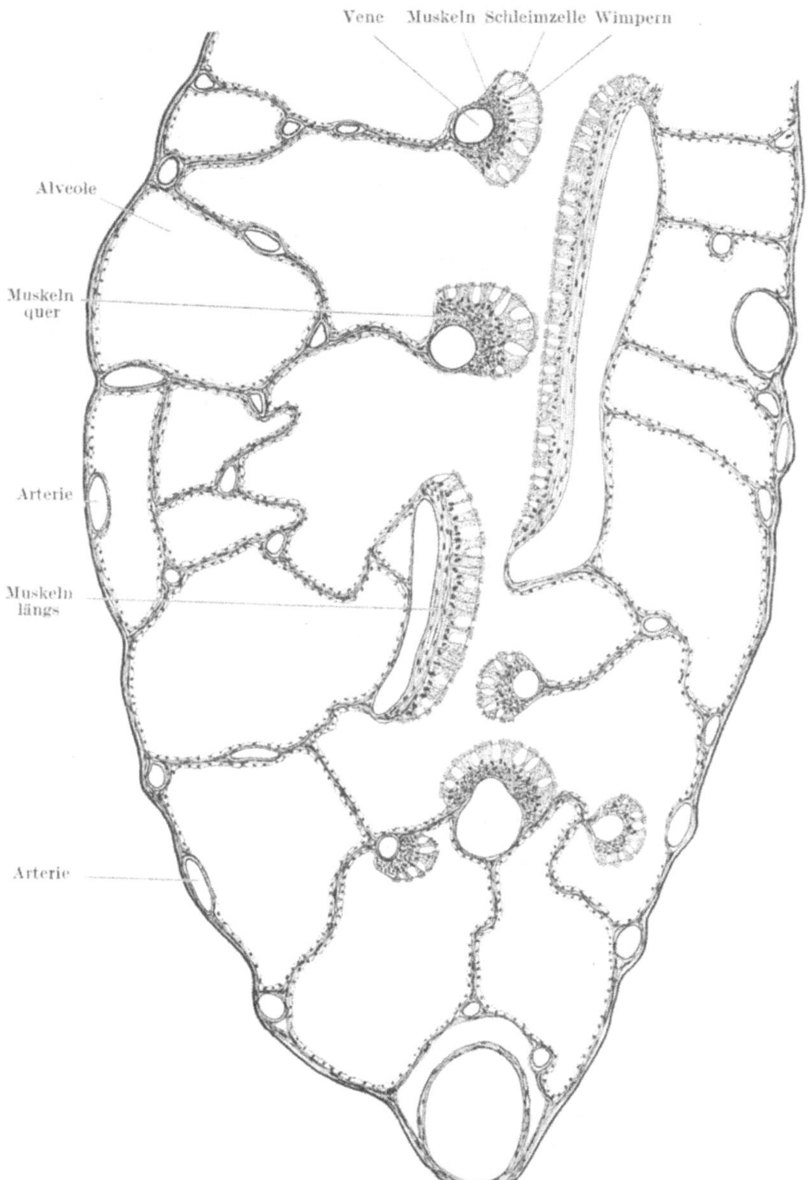


Abb. 12. *Längsschnitt durch die Lunge von Rana.* Die Alveolen scheinen geschlossen zu sein nach dem Lumen zu; doch ist dies natürlich nur teilweise der Fall und dadurch zu erklären, daß die Alveolenöffnung schmaler ist als der Alveolenraum.

*Leibeshöhle des Frosches wird geöffnet, in den Kehlkopf eine Röhre eingeführt, die Lunge aufgeblasen und abgebunden unterhalb der Mündung der Röhre. Man sieht deutlich, daß die Lunge ein Sack ist, dessen Wand mit einem Wabenwerk versehen ist. Der große Raum der Lunge, verglichen mit der verhältnismäßig kleinen Oberfläche der Waben, steht in Beziehung zur tauchenden Lebensweise dieser Tiere, bei der, wie wir das hörten, die Lunge ein Vorratsraum ist.*

**37. Untersuchung eines mikroskopischen Querschnittes der Lunge des Frosches.** *Wir betrachten und zeichnen einen solchen Schnitt und beobachten hauptsächlich das Folgende (Abb. 12). Das Wabenwerk, welches wir an der aufgeblasenen Lunge gesehen haben, stellt sich in dem Schnitte dar als Septen, die auf der Wand der Lunge etwa senkrecht stehen und die ihrerseits (durchgeschnittene) Wabenwände zweiten Grades tragen. Da die Blutkörperchen des Frosches sehr groß sind und sich stark z. B. mit Eosin färben, so kann man deutlich die mit ihnen erfüllten Blutkapillaren sehen, die sich an den Wänden des Wabengewebes befinden und bis in die Nähe der freien Enden der Septen zu verfolgen sind (Abb. 13). Dieses freie Ende hat folgenden Bau: Es ist stark verdickt und mit Muskelgewebe erfüllt; die freie, in die Lunge ragende Oberfläche trägt ein Epithel,*

Abb. 13. *Ein Septum aus der Lunge von Rana,* zur Demonstration der Blutdurchströmung. Es ergibt sich, daß das Blut von den Außenwänden der Lungen herkommend sich in Kapillaren auflöst in den Alveolenwänden, um sich zu sammeln in den verdickten Enden der Septen.

*welches reich ist an Schleimzellen (offenbar Regulierung der Wasserdampfspannung in der Lunge) und mit Zilien besetzt ist. Man achte ferner auf den geringen Abstand zwischen dem Lungenraum und den Blutkörperchen in den Kapillaren der Septen: nur eine ganz dünne Lage Gewebe trennt beide. Ferner achte man auf die Blutgefäße: in der Wand der Lunge die Arterien, in den Septenenden die Venen.*

**38. Untersuchung der Lungenluft des Frosches.** *Wir wollen jetzt sehen, wie sich die Zusammensetzung der Lungengase ändert, wenn man Tiere mit inkonstantem alveolären Gasdruck, die eine tauchende Lebensweise haben, eine Zeitlang unter Wasser hält.*

*Ein Frosch wird ins Wasser gebracht und durch einen Deckel gezwungen, unten zu bleiben. Unmittelbar nach dem Eintauchen und in bestimmten, selbstgewählten Zeitabständen danach werden Proben der Lungenluft mit der Gaspipette aufgefangen und analysiert. Es werden Kurven gezeichnet, bei denen die Abszissen die Zeit, die Ordinaten aber den gefundenen Sauerstoffwert vorstellen.*

*Wir öffnen, unter Wasser, mit dem Finger oder mit Hilfe des Heftes eines Skalpells den Mund des Frosches, den wir in der linken Hand so halten, daß wir die Flanken umfassen und mit dem Daumen den Unterkiefer offen halten können. Die Glocke der Gaspipette wird in das Wasser, worin sich der Frosch befindet, eingetaucht. Durch entsprechende Haltung des Seitenröhrchens lassen wir die in ihr enthaltene Luft entweichen, drehen die Pipette um ihre Längsachse um 180° (Seitenröhrchen nach unten) und halten nun die Glocke über den geöffneten Mund des Frosches. Ein Druck auf die Flanken treibt etwas Luft aus der Lunge, die in die Glocke unseres Apparates steigt, aufgesogen und analysiert wird. Kohlensäure wird man in dieser Luft in der Regel nicht finden, da diese durch das Wasser aufgenommen wird*[1]. *Man übt sich, durch den Druck nur kleine Gasmengen aus der Lunge zu entfernen, da die Kurve den tatsächlichen Verhältnissen nur dann entspricht, wenn sich die gefundenen Prozentwerte auf ein (beinahe) unverändertes Volumen beziehen*[2].

**39. Vergleichende Versuche an den Wasserlungenschnecken Limnaea und Planorbis.** *Die tauchende Lebensweise von Limnaea und Planorbis ist uns schon bekannt ( S. 7 ). Wir halten jetzt Exemplare dieser Schnecken unter Wasser und verfahren mit ihnen wie mit dem Frosch. Die Luftproben erhalten wir auf die Weise, daß wir mit einer Sonde die Tiere unter Wasser ein wenig reizen (nicht beschädigen) (s. Abb. 14). Dann tritt ein Reflex auf, durch welchen Luft ausgestoßen wird. (Dadurch wird im Freileben das Tier spezifisch schwerer und kann sich durch Sinken im Wasser seinen Verfolgern entziehen.) Wir fangen diese Luft auf und analysieren sie. Bei einiger Übung gelingt es zu zeigen, daß Planorbis mit seinem roten hämoglobinhaltigen Blut den Sauerstoff seiner Lunge gleichmäßiger und weitergehend ausnutzt als Limnaea.*

**40. Exakte Form des Versuches über Sauerstoffausnützung bei Planorbis.** *Wenn man an einem einzigen Exemplar einer tauchenden Schnecke zuviel Versuche der genannten Art ausführt, dann werden die einzelnen Beobachtungen ungenau. Denn man entzieht ja bei jeder Beobachtung der Lunge beträchtliche Gasmengen, wodurch die erhaltenen Prozentzahlen sich auf ein allzu variables Volumen beziehen. Wenn man die*

---

[1] Dennoch nicht versäumen, mit Lauge zu absorbieren, dann erst den Sauerstoffgehalt feststellen!

[2] Für Kursuszwecke kann die Gleichförmigkeit der Sauerstoffausnützung durch eine Reihe solcher Beobachtungen an einem Exemplar, mit kleinen Proben festgestellt werden. Genauere Technik beschreiben wir für Planorbis.

*Erscheinung der Sauerstoffausnutzung in ihrer Abhängigkeit von den Eigenschaften des Hämoglobins beobachten will, so verfährt man wie folgt: Jedes einzelne Exemplar von Planorbis corneus dient nur zu zwei Analysen: eine Beginnanalyse („Initialbeobachtung") und eine Endanalyse, die stets nach gleichen Intervallen, etwa nach einer Stunde, ausgeführt wird, solange bleibt das Tier vollkommen unter Wasser.*

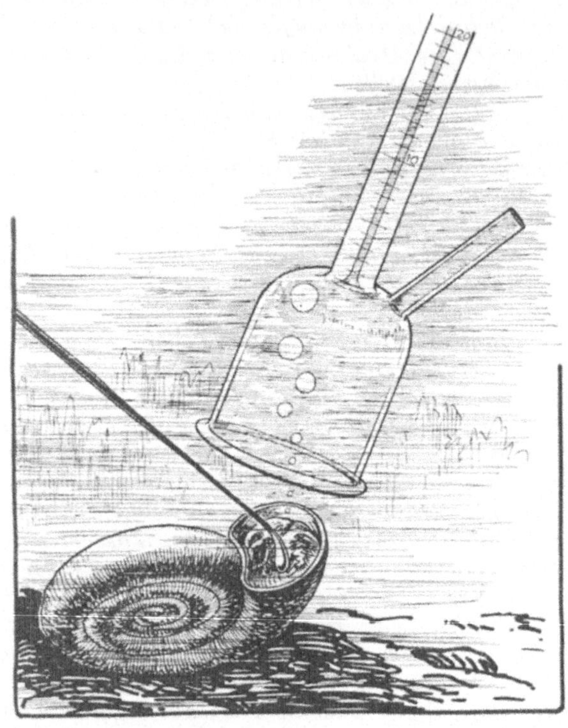

Abb. 14. *Luftentnahme aus einem Exemplar von Planorbis corneus unter Wasser.* Man sieht die Glocke der Gaspipette, in welcher die Luftblasen aufgefangen werden, die das Tier losläßt, wenn man es vorsichtig mit einer Sonde reizt.

***Aufenthalt der Tiere unter Wasser.** Die Tiere werden durch einen, über sie gestülpten Trichter daran verhindert, das Wasser zu verlassen und die Oberfläche zu erreichen. Der Sauerstoffgehalt des Wassers darf keinen Schwankungen unterliegen; das Wasser muß also durch einen Luftstrom gut ventiliert werden.*

***Die beiden Gasproben.** Die erste Probe soll so klein wie möglich sein, während die zweite, nach einer Stunde, so genommen wird, daß man durch nachhaltigen Reiz eine vollkommene Entleerung der Lunge veranlaßt. Die gewonnenen Prozentzahlen des Sauerstoffes werden jeweils auf das richtige Gesamtvolumen bezogen; dieses berechnet man für die Initialanalyse auf die folgende Weise: Es setzt sich zusammen aus dem entnommenen Volumen des ersten Versuches + dem Volumen des zweiten Versuches.*

*Allein hieran fehlt noch etwas; das Volumen nämlich ist durch den At-mungsprozeß verkleinert worden: es wurde Sauerstoff verbraucht, und zwar zum Teil durch Kohlensäure ersetzt; allein diese Kohlensäure ist durch das Wasser aufgenommen worden. Nun ist aber nach Maßgabe der Volumenverminderung der Prozentgehalt an Stickstoff (als unverändertes Gas) in die Höhe gegangen. Wenn ich also im ersten Versuche z. B. 18 vH Sauerstoff fand, so kann ich daraus den ursprünglichen Sauerstoffvorrat wie folgt berechnen: Meine erste Probe beträgt a ccm, meine zweite Probe b ccm. Diese b ccm verhalten sich zum Gesamtvolumen, welches sich unmittelbar nach Entnahme der ersten Probe in der Lunge be-fand, wie der Quotient aus den Stickstoffprozentzahlen der zweiten und der ersten Probe. Das ursprüngliche Restvolumen erhalte ich also dadurch, daß ich das erhaltene zweite Volumen b mit dem unechten Bruche beider Stickstoffprozentzahlen multipliziere. Daraus berechne ich den Sauerstoff-vorrat zu Anfang des Versuches, während ich den Prozentgehalt des Sauer-stoffes in b unmittelbar auf das Volumen der zweiten Probe beziehe. (Man beachte, daß man beim Auffangen der Lungengase in der Pipette sorgfäl-tige Volumenbestimmungen machen muß. Die Pipette muß man hierzu gut kalibrieren!)*

*Wahl der Objekte. Wir wählen solche Objekte, die im Anfangsversuche verschiedene Sauerstoffspannung der Lungengase haben. Einige Exem-plare müssen höhere Sauerstoffwerte als 16 vH, zahlreiche Exemplare müssen Initialsauerstoffwerte unter 16 vH haben. Tiere mit höherem Sauerstoffgehalte sind solche, die gerade die Oberfläche verlassen, die an-deren müssen eine Zeitlang unter Wasser gelebt haben.*

*Zeichnung der Kurve. Als Abszisse dient der Sauerstoffprozentgehalt des Initialversuches, als Ordinate der absolute Sauerstoffverbrauch in kon-stanten Zeiten (z. B. eine Stunde), bei konstanter Temperatur und kon-stantem Sauerstoffgehalte des Wassers.*

*Die Form der Kurve. Bei hoher Initialspannung nimmt der Stunden-verbrauch mit der abnehmenden Initialspannung schnell ab. Von einer Initial-spannung von 16 vH an bis zu einer solchen von etwa 5 vH bleibt der Stun-denverbrauch beinahe gleich, läuft also die Kurve beinahe wagerecht. Bei niederen Spannungen sinkt sie steil ab.*

*Erklärung der drei Teile der Kurve. Das im Blute von Planorbis gelöste Hämoglobin hat ganz besondere Eigenschaften (nach* LEITCH*), die wir erst im Abschnitte über Blut kennen lernen werden. Hier nur soviel: Erst bei bestimmten niederen Sauerstoffspannungen in den Geweben wird der rote Farbstoff reduziert; bei höheren Spannungen gibt er den in der Lunge aufgenommenen Sauerstoff überhaupt nicht ab. Dann dient das Blut der Atmung nur auf physikalischem Wege, nämlich durch die in seinem Wasser aufgelösten Gase. Nach Maßgabe der in der Lunge gegebenen Gasspannung nimmt das Blut aus der Lunge Sauerstoff auf, so daß die Menge Sauerstoff, die den Geweben zur Verfügung gestellt wird, mit der Spannung abnimmt. Wenn die Sauerstoffspannung in der Lunge etwa 16 vH beträgt, dann ist in den Geweben diejenige Spannung erreicht, bei welcher das Hämoglobin Sauerstoff abzugeben beginnt. Je tiefer die Span-*

*nung sinkt, um so mehr Sauerstoff wird abgegeben, so daß die Menge des Sauerstoffes, die den Geweben zur Verfügung gestellt und von diesen verbraucht wird, beinahe konstant bleibt. Wenn aber nun der Sauerstoffgehalt der Lunge unter eine gewisse Grenze fällt, dann strömt das Blut, welches in der Haut auch dem umgebenden Wasser Sauerstoff zu entnehmen imstande ist, so weitgehend oxydiert in die Lungengefäße, daß zu weiterer Entnahme von Sauerstoff, in dem gleichen Tempo wie bisher, das nötige Gefälle (Spannungsunterschied zwischen Blut- und Lungengasen) fehlt. Man könnte vermutlich die Kurve noch weiterhin wagerecht*

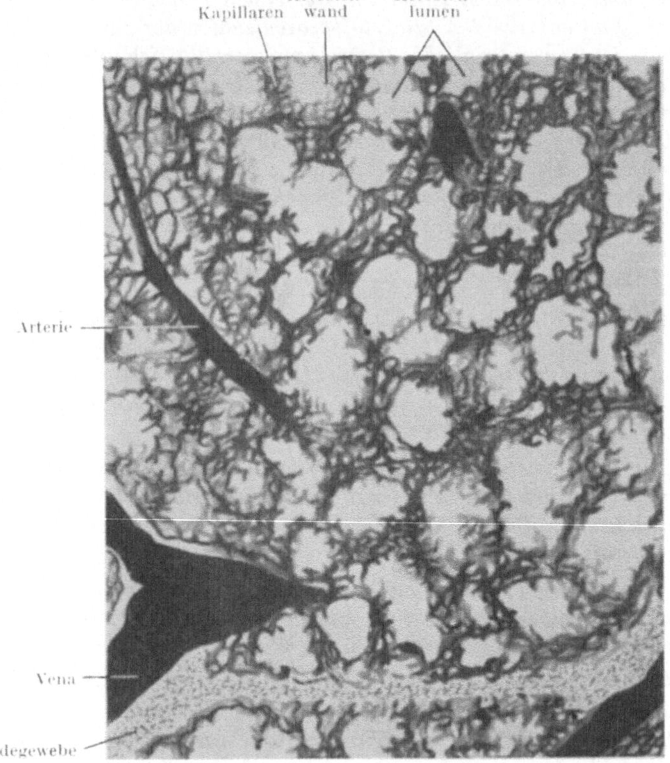


Abb. 15. *Schnitt durch ein Stück einer menschlichen Lunge.* Die Blutgefäße sind injiziert mit dunkler Farbmasse. Durchschnitt durch viele Alveolen. Vergrößert 100fach. (Nach SOBOTTA 1902.)

*erhalten, wenn man diese Versuche in sauerstofffreiem Wasser ausführen könnte; allein das geht nicht aus Umständen, die wir hier nicht besprechen können.*

*Die wichtigste Tatsache, die wir aus diesen Kurven und einer Vergleichung zwischen Limnaea und Planorbis erhalten, ist die, daß Limnaea zu Anfang relativ mehr $O_2$ verbraucht als Planorbis, daher bald den Vorrat so weit aufzehrt, daß der Verbrauch sehr gering wird. Planorbis verbraucht zunächst weniger, geht haushälterischer mit dem Vorrat um, um später durch die Eigenschaften seines Hämoglobins den Vorrat weitergehend und* *vor allem in konstanten Raten zu verzehren, und zwar bei Spannungen, bei denen bei Limnaea beinahe kein $O_2$ mehr der Lunge entnommen werden*

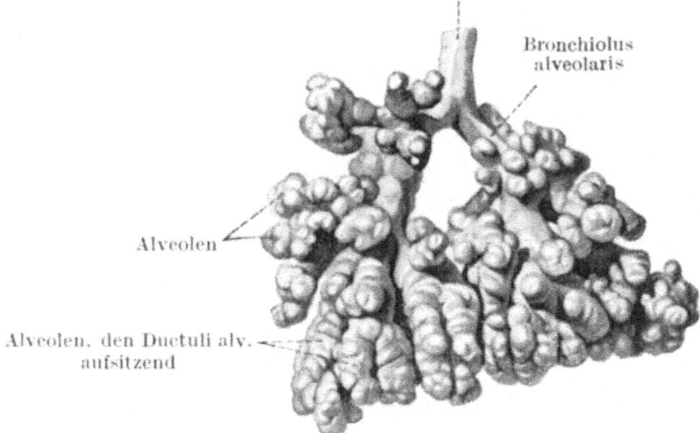



Abb. 16. *Kleines Stück einer menschlichen Lunge.* Ausguß der Lunge mit WOODschem Metall; dann wurden die Weichteile fortgeätzt, so daß nur der Ausguß der *Höhlen* übrig blieb. Dargestellt ist nur die allerletzte Verzweigung eines Endbronchiolus. Es ist deutlich, wie regelmäßig in Reihen die letzten Ductuli alveolares mit Alveolen besetzt sind; d. h. eine wie starke Oberflächenvergrößerung zur Respiration entstanden ist. — Vergrößert 6 mal. — (Aus H. BRAUS, Anatomie des Menschen Bd. II, 1924.)

*kann. Bei hohen Sauerstoffspannungen wirkt das Blut von Limnaea intensiver als dasjenige von Planorbis, vermutlich, weil es Hämocyanin enthält, das Blut von Planorbis aber nur als Wasser wirkt.*

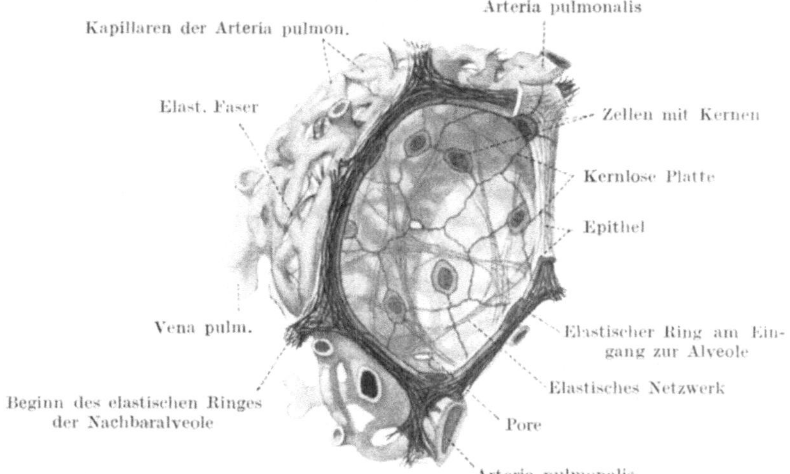



Abb. 17. *Einzelne Alveole einer menschlichen Lunge,* nach Schnitten plastisch dargestellt, zur Demonstration der Umspinnung mit zahlreichen Kapillaren. Die Kapillaren der vom Beschauer abgewendeten Wand der Alveole schimmern durch diese Wand hindurch. — 400 fache Vergrößerung. (Nach H. BRAUS, Anatomie des Menschen II, 1924.)

**41. Histologie der Säugetierlunge.** *Dasjenige, was schon bei oberflächlicher Betrachtung des mikroskopischen Schnittes durch die Säugetierlunge (Abb. 15) am meisten auffällt, ist die außerordentliche Massivi-*

*tät dieses Gewebes, verglichen mit den Lungen von Tieren mit inkonstanter alveolärer Gasspannung (etwa Abb. 12), das heißt aber, daß eine größere aufnehmende Oberfläche einem geringeren Inhalte dieser Lunge entspricht. Eine genaue Beschreibung der Alveolen kann hier nicht erfolgen; wir wollen nur angeben, auf welche Punkte zum Verständnis der Physiologie man zu achten hat. Man mache eine Zeichnung folgender Einzelheiten: Bronchus, Bronchus terminalis, Atrium, Ductus alveolaris, Alveolen, Blutkapillaren. Es empfiehlt sich, gute Injektionspräparate der Blutgefäße der Säugetierlunge zu betrachten, um sich von dem großen Reichtum der Blutkapillaren zu überzeugen, welche die Lungenalveolen umspinnen. Davon gibt Abb. 17 eine vorzügliche plastische Vorstellung. Über die Anordnung und den Reichtum der Alveolen orientiert Abb. 16 — ein Bild, das durch Ausguß der Lunge mit Metall erhalten wurde.*

# II. Die Ernährung.

## A. Allgemeines über Nahrung und Verdauung, dargelegt an Säugetieren.

### Kohlehydrate.

Es ist unsere erste Aufgabe, diejenigen Stoffe kennen zu lernen, welche bei der Ernährung aller Tiere eine Rolle spielen. Bekanntlich dient die Nahrung dazu, um die für die Lebenserscheinungen nötige Energie zu liefern. Die Quelle aller Energie auf dieser Erde ist die Sonne. Es fragt sich nun ganz allgemein, wie diese Sonnenenergie so umgesetzt werden kann, daß sie zur Erhaltung der Lebenserscheinungen dienen kann. Zwei Aufgaben sind diesem Prozesse gestellt. Erstens muß die Energie zu allen Zeiten verfügbar sein, da das Leben sich keinen Augenblick ohne Bewegungserscheinungen erhalten kann. Zweitens muß die Energie einer jeden Zelle zugeführt werden, da es eine Bedingung des Lebens ist, daß jeder Teil selbst über die Energiequellen seiner Bewegungen verfügt. Daß die Sonnenenergie niemals ohne weiteres beiden Bedingungen entsprechen könnte, ist deutlich. Es fragt sich, wie wir uns die Umsetzung dieser Strahlen in irgendeine andere Form denken können, die den gestellten Bedingungen entspricht. Da das Leben zu allen Zeiten unter Energieverbrauch stattfinden muß, muß die Sonnenstrahlung zunächst in eine Form umgesetzt werden, die bewahrt werden kann. Das heißt aus kinetischer Energie muß potentielle Energie gemacht werden. Wie kann das geschehen? Das beste Beispiel hierfür ist ein Gewicht, welches man in die Höhe hebt unter Benutzung der kinetischen Energie des eigenen Armes. Durch die Entfernung des Gewichtes von der Erdoberfläche stellt das Gewicht eine bestimmte Menge potentieller Energie vor, gerade soviel, als es kinetische Energie gekostet hat, um es so weit zu heben. Lasse ich das Gewicht fallen, so erhalte ich die kinetische Energie wieder zurück, die ich z. B. benutzen kann, um ein Uhrwerk zu treiben. Dieses einfache Beispiel belehrt uns über die Art, wie Energie allgemein in einen bewahrbaren Zustand umgesetzt werden kann. Man trennt mit Hilfe einer verfügbaren kinetischen Energie zwei beliebige Dinge, die einander anziehen (hier Erdoberfläche und Gewicht) und läßt sie sich wieder vereinigen, wenn man wiederum kinetische Energie braucht. Diese Anziehung braucht nicht physikalisch zu sein, sie kann auch chemisch sein, und im Falle der Lebenserscheinungen handelt es sich immer um chemische „Anziehung" (Affinität) und zwar die Anziehung zwischen Kohlenstoff[1] und Sauerstoff. Beide Stoffe werden im grünen Blatt der Pflanze, unter Benutzung der Energie des Sonnenlichtes, voneinander getrennt. Freier Kohlenstoff ist daher ebensogut potentielle Energie als ein gehobenes Gewicht. Wie dieses sich auf Wunsch mit der Erdoberfläche, so kann jener sich mit dem Sauerstoff wieder verbinden; diese Verbindung von Kohlenstoff und Sauerstoff nennt man Verbrennung. Die Pflanze macht aus dem freien Kohlenstoff, mit Hilfe von chemischen Reaktionen, die uns hier nichts angehen, andere Stoffe, und das sind ihre und daher auch unsere Betriebsmittel, oder Nahrungsmittel, auf deren Verbrennung (siehe das Kapitel über Stoffwechsel) unsere Lebenserscheinungen beruhen.

Die erste Gruppe von Stoffen, welche die Pflanze aus dem freigewordenen Kohlenstoff macht, ist eine Verbindung dieses Kohlenstoffes mit den Bestandteilen des Wassers und zwar so, daß in diesen Stoffen Wasserstoff und Sauerstoff stets in demselben Mengenverhältnisse miteinander verbunden sind wie im Wasser, nämlich im Verhältnis von 2 zu 1. Diese Stoffe nennt man *Kohlehydrate*, von denen uns die folgenden beschäftigen werden: Stärkemehl (Amylum), Zellulose, Glykogen (tierisches Stärkemehl), als Beispiele hochkomplizierter Kohlehydrate. Ferner Rohrzucker (Saccharose), Malzzucker (Maltose), Milchzucker (Lactose), als Beispiele von Disacchariden. Endlich Traubenzucker (Glukose) und Fruchtzucker (Fructose oder Lävulose) als Beispiel von Monosacchariden.

Alle höheren Zuckerarten sind aus einfacheren aufgebaut und zwar so, daß zwei Moleküle der einfachen Zuckerarten sich jeweilig unter Austritt eines Wassermoleküles miteinander verbinden:

$$C_6H_{12}O_6 + C_6H_{12}O_6 = C_{12}H_{22}O_{11} + H_2O.$$

In ähnlicher Weise sind auch die höheren Kohlehydrate zusammengesetzt, so daß ihre allgemeine Formel $(C_6H_{10}O_5)$ n ist. Eigentlich müßte man zu dieser Formel noch ein Wassermolekül hinzufügen, da auf die Verbindung von zwei Molekülen ein Wassermolekül, bei der Verbindung von drei Zuckermolekülen zwei Wassermoleküle austreten, und wir in der Formel soviel Wassermoleküle abgezogen haben als Glukosemoleküle zusammengetreten sind. Allein man berücksichtigt dieses eine Wassermolekül nicht, da es in der Analyse der höheren Kohlehydrate nicht nachweisbar ist. Uns interessiert hier der Aufbau der höheren Kohlehydrate, da man nur durch die Kenntnis ihres Aufbaues die Spaltung, also auch die Verdauung dieser Verbindung verstehen kann. Die Frage, was überhaupt Verdauung ist, soll uns nunmehr beschäftigen.

---

[1] Neben Kohlenstoff spielt auch der Wasserstoff die gleiche Rolle, er soll aber der Einfachheit halber zunächst außer Betracht bleiben.

Das Tier und der Mensch nehmen Pflanzenteile oder Teile von Tieren, die ihrerseits durch Pflanzen ernährt wurden, in ihre Därme auf. Hier ist der Ort, wo jene chemische Veränderung stattfinden muß, die wir *Verdauung* nennen. Diese Verdauung hat zum Zwecke, die Nahrungsstoffe derartig zu verändern, daß sie imstande sind durch die Wand des Darmes in das Blutgefäßsystem gelangen zu können. Es ist dieses also ein ähnliches Problem, wie wir es bei der Atmung kennen lernten, nur mit dem Unterschiede, daß gasförmige Stoffe durch die Körperoberfläche der Tiere ohne weiteres dringen können, während komplizierte Stoffe, wie z. B. Stärkemehl, auch wenn sie in Wasser „aufgelöst" sind, nicht durch derartige Membranen zu treten imstande sind. Die Lösung von Stärkemehl z. B., die man bei Erhitzen mit Wasser erhält, ist eine sogenannte kolloidale Lösung, d. h. es sind hier verhältnismäßig große Stoffteilchen gleichmäßig im Wasser verteilt und erwecken den Eindruck einer Lösung; die Teilchen sind aber zu groß, um im Allgemeinen durch tierische Membranen diffundieren zu können.

### Die Nährstoffe als kolloidale Lösungen.

Kolloidale Lösungen sind sozusagen Suspensionen kleiner Teilchen, die nur darum gleichmäßig verteilt im Wasser schweben, da „Stabilitätsfaktoren" sie daran verhindern, zusammen zu Boden zu sinken. Zwei solche Stabilitätsfaktoren kommen für uns in Betracht. Einmal die Tatsache, daß derartige Teilchen elektrisch geladen sind, wobei die gleichnamige Ladung die Teilchen zwingt, einander soweit wie möglich aus dem Wege zu gehen (Abstoßung gleichnamiger Ladung). Das Resultat ist eine gleichmäßige Verteilung der Teilchen in der Flüssigkeit, in welche man sie eingetragen hat (suspensoide kolloidale Lösungen). Eine andere Möglichkeit ist die, daß die Teilchen derartiger komplizierter Stoffe das Vermögen besitzen, durch irgend welche Kräfte Wasser in größeren Mengen zu binden, so daß sie sich sozusagen mit einem Wassermantel umgeben. Dieser ist an der Teilchenoberfläche so fixiert, daß die Teilchen gleichmäßig im Wasser verteilt sein müssen, da sie einander durch diesen Wassermantel vom Leibe halten. Grob kann man sich solch eine Lösung vorstellen wie Froschlaich, bei dem die einzelnen Eier durch eine Gallertschicht umgeben sind (emulsoide kolloidale Lösungen). Wir werden sehen, daß beide Formen der Stabilisierung kolloidaler Lösungen bei den Nährstoffen vorkommen. Wenn man einer solchen Lösung die Stabilitätsfaktoren entnimmt, so präzipitieren die kolloidal gelösten Stoffe. Dieses kann geschehen bei Lösungen, die durch Wasseraufnahme oder Hydratation stabilisiert sind, durch Hinzufügung von Stoffen, die Wasser an sich reißen, wie Alkohol, Azeton oder konzentrierte Lösungen von neutralen Salzen (z. B. Ammoniumsulfat); die elektrische Ladung wird dagegen den betreffenden Teilchen durch Hinzufügung geringer Mengen von Elektrolyten entnommen.

### Hydrolyse.

Für uns ist im Augenblicke die Tatsache wichtig, daß Nährstoffe, als kolloidale Lösungen, aus fein verteilten gröberen Teilen bestehen, welche zu groß sind, um durch die Zellen hindurch gelassen zu werden, die

die Darmwand bilden. Daher müssen sie chemisch abgebaut werden; diesem chemischen Abbau steht der folgende Weg offen: Durch Austritt je eines Wassermoleküls zwischen zwei der Moleküle, die zusammentraten, sind aus den einfachen die zusammengesetzten Verbindungen entstanden, wie wir oben hörten. Umgekehrt kann das Wasser auch wieder in die so entstandene Gruppe „hineingetrieben" werden, wobei es seinen alten Platz wieder einnimmt und den Stoff in die einfacheren Gruppen zerlegt. Es ist also, als ob hierbei je ein Wassermolekül als „Keil" z. B. zwischen die Monosaccharidgruppen der Stärke getrieben wird, wodurch diese Gruppen auseinanderfallen. Solch eine Spaltung nennt man Hydrolyse: das Wassermolekül wird hierbei in seine beiden Bestandteile, Wasserstoff und Hydroxyl, zerlegt, von denen der Wasserstoff in die eine entstehende Gruppe, das Hydroxyl in die andere aufgenommen wird. Jede Kohlehydratverdauung, und wie wir sehen werden, jede Verdauung überhaupt, ist Hydrolyse. Daher ist es nötig, daß wir alle Nahrungsmittel vom Standpunkte ihrer Hydrolysierbarkeit kennen lernen. Wir werden unsere Untersuchungen nach dem Wesen der Nährstoffe vornehmlich auf diese Hydrolisierbarkeit, sowie auf einige wenige Erkennungsreaktionen beschränken.

### *Versuche mit Kohlehydraten.*

*Wir stellen einige ganz einfache Reaktionen an, nur mit der Absicht, sie als Signale für einige Kohlehydrate kennen zu lernen.*

*__1. Präzipitierung.__ Man macht eine Lösung von Stärkemehl zu 1 vH. Das Mehl wird gut mit dem Wasser gerührt, worauf man das Ganze aufkochen läßt. Von dieser Lösung bringt man etwas in ein Reagenzgläschen und fügt starken Alkohol hinzu. Es entsteht ein Niederschlag durch Wasserentziehung. Fügt man nun wieder Wasser hinzu, so löst sich die Stärke wieder kolloidal auf.*

*__2. Jodreaktion.__ Zu einer kleinen Probe der Stärkelösung fügt man einige Tropfen Jod-Jodkali (Lugolsche Lösung)[1] oder Jodtinktur. Es tritt intensive blaue Färbung auf, die beim Erhitzen verschwindet und in der Kälte zurückkommt.*

*__3. Hydroislierung der Stärke durch Kochen mit Säure.__ In einen Kolben bringen wir Stärkelösung und fügen hinzu einige Tropfen starke Salzsäure. Das Ganze wird auf dem Drahtnetz gekocht, wobei wir die Veränderungen in der Flüssigkeit beobachten. Die Stärkelösung opalisiert vor dem Kochen und verliert diese Eigenschaft durch das Erhitzen. Während des Kochens werden von Zeit zu Zeit, in nicht zu langen Abständen, kleine Mengen der Flüssigkeit mit einer Glasröhre dem Kolben entnommen und in einem Porzellanschälchen mit einem Tropfen verdünnter Jod-Jodkalilösung gemischt. Es empfiehlt sich, vor Beginn des Kochens alles, was man zur Jod-Reaktion nötig hat, bereit zu setzen. Porzellanschale, Jod-Jodkaliflasche mit Pipette und eine andere Pipette, um Proben aus dem Kolben zu nehmen. Zu Anfang des Kochens nimmt man bei der Jodprobe blaue Reaktion wahr, dann wird diese mehr und*

---

[1] Jodjodkalilösung macht man mit der folgenden Konzentration: 1 Teil Jod, 2 Teile Jodkali, 300 Teile Wasser.

*mehr violett, endlich rot; es ist Erythrodextrin entstanden. Nach einiger Zeit des Weiterkochens verschwindet auch diese Reaktion. Jod ruft in dem Tropfen der Kochprobe keine Farbveränderung mehr hervor. Der achromatische Punkt ist erreicht, oder, wie man auch zu sagen pflegt, es hat sich Achroodextrin gebildet.*

*Wir kochen noch eine Zeitlang weiter, um dann von Zeit zu Zeit auf Zucker zu reagieren mit den Reaktionen, die wir nun beschreiben werden.*

**4. Trommersche Reaktion auf Zucker.** *(Vereinfachte klinische Form der Reaktion mit Fehlingscher Lösung.) Füge zu einer Probe des mit Säure gekochten Stärkemehls (oder zu einer Lösung von Glukose) Natronlauge hinzu (nicht zu wenig, vor allen Dingen dann nicht, wenn wir mit Säure gekochte Stärke verwenden, der Säure wegen); ferner einige wenige Tropfen Glyzerin, endlich Kupfersulfatlösung. Es entsteht eine schön dunkelblaue klare Lösung von Kupferhydroxyd. Nun wird die Flüssigkeit an ihrer Oberfläche gleichmäßig erhitzt; bei Anwesenheit von Glukose oder von anderen reduzierenden Stoffen entsteht eine Trübung; die blaue Farbe verschwindet, an ihrer Stelle tritt gelbe bis rötliche Färbung auf. Es ist Kupferoxyd oder Kupferoxydul entstanden.*

*Anmerkung: Beim Mischen von Lauge und Kupfersulfat entsteht, wie gesagt, Kupferhydroxyd $Cu(OH)_2$, ein unlöslicher Stoff, der sich jedoch, bei Vorhandensein von Glukose oder Glyzerin, gut auflöst. Da die Lösung dieses Stoffes die Bedingung einer zuverlässigen Reaktion ist, und man nicht weiß, ob bei einer Probe, die man dem Kolben entnimmt, sich schon (Maltose oder) Glukose gebildet hat, so empfiehlt es sich, wie gesagt, Glyzerin zuzusetzen. Es sei ferner darauf aufmerksam gemacht, daß bei Gebrauch von zu wenig Lauge unlösliche Stoffe entstehen, welche die Reaktion stören. Für genauere Arbeit empfiehlt es sich denn auch, an Stelle dieser vereinfachten, die Reaktion mit Fehlingscher Lösung zu wählen.*

**5. Reaktion mit Fehlingscher Lösung auf Zucker.** *Zu einer Glukoselösung fügt man 2 ccm Seignette - Natronlaugelösung. (Diese besteht aus 346 g Seignette - Salz, 100 g Natronlauge auf 1 l Wasser.) Hierzu fügt man 2 ccm Kupfersulfat 6,9 vH. Erhitzen und Ergebnis wie bei der Trommerschen Probe.*

*Stärkelösungen (vor dem Kochen mit Säure) reduzieren Fehlingsche Lösung nicht.*

**6. Rohrzucker,** *Saccharose, ein Disaccharid $C_{12}H_{22}O_{11}$. Er reduziert Fehlingsche Lösung nicht.*

**7. Hydrolyse des Rohrzuckers.** *Wenn man ein wenig Rohrzuckerlösung mit etwas Salzsäure einen Augenblick im Reagenzglas kocht, dann kann man unmittelbar darauf die Fehlingsche Probe mit positivem Resultat machen. Der Rohrzucker ist hydrolysiert zu Fruchtzucker und Traubenzucker (Fruktose und Glukose), zwei Monosacchariden.*

**8. Mooresche Probe.** *Glukoselösung wird mit starkem Alkali gekocht Es tritt eine dunkle Färbung, gelb bis dunkelbraun, auf; außerdem ein ausgesprochener Karamellgeruch, der sich beim Ansäuern verstärkt.*

*Wenn es sich darum handelt, einen Körper als Glukose zu erkennen, darf man sich in der Regel nicht auf die Reduktion von Fehlingscher*

*Lösung verlassen, da es viele Körper gibt, die auf gleiche Weise reagieren. Darum muß man immer über mehrere Reaktionen verfügen. Wir wollen hier noch einige hinzufügen, von denen zumal die Phenylhydrazinprobe zugleich dazu dient, verschiedene Zuckerarten voneinander zu unterscheiden.*

**9. Reaktion von MOHLISCH auf alle Zuckerarten.** *Ein Kubikzentimeter Zuckerlösung kommt in ein Reagenzglas. Hierzu fügt man 2 Tropfen einer alkoholischen Lösung von α-Naphthol. Nun unterschichtet man diese Mischung mit starker, nitratfreier Schwefelsäure: Es tritt ein violetter Ring auf. Fügt man Wasser hinzu, so entsteht ein Niederschlag, der in Natronlauge sich wieder löst und eine wenig ausgesprochene goldgelbe Farbe annimmt.*

Abb. 18.   *Osazonkristalle von Glukose* (nach PLIMMER 1920).

*In der vergleichenden Physiologie der Ernährung ist es sehr häufig notwendig, sich Rechenschaft davon zu geben, ob bei einer Verdauung Maltose oder Glukose auftritt. Es gibt verschiedene Mittel, um dieses zu bestimmen; man kann z. B. bei gleichen Mengen hydrolysierten Materials den Reduktionstiter bestimmen, der für Glukose und Maltose bei gleichen Mengen verschieden ist. Für unsere Zwecke, aber auch zur Kontrolle bei der Forschung, kommen folgende einfache Reaktionen in Betracht.*

**10. Unterscheidung von Glukose und Maltose.** **BARFOEDsche Reaktion.** *66 g Kupferazetat + 10 ccm Eisessig werden in destilliertem Wasser gelöst und das Ganze auf 1 l aufgefüllt. Von diesem Reagens kommt ein wenig in ein Reagenzgläschen und wird zum Kochen erhitzt; der kochenden Flüssigkeit wird tropfenweise die Flüssigkeit hinzugefügt,* *die auf das Vorhandensein von Glukose untersucht werden soll. Es entsteht ein roter Niederschlag von Kupferoxydul, wenn Glukose anwesend ist, kein Niederschlag, wenn nur Disaccharide vorhanden sind. Wenn das Reagens allerdings nicht frisch bereitet worden ist, dann wird es auch durch Disaccharide reduziert.*

***11a. Osazonbildung, Phenylhydrazinprobe.*** *Man nimmt 3—4 ccm einer Lösung von reiner Maltose oder Glukose und fügt dazu 1 ccm einer Lösung, die zu gleichen Teilen aus Phenylhydrazin (kein zu altes Reagens nehmen!)[1] und Eisessig besteht. Ein Reagenzglas mit diesem Gemisch stellen wir in einen Becher mit Wasser, welches wir kochen lassen und kochen das Ganze etwa eine Stunde lang. (Nicht in offener Schale kochen,*

Abb. 19. *Osazonkristalle von Maltose* (nach PLIMMER 1920).

*da sonst die Flüssigkeit zu schnell verdampft, ehe sich das Osazon gebildet hat.) Bei Abkühlung entstehen Osazonkristalle, die unter dem Mikroskop betrachtet werden; sie sind jeweilig für eine Zuckerart charakteristisch, wie aus den Abb. 18 und 19 zu ersehen ist.*

***11b.*** *Um die Kristalle in reiner Form zu erhalten, nimmt man reine Zuckerarten, wie sie im Handel sind, also z. B. Maltose und Glukose. Sobald die Lösung, mit welcher wir diese Reaktion an-*

---

[1] In Nr. 11b ist eine neuere Form der Phenylhydrazinprobe gegeben. Salzsaures Phenylhydrazin kann im Gegensatz zu Phenylhydrazin bewahrt werden. Durch den Zusatz von Natriumazetat erhalten wir die gleichen Bedingungen wie in 11a.

*stellen, nicht rein ist, sondern irgendwelche Beimischung enthält, kann man sich auf die Form der entstehenden Kristalle nicht mehr verlassen. In diesem Falle kann man die Zuckerarten, die vorhanden sind, erst auf folgende Weise reinigen: Wir gehen aus von einer hydrolysierten Stärkelösung (1 vH). Wenn wir uns davon überzeugt haben, daß reichlich Zucker vorhanden ist (FEHLING s. Nr. 5), dampfen wir die zuvor filtrierte Lösung ein, bis ein Sirup entsteht, fügen diesem fünf Volumina Alkohol von 96 vH hinzu, filtrieren, dampfen das Filtrat ein; fügen noch einmal Wasser hinzu und dampfen wieder ein, so daß der Alkohol verschwindet und schließlich ein alkoholfreier Sirup entsteht. Von diesem nehmen wir 5 ccm, fügen hinzu 400 mg Natronazetat und 200 mg salzsaures Phenylhydrazin. Kochen im Wasserbade 1 Stunde wie oben. Untersuchung der Kristalle. Auch hier wird man aber nicht unter allen Bedingungen die reinen Kristallformen erhalten, wie sie in der Abbildung zu sehen sind. (Bei genauen Untersuchungen muß der Schmelzpunkt der Kristalle bestimmt werden.)*

*12. Hydrolyse von Stärke durch Speichel. 1 g Weizenstärke wird in einen Becher gebracht und auf einem Bunsenbrenner auf 75° erhitzt. Nun wird die Flamme gelöscht, und die Lösung bleibt stehen, bis die trüben Bestandteile auf den Boden gefallen sind. Die klare Flüssigkeit, die darüber steht, pipettieren wir ab[1]. Diese Flüssigkeit lassen wir nun aufkochen, kühlen ab und mischen ein wenig hiervon mit eigenem Speichel. Den Speichel verschaffen wir uns auf die folgende Weise: Wir lassen den Unterkiefer eine Zeitlang nach unten hängen, dann sammelt sich von selbst Speichel, der ohne weiteres in ein Schälchen läuft. Wir vermeiden hierbei die starke Schaumbildung, die man beim gewöhnlichen Ausspucken erhält. Speichel wirkt sehr schnell, zumal bei Anwendung der auf obige Weise präparierten Lösung, so daß man sehr schnell mit Jod-Jodkali das Entstehen der sich verschieden färbenden Produkte untersuchen muß. Man macht Kontrollversuche mit Stärkelösung ohne Speichel. Für die Verdauungslehre ist die Tatsache wichtig, daß bei der Speichelverdauung (Mensch) keine Glukose auftritt. Man macht daher mit denjenigen Produkten, in denen wir durch Reduktion (Nr. 5) die Anwesenheit reduzierenden Zuckers feststellen, auch eine Probe mit* BARFOED *schem Reagens und die Phenylhydrazinprobe.*

*13. Rohrzuckerlösung, mit Speichel gemischt, ergibt auch nach langem Stehen (Hinzufügen von einigen Tropfen Toluol zur Desinfektion) keine Reduktion.*

*14. Glukose dialysiert durch Pergamentpapier, Stärkelösung nicht. Wir füllen zwei Dialysatoren, etwa von 10 cm Länge: den einen mit einer Glukoselösung, den anderen mit einer Stärkelösung. Wir sorgen dafür, daß die Außenseite des Dialysators beim Einfüllen vollkommen frei bleibt von der eingefüllten Lösung, welche auch im Inneren einige Zentimeter unter dem Rande stehen soll. Jeder der beiden Dialysatoren kommt in je eine Glasröhre, die mit destilliertem Wasser gefüllt ist und zwar so, daß das destillierte Wasser außen ungefähr so hoch*

---

[1] Anstatt auf diese Art gewöhnliche Stärke zu lösen, kann man auch Amylum solubile (Merck oder Kahlbaum) benutzen, das man ohne weiteres durch Aufkochen in Wasser löst.

*steht wie innen die Zucker- oder Stärkelösung; die Glasröhre muß aber so eng sein, daß nur ein verhältnismäßig dünner Wassermantel den Dialysator umgibt. Das Ganze lassen wir bis zum folgenden Tage stehen; sodann wird der Dialysator entfernt und im Außenwasser in einem Falle die Zuckerprobe, im anderen Falle die Jodprobe auf Stärke gemacht. Wir überzeugen uns, daß nur der Zucker dialysiert ist. Dieser Versuch ist von Wichtigkeit zum Verständnis der Resorption, da in der Regel nur solche Stoffe resorbiert werden, die durch solch eine Pergamentpapiermembran zu dialysieren imstande sind. Hierbei ist allerdings zu bemerken, daß die Disaccharide zwar sehr gut dialysieren, aber durch den Darm von Wirbeltieren nicht resorbiert werden; Därme von Wirbellosen resorbieren sie dagegen gut.*

*__15. Glykogennachweis auf frischen Schnitten.__ Wir benutzen, um Glykogen nachzuweisen, Rasiermesserdünnschnitte durch Ascaris, welchen man nach dem Herausnehmen aus dem Darm unmittelbar in starkem Alkohol konserviert hat. Diese Dünnschnitte kommen auf einen Objektträger und werden behandelt mit einer Mischung von Jod-Jodkalilösung (s. S. 47 Fußnote 1) und etwas konz. Kochsalzlösung. Die braune Farbe, welche die reichlichen Glykogenmengen der Gewebe annehmen, betrachten wir unter dem Mikroskop. Man achte besonders auf die dunkelbraune Farbe der Muskeln sowie der Eier. Die gleiche Reaktion kann man natürlich auch mit käuflichem Glykogen machen; doch ist dieser Stoff teuer* [1].

*Ascaris lebt als Darmparasit vollkommen anoxybiontisch, d. h. er verbraucht keinen Sauerstoff und bezieht seine zum Leben nötige Energie aus chemischer Spaltung (Vergärung) von Glykogen. Hierbei entsteht als Produkt Kohlensäure und Valeriansäure (WEINLAND). Da die Energie, welche durch derartige Spaltungserscheinungen frei wird, sehr gering ist (verglichen mit der Energie, die bei der Verbrennung frei wird), setzt das Leben ohne Sauerstoff großen Stoffverbrauch voraus. Der Darmparasit, der sich reichlich Nahrung verschaffen kann, ist denn auch reichlich mit Glykogen versehen:* $^1/_3$ *der Trockensubstanz seines Körpers besteht aus Glykogen. Darum nehmen wir ihn als Beispiel.*

*__16. Glykogenfärbung nach BEST.__ Fixieren in absolutem Alkohol, oder Carnoy (Alk. abs. 60 ccm, Chloroform 30 ccm, Eisessig 10 ccm). Dauer der Fixierung je nach Objektgröße 1 — 3 Stunden. Dann absol. Alkohol, Xylol, Paraffin. Die Schnitte kommen nach üblicher Vorbehandlung und, wenn gewünscht, Färbung in Haematoxylin (Auswaschen!), auf 5 Minuten in Best'sche Karminlösung. Herstellung: Man kocht 2 gr Karmin (opt. rub. Grübler), 1 gr Kaliumkarbonat und 5 gr Kaliumchlorid einige Minuten mit 60 ccm dest. Wasser und setzt nach Erkalten 20 ccm Ammoniak zu. Diese Lösung ist sofort gebrauchsfertig. Von dieser Stammlösung werden 20 ccm (filtrieren) mit 30 ccm Liqu. Ammon. caustic. und 30 ccm Methylalkohol gemengt und hierin gefärbt. — Hierauf direktes*

---

[1] Unter pathologischen Umständen kann in den Geweben ein Stoff vorkommen, der mit Jod ähnlich reagiert wie Glykogen: Amyloid. Man unterscheidet beide Stoffe dadurch, daß man Schnitte, bei denen beide in Frage kommen, vor der Jodreaktion der Speichelwirkung aussetzt. Glykogen löst sich dann, Amyloid nicht.

*Übertragen zur Differenzierung in: Methylalkohol 40 ccm, absol. Alkohol 80 ccm und dest. Wasser 100 cm auf 1 bis 5 Minuten bis die erneute Differenzierungsflüssigkeit nicht mehr rot wird. — Hierauf abspülen in Alkohol 80%, Entwässern, Xylol, Canadabalsam.*

### Fette.

Fette sind Verbindungen von Fettsäure mit dem dreiwertigen Alkohol Glyzerin; mit anderen Worten: es sind echte neutrale Ester. Die allgemeine Formel ist:

$$\left.\begin{array}{l} C_n H_{2n+1} - COO \\ C_n H_{2n+1} - COO \\ C_n H_{2n+1} - COO \end{array}\right\} C_3 H_5.$$

Die wichtigsten Fette dieser allgemeinen Formel, so wie sie in den Nahrungsmitteln und Geweben vorkommen, sind Palmitin (wobei das $n$ der Formel $= 15$ ist) und Stearin ($n = 17$). Hierzu gesellt sich das Olein, welches aus der ungesättigten Oleinsäure besteht, auf deren Formel wir hier jedoch nicht eingehen wollen. Die Verbindung der Fettsäure mit dem Radikal des Glyzerins findet statt unter dem Austritt von drei Wassermolekülen. Die Spaltung des neutralen Fettes in Fettsäure und Glyzerin wird also wieder eine Hydrolyse sein.

Bedeutung der Fettspaltung für die Verdauung und Resorption.
Mit der Feststellung der Möglichkeit einer solchen hydrolytischen Spaltung des Fettes haben wir natürlich noch kein Verständnis für die Fettresorption gewonnen. Das Glyzerin, welches entsteht, ist ohne weiteres resorbierbar. Die Fettsäure aber verhält sich physikalisch wie neutrales Fett, mischt sich also nicht mit Wasser. Demgegenüber steht die Tatsache, daß die Fettsäure, sobald sie sich mit Natrium verbindet, wasserlösliche Seife gibt. Nun ist die Bedeutung dieser Seife, wie sie innerhalb unseres Darmes in kleinen Mengen auftritt (denn der Darmsaft enthält doppelkohlensaures Natron) folgende: Einmal wirkt Seife auf neutrales Fett emulgierend, d. h. sie vermindert die Oberflächenspannung, die in der Schicht herrscht, mit der Fett an Wasser grenzt, so daß die Fetttropfen leicht, etwa durch Schütteln voneinander zu trennen sind. Es entstehen immer feinere Fetttröpfchen, bis zuletzt das Fett in Form einer sogenannten Emulsion in äußerst feinen Tröpfchen gleichmäßig im Wasser verteilt ist. Für die Verdauung hat die Bildung von Emulsion den großen Wert, daß die fettspaltenden Enzyme das Fett nunmehr an einer viel größeren Oberfläche angreifen können, als das ohne Emulsionsbildung der Fall sein würde. (Die Bedeutung der Seife für Waschen und Haushalt beruht ganz auf ihrem Vermögen, derartige Emulsionen zu bilden, wodurch etwaiges Fett, das unsere Körperoberfläche beschmutzt, leicht abwaschbar wird.) Es gibt noch weitere Stoffe, die eine Emulsion des Fettes bewirken; als Beispiel werden wir die Galle kennen lernen. Auch kommt in Mandeln ein Stoff vor, der die gleiche Wirkung hat und mit Hilfe dessen das Öl der Mandel zu einer feinen Emulsion gebracht werden kann („Mandelmilch"). Dieser Stoff, dem auch andere Enzymwirkungen zukommen, heißt Emulsin. Endlich kommt im Ei-

dotter ein Stoff mit emulgierender Wirkung vor, den man in der Küche benutzt bei der Bereitung der sogenannten „Mayonnaise", einer Öl-Emulsion, während er innerhalb des Eidotters die Emulgierung des Nahrungsfettes für das junge Tier bewirkt.

Eine weitere Bedeutung der Seifenbildung im Darm sucht man darin, daß die Seifenmengen, die sich gebildet haben, resorbiert werden können; woraufhin das Alkali wieder in den Darm abgesondert werden soll, um als Transportmittel für neue kleine Fettmengen zu dienen. Dieses ist zwar eine Hypothese; allein sie gibt uns doch im Augenblicke die einzige Antwort auf die Frage, wie Fette resorbiert werden können. Alle Resorption hat ja Wasserlöslichkeit zur Voraussetzung, so daß also die Seifenbildung als letztes Stadium der Fettverdauung betrachtet werden muß.

### Versuche mit Fetten.

*17. Als Erkennungsreaktionen für das Fett geben wir nur die folgenden an: den typischen Fettfleck auf Papier, Schwärzung von Fett (z. B. eines solchen Fettfleckes) durch Zutat von ein wenig Osmiumsäure.*

*18. Emulsion. a) In ein Reagenzglas kommt etwa 1 ccm Öl und reichlich Wasser. Schütteln! Das Fett verteilt sich in verhältnismäßig grobe Tropfen, die sich bald wieder zu einer oben schwimmenden Ölschicht vereinigen. Eine kleine Menge bleibt noch im Wasser suspendiert.*

*b) In ein Reagenzglas kommt wiederum etwa 1 ccm Öl, eine Menge Wasser, wie im ersten Versuch, unter Hinzufügung von einer kleinen Menge Seife (pulverförmige Sapo medicinalis). Gründlich schütteln! Es bildet sich eine weiße undurchsichtige Emulsion, die recht beständig ist.*

*19. Hydrolysierung des Fettes. Seifenbildung. In ein Porzellanschälchen kommt etwas Öl und Alkohol von 95 vH. In ein zweites Schälchen kommt ein wenig festes Natriumhydroxyd ebenfalls in starken Alkohol. Beide Schälchen kommen je auf einen Dreifuß mit feinem Drahtnetz und werden nun zugleich äußerst vorsichtig erhitzt. Den Bunsenbrenner (kleine Flamme) bringt man so unter die Schale, daß man ihn zunächst horizontal, in größtmöglichster Entfernung, unter die Schale bringt und ihn dann erst, ihn aufrichtend, hinstellt. Nunmehr darf die Flamme etwas größer gemacht werden. Eine Entzündung des Alkohols erfolgt nur, wenn die Flamme mit den Alkoholdämpfen in Berührung kommt; das muß vermieden werden. Sobald in den beiden Schalen der Siedezustand erreicht ist, löscht man beide Flammen und gießt das Schälchen mit der mittlerweile gelösten alkoholischen Lauge in das Schälchen mit dem Öl. Man nimmt deutlich wahr, wie das Öl als solches verschwindet. Es entsteht ein Körper, der sich bei Zusatz von Wasser in diesem löst. Es ist Seife; dies kann man dadurch beweisen, daß bei Zusatz von Mineralsäure die freiwerdenden Fettsäuren ausfallen. (Gleicher Versuch mit einer Sapo-medicinalis-Lösung.) Eine einfache Weise, um in dem selbstgemachten Seifengemisch das freiwerdende Glyzerin nachzuweisen ist die, zu der Lösung, die ja Alkali im Überschuß enthält, etwas Kupfersulfat hinzuzufügen und sich davon zu überzeugen, daß das Kupferhydroxyd in Lösung geht. Daß das Glyzerin mit Wahrscheinlichkeit für diese Lösung verantwortlich ist, genügt uns hier zu seinem Nachweis.*

### Eiweiß.

Wir können die Eiweißstoffe mit ihren Eigenschaften hier nur in ganz geringem Umfange kennen lernen. Wir müssen ihre kolloidalen Eigenschaften besprechen, die Art, wie man ihr Vorhandensein nachweisen kann. Dagegen wollen wir ihre Löslichkeit (Spaltbarkeit) ausschließlich im Kapitel über Verdauung untersuchen. Hier muß uns die Tatsache genügen, daß Eiweiß im wesentlichen eine Verbindung von zahlreichen verschiedenartigen Aminosäuren ist, die auf dem Wege anhydrischer Verbindung, also unter Wasseraustritt, zusammentreten und dementsprechend durch Hydrolyse verdaut, d. h. wieder voneinander getrennt werden müssen.

Was die *kolloidalen Eigenschaften* (s. S. 46) des Eiweißes betrifft, so werden wir hier zwei Hauptformen der Niederschlagsbildung betrachten müssen, die sich dadurch voneinander unterscheiden, daß in einem Falle der Niederschlag sich nicht wieder auflöst, auch wenn man reichlich Lösungsmittel hinzusetzt (Gerinnung z. B. durch Kochen); im anderen Falle ist dagegen der Prozeß reversibel (Aussalzung). Bei der Eiweißgerinnung entsteht vermutlich ein neuer chemischer Körper, der im Wasser auch kolloidal sich nicht von selbst lösen läßt. Bei der Aussalzung wird der kolloidalen Lösung die Hauptbedingung des Gelöstseins entnommen, nämlich die Hydratation (der Wassermantel), und zwar geschieht das durch die stark wasseranziehenden Elektrolyten, die man zum Aussalzen verwendet. Wir müssen durch Versuche diese Methoden der reversibeln Eiweißfällung näher kennen lernen, da sie eine große Rolle spielen bei der Unterscheidung der Verdauungsprodukte.

Die *Globuline* sind nicht nur aussalzbar, sondern sie sind auch umgekehrt nur gelöst bei Anwesenheit einer bestimmten Elektrolytmenge, d. h. also, es darf in einer Globulinlösung nicht zuviel und nicht zu wenig Elektrolyt anwesend sein. Man kann sie also durch Aussalzen und durch Dialysieren niederschlagen. Beide Formen des Niederschlagens sind reversibel, verändern also den Körper als solchen nicht, sondern entziehen ihm nur seine Lösungsbedingungen, den „Wassermantel" und wahrscheinlich die elektrische Ladung. Genauer kennt man die Bedeutung beider Stabilitätsfaktoren für einen anderen eiweißartigen Stoff, nämlich *das Kasein*. Kasein ist an seinem „isoelektrischen Punkte" (wenn also die Reaktion derartig ist, daß sich an den Teilchen keinerlei Ladung nachweisen läßt) vollkommen unlösbar und löst sich nur auf Zusatz von Alkali oder Säure. Hier meint man also, daß die elektrische Ladung die hauptsächlichste, nicht jedoch die einzige Rolle als Stabilitätsfaktor spielt. Auch die Kaseinteilchen nehmen Wasser auf; das Vermögen der Wasseraufnahme ist am isoelektrischen Punkte am geringsten. Wir werden dieses Vermögen, um etwa bei Neutralität auszufallen, technisch benutzen, darum mußten wir kurz auf diese Eigenschaften eingehen.

Endlich haben wir noch eine andere Form des Gelöstseins zu erwähnen, das ist die Lösung der *Gelatine*. Gelatine ist kein echter Eiweißkörper, sondern sie ist nur mit dem Eiweiß verwandt; sie wird gewonnen durch Erhitzen von tierischem Bindegewebe (Kollagen). Dieser Stoff hat ein derartiges Vermögen Wasser zu binden, daß, bei nicht zu großer

Verdünnung und nicht zu hoher Temperatur, die Lösungen gelatinieren.
Erhitzen wir sie, dann verflüssigen sie sich, um bei Abkühlung wieder
die bekannte feste Gelatineform anzunehmen.

In erster Linie werden wir zu arbeiten haben mit Eiweißkörpern,
wie sie in den Körperflüssigkeiten vorkommen. Wir nennen die *Albumine*, welche schon in destilliertem Wasser löslich sind und uns vor
allem als Bestandteile des Eiereiweißes und des Blutplasmas entgegen-
treten. Wir müssen für unsere Zwecke die Albumine einteilen in die
flüssigen Albumine, wie sie in der Natur vorkommen, und die geronnenen
Eiweißstoffe, wie sie etwa durch Kochen entstehen.

Zu den in der Natur gelöst vorkommenden Eiweißstoffen rechnen wir
ferner die *Globuline*, deren wichtigste Eigenschaft, bei Abwesenheit
von Elektrolyten auszufallen, wir schon genannt haben[1]. Als Beispiel
eines derartigen Globulins nennen wir in erster Linie den Eiweißkörper,
mit dem wir unsere Versuche über Eiweißverdauung anstellen werden:
Es ist das Fibrin, der Bestandteil der Blutflüssigkeit (des Blutplasmas),
der bei der Blutgerinnung fest wird (so daß wir uns mit ihm bei Gelegenheit der Besprechung der Blutgerinnung noch einmal beschäftigen werden). Im geronnenen Zustande müssen wir diesen Stoff natürlich auch
hier wieder als chemisch verändert betrachten; vor seiner Gerinnung
war er als „Fibrinogen" im Blutplasma aufgelöst.

Als Beispiel für einen phosphorhaltigen, gelösten Eiweißkörper lernen
wir bei unseren Versuchen das *Kasein* kennen, (das ist der Haupteiweiß-
bestandteil der Milch), welches, unter Einfluß des sogenannten Lab-
fermentes aus dem Säugetiermagen in einen unlöslichen Stoff umgesetzt
werden kann: das Parakasein, dessen Eigenschaften, was die Abhängigkeit seines Lösungsvermögens vom isoelektrischen Punkte betrifft,
wir schon besprachen. (Löslich in Alkali und Säure; unlöslich bei
Neutralität.) Derartige phosphorhaltige Albumine dienen als Nahrungs-
eiweiß, sie werden in Milch oder Dotter dem jungen Tiere durch die
Natur geboten. Es sind leicht verdauliche Verbindungen zwischen dem
Phosphor und dem Eiweiß; sie sind nötig, da aus diesen Bestandteilen
kompliziertere Verbindungen entstehen müssen, nämlich die Proteide
der Gewebe.

Als *Proteide* definieren wir allgemein Verbindungen zwischen einem
Eiweißkörper und einer beliebigen anderen organischen Gruppe. Wir
nennen als Beispiele:

1. *Die Nukleoproteide*, bei welchen eine Eiweißkomponente mit einer
phosphorhaltigen organischen Säure, der Nukleinsäure, verbunden ist.
Dieses sind die Stoffe, die zum Gewebsaufbau dienen und daher beim
Wachstum, wie gesagt, bereitet werden müssen. Vor allen Dingen findet
man Nukleoproteide im Zellkern, woselbst sie durch ihr Vermögen,
basische Farbstoffe an sich zu binden schon lange die Aufmerksamkeit
der Histologen auf sich gezogen haben.

---

[1] Eine gebräuchliche Methode, Albumine und Globuline voneinander zu
unterscheiden beruht auf ihrer Aussalzung. Albumine präcipitieren erst bei
Sättigung, Globuline schon bei Halbsättigung mit Ammoniumsulfat.

2. *Glykoproteide*, Verbindungen von Eiweiß mit einer Kohlehydratgruppe; wir nennen das Muzin, den Schleim, wie er etwa in unserem Speichel oder im Hautsekret einer Schnecke vorkommt. Mit seinen chemischen Eigenschaften werden wir uns nicht weiter beschäftigen.

3. *Hämoglobin*, Hb[1], eine Verbindung von einem Eiweißkörper mit einer eisenhaltigen Farbstoffgruppe, dem Hämatin. Hb ist der rote Farbstoff unseres Blutes, mit dem wir uns im folgenden Kapitel eingehend beschäftigen werden.

*Albumoide* nennt man gewisse eiweißähnliche Stoffe, die sich aber in gewissen Beziehungen doch von den echten Eiweißkörpern unterscheiden. In vielen Fällen konnte man zeigen, daß die Albumoide nicht im Besitze der vollen Anzahl von Aminosäuregruppen sind, die sich bei allen echten Eiweißkörpern finden; z. B. fehlt der Gelatine das Tyrosin, womit jedoch keineswegs gesagt sein soll, daß diese Stoffe chemisch auf so einfache Weise zu charakterisieren sind. Meist handelt es sich um Stoffe, die vom Eiweiß abgeleitet sind und die innerhalb oder außerhalb des Organismus irgendeine Stützfunktion besitzen, bei der es nicht auf irgendwelche Lebens*erscheinungen* ankommt, sondern lediglich auf Festigkeit. Zu nennen sind hier: Horn (Keratin), Kollagen, der Bestandteil des Bindegewebes, der beim Kochen unter erhöhtem Druck, Leim oder Gelatine liefert. Ferner die Bestandteile der elastischen Fasern unseres Bindegewebes: das Elastin. Auch die Seide der Seidenraupe besteht aus einem solchen Albumoid. Soweit sie verdaulich sind, können derartige Albumoide als Nahrung eine Rolle spielen, niemals aber können sie beim Säugetier das Eiweiß der Nahrung vollständig ersetzen. Eiweiß ist eben ein unersetzbarer Teil unserer Nahrung und zwar derart, daß echte Eiweißkörper, die alle wesentlichen Aminosäuregruppen enthalten, zur Nahrung dienen müssen. Unseren Energiebedarf können wir auch aus eiweißfreier Nahrung decken, nicht aber können wir aus dieser dasjenige Eiweiß selbst machen, welches zum Aufbau unseres Körpers dient.

*Versuche mit Eiweiß.*

*20. Koagulation oder Gerinnung durch „Denaturierung" flüssiger Eiweißkörper. Man nimmt Eiweiß aus einem frischen Hühnerei, verdünnt es etwas mit Wasser, bringt kleine Proben hiervon in Reagenzgläser und fügt je zu einer Probe die folgenden Stoffe: Alkohol, Salzsäure, Sublimatlösung. Eine weitere Probe wird in der Flamme zum Kochen gebracht. Die Gerinnungsprodukte lösen sich in hinzugefügtem Wasser nicht wieder auf: Die Gerinnung ist also ein irreversibler Prozeß.*

*21. Versuche mit Gelatine. Man macht eine Gelatinelösung von 10 vH in heißem Wasser. Hierbei überzeugt man sich, daß Gelatine beim Kochen in Lösung geht und beim Abkühlen wieder gelatiniert. Dieses Gelatinieren hat, wie in der Einleitung gesagt wurde, nichts mit Gerinnung zu schaffen. Zu einer verdünnten Gelatinelösung fügt man Alkohol. Es entsteht ein Niederschlag, der, bei Zusatz von Salzsäure, sich wieder löst. Sublimat macht eine warme Gelatinelösung trübe. Chromsäure verursacht in einer Gelatinelösung einen Niederschlag.*

---

[1] Gebräuchliches Symbol für Hämoglobin, siehe den Abschnitt über Blut.

*22. Aussalzen. Zu einer Eiweißlösung, z. B. Eiweiß aus Hühnerei, fügt man gesättigte Ammoniumsulfatlösung hinzu. Es entsteht ein Niederschlag, der sich aber bei Hinzufügen von Wasser wieder löst: reversibler Prozeß.*

*23. Millons Reaktion. Zu einer geringen Menge Eiweißlösung aus Hühnerei fügt man einige Tropfen von „Millons Reagens" (einer Lösung von Quecksilber in Salpetersäure). Das Eiweiß gerinnt; es tritt eine rote Färbung auf, die zunimmt, wenn man das Ganze erhitzt.*

*24. Xanthoproteinreaktion. Man fügt zu einer Eiweißlösung einige Tropfen Salpetersäure. Es tritt charakteristische Gelbfärbung auf. Fügen wir nun Alkali hinzu, so verändert sich das Gelb in Orange. Die Gelbfärbung ist die gleiche, die auftritt, wenn wir Salpetersäure auf unsere Haut bringen.*

*25. Biuretreaktion. Wir machen eine kleine Probe von Eiweißlösung alkalisch, durch Zusatz von Natronlauge. Nun fügen wir vorsichtig ein bis zwei Tropfen einer sehr verdünnten Kupfersulfatlösung hinzu. Es tritt um diese Tropfen ein roter Hof auf, der sich nach Maßgabe der Mischung in der Flüssigkeit verbreitet; er kann leicht von der grünlich-blauen Färbung unterschieden werden, die das entstehende Kupferhydroxyd dem Ganzen verleiht. Wenn man reichlich Eiweiß in der Lösung hat, so bedarf es der angegebenen Vorsicht beim Hinzufügen des Kupfersulfates nicht. Man tut aber gut, sich von vornherein daran zu gewöhnen, diese feine Reaktion so auszuführen, wie wir das angaben. Schwache Reaktionen werden bei reichlicher Kupferzutat verdeckt. Man wiederholt diesen Versuch mit Gelatine und mit Wittepepton.*

*26. Versuche mit Kasein. Käufliches Kasein wird gelöst in Natriumkarbonat zu etwa 2 vH. Es entsteht eine opalisierende Lösung (kolloidal), die aber beim Kochen nicht gerinnt. Nun neutralisieren wir vorsichtig, durch tropfenweise Hinzufügung von 0,2 vH Salzsäure. Wenn wir uns der Neutralität nähern, sehen wir, daß um die Tropfen Wolken von Kaseinniederschlag auftreten, die wieder verschwinden, wenn die ganze Lösung bei Schütteln des Glases wieder alkalisch wird; der Niederschlag behauptet sich erst, wenn die ganze Lösung „neutral"[1] ist. Wir fahren fort mit Säurezusatz, worauf das Kasein sich wieder auflöst.*

### Die Verdauungsenzyme und ihre Wirkung.

Wir haben schon gehört, daß eine jegliche Verdauung Hydrolyse ist. Es ist hierzu also theoretisch nur notwendig die Anwesenheit von Wasser neben dem zu lösenden Stoffe. In Wirklichkeit aber kann man Stärke, Fett oder Eiweiß, solange man will, mit Wasser gemischt oder in Wasser gelöst bewahren (so lange man sie von Bakterienwirkung frei hält), ohne daß Hydrolyse auftritt. Wir haben aber gesehen, daß man alle diese Spaltungen erzielen kann, wenn man einige Faktoren hinzufügt, deren Bedeutung für den Spaltungsprozeß nicht ohne weiteres aus

---

[1] In Wirklichkeit liegt der isoelektrische Punkt von jedem dieser Eiweißsstoffe bei einer anderen Wasserstoffionenkonzentration. Der isoelektrische Punkt von Kasein liegt bei $p_H = 4{,}40$, also bei saurer Reaktion.

den chemischen Umsetzungen erhellt. Wenn wir Stärke oder Rohrzucker mit Säure kochen, dann tritt Hydrolyse auf, aber die Säure bleibt unverändert im Gemisch. Man drückt sich dann so aus, daß man sagt, die Säure beschleunigt eine Reaktion, die ohne ihre Zutat unendlich langsam gehen würde; oder aber, die Säure katalysiert die Spaltung; denn Katalysatoren nennt man Stoffe, die eine Reaktion beschleunigen, ohne selbst im Produkt der Reaktion mit aufzutreten. Nun sind in einem Organismus weder Kochtemperatur noch Säurekonzentrationen möglich, so wie wir sie angewandt haben. Dagegen finden wir hier andere Katalysatoren, die bei viel niederer Temperatur und bei sehr viel geringerer Abweichung von der neutralen Reaktion die gleichen Spaltungen zuwege bringen können: Fermente oder Enzyme. Wir wollen uns aus historischen Gründen des letzten Namens bedienen.

#### Allgemeine Eigenschaften der Enzyme, durch welche sie sich von den anorganischen Katalysatoren unterscheiden.

1. Enzyme sind thermolabil, d. h. sie werden durch höhere Temperaturen beschädigt und etwa bei 60° dauernd vernichtet. Eine Verdauungsenzymlösung, die man aufgekocht hat, ist dauernd unwirksam.

2. Enzyme wirken spezifisch. Durch Kochen mit Salzsäure kann man sehr verschiedene Stoffe hydrolisieren. Wir hörten das schon von Stärke und Rohrzucker, es gilt aber auch für Eiweiß. Enzyme wirken dagegen ausschließlich auf einen bestimmten Stoff, ja in der Regel nur auf eine einzige Bindungsart der Gruppen, die einen komplizierten Stoff bilden. Dieses geht soweit, daß man heute aus der Zahl der Enzyme, die z. B. als Eiweißlösungsmittel im Säugetierkörper angetroffen werden, auf die Zahl der prinzipiell verschiedenen Bindungsarten schließt, mit denen die Aminosäuren im Eiweißmolekül miteinander verbunden sind. Es gibt Enzyme, die Stärke aufzulösen imstande sind. Wir haben ein solches schon kennen gelernt (s. S. 51). Es ist die Amylase unseres Speichels. Unter seiner Wirkung zerfällt die Stärke bis zu einem aus zwei Glykosegruppen gebildeten Stoff, dem Malzzucker. Wohl niemals kann ein und dasselbe Enzym die Stärke abbauen bis zur Bildung von Traubenzucker. Stets bedarf sie dazu eines „Teilenzyms", welches in der gleichen Mischung, aber auch von der Amylase getrennt auftreten kann[1].

3. Die quantitative Wirkung der Enzyme und ihre Abhängigkeit von der Wasserstoffionenkonzentration. Eine weitere Besonderheit der Enzyme, verglichen mit den anorganischen Katalysatoren, ist ihre große Abhängigkeit von der Wasserstoffionenkonzentration. Hiermit kommen wir auf die quantitative Beziehung zwischen Enzym und gespaltenem Substrat.

Da das Enzym mit den Spaltungsprodukten keine Verbindung eingeht, besteht auch keine stöchiometrische Beziehung zwischen Enzym und gespaltenem Stoff. Theoretisch spaltet eine bestimmte Enzymmenge

---

[1] In unserem Speichel z. B. fehlt das Teilenzym, welches Malzzucker spaltet, d. h. also die „Maltase".

eine beliebige Menge Substrat (daß praktisch jedoch auch die Enzymwirkung beschränkt ist, werden wir sehen); doch besteht zwischen Enzymmenge und ihrer Wirkung ein ganz bestimmtes Verhältnis. Die Menge des Spaltungsproduktes, die in einer *bestimmten Zeit* entsteht, ist von der Enzymmenge abhängig. Wenn man von Zeit zu Zeit die Menge des gebildeten Spaltungsproduktes bestimmt und diese zunehmende Menge als Ordinaten in Beziehung zur Zeitdauer der Enzymwirkung (als Abszissen) bringt, so erhält man die Wirkungskurven für die betreffenden Enzymmengen. Die Wirkungskurven sind außerordentlich abhängig, abgesehen von der Art des Enzyms und seiner Menge: von der Temperatur und der Wasserstoffionenkonzentration. Derartige quantitative Versuche mit Enzymen müssen also unter Beobachtung sehr großer Genauigkeit bezüglich aller dieser Faktoren angestellt werden und sind demnach leider in einem Kursus nur andeutungsweise möglich. Immerhin wollen wir einiges bezüglich ihrer Technik mitteilen. Die Hauptsache ist, daß man die Enzyme mit einer ganz bestimmten bekannten Menge eines Substrates gut mischt, Bakterienentwicklung durch Zusatz von etwas Toluol verhindert[1] und die Versuche in genau regulierten Thermostaten stattfinden läßt. Um eine Veränderung der Wasserstoffionenkonzentration zu verhindern, muß ein Puffergemisch hinzugesetzt werden, welches das für das betreffende Enzym charakteristische $p_H$-Optimum gewährleistet.

## Nomenklatur der Enzyme.

Bei der großen Zahl der Enzyme, die bei den verschiedenen lebenden Wesen vorkommen, ist eine genau geregelte Nomenklatur sehr wichtig. Leider ist sie nicht überall durchgeführt. Wir werden uns, soweit es irgendwie möglich ist, daran halten, daß wir ein jedes Enzym nennen nach dem Stoff, den es zu spalten vermag, indem wir die Endsilbe „ase“ an den Namen des betreffenden Stoffes hängen; z. B. ein Enzym, welches Stärke oder Amylum spaltet, trägt den Namen Amylase; Maltose spaltende Enzyme heißen Maltasen, fettspaltende Enzyme Lipasen, eiweißspaltende Enzyme Proteasen. Es gibt aber auch alte, eingebürgerte Namen, die man nicht leicht wird verdrängen können; z. B. das Enzym, welches Rohrzucker spaltet und demnach Saccharase heißen sollte, wird noch ziemlich allgemein Invertase genannt, da bei der Rohrzuckerspaltung bekanntlich eine Umkehr des Lichtdrehungsvermögens eintritt. Ähnlichen Schwierigkeiten begegnen wir bei der Nomenklatur der verschiedenen eiweißspaltenden Enzyme. Hierbei handelt es sich zunächst um Proteasen, die aber, wie wir sehen werden, verschiedene Bindungen des Eiweißmoleküls zu lösen imstande sind. Namen, die dieser Leistung genau entsprechen, fehlen aber. Dagegen besitzt man für diese Enzymfraktionen alteingebürgerte Namen wie Pepsin, Trypsin, die man nicht ohne weiteres beseitigen kann.

---

[1] Man achte darauf, daß im Laufe der Versuche das Toluol nicht durch Verdampfen entweicht, da dann Bakterienentwicklung auftritt. Man halte die Reagenzgläser gut geschlossen mit einem Gummistöpsel.

## Die Verdauungsenzyme der Säugetiere.

Beim Säugetier kommen Verdauungsenzyme vor im Speichel, in den Magendrüsen, den Darmwanddrüsen, dem Pankreas. Auf die verschiedenen Stoffe, die verdaut werden müssen, verteilen sie sich wie folgt:

a) *Kohlehydrate.* Im Speichel kommt eine Amylase vor, die wir schon kennen; eine ähnliche Amylase findet sich im Saft des Pankreas; dagegen die Teilenzyme, welche die Disaccharide spalten, kommen praktisch nur in den Drüsen der Darmwand vor.

b) *Fett.* Lipasen finden wir im Magen, im Pankreassaft und im Darm. Das wichtigste ist dasjenige des Pankreas. Während die Lipase aus Pankreas und Darmwand bei schwach alkalischer Reaktion optimal wirken, wirkt diejenige des Magens bei saurer Reaktion; sie ist sehr wenig widerstandsfähig, so daß wir uns mit ihr nicht beschäftigen werden; denn in dem Magen, den wir uns aus dem Schlachthause verschaffen können, ist sie schon zerstört.

c) *Eiweißlösende Enzyme.* Proteasen kommen vor im Magen, Pankreas und in der Darmwand. Gleich den Enzymen, die auf Kohlehydrate wirken, sind sie auf diese Organe in verschiedenen Wirkungsstufen verteilt. Im Magen findet man ein Enzym, welches lediglich der Vorverdauung dient, das *Pepsin.* Es wirkt nur bei saurer Reaktion ($p_H$ etwa gleich 2) die Salzsäurekonzentration im Magen ist 0,15 vH. Die Salzsäure wird etwa zu 0,5 vH abgesondert; durch Bindung an Eiweißkörper der Nahrung aber sinkt der Prozentgehalt der Salzsäure auf die genannte Konzentration von 0,15 vH). Dieses Pepsin kann Eiweiß, und zwar alle Eiweißarten angreifen, aber nicht über ein gewisses Stadium hinaus verdauen. Im Duodenum ergießt sich auf die Nahrung in großen Mengen der Saft des Pankreas. Die Säure, die aus dem Magen kommt, wird neutralisiert. Es entfaltet dann ein zweites eiweißverdauendes Enzym seine Wirkung: das *Trypsin.* Zunächst befindet sich das Trypsin in der Drüse in einem Zustande, in welchem es nur wenig zu leisten vermag. Erst wenn es mit einem weiteren Stoffe: der Enterokinase, in bestimmten Mengenverhältnissen gemischt, „aktiviert" wird, erhält es die Eigenschaft, Eiweißkörper von Anfang an abzubauen. Es gibt Eiweißkörper, vor allen Dingen Bindegewebe oder Kollagen, welche der Wirkung auch des aktivierten Trypsins widerstehen. Trypsin baut Eiweiß viel weitergehend ab als Pepsin. Es macht einzelne Aminosäuren frei, ist aber nicht imstande, die allerletzte Bindung zu lösen, d. h. Di- oder Tripeptidbindungen. Also auch hier finden wir das letzte Teilenzym, das (gleich den Saccharobiasen die Zuckerarten) das Eiweiß in seine letzten Bestandteile zerlegt: das Erepsin.

Die *Enterokinase* findet sich in der Darmwand. Allerdings kommt sie auch im Pankreas selbst vor, ist dort jedoch inaktiv. Will man aus dem Pankreas „inaktives" Trypsin extrahieren, so muß man diese Extraktion gleich nach dem Tode mit Glyzerin vornehmen. Pankreas, welches eine Zeitlang steht (Schlachthausmaterial) und welches mit Wasser extrahiert wird, liefert aktive Enterokinase und daher aktiviertes Trypsin; hieran kann man also die Aktivierungsvorgänge nicht mehr nachweisen. Die eigentliche Aktivierung findet aber innerhalb des Lebens im Darm statt und zwar, entsprechend der Verteilung der Kinasemengen auf Duodenum und Dünndarm, nicht auf einmal, sondern jeweils in geringen Mengen. Die Folge hiervon ist eine gleichmäßige Verteilung der Trypsinwirkung auf den ganzen Darm.

*Erepsin.* Erepsin ist das letzte Teilenzym der Proteasen. Es vermag ausschließlich Di- und Tripeptide zu spalten, außer ihm vermag kein anderes Enzym dies zu tun. Es wird sezerniert von den Drüsen der Darmwand (gleich den letzten Teilenzymen der Kohlehydratverdauung). Wiederum ist dafür gesorgt, daß die letzten Spaltungsprodukte über den ganzen Darm verteilt, allmählich entstehen, da das Duodenum und beinahe der ganze Dünndarm Erepsin absondern. Die letzten Spaltungsprodukte sind es, die vornehmlich, praktisch vielleicht ausschließlich, durch den Darm resorbiert werden.

Abgesehen von den Drüsen der Darmwand kommt das Erepsin übrigens auch vor in sehr geringen Mengen im Pankreassaft (so daß also, ohne besonderes Trennungsmittel, mit dem natürlichen Pankreassaft keine überzeugenden Versuche über die Beschränkung der Trypsinwirkung angestellt werden können). Außerdem findet sich Erepsin in den Zellen der Magenschleimhaut, woselbst es die kleinen Mengen der hier resorbierten Peptone weiterhin vollständig abbaut.

Notwendigkeit der Verdauung bis zu den letzten Verdauungsprodukten.

*Kohlehydrate.* Der Darm der Wirbeltiere läßt (praktisch) ausschließlich Monosaccharide hindurchtreten, daher müssen die Kohlehydrate gespalten werden bis zur Bildung dieser Körper. Die Frage, welche Bedeutung dieses für den Körper hat, führt zur folgenden Überlegung: Das Entstehen von Maltose in großen Mengen, als Folge der Einwirkung von Speichel und Pankreassaft und ihre Resorption, würde eine Überschwemmung des Blutes mit Zucker herbeiführen, wenn Maltose schon resorbiert oder unmittelbar zu Glukose gespalten werden könnte. Nun aber wird die letzte Hand an die Verdauung gelegt durch Enzyme, die in kleinen Mengen von der gesamten Darmwand abgegeben werden; die allmähliche Spaltung kann also einen Schutz vor einer derartigen Überschwemmung bedeuten. Bei niederen Tieren ist das anders. Man findet z. B. im Darm der Schnecke Helix pomatia die Permeabilität für Rohrzucker beinahe gleich derjenigen für Traubenzucker. Auch sind die verschiedenen Teilenzyme bei den Wirbellosen nicht getrennt. Hier kommt aus anderen Gründen eine Überschwemmung des Blutes mit Verdauungsprodukten nicht in Frage.

*Eiweiß.* Ähnlich mag es sich beim Eiweiß verhalten, doch kommt hier noch eine wichtige Tatsache hinzu, daß nämlich die Eiweißkörper artfremder Tiere, wenn man sie direkt in das Blut bringt, heftige Giftwirkungen entfalten können. Die Spaltungsprodukte, wie sie im Magen entstehen (Peptone), besitzen diese Wirkung noch. Die Grenze ist nicht genau bekannt, sie ist aber sicherlich erreicht, wenn die Eiweißkörper in ihre Bausteine, die Aminosäuren, vollkommen zerlegt worden sind.

### *Beobachtungen am Schweinemagen.*

**27. Die physiologische Morphologie des Schweinemagens.**
*Wir verschaffen uns einen Schweinemagen aus dem Schlachthause, wenn möglich, im Hungerzustande. Der Magen wird geöffnet durch einen Einschnitt vom Ösophagus her. Mit einer groben Schere schneiden wir den Magen in der Längsrichtung auf. Wir entwerfen eine Skizze und geben die folgenden Teile darauf an:*

*Der Ösophagus.*

*Die Cardia: die Mündungsstelle des Ösophagus. Man sieht im Inneren des Magens eine Zone, die sich scharf unterscheidet von der eigentlichen Magenschleimhaut, die den Rest des Magens auskleidet. Hier ist der Magen noch mit verhornter Haut bedeckt.*

*Der Fundus. Der große sackförmige Teil, der sich vom Ösophagus aus nach der Seite hin erstreckt, die der Mündung in das Duodenum entgegengesetzt ist. Er endet blindsackartig und bildet einen Raum, in welchen die Salzsäure, die nur in einer mittleren Partie des Magens abgesondert wird, nicht eindringt, so daß hier die Speichelamylase ruhig weiterwirken kann. Alle Amylasen nämlich, mit denen wir zu tun haben, sind säureempfindlich.*

*Die Pars pylorica ist der trichterförmige Teil, der den geräumigen Fundus des Magens mit der distalen Magenmündung, dem Pylorus, verbindet. In der Nähe dieser Mündung wird (wenn vorhanden) Mageninhalt auf seine Reaktion hin untersucht und zwar mit blauem Lakmuspapier und Kongorotpapier. Vermutlich wird das Lakmuspapier rot werden. Dieses beweist, daß Säure vorhanden ist, allein nicht, um welche Säure es sich handelt. Höchstwahrscheinlich wird es sich lediglich um Milchsäure handeln, die im Magen auftritt durch Vergärung der gefressenen Kohlehydrate durch Bakterien. Wenn freie Salzsäure anwesend sein sollte, dann muß das Kongorotpapier trotz seiner viel geringeren Empfindlichkeit gegen niedere Säuregrade blau werden. Da diese Dinge von sehr vielen Umständen abhängig sind, die man bei Schlachthausmaterial nicht in der Hand hat, so wollen wir uns auf diese wenigen Beobachtungen beschränken.*

*Man beachte, daß die Muskulatur der Pars pylorica viel dicker ist als diejenige des Fundus; ihr, und nur ihr, fällt während der Verdauung die Aufgabe zu, durch regelmäßige peristaltische Bewegungen die Nahrung mit dem Magensaft zu durchkneten.*

Obwohl der Magensaft innerhalb des ganzen Magens aus den vielen tausenden kleinen Drüsenmündungen, in Gestalt kleiner Tröpfchen, während der Verdauung hervortritt, sammelt er sich doch ausschließlich in der Pars pylorica an der Oberfläche des dort befindlichen Nahrungskegels, so daß hier dauernd durch die Bewegung der Muskulatur Saft und Nahrung gut durchknetet werden und jegliche, hierbei entstehende Flüssigkeitsmenge direkt in das Duodenum abgedrückt oder ausgespritzt werden kann.

*Der Pylorus* ist eine Verdickung der Ringmuskulatur, die wir soeben besprochen haben. Dieser Sphinkter pylori bildet eine scharfe Grenze zwischen Magen und Darm und ist imstande, den Magen gegen den Darm völlig abzuschließen. Dieses geschieht, solange sich z. B. saurer Mageninhalt im Duodenum befindet, durch einen Reflex: den Pylorusreflex, den man im wesentlichen auf folgende Weise beschreiben kann. Die Gesamtmuskulatur der Pars pylorica führt, wie gesagt, peristaltische Bewegungen aus. Das bedeutet aber, daß die Ringmuskulatur vor dem Nahrungsballen, welcher durch die Bewegung transportiert wird, erschlafft, aber hinter ihm sich zusammenzieht und auf diese Weise eben den Nahrungsballen vorwärts treibt; denn sowohl Erschlaffungs- als Kontraktionszone pflanzen sich in der Richtung nach dem Darme zu über den gesamten Magenteil fort. Sobald der Pylorus an der Reihe ist zu erschlaffen, wird die Nahrung hierdurch in den Darm gedrückt. Wenn aber im Duodenum Säure[1] vorhanden ist, dann unterbleibt die Erschlaffung durch eine Erregung, die diesem Schließmuskel durch Nerven zugeleitet wird. Nun findet die Nahrung im Pylorus Widerstand und die Peristaltik dient nicht zur Nahrungsbewegung, sondern, wie gesagt, zum Kneten. Als Säuren kommen in Betracht die Salzsäure des Magens und die durch Fettverdauung entstehenden Fettsäuren. Die Neutralisation und hierdurch die zeitweilige Aufhebung des Pylorusverschlusses findet in erster Linie durch den Pankreassaft statt.

*28. Pepsinextrakt aus dem frischen Schweinemagen. Mit Hilfe eines Skalpells und einer groben Pinzette trennen wir nun die Schleimhaut des Magens von seiner Muskelschicht. Dies gelingt leicht, da zwischen beiden Lagen sich eine Schicht lockeren Bindegewebes einschaltet, welches auch mit stumpfen Gegenständen, mit dem Stiel des Messers, leicht durchtrennt werden kann. Die Stücke Schleimhaut, die wir uns auf diese Weise verschaffen, werden nun so fein wie möglich zerkleinert. Es werden feine Streifen davon abgeschnitten und diese quer, so fein wie möglich, in kleine Teilchen zerlegt; endlich wird das Ganze mit einem Hackmesser auf einem Hackbrett in einen Brei verwandelt. Dieser Brei wird mit Salzsäure von 0,5 vH extrahiert, wobei man etwa zweimal soviel Salzsäurelösung nimmt als Gewebsbrei. Nach etwa 24 Stunden wird das Ganze durch ein reines Tuch kolliert und die Flüssigkeit zu Versuchen gebraucht. Man überzeuge sich aber erst, ob sie noch ausgesprochen sauer auf Kongorotpapier reagiert; tut sie das nicht, dann müssen wir etwas Salzsäure von 0,5 vH hinzusetzen. Die folgenden Versuche können mit diesen Extrakten oder auch mit käuflichem Pepsin angestellt werden. Wir wollen sie für käufliches Pepsinpulver beschreiben.*

*29. Herstellung von Karminfibrin. Fibrin verschafft man sich im Schlachthause. Man wäscht etwas Fibrin gut mit Wasser aus bis alle Blutspuren entfernt sind. In diesem Zustande kann man es in konzentriertem Glyzerin, unter Zufügung von etwas Chloroform, gut bewahren. Vor dem Gebrauche wird solches konserviertes Fibrin gut ausgewaschen. Es empfiehlt sich, für eine Reihe von Versuchen das Fibrin zu färben und zwar je nach der Art der betreffenden Versuche. Wenn man mit Pepsin arbeitet, so färbt man mit einer konzentrierten Lösung von Karmin in Ammoniak und wäscht sie dann gut mit angesäuertem Wasser aus. Um in*

---

[1] Flüssigkeiten von anderem osmotischem Druck oder anderer Temperatur als das Blut haben die gleiche Wirkung; erst nach Ausgleich öffnet sich der Pylorus wieder. Ausgleich des osmotischen Druckes findet bei Hypotonie der Flüssigkeit durch Salzsekretion von seiten der Drüsen statt.

*schwach alkalischem Milieu zu arbeiten, benutzt man als Farbstoff Sprit-blau[1]. Entsprechend gefärbtes und gut ausgewaschenes Fibrin verursacht eine Färbung der Flüssigkeit nur dann, wenn das Fibrin verdaut wird. So nimmt man den Eintritt der Verdauung durch Lösung dieses Farb-stoffes wahr. (Diese Färbung wird auch zu quantitativen Bestimmungen der Enzymwirkungen gebraucht, da die Menge des gelösten Fibrins sich aus der Intensivität der Färbung der Lösung ergibt. Doch wollen wir das hier weiter nicht besprechen.)*

**30. Nachweis der Pepsinverdauung.** *Wir nehmen nun vier Reagenz-gläser:*

*In das erste a kommt $^1/_2$ g Pepsinpulver, welches in 5 ccm destillierten Wassers gelöst ist.   In ein zweites Reagenzglas b kommt ausschließlich 5 ccm Salzsäure zu 0,2 vH. In ein drittes Reagenzglas c kommt $^1/_2$ g Pep-sin und 5 ccm Salzsäure zu 0,2 vH.*

*Wie bei jedem Verdauungsversuch muß ein Kontrollversuch d ausge-führt werden, bei welchem man unter genau den gleichen Bedingungen ar-beitet wie bei dem Verdauungsversuch c, nur daß man das Ganze vor Beginn des eigentlichen Versuches 5 Min. im Wasserbad kocht. Wir überzeugen uns später, daß dann keinerlei Verdauung stattfindet.*

*Alle vier Gläschen erhalten eine etwa gleich große Fibrinflocke. Wir setzen einige Tropfen Toluol hinzu und schließen die Gläschen mit einem Stöpsel ab.*

*Es empfiehlt sich, alle Verdauungsversuche in einem Thermostaten aus-zuführen, der auf etwa 40° reguliert ist. Zur Not gehen alle diese Versuche auch bei Zimmertemperatur, natürlich nur langsamer.*

*Da wir als Antiseptikum Toluol zusetzen, welches spezifisch leichter ist als Wasser und obenauf schwimmt, so müssen wir uns von Zeit zu Zeit davon überzeugen, daß dieser Stoff nicht verdampft ist. Nach einiger Zeit sehen wir, daß lediglich im Reagenzglas mit Pepsin und Salzsäure das Eiweiß gelöst wurde. Pepsin allein hat keine Wirkung ausgeübt, Salzsäure brachte das Fibrin (Karminfibrin) nur zur Quellung (Versuch b).*

*Wenn man Verdauungsversuche mit den selbstgemachten Extrakten aus dem Schweinemagen ausführt, so muß man sich von Zeit zu Zeit davon überzeugen, daß das Verdauungsgemisch in c noch sauer reagiert. Eiweiß hat ein stark säurebindendes Vermögen; wenn auch damit durch Wahl einer 0,5proz. Salzsäure gerechnet wurde, so ist es doch möglich, daß durch das Magengewebe und das Fibrin auch diese Säure vollkommen gebunden wird; dann muß aufs neue Säure hinzugesetzt werden. Auch bei Verwen-dung käuflichen Pepsins kann bei Anwendung größerer Fibrinmengen die Säure gebunden werden. Daher müssen wir auch bei dieser Methode den Säuregrad mit Kongorotpapier stets prüfen.*

**31. Wirkung der Temperatur auf die Verdauung.** *Wenn wir auch hier keine quantitative Methode anwenden wollen, so läßt sich doch schon mit großer Deutlichkeit zeigen, daß bei hoher Temperatur die Verdau-ung schneller verläuft als bei niedriger.*

---

[1] Diphenylrosalin (Ceresblau III, Spritblau —bläulich, Bayer Co.) 5 vH auf-gelöst in Glyzerin.   Davon 4 Teile auf 1 Teil Fibrin.

*Zwei Reagenzgläschen, jedes mit Pepsin und Salzsäure und einer Karminfibrinflocke beschickt (wie in Röhrchen c), werden aufgestellt: das eine bei niedriger Temperatur, das andere bei 35—40°. Für den Fall, daß kein Thermostat zur Verfügung steht, kann man das Gläschen in einen großen Becher mit Wasser eintauchen, unter dem eine kleine Flamme brennt, während man die Temperatur dauernd kontrolliert. Hierbei achte man nur darauf, daß sich keine großen Abweichungen ergeben, vor allen Dingen, daß das Wasser nicht zu heiß wird. Um einen großen Gegensatz zu erhalten, bringt man das zweite Röhrchen in kaltes Leitungswasser oder in eisgekühltes Wasser. Wir stellen nun die Zeit fest, die es dauert, bis die erste rote Färbung der Flüssigkeit auftritt. Dieses ist für die Probe bei hoher Temperatur viel früher als bei niederer. Wenn wir den Versuch bei etwa 0° machen, dann ist die Verdauung außerordentlich verzögert.*

### Versuche mit dem Pankreas.

Das Pankreas liefert einen Saft, der hauptsächlich die folgenden Bestandteile enthält (S. 61): Doppelkohlensaures Natron, Trypsin als eiweißlösendes Enzym, Enterokinase in nicht aktiver Form, Amylase, Lipase und kleine Mengen Erepsin. Maltase und Invertase fehlen. Dieses letztere bezieht sich allerdings lediglich auf die Säugetiere. Bei Fischen und Amphibien ist im Pankreas Maltase vorhanden, so daß also bei diesen Tieren die für die Säugetiere charakteristische Trennung der Enzyme von ihren, die Verdauung vollendenden, Teilenzymen für Kohlehydrate nicht vorkommt.

*32. Die Extraktion des Pankreas. Ein ganz frisches Rinderpankreas aus dem Schlachthause wird vom Bindegewebe, Fett und Lymphdrüsen befreit, fein gehackt und sodann mit reinem Glyzerin extrahiert. Auf einen Teil Pankreasbrei gibt man zwei Teile Glyzerin. Die Extraktion muß mit Glyzerin geschehen, da nur hierdurch verhindert wird, daß die inaktive Enterokinase des Pankreas aktiviert wird. Die Extraktion des Pankreas soll etwa zweimal 24 Stunden dauern. Wir bewahren die selbstgemachten Extrakte für die Versuche mit Enterokinase. Gleichzeitig machen wir Extrakte aus der Darmschleimhaut (gleichfalls Schlachthausmaterial). Hierzu wird diese Schleimhaut mit einem Objektträger gründlich abgeschabt und das abgeschabte Produkt mit Wasser oder Glyzerin extrahiert.*

*Im Handel befinden sich Pankreaspräparate unter dem Namen Pankreatin usw. Diese sind alle aktiviert. Wir machen die folgenden Versuche zunächst mit diesem käuflichem Pankreatin.*

*33. Die Protease des Pankreas. Wieder nehmen wir vier Reagenzgläser und beschicken sie wie folgt:*

*a) Ein Gläschen erhält 3 ccm Salzsäure 0,2 vH + 0,5 g Pankreatin.*

*b) Ein zweites 3 ccm Wasser + 0,5 g Pankreatin.*

*c) Ein drittes 3 ccm doppelkohlensaures Natron 2 vH + 0,5 g Pankreatin. Toluol, Pfropfen, Thermostat bei 38—40°.*

*d) Ein viertes, wie c, nur aufgekocht (Kontrolle). Jedem Gläschen wird Fibrin (womöglich Spritblaufibrin) zugefügt.*

*Man beobachte, in welchen Gläschen Verdauung auftritt und in welchem sie am schnellsten auftritt.*

**34. Die Amylase des Pankreas.** *Der einfache Nachweis der Stärkeverdauung wird auf genau die gleiche Weise ausgeführt, wie wir das mit unserem eigenen Speichel kennen gelernt haben (siehe S. 51). Kontrolle mit aufgekochtem Inhalt des Reagenzglases.*

**35. Quantitative Bestimmung der Amylasewirkung im Pankreatin.** *Die Methode von* WOHLGEMUTH *ist eine der wenigen quantitativen Methoden, die sich auch in einem Kursus leicht anwenden lassen. Man nimmt eine Reihe von zehn numerierten, gut gereinigten und daraufhin getrockneten Reagenzgläschen. In alle Röhrchen bringen wir je 1 ccm Kochsalzlösung von 2 vH. In das Röhrchen 1 kommt 1 ccm einer Pankreatinlösung von 1 vH. Die Pankreatinlösung wird wie folgt hergestellt: Man wägt die betreffende Pankreatinmenge, reibt diese in einer Reibschale mit etwas Wasser, fügt die volle Wassermenge hinzu und bringt das Ganze 1 Stunde lang auf 38°, am besten in einen Thermostat. Hierauf wird filtriert. 1 ccm dieser Lösung wird abpipettiert. Das Abpipettieren geschieht auf folgende Weise: Man taucht die Spitze der (gut gereinigten) Pipette in die Lösung, saugt dreimal die Lösung ein und läßt sie wieder auslaufen. Beim dritten Male saugt man etwas über den Eichstrich und verschließt die obere Öffnung der Pipette mit dem Finger, läßt dann auslaufen bis der Meniskus der Flüssigkeit genau auf dem Eichstriche steht, den wir hierbei als eine einzige Linie sehen müssen. Nun bringen wir die Mündung der Pipette in Reagenzglas 1 und lassen auslaufen. Nicht blasen!*

*Von der Mischung im ersten Reagenzgläschen saugen wir auf die nämliche Weise 1 ccm auf und bringen diese Menge in das zweite Reagenzglas. Von dieser Mischung pipettieren wir nach Durchspülung wieder 1 ccm in Reagenzgläschen 3 usw. bis Röhrchen 9. So erhalten wir eine Reihe von Röhrchen, die entsprechend enthalten:* $^1/_2$, $^1/_4$, $^1/_8$ ...... *0 ccm Enzymlösung. Nun bringen wir in jedes der zehn Röhrchen 5 ccm einer abgekühlten 1proz. Stärkelösung[1], ferner einen Tropfen Toluol und schließen mit einem Pfropfen, der jegliches Verdampfen verhindert. Der Ständer mit den zehn Röhrchen wird eine Zeitlang bei konstanter Temperatur (Thermostat 38°) bewahrt. Nach einer bestimmten Zeit, z. B. 24 Stunden[2], werden die Gläschen schnell abgekühlt, mit Wasser bis dicht an den Rand gefüllt und 1—2 Tropfen Jodlösung hinzugefügt. Hat man die Zeitdauer des Versuches richtig gewählt, so ergibt mindestens das erste Reagenzgläschen keinerlei Reaktion auf Jod (die leicht braune Färbung ist dem Jod direkt zuzuschreiben), während mindestens das letzte Gläschen noch eine deutliche blaue Jodreaktion zeigt (Kontrolle). Als Grenze der Wirkung nehmen wir das Gläschen mit roter Farbe (Erythrodextrin). Z. B. Gläschen 5 wird rot, während die vier ersten Gläser keine Reaktion mehr geben. In Gläschen 4 befindet sich* $^1/_{16}$ *ccm Enzym. Dieses verdaut 5 ccm Stärke von 1 vH in der bestimmten Zeit. Daher verdaut 1 ccm Enzym 16 . 5 = 80 ccm Stärke von 1 vH. Wir sagen demnach, daß die Amylasezahl der betreffenden Pankreatinlösung 80 ist.*

---

[1] Amylum sol. von Kahlbaum.

[2] Die Erfahrung ergibt, daß diese Zeit bei verschiedenen Pankreatinpräparaten variiert werden muß. Sehr starke Präparate werden nach 24 Stunden schon zu weitgehend gewirkt haben, dann muß in einem Vorversuch des Kursusleiters eine geeignete Zeit festgestellt werden.

*36. Lipase des Pankreas.* In zwei Reagenzgläschen bringen wir etwas Öl (am besten frisches Olivenöl). Hierzu fügen wir 3 ccm Pankreatinlösung, wie wir sie bisher immer gebraucht haben, und ein wenig Phenolphthalein. In der Regel wird dieses Gemisch sauer reagieren, da in dem Öl sich stets kleine Mengen Fettsäure befinden. Wir fügen daher äußerst vorsichtig, am besten aus einer Bürette, sehr verdünntes Alkali hinzu (etwa $^1/_{10}$ norm. Natronlauge), bis eine ganz leichte rosa Farbe des Gemisches auftritt. Eine übermäßige Alkalisierung macht ein Gelingen des Versuches unmöglich, da niemals in dem Verdauungsversuch soviel Fettsäure entstehen wird, wie nötig ist, um das Alkali zu neutralisieren. Toluol, Verschluß, Thermostat. Das zweite Röhrchen ist Kontrollprobe genau gleicher Färbung, aber mit durch Erhitzen auf etwa 70° vernichtetem Enzym. Es dient dazu, um die Farbveränderungen des Hauptversuches deutlich sehen zu können.

Wenn nun unter Wirkung der Pankreaslipase Fettspaltung auftritt, so verrät sich dieses durch Verschwinden der rosa Färbung, da das Gemisch durch die auftretende Fettsäure sauer wird.

An Stelle von Öl kann man auch die folgenden Stoffe nehmen:

a) Milch, wobei bei der großen Verdaulichkeit der in der Milch anwesenden Butter schnell saure Reaktion auftritt.

b) Wenn man nur sehr schwache Lipasen zur Verfügung hat, so empfiehlt es sich, andersartige Fettsäureester zu nehmen, nämlich z. B. Monobutyrin, welches außerordentlich leicht gespalten wird.

*37. Enterokinase.* Um die Enterokinasewirkung zu beobachten, arbeiten wir mit unseren selbstgemachten Extrakten (S. 66). Wir machen nochmals darauf aufmerksam, daß der Pankreasextrakt unbedingt mit Glyzerin gemacht werden muß, da Glyzerin die Aktivierung der Enterokinase hemmt. Diese Hemmung kann uns nur dann nützlich sein, wenn das Material frisch war und wir demnach nicht schon von vornherein aktivierte Enterokinase in dem Pankreas haben. Für den Fall, daß kein frisches Pankreasmaterial zur Verfügung steht, verschafft man sich dieses von einem Frosch. Die Extrakte aus Pankreas und Darm, welche mindestens zweimal 24 Stunden gestanden haben, werden nun mit Wasser verdünnt (der Extrakt der Darmschleimhaut nur, wenn Glyzerin zur Verwendung gekommen ist): man nimmt etwa fünfmal soviel Wasser als Glyzerinextrakt. In ein Reagenzgläschen kommt Pankreasextrakt, in ein zweites Darmschleimhautextrakt und in ein drittes eine Mischung beider Extrakte. Man läßt dieser Mischung etwa $^1/_2$ Stunde Zeit, um sich zu aktivieren, fügt dann je zu den drei Gläschen etwas Fibrin. (Es ist vorteilhaft, etwas doppelkohlensaures Natron von 2 vH allen drei Gläschen nach der Aktivierung hinzuzufügen.) Bei gelungenem Versuche (d. h. frischem Pankreas) tritt nur in der Mischung der Extrakte Verdauung auf.

*38. Der Enterokinaseversuch mit Froschpankreas. Die Kaseinmethode des Nachweises proteolytischer Wirkung.* Wenn man diesen Versuch mit Froschpankreas anstellt, so empfiehlt es sich, zum Nachweis der Eiweißverdauung eine andere Methode anzuwenden. Nachdem die Extrakte auf die beschriebene Weise hergestellt worden sind (Versuch 37), fügt man zu jedem der drei Reagenzgläschen ein wenig von *einer Lösung von 2 vH Kasein, aufgelöst in einer Lösung von 2 vH doppelkohlensaurem Natron. Nach einiger Zeit, etwa 6—12 Stunden, untersucht man wie folgt:*

*Man fügt vorsichtig einen Tropfen Essigsäure-Alkohol[1] aus einer Pipettenflasche hinzu. Sobald hierbei Trübung auftritt hat keine Verdauung stattgefunden, während im Gläschen, welches die Mischung beider Extrakte enthält, keine solche Trübung mehr nachzuweisen ist.*

## B. Vergleich der Verdauung der Säugetiere und einiger Wirbellosen.

### Nahrungserwerb und Vorverdauung.

Die Zerkleinerung der gewonnenen Nahrung findet bei den Wirbeltieren meistens statt im Magen; die als Ganzes verschlungene oder nur schlinggerecht gemachte Beute wird im Magen langsam zerteilt und durch den Pylorus partikelweise allmählich dem Darme übergeben; nur höhere Wirbeltiere sind Mundkauer.

Bei den Wirbellosen dagegen herrscht viel mehr Variation. G. C. Hirsch hat hier neuerdings sieben Typen der Nahrungsaufnahme unterscheiden können[2]: die reinen Partikelfresser, die Sauger, die Schlinger, die Kauer, die Kratzer, die Außenverdauer, die Parenteralen. Von denen wollen wir hier praktisch nur fünf Beispiele für vier Typen behandeln.

1. *Die reinen Partikelfresser.* Das sind Tiere, die nicht imstande sind, größere Nahrungsstücke zu bewältigen, die sich beschränken auf den Erwerb von Partikel von 50—0,1 $\mu$ Größe. Es sind ausschließlich Wassertiere. Zum Nahrungserwerb ist notwendig erstens Wasserbewegung, zweitens eine Filtereinrichtung, drittens ein Sammeln und Zum-Munde-führen der Partikel. Dies alles kann auf sehr verschiedene Weise geschehen; wir beschränken uns auf zwei Beispiele: Paramaecium und Daphnia.

Bei *Paramaecium* geschieht die Wasser- und damit Partikelbewegung durch die Wimpern am Peristom, die so schlagen, daß ein weitausgreifender Strudel vor dem Pharynx entsteht; der Strudel ist gegen den Plasmamund gerichtet (Abb. 26). Filtriert wird dadurch, daß der Plasmamund trichterförmig eingestülpt ist und die Peristomwimpern gegen den Plasmamund zu schlagen, so daß sich die Partikel im Trichter anreichern. Durch die genannten Peristomwimpern findet auch eine gewisse Auswahl der eingestrudelten Partikel statt[3]. Die Nahrungsbrocken werden dann durch den Plasmamund dem Plasma einverleibt (weiteres S. 129).

Ganz anders *Daphnia*. Die Wasser- und Partikelbewegung geschieht durch die Extremitäten (Thoracopodien); der Wasserstrom (schwarzer Pfeil, Abb. 20, 21) kommt ruckweise halb von vorn, halb von ventral

---

[1] Acidum aceticum glaciale 1 ccm, Alkohol 50 ccm, Aqua destil. 100 ccm.

[2] Handbuch der normalen und pathologischen Physiologie, Bd. III, 2. S. 24. Berlin 1927.

[3] E. Bozler, Ernährungsorganelle und Physiologie der Nahrungsaufnahme bei Paramaecium. Archiv für Protistenkunde 49, S. 164, 1924.

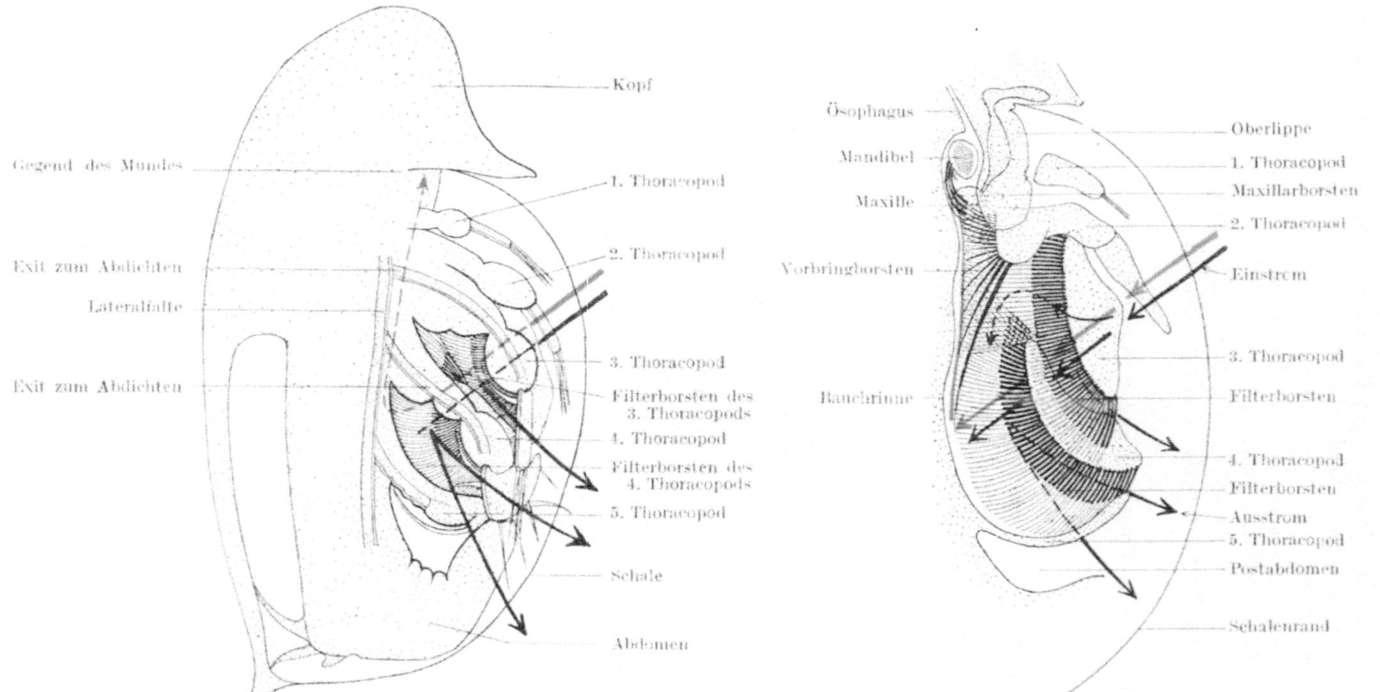



Abb. 20. Ansaugen des Wassers (schwarz) mit den Partikeln (rot) von außen gesehen.　　Abb. 21. Medianschnitt durch Abb. 20.

Abb. 20 und 21. *Seitenansicht von Daphnia magna beim extremen Spreizen der Thoracopodien:* Ansaugen des Wassers (schwarze Linien). Soweit der Wasserstrom durch die rechte Schale hindurch sichtbar ist, wurde die schwarze Linie ausgezogen; verschwindet der Wasserstrom unter den Thoracopodien, so ist er gestrichelt gezeichnet. — Abb. 20: Der Wasserstrom gelangt (in dieser Ansicht) unter die rechten 3. und 4. Thoracopodien und wird dann durch die Filterborsten hindurch dem Beschauer zu (laterad) gepreßt; er entweicht durch bestimmte Abzugskanäle. — Abb. 21: Medianschnitt; die rechte Körperhälfte ist abgetragen. Das hereinströmende Wasser befindet sich in dieser Ansicht auf dem linken 3. und 4. Thoracopod und wird durch die Filterborsten hindurch vom Beschauer fort (laterad) gepreßt (Strichellinie). — In beiden Abbildungen bleibt die abfiltrierte Nahrung (rot) auf den Filterborsten liegen, wird zur Bauchrinne gebracht und durch eine komplizierte Vorbringevorrichtung nach vorn zum Munde transportiert. (Nach O. STORCH 1924 aus JORDAN-HIRSCH 1927.)

und führt die Partikel (roter Pfeil oder roter Ball in Abb. 22, 23) der Bauchrinne zu. Dieser Einstrom wird zuwege gebracht durch Ansaugen des Wassers: die Beine werden gespreizt und gleichzeitig vom Körper

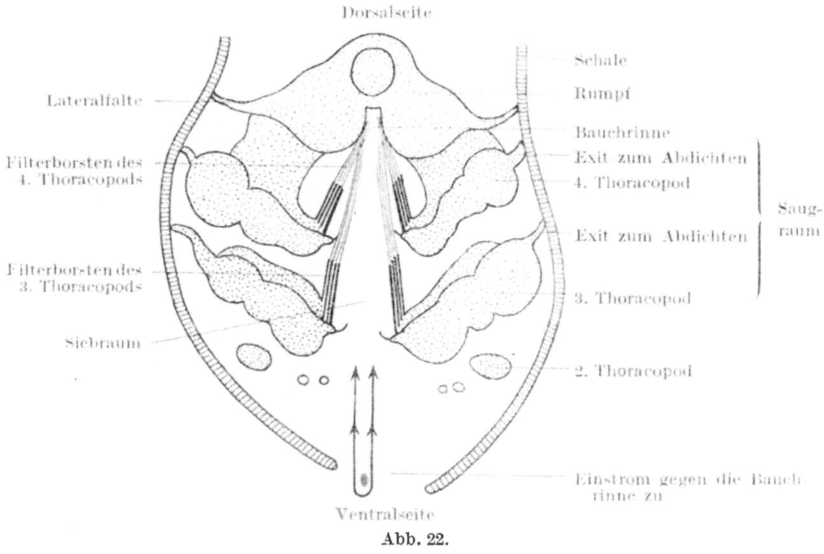


**Abb. 22.**

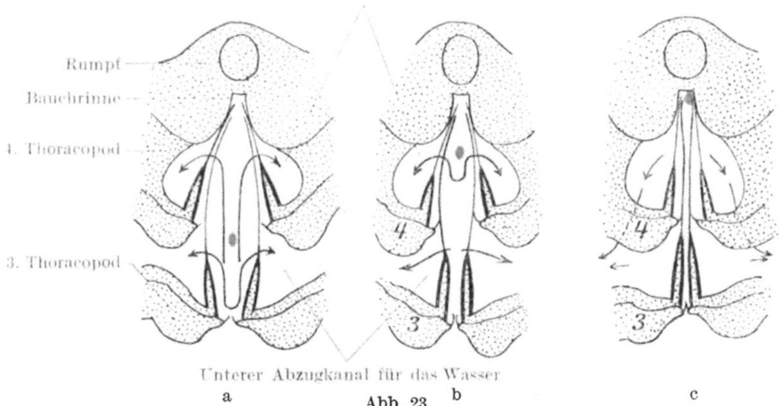


Abb. 22 u. 23. *Querschnitte durch Daphnia magna* auf der Höhe der Thoracopodien 3—4. —. Abb. 22: Spreizen der Thoracopodien und damit Ansaugen des Wassers (schwarze Pfeile) mit der Nahrung (rot). — Abb. 23a—c: Annäherung der Thoracopodien aneinander, ventrales Schließen des Siebraumes, Verengerung des Siebraumes und dadurch Auspressen des Wassers durch die Filterborsten laterad. Gleichzeitig Abfiltrieren der (roten) Nahrung und Transport zur Bauchrinne. (Nach O. STORCH 1924 aus JORDAN-HIRSCH 1927.)

entfernt (Abb. 22); dadurch muß Wasser in der Pfeilrichtung der Abb. 22 einströmen; eine Lateralfalte des Rumpfes (Abb. 22) dichtet dabei den Pumpenraum ab gegen die Rückenschale zu; verschiedene andere Einrichtungen an den Beinen bilden einen geschlossenen Saugraum.

Die mit dem Wasser in diesen Raum eingesogenen Partikel werden nun vom Wasser abfiltriert: das Filter wird gebildet durch sehr feine Borstenkämme des 3. und 4. Thoracopods (Abb. 22). Die Wasserbewegung durch das Filter hindurch muß also Bewegung sein vom Siebraum aus nach rechts und links. Diese Bewegung kommt zustande: 1. Durch Ansaugen; beim Spreizen der Extremitäten, d. h. beim Erweitern des Saugraumes sch'ießen sich bestimmte untere Abflußklappen, so daß seitlich des Siebraumes ein Unterdruck entsteht, welcher das Wasser aus dem Siebraum in die Seitenräume ansaugt. Dadurch werden natürlich in dem Filter Partikel filtriert. — 2. Durch Abdrücken des Wassers im Siebraum (Abb. 23): das Wasser wird durch allmähliches Schließen des Siebraumes von ventral nach dorsal zu seitlich fortgedrückt. Dadurch werden gleichzeitig die abfiltrierten Partikel zur Bauchrinne transportiert. — Besondere komplizierte Organe am 2. Thoracopod bringen die Partikel zum Munde.

Gekaut wird nicht. Bis zu 0,1 $\mu$ Größe werden alle Partikel durch die feinen Filterborsten abfiltriert. Während des gesamten Lebens sind die Extremitäten bei dem Nahrungserwerb unausgesetzt tätig. Offenbar findet keine Nahrungswahl statt. Große Mengen Partikel passieren so den Darm; bei viel Partikeln im Wasser ist binnen 20—30 Minuten der gesamte Darminhalt erneuert! Gibt man dagegen Daphnia wenig Partikel, so dauert der Darmaufenthalt bis zu 15 Stunden, d. h. die Nahrung wird besser ausgenutzt.

2. *Die Kauer*. Unter den Kauern wollen wir den speziellen *Magenkauer Astacus* näher betrachten, weil seine Einrichtungen zum Packen, Zerkleinern bis zur Partikelgröße und Filtrieren physiologisch höchst interessant sind. Er ist ein gutes Beispiel dafür, daß alle Tiere bis zur Partikelgröße zerkleinern müssen, also alle „Partikelfresser" sind. Die Kauer haben für dieses Zerkleinern besondere Werkzeuge geschaffen.

Nach Beobachten der Nahrungsgewinnung sezieren wir einen toten Astacus, um sodann noch zwei Schnittpräparate durch den Filterapparat zu betrachten. Um bei der Sektion den Apparat schneller zu verstehen, sei an der Hand der Abb. 24 zunächst der Kauapparat erklärt.

Der kurze, sehr erweiterungsfähige Ösophagus führt in einen weiten „Vorverdauungsraum", der in seinem hinteren Teil eine Kaueinrichtung trägt. Dieser Raum steht durch den sogenannten Pylorusteil in Verbindung mit dem Mitteldarm, einem Stückchen von wenig Millimeter Länge, welches sich zwischen Pylorus und dem chitinisierten Enddarm einschaltet. In dieses Stückchen Mitteldarm münden mit zwei Ausführgängen die zahlreichen Mitteldarmcoeca. Sie haben zusammen das Aussehen einer großen Drüse und wurden daher auch früher Leber oder ebenso fälschlich Hepatopankreas genannt; sie sind nichts anderes als Blinddärme, welche die eigentlichen Funktionen des Mitteldarmes wirbelloser Tiere haben. Das bedeutet aber: sie sind sowohl imstande, den verdauenden Saft abzusondern, als Nahrung, welche aus dem Magen durch den Pylorusteil in sie eindringt, zu resorbieren.

Der „Vorverdauungsraum". Man spricht hierbei häufig von Magen, obwohl das Wort keinerlei andere Analogie mit unserem Magen bedeutet als eben die, daß an dieser Stelle die Nahrung zum ersten Male

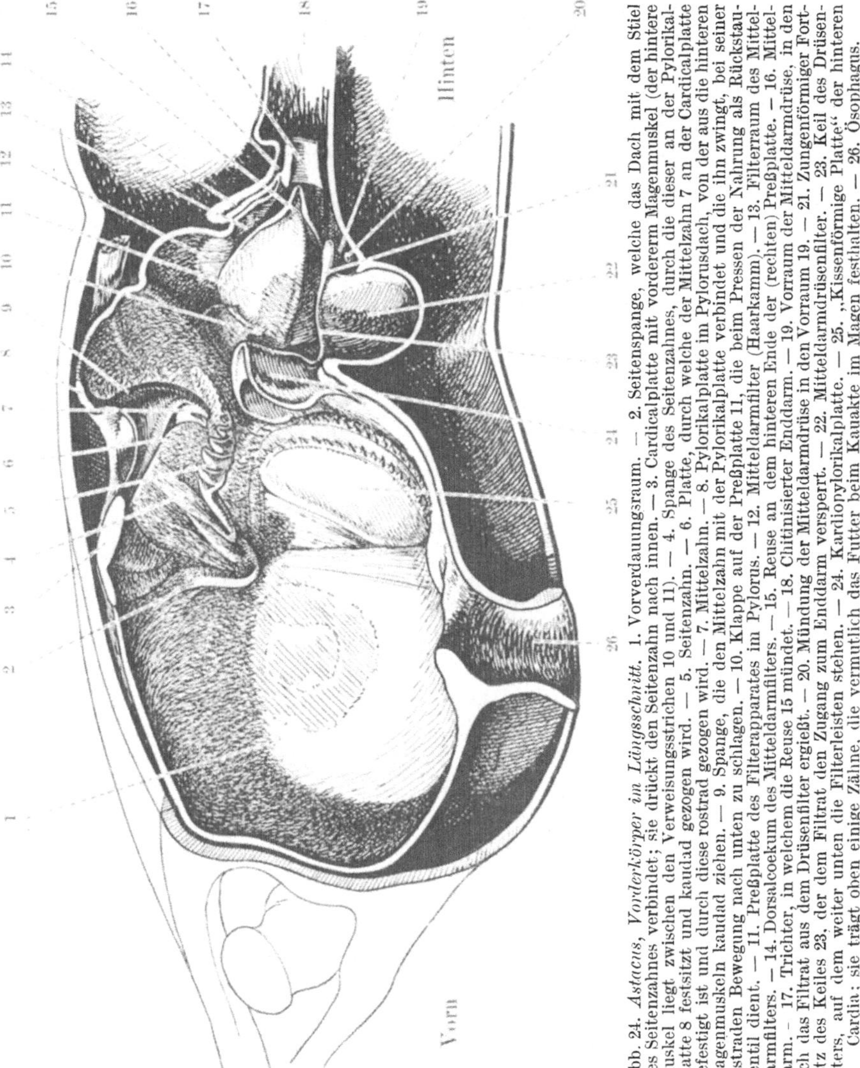


Abb. 24. *Astacus, Vorderkörper im Längsschnitt.* 1. Vorverdauungsraum. — 2. Seitenspange, welche das Dach mit dem Stiel des Seitenzahnes verbindet; sie drückt den Seitenzahn nach innen. — 3. Cardicalplatte mit vordererm Magenmuskel (der hintere Muskel liegt zwischen den Verweisungsstrichen 10 und 11). — 4. Spange des Seitenzahnes, durch die dieser an der Pylorikalplatte 8 festsitzt und kaudad gezogen wird. — 5. Seitenzahn. — 6. Platte, durch welche der Mittelzahn 7 an der Cardicalplatte befestigt ist und durch diese rostrad gezogen wird. — 7. Mittelzahn. — 8. Pylorikalplatte im Pylorusdach, von der aus die hinteren Magenmuskeln kaudad ziehen. — 9. Spange, die den Mittelzahn mit der Pylorikalplatte verbindet und die ihn zwingt, bei seiner rostraden Bewegung nach unten zu schlagen. — 10. Klappe auf der Preßplatte 11, die beim Pressen der Nahrung als Rückstauventil dient. — 11. Preßplatte des Filterapparates im Pylorus. — 12. Mitteldarmfilter (Haarkamm). — 13. Filterraum des Mitteldarmfilters. — 14. Dorsalcoekum des Mitteldarmfilters. — 15. Reuse an dem hinteren Ende der (rechten) Preßplatte. — 16. Mitteldarm. — 17. Trichter, in welchem die Reuse 15 mündet. — 18. Chitinisierter Enddarm. — 19. Vorraum der Mitteldarmdrüse, in den sich das Filtrat aus dem Drüsenfilter ergießt. — 20. Mündung der Mitteldarmdrüse in den Vorraum 19. — 21. Zungenförmiger Fortsatz des Keiles 23, der dem Filtrat den Zugang zum Enddarm versperrt. — 22. Mitteldarmdrüsenfilter. — 23. Keil des Drüsenfilters, auf dem weiter unten die Filterleisten stehen. — 24. Kardiopylorikalplatte. — 25. „Kissenförmige Platte" der hinteren Cardia; sie trägt oben einige Zähne, die vermutlich das Futter beim Kauakte im Magen festhalten. — 26. Ösophagus.

sich mischt mit den Enzymen. Allein in diesem Vorverdauungsraum gibt es keine Resorption und keine Sekretion, er ist chitinisiert. Hier findet die eigentliche Zerkleinerung der Nahrung bis zur Partikelgröße statt und zwar durch Enzyme der Mitteldarmdrüse und durch die mechanische Funktion der Magenzähne. Die Mundwerkzeuge des Krebses dienen kaum zur Zerkleinerung der Nahrung, sondern dazu, Stücke los zu reißen und sie derart zu kneten, daß sie mit Leichtigkeit durch den Ösophagus in den Magen gelangen können. Wenn man einem Krebs ein Stück Fleisch verfüttert, so findet man dieses in Form lang ausgekneteter Würste, nicht klein gekaut, im Magen wieder.

Der Vorverdauungsraum zerfällt in zwei Teile: die große „Cardia" mit den Magenzähnen, und den kleinen „Pylorus" mit der Filtereinrichtung.

Wir besprechen zuerst die *Magenzähne*. Es finden sich: *ein Mittelzahn* (7) und *zwei Seitenzähne* (5); ihre Bewegung ist die folgende.

In Ruhe liegt der Mittelzahn hinten oben, durch die Kaubewegung geht er nach vorn und unten. Hierbei muß er auf die Seitenzähne treffen, die an ihm vorbeistreichend das Futter (gemischt mit dem Verdauungssaft) fein machen.

Die Seitenzähne befinden sich in Ruhe vorn seitlich (außen). Durch die Kaubewegung bewegen sie sich nach hinten-innen. Abb. 24 zeigt die Zähne im Sagittalschnitt so, daß nur ein einziger Seitenzahn gezeichnet werden konnte. Die Bewegung findet statt durch zwei gleichzeitig in entgegengesetzter Richtung ziehende Muskeln, den vorderen und den hinteren Magenmuskel (3). Diese Muskeln inserieren an zwei verkalkten Platten der Magenwand (3 und 8), die sie auseinander ziehen. Mit diesen beiden Platten sind die beiden Zahnsysteme so verbunden, daß sie je durch eine verkalkte Spange in der Längsrichtung des Tieres bewegt werden: Der Mittelzahn durch die Spange 6, welche direkt durch 8 gezogen wird, die Seitenzähne durch die beiden Spangen 4, welche durch 8 gezogen werden. Durch eine weitere Spange wird die Abweichung aus der Richtung der Längsachse zuwege gebracht, und zwar wird diese zweite Spange stets durch diejenige Platte bewegt, die dem antagonistischen Zahne die Bewegung in der Längsrichtung erteilt: Der Mittelzahn wird durch eine Spange 9 in der Richtung von oben nach unten bewegt, wobei es Aufgabe von 8 ist, dieser Platte eine drehende Bewegung zu erteilen, die ihn zwingt, den Mittelzahn in der genannten Richtung zu drehen. Die Seitenzähne werden von außen nach innen gedrückt, durch zwei Spangen 2, die mit 3 durch ein schräges Gelenk verbunden sind. Da sie am Stiel der Seitenzähne befestigt sind und ihnen nach hinten folgen müssen, sie aber gleichzeitig mit 3 verbunden sind, welche Platte sich nach vorn zu bewegt, so müssen sie um das genannte schräge Gelenk mit 3 nach innen schlagen: dadurch zwingen sie die Seitenzähne bei ihrer rückwärtigen Bewegung sich einander zu nähern und hierdurch über die Mahlfläche des Mittelzahnes zu streichen.

*Die Filtereinrichtung im Pylorusteil des Krebsmagens.* Es ist ganz allgemein die Aufgabe der Vorverdauungsräume, die Nahrung festzuhalten, bis sie zur Partikelgröße zerdaut ist. Zu diesem Zwecke findet man bei allen diesen Organen (mit nur wenigen Ausnahmen, z. B. *Helix*) irgendeinen Verschluß, der den Austritt der Nahrung nur nach Maßgabe ihrer Vorbereitung zuläßt. Es handelt sich also hier überall um ein Analogon mit dem Pylorusreflex der Säugetiere. Bei den Krebsen (Malakostraken) ist an Stelle eines solchen Verschlusses eine sehr komplizierte Filtereinrichtung vorhanden. Vermutlich wird hier, durch die außerordentliche Feinheit des Filterapparates, ein eigentlich muskulärer Verschluß überflüssig; er konnte bis jetzt nicht nachgewiesen werden. Neben den Filterapparaten gibt es allerdings einen Weg, der die Filterrückstände unmittelbar nach dem Darm leitet; allein dieser wirkt nach dem Prinzipe einer Reuse stauend, so daß zu schneller Austritt der Nahrung auch hier ausgeschlossen ist.

Der Pylorusteil zerfällt von oben nach unten in drei Räume: Oben das *Mitteldarmfilter* (12), darunter die *Presse* und darunter das Drüsenfilter. Aus dem Kaumagen gelangt die Nahrung entweder direkt durch

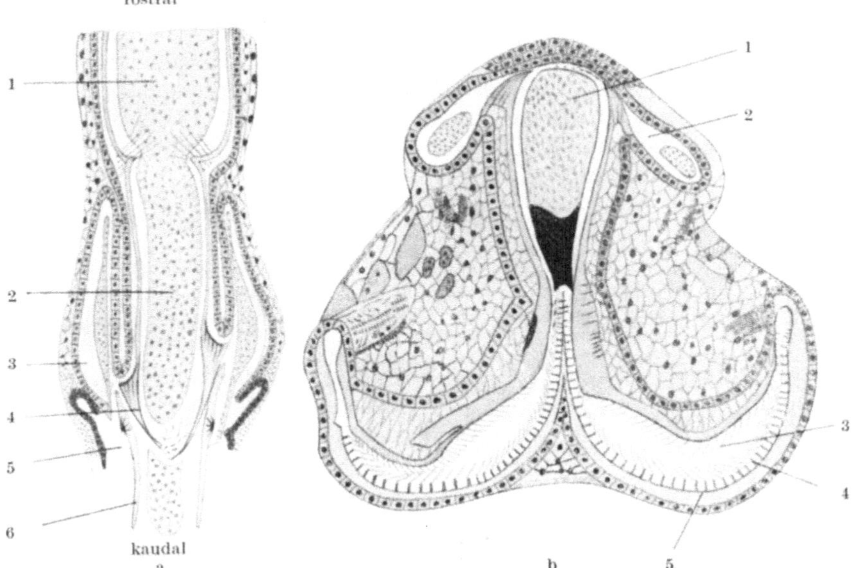


Abb. 25a und b. *Schnitte durch den Filterapparat von Astacus fluv.* a. Horizontalschnitt durch den Filterapparat, den Mitteldarm und ein Stückchen Enddarm: — 1. Preßvorraum, 2. Presse, 3. Mitteldarmfilter, 4. Reuse, 5. Mitteldarm, 6. Trichter. — b. Querschnitt durch den Filterapparat: — 1. Presse, 2. Mitteldarmfilter, 3. Drüsenfilter, 4. Filterrinne, 5. Filterleisten. — (Nach H. JORDAN 1904.)

einen engen, mit Haaren beschützten Spalt in die Vorräume der beiden Filter (Abb. 24) oder aber, und das ist der Weg der groben Teile, durch einen ziemlich weiten Spalt in den Preßvorraum (Abb. 25a). Der Weg der groben Nahrung geht von ihm direkt nach der Presse (24:11). Hier kann man deutlich auf Schnitten sehen, daß die Nahrung unter Druck steht, durch welchen nach oben in das Mitteldarmfilter, nach unten in das Drüsenfilter das Filtrat abgepreßt wird, während der Filterrückstand in der Presse bleibt. Die Presse besteht aus zwei Platten; sie mündet distal durch die Reuse (24:15), in ein Chitinrohr, welches eine direkte Verbindung zwischen chitinisiertem Pylorus und gleichfalls chitinisiertem Enddarm bildet und den kurzen, nicht chitinisierten Mitteldarm überbrückt.

*Das Mitteldarmfilter.* Zwischen den oberen Rändern der beiden Preßplatten und dem Dache des Pylorusraumes, mit seinem zierlichen Kamm von Haaren, filtriert ein wenig Nahrung hindurch und gelangt in einen Raum, der rechts und links von den Preßplatten sich befindet und zu beiden Seiten des Trichters in den Mitteldarm mündet. Man kann auf Schnitten deutlich das Filtrat bis in den Raum zwischen Mitteldarmepithel und Trichter verfolgen (s. Abb. 25).

*Das Drüsenfilter* ist ein Korb von Chitinlamellen, rechts und links von einer keilförmigen Leiste, welche vom Boden des Pylorusmagens sich median erhebt; durch diesen „Keil" erhält der Drüsenfilterraum die Gestalt eines paarigen Spaltraumes. Dieser wird von außen durch eine Verdickung der Pyloruswand, dem „Kissen" (25b) begrenzt. Die unteren Ränder der Preßplatten nähern sich zu einem engen Durchgang, in welchen die Schneide des Keiles ragt. Die Nahrung gelangt in den Drüsenfilterraum (24:22) und von da, durch äußerst zierliche Haarkämme, in die feinen Rinnen zwischen die Chitinlamellen. Distal lösen sich diese Lamellen vom Boden und bilden ein Sieb, welches seinen Inhalt entleert in den Drüsenvorraum oder die Drüsenvorkammer (24:19), von welcher aus die filtrierte Nahrung in die Mitteldarmdrüse gelangt.

3. *Die Kratzer.* Unter Kratzern verstehen wir diejenigen Tiere, die durch bestimmte Werkzeuge imstande sind, die Nahrung schon vor dem Munde so zu zerkleinern, daß sie in Partikelform in den Ösophagus gelangt. Die Werkzeuge dazu können sehr verschiedener Herkunft sein: Extremitäten des Kopfes, Lippen, Krallen und schließlich die bekannte Radula. Wir wollen hier die letzte betrachten: die Wirksamkeit der Radula von Helix (oder einer Limax). Das Tier wird durch die ausrollbare Zunge und den Oberkiefer befähigt, von Blättern sehr kleine Stücke abzureißen und Stück für Stück dem Ösophagus zu übergeben. Dadurch werden also nur Partikel den Enzymen überliefert. Diese Enzyme wirken dann im Ösophagus und Magen weiter auf die Nahrung ein (Vorverdauung). Schließlich werden die Partikel in der Mitteldarmdrüse phagozytiert (S. 125). Die Bedeutung der Radula beruht also darin, daß erstens diese Tiere befähigt sind auch größere Beute (wie eben Blätter) zu bewältigen und daß zweitens der Magen und das Lumen der Mitteldarmdrüse nur kleinste vorverdaute Partikel erhalten.

Es ergibt sich hieraus, daß *alle Tiere* mechanisch und chemisch die Nahrung bis zu Partikeln zerteilen müssen. Wir nennen diesen Prozeß „Vorverdauung". Wie jedoch diese Vorverdauung zustande kommt, ist sehr verschieden. — Auf sie folgt dann die eigentliche Verdauung: der Abbau der Partikel zu resorbierbaren Abbauprodukten.

4. *Die Außenverdauer.* Es gibt eine Reihe Tiere, die soweit spezialisiert sind, daß sie nur solche Abbauprodukte durch den Mund aufnehmen. Sie verzichten also auf eine Einverleibung größerer Beute (wie sie die Kauer und Kratzer bearbeiten), ja, sogar auf eine Aufnahme von Partikeln (wie sie die Partikelfresser filtrieren). Sie begnügen sich also mit dem Abbau der Beute zu Abbauprodukten außerhalb ihres Körpers.

Zu diesem Zwecke müssen Enzyme erbrochen werden. Diese wirken dann entweder still auf die Nahrung ein und die Abbaustoffe werden gemächlich eingeschlürft. In den meisten Fällen aber helfen die Tiere mechanisch dem Abbruchprozeß] nach, indem sie die Beute gleichzeitig mit Mundwerkzeugen usw. bearbeiten. Wir wollen hier eins der ältesten Beispiele dafür ansehen: Carabus auratus.

### *Versuche über Nahrungserwerb und Vorverdauung.*

*__39. Nahrungsaufnahme bei Paramaecium.__ Aus der Kultur bringt man einige Tiere in einen Wassertropfen auf einen Objektträger. Dazu fügt man einige kleinere Stücke feuchten Fließpapiers und zwei Tropfen einer feingeriebenen Aufschwemmung von Karmin. Dies alles bedeckt man mit dem Deckglase. An dem Fließpapier heften sich die Tiere an und liegen zur Beobachtung still. Es ist nun zu sehen: 1. Die Karminkörner werden in einem Strudel bewegt, der sich in Abb. 26 angegebener Weise dreht. 2. Größere Karminpartikel werden nicht in den Plasmapharynx aufgenommen; es findet vielmehr durch die Cilien des Plasmamundes eine Auswahl statt, durch welche nur kleinere Karminpartikel (1—2 μ) in den Plasmamund gelangen. Durch Fütterung von Eiweiß (Versuch 108) werden wir später sehen, daß Paramaecium grundsätzlich wohl imstande ist, auch größere Stücke (6—10 μ) aufzunehmen. Das Tier besitzt also ein Unterscheidungsvermögen für große und kleine Karminkörner.*

*__40. Nahrungsaufnahme von Daphnia.__ Auf einen Objektträger wird ein schmales Stück eines zerbrochenen*

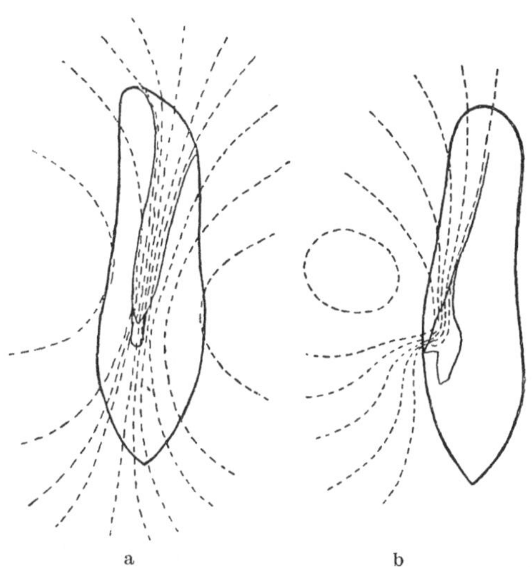

a        b

Abb. 26a und b. *Wasserstrudel, hervorgerufen durch die Peristomcilien von Paramaecium.* a. In der Ventralansicht: Wir blicken auf das langgezogene Peristomfeld und den kurzen trichterförmigen Plasmapharynx. Der Strom folgt den gestrichelten Linien von oben nach unten. b. In der Seitenansicht. — Aus dem Vergleich ergibt sich, daß die Cilienbewegung einen Raum bestreicht, der in seiner Form etwa einem Viertel einer Apfelsine entspricht. Innerhalb dieses Raumes werden alle Partikel ergriffen und von vorn her dem Munde zugeführt.
(Nach E. BOZLER 1924.)

*Objektträgers quer gelegt, oder es wird ein kleiner Streifen Knetwachs quer aufgelegt. An die eine Seite kommen einige Tropfen einer dünnen, aber feinen Karminaufschwemmung. Dahinein bringe man mit der Pipette einige Daphnien und bedecke mit Deckglas in der Weise, daß der eine Rand des Deckglases auf den aufgelegten Glasstreifen (oder auf den Wachsstreifen) zu liegen kommt. Unter dem Deckglase befindet sich dann Wasser von verschiedener Höhe; somit werden an einer bestimmten Höhe die Daphnien festgeklemmt und doch nicht so gedrückt, daß sie bewegungslos sind.*

*Eine Daphnie wird von der Seite betrachtet und ihr Umriß gezeichnet. Zu beobachten ist deutlich: der Strudel verläuft ruckweise nach Maßgabe des Spreizens der Thoracopodien: es werden etwa 4—7 solche Saugbewegungen pro Sekunde ausgeführt. Daß durch dieses Spreizen die Extremitäten wirklich laterad geführt werden, das läßt sich leicht durch die Tiefenmessung der Mikrometerschraube feststellen. — Durch dieselbe Tiefenmessung ist leicht zu beobachten, daß der Einstrom mehr ,,unten'', der Ausstrom mehr ,,oben'' geschieht, d. h. morphologisch: Einstrom median, Ausstrom mehr lateral. Zwischen Ein- und Ausstrom findet der Filterprozeß statt. Die Filterborsten (Abb. 20) sind als sehr feines Sieb deutlich durch die feingeriefte Schale hindurch zu unterscheiden. — Der dunkelrote Karminbrei häuft sich in der Bauchrinne an und wird von hier durch sogenannte Vorbringborsten des 2. Thoracopods zum Munde in kleinen Portionen gebracht. Durch Schlucken gelangen die Karminhäufchen in den Ösophagus. Der Darm ist alsbald mit Karmin gefüllt. Etwa alle 1—3 Minuten findet eine Defäkation statt.*

**41. Nahrungsaufnahme von Astacus.** *Ein Flußkrebs wird etwa eine Woche bei strömendem Wasser (oder Luftventilation) isoliert gehalten und nicht gefüttert. — Dann wird er in ein schmales Glas gesetzt, in welchem er fast aufrecht auf dem Abdomen stehen muß. Hier wird seine Nahrungsaufnahme beobachtet.*

*Ein kleines Stück rohes, aber frisches Fleisch wird dem Tier mit der Pinzette vorgehalten. Es ist zu beobachten, wie die Scheeren das Stück packen und die Maxillen es zum Munde bringen. Hier wird es durch die dicken Mandibeln geknetet zu einer Art Wurst, ohne daß eine besondere Zerkleinerung stattfindet. Dabei etwa abfallende Stücke werden durch die Kieferfüße wieder dem Munde zugeführt. Mit Hilfe der Maxillen und Kieferfüße wird so alles Fleisch durch den Mund geschoben, während es durch die Mandibeln geknetet wird.*

**42. Der Kauapparat von Astacus.** *An einem toten Astacus öffnen wir den Cardiateil vom Ösophagus her, also von der ventralen Seite. Nun sehen wir in den Raum und erleichtern uns den Einblick in die Teile der Magenzähne dadurch, daß wir die weichen, linken Magenwände soweit wie möglich wegschneiden. Wir sehen (Abb. 24) beide Seitenzähne, den Mittelzahn, der mit seinen verkalkten Platten oder Spangen sozusagen die Brücke zwischen Cardia und Pylorus bildet und wir sehen die oben beschriebenen Spangensysteme. Hinter den Magenzähnen sieht man ein etwa umgekehrt Y-förmiges Spaltensystem, welches der Nahrung, je nach Beschaffenheit, den Zutritt zu den drei Räumen des Pylorus erlaubt (Abb. 25b). Die Bewegung der Zähne beobachtet man auf Grund des oben Gesagten wie folgt: Man packt mit zwei Pinzetten die beiden Muskeln und überzeugt sich, daß die Zähne die oben beschriebenen Bewegungen ausführen.*

**43. Der Filterapparat von Astacus.** *Wir untersuchen den Filterapparat des Pylorus zunächst an einem horizontalen Paraffinschnitte durch Reuse und Trichter etwa Abb. 25a entsprechend. Zeichnungen werden entworfen und auf die folgenden Teile geachtet: Presse — Mitteldarmfilter — Reuse — Mitteldarm — Trichter — Vorraum.*

*Am Querschnitt durch den Pylorusteil ist zu sehen (Abb. 25b) die Presse: Man beachte den Zustand des Preßinhaltes. In der Regel ist die Nahrung in der Richtung nach dem Drüsenfilter zusammengedrückt, d. h. dunkler und kompakter. An proximalen Schnitten sieht man an der Stelle, wo der Presseinhalt dunkel gefärbt ist, die Klappen, die als Rückstauventil dienen (Abb. 24). — Coecum des Mitteldarmes, der vom Mitteldarm dorsal nach vorn läuft, oberhalb des Pylorusdaches. — Mitteldarmfilter: Es ist von der Presse getrennt durch die Ränder der Preßplatten, auf dem Schnitte an Vogelschnabelhälften erinnernd, sowie durch Filterhaare (auf der Abbildung sind diese durchschnitten, daher nur als Punkte zu sehen). — Keil oder Mittelleiste. — Drüsenfilter. — Drüsenfilterraum. — Filterleiste, welche oben die filtrierenden Haarkämme trägt. — Kissen.*

*Nachdem wir uns an Schnitten orientiert haben, versuchen wir unter der Lupe eine Pars pylorica zu öffnen und zu betrachten. Wir öffnen dorso-median durch einen Längsschnitt und klappen auseinander. Beim Herauspräparieren soll ein Stück des Enddarmes sich noch am Präparate befinden. Auch dieses wird eröffnet. Nun sehen wir rechts und links an den aufgeklappten Stellen des Pylorus die zwei „Kissen“ von etwa halbkugeliger Form, die dem Drüsenfilterraum im Querschnitt seine halbmondförmige Gestalt geben. Unter diesen Kissen befindet sich der Keil (oder die Mittelleiste) mit den beiden feinen Filterkörbchen. Oberhalb der Kissen die Preßplatten, rechts und links, proximal mit den kleinen Rückstauventilen; distal die Reuse mit den elastischen Chitinrändern. Seitlich der dorsalen Ränder der Preßplatte das Mitteldarmfilter. An der proximalen Mündungsstelle des dorsalen Coecums ragt der Trichter durch den kleinen Mitteldarm in den Enddarm. Distal endet der Keil in einer Zunge, die es verhindert, daß das Filtrat, an der Drüsenmündung vorbei, in den Darm gelangt, aber elastisch dem festeren Drüsenkot diesen Zugang gestattet. Endlich beachten wir die Mündung der Mitteldarmdrüse.*

**44. Die Radulaarbeit von Helix pomatia.** *Eine gut bewegliche Helix läßt man auf einer Glasplatte kriechen, die gut gereinigt ist. Ein Stück Salatblatt bringt man in die Nähe des Mundlappens. Dann läßt sich teils von vorn, teils halb von unten durch das Glas beobachten, wie Partikel aus dem Salatblatt ausgerissen werden.*

*a) Öffnen der Mundhöhle mit Emporheben der Mundlappen, Auflegen des bräunlichen Oberkiefers auf das Blatt von oben her. Ausstülpen der ventralen Zunge mit den gelbbraunen Radulazähnen unter das Blatt.*

*b) Zurückziehen der Lippen; Festhalten des Blattes mit Oberkiefer und Mundlappen (für viele Kratzer kennzeichnend!). Rückwärtseinrollen der Zunge: die nach hinten gerichteten Radulazähne reißen ein Stückchen Blatt ab und befördern es in den Ösophagus.*

**45. Außenverdauung bei Carabus auratus.** *Ein Exemplar von Carabus auratus wird mit einem kleinen Stück Fleisch gefüttert. Man beobachte das Austreten eines braunen Saftes, der auf das Fleisch gebracht wird. Man läßt dem Käfer das Fleisch einige Zeit, in welcher man deutlich beobachtet, daß die Mandibeln das Fleisch zu schneiden nicht imstande sind, sondern es lediglich kneten. In der Tat befördern sie durch diese mechanische Bewegung die verdauende Wirkung des ausgebrochenen braunen Mittel-*

*darmsaftes. Nach einiger Zeit nimmt man dem Tier das Fleisch weg und überzeugt sich auf einem Zupfpräparat unter dem Mikroskop, daß die Muskelstruktur (Querstreifung) verschwunden ist.*

*Einen zweiten Käfer füttern wir mit einem etwa erbsengroßen Stück Fleisch und lassen ihn dieses vollständig verzehren, soweit er das überhaupt tut. Das Tier wird mit Ätherdämpfen getötet und eröffnet. Der Kropf ist vollständig gefüllt. Wir bringen den Kropf auf ein Uhrschälchen; hierbei überzeugen wir uns davon, daß der Kaumagen den Kropf vollkommen gegen den Darm abschließt, so daß kein Kropfinhalt in den Darm austritt. Man kann auch oft die „Kaubewegungen" des Kaumagens beobachten. Der Kropf wird eröffnet, der Inhalt untersucht. Es zeigt sich, daß er beinahe ausschließlich aus Lösung besteht, mit nur ganz wenigen Fleischfasern, so daß diese Tiere ihre Nahrung vor der Aufnahme fast vollständig verflüssigen.*

## Die Verdauungsenzyme der Wirbellosen.

### Allgemeines. Astacus.

Die Verdauung bei den wirbellosen Tieren unterscheidet sich wesentlich von derjenigen bei den Wirbeltieren, zumal bei den höheren Wirbeltieren. Wir finden im „Magen" oder Kropfe der meisten Wirbellosen einen einheitlichen Saft, der die gesamte verdauende Funktion hat. Zu diesem Saft kann sich in manchen Fällen noch ein Speichel gesellen; niemals treten aber die Enzyme in Form jener charakteristischer Ketten auf, die wir bei den Säugetieren besprochen haben. Das bedeutet also, daß die Enzyme für die komplizierten Nahrungsstoffe sich zugleich mit ihren Teilenzymen, welche die Spaltung vollenden, in diesem Saft befinden müssen. Früher meinte man, daß gegenüber der Proteasekette der Wirbeltiere bei den Wirbellosen eine einheitliche „Urprotease" vorkomme. Diese sei imstande, das Eiweiß vom Anfang bis zu Ende, d. h. bis zur Befreiung aller Aminosäuren abzubauen. Heute wissen wir, daß es nicht so sein kann. Auch die Säfte der niederen Tiere müssen für die verschiedenen Verbindungsfraktionen der Nahrungskörper verschiedene Enzyme enthalten, die allerdings zunächst noch nicht hin-, reichend isoliert worden sind. Naturgemäß werden die Arbeitsbedingungen für die einzelnen Enzymfraktionen bei den Wirbellosen anders sein als bei den Wirbeltieren. Denn da sie alle im gleichen Milieu arbeiten, und, soweit man weiß, die Bedingungen in diesem Milieu sich im Verlaufe der Verdauung nur wenig ändern, so müssen die Ansprüche der verschiedenen Teilenzyme etwa an die Reaktion viel gleichförmiger sein als bei den topographisch getrennten Teilenzymen der Wirbeltiere. Die Säfte der Wirbellosen haben von Natur eine sehr schwach saure Reaktion, die $p_H$ dürfte meist etwas über 5 liegen. Es werden auch einige etwas hiervon abweichende Zahlen angegeben, niemals jedoch findet man ausgesprochen saure Reaktion ($p_H$ etwa 2) wie sie im Magen der Säugetiere vorkommt. Bei dieser Reaktion müssen alle diejenigen Enzyme wirken, die den verschiedenen proteolytischen Teilenzymen der Wirbeltiere entsprechen.

Für unsere Zwecke können wir das nur auf die folgende Weise deutlich machen. Wir können zeigen, daß die Protease des Saftes, den wir im „Magen" eines Flußkrebses finden, einmal in den meisten Beziehungen mit Trypsin übereinstimmt; daß sie aber auch Stoffe zu lösen vermag, welche das Trypsin (praktisch) nicht, das Pepsin aber wohl zu spalten imstande ist, nämlich *reines Bindegewebe*.

Das Verhalten der Peptidbindung gegenüber zeigt sich durch Einwirkung auf ein käufliches Dipeptid, Glyzil-Tryptophan[1], bei dessen Spaltung (etwa durch Erepsin) Tryptophan frei wird, welches durch eine einfache Reaktion nachgewiesen werden kann (S. 91). Doch macht der Nachweis dieser Spaltung durch den Saft Wirbelloser (ohne Zuhilfenahme quantitativer Methoden) Schwierigkeiten, die hier unbesprochen bleiben müssen, so daß wir von einer Beschreibung des Versuches absehen.

Was die Lösung anderer, stickstofffreier Nahrungsstoffe betrifft, so werden wir hier wieder zu zeigen haben, daß alle für die Ernährung notwendigen Enzyme in dem einen Saft vorhanden sind. Wir werden *Amylase* kennen lernen, die sich genau so verhält wie die Amylase unseres Pankreas. Daß neben dieser Amylase auch eine Maltase vorhanden ist, kann man durch Spaltung reiner Maltose, mit Hilfe der Osazonbildung, beweisen (S. 50). Das Vorhandensein von Disaccharidspaltenden Enzymen kann man allerdings viel leichter dadurch zeigen, daß man Rohrzucker der Wirkung von Krebsmagensaft aussetzt und dann die Reduktionsfähigkeit nachweist. Die Wirkung auf Rohrzucker durch den Saft von Astacus ist allerdings sehr schwach, die „Inversion" dauert lange. Wir erinnern daran, daß alle Disaccharasen bei den Säugetieren nur durch die Darmwand abgesondert werden.

Die *Lipase* ist bislang wenig untersucht worden; ihre Wirkung entspricht derjenigen der Pankreaslipase.

Wir werden in folgenden Versuchen uns auf die Enzyme bei Astacus und Helix beschränken. Dabei ist im Auge zu behalten, daß die Verdauung bei diesen beiden Tieren sich in verschiedener Weise abspielt: bei Astacus findet die gesamte Verdauung der durch die Magenzähne entstandenen Partikel statt im Magen und im Lumen der Mitteldarmdrüse. Bei Helix dagegen finden wir im Magen nur die Vorverdauung; der eigentliche Abbau geschieht intraplasmatisch.

Der verdauende Saft des Krebses wird in der Mitteldarmdrüse abgesondert. Er gelangt aus den Coeca der Mitteldarmdrüse durch den Pylorus hindurch in den Cardiateil des Magens, den er auch im Hunger erfüllt. Diese Saftmenge, die unabhängig von der Nahrungsaufnahme sich bildet, nennen wir den Hungersaft.

Wenn das Tier Nahrung aufnimmt, so wird hierdurch ein innerlicher Reiz auf die Saftabsonderung ausgeübt und es werden nun Säfte abgesondert, die nicht in allen Beziehungen dem Hungersaft entsprechen. Wir werden jedoch in diesem Abschnitte unsere Aufmerksamkeit ganz auf den Hungersaft beschränken, da man ihn ohne Verunreinigung durch Nahrung sich leicht verschaffen kann.

---

[1] Unter dem Namen „Fermentdiagnosticum" bei Firma Kalle & Co. A.-G. Biebrich am Rhein.

### *Versuche mit dem Magensaft des Flußkrebses.*

**46. Die Beschaffung des Magensaftes.** *Um uns diesen Hungersaft zu verschaffen, machen wir aus einer nicht allzufein ausgezogenen Glasröhre, die wir an der Stelle, wo sie dünner zu werden beginnt, um etwa 45° biegen, eine Kanüle, mit der wir leicht durch den Ösophagus in den Magen eines lebenden Krebses gelangen können. Die Ränder des ausgezogenen Teiles müssen gut abgeschmolzen sein, damit das Tier nicht verletzt werden kann. Wir fassen nun einen Krebs am Rücken, legen auf seine Scheren ein Tuch, so daß die Scheren ventral und nach hinten gedrückt werden, was ohne Überwindung eines größeren Widerstandes geschehen kann. Nun liegt der Mund frei; mit der Hand, mit der wir den Rücken des Tieres umfassen, können wir auch noch das Paar der dritten Kieferfüße auf die Seite halten (mit Daumen und Zeigefinger). Nunmehr führen wir die ausgezogene Kanüle unter den Mandibeln in den Mund ein (Abb. 27). Die Kanüle wird keinen Widerstand erfahren; im*

Vorderteil des Magens

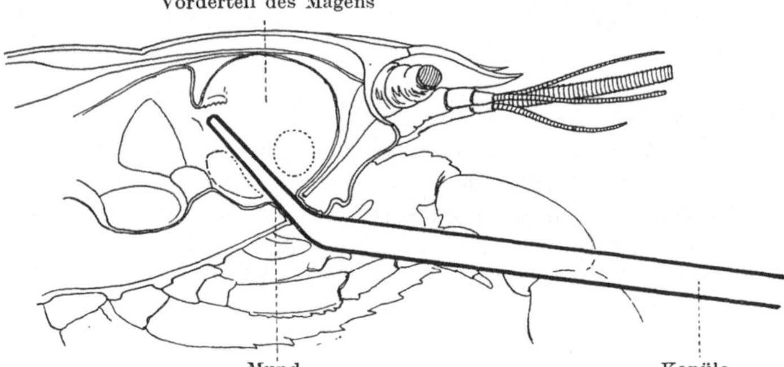


Abb. 27. *Abzapfen des Magensaftes bei Astacus.* Das Tier ist durchsichtig gedacht, um die Richtung zu zeigen, in welcher man die Kanüle einführen muß. Natürliche Größe.

*Moment, wo sie in den Magen eintritt, fließt eine gewisse Menge Magensaft in sie. Es ist nicht nötig, an der Kanüle zu saugen, da innerhalb des Krebskörpers ein dauernder Überdruck herrscht. Wir ziehen die Kanüle heraus (Verschluß der Öffnung mit dem Finger) und lassen den Saft in ein Reagenzgläschen laufen.*

**47. Allgemeine Eigenschaften des Magensaftes von Astacus.** *Wir haben vor uns einen braunen Saft, der ausgesprochen bitter schmeckt; seine Reaktion auf Lackmus ist schwach sauer ($p_H$ etwa 5,1), eine Reaktion also, bei der Kongorot noch nicht blau wird. Wenn wir zu dem Safte kleine Mengen Säure hinzusetzen, so erhalten wir einen voluminösen Niederschlag von Eiweißstoffen, die sich normalerweise in dem Safte befinden. Diese Eiweißstoffe lösen sich bei Zutat von Alkali wieder auf. Durch Kochen kann das Eiweiß koaguliert werden (Eiweißreaktionen machen!). Das gesamte Eiweiß gehört zu der Gruppe der Globuline. Dieses bedeutet für uns, daß wir den Saft nicht mit reinem Wasser verdünnen dürfen, da alsdann eine Trübung entstehen würde. (Eine solche Trübung tritt z. B. bei Zusatz von destilliertem Wasser zum Magensaft der Krebsarten aus dem Mittelländischen Meere [etwa Maja squinado], bei dessen Salzgehalte von* *etwa 4 vH, sehr deutlich auf. Die physiologische Kochsalzlösung eines Flußkrebses enthält nur 1,2 vH Kochsalz, daher ist die Trübung seines Magensaftes bei Wasserzusatz wenig deutlich.)*

**48. Eiweißverdauung**[1]. *Die Tatsache, daß der Saft des Flußkrebses sich Eiweiß gegenüber vornehmlich verhält wie das Trypsin des Wirbeltieres, beweisen wir durch Zusatz von etwas Säure (0,2 vH Salzsäure) zu einem Reagenzgläschen mit Saft und durch Zusatz von 2proz. Lösung von doppelkohlensaurem Natron zu einem anderen; in einem dritten lassen wir natürlichen Saft auf Fibrin einwirken; in ein viertes kommt etwas gekochter Saft mit Fibrin (Kontrolle). Allen vier Gläsern wird ein Tropfen Toluol zugesetzt. Es zeigt sich dann, daß die angesäuerte Probe Fibrin zu lösen nicht imstande ist, während die alkalisierte Probe dieses schneller tut als der natürliche Saft. — Auch beim Flußkrebs wird zwar durch größere Mengen Alkali die Verdauung beschleunigt, aber zu gleicher Zeit das Enzym geschädigt. Bei dem genannten geringen Zusatz von Alkali jedoch tritt innerhalb der Beobachtungszeit hauptsächlich die Beschleunigung hervor.*

**49. Versuche mit Bindegewebe.** *Wir hörten, daß Bindegewebe ein eiweißartiger Stoff ist, der durch Pepsin, nicht aber durch Trypsin verdaut wird. Krebssaft ist dahingegen imstande, diesen Körper aufzulösen. Man bringt in ein Reagenzgläschen ein Stück Katgut, d. h. Darmsaite, wie sie von den Chirurgen zu inneren Nähten Verwendung findet. Eine andere Form von Bindegewebe ist z. B. das Ligamentum nuchae etwa vom Rinde*[2]. *Der Krebssaft muß konzentriert sein. In einem zweiten Gläschen bringen wir denselben Stoff in Pepsinsalzsäure, in einem dritten in Trypsinlösung (Pankreatin). Nach einiger Zeit (etwa 24 Stunden) wird durch den Krebssaft und durch Pepsin die Saite verdaut sein.*

**50. Versuche mit Fett.** *Die Versuche werden auf gleiche Weise angestellt wie mit Säugetierpankreas, je nach verfügbarer Menge des Saftes mit Öl, Milch oder Monobutyrin (Nr. 36). Auftreten schwach saurer Reaktion dient auch hier als Indikator der Verdauung.*

**51. Versuch mit Stärkemehl.** *Diese Versuche werden genau so ausgeführt, wie wir das mit Speichel kennen gelernt haben (Nr. 12).*

**52. Rohrzucker (Invertase).** *Ein wenig Rohrzuckerlösung wird mit etwas Krebsmagensaft in ein Reagenzgläschen gebracht. Nach einiger Zeit weist man die Verdauung des Rohrzuckers durch Reduktion* FEHLING *scher Lösung nach.*

---

[1] Um mit Material zu sparen, empfiehlt es sich, bei den zukünftigen Versuchen mit Astacus und Helixenzymen zu arbeiten mit kleinen Reagenzgläsern von etwa 2,5 ccm Inhalt; entsprechende Ständer dafür sind leicht herzustellen.

[2] Zur Prüfung der Magenfunktion des Menschen verwendet SALI Glasröhrchen mit Methylenblau, die mit einer Gummimembran verschlossen sind. Diese Membran ist durch eine besonders präparierte Darmsaite festgebunden. Im gesunden Magen löst sie sich und der Farbstoff erscheint im Harn. Fehlt die Magenverdauung, so bleibt die Saite im Darme ungelöst. Die Darmsaiten eignen sich auch für unsere Versuche sehr gut. Sie sind erhältlich bei Firma Hausmann Sanitätsgeschäft A.-G. St. Gallen (Schweiz), unter dem Namen Roh-Katgut für Sahlis Desmoidreaktion. Sehr konzentriertes, gut aktiviertes Trypsin greift schließlich auch derartiges Bindegewebe an, doch in so geringem Grade, daß es praktisch keine Rolle spielt.

*53. Bei Fällung der Eiweißkörper im Krebssafte wird das Enzym mit zu Boden gerissen. Wir haben schon gesehen, daß nach Säurezusatz im Magensaft von Astacus eine Fällung auftritt und daß der Saft in diesem Zustande unwirksam ist. Wir erzeugen nunmehr einen Niederschlag in einer Probe von Krebssaft, am besten durch Zufügung einer Spur verdünnter Salzsäure und filtrieren. Das Filtrat wird nun alkalisiert. Der Niederschlag, der sich im Filter befindet, wird mit einer 2proz. Lösung von doppelkohlensaurem Natron aufgenommen, wobei er sich vollständig wieder löst. Beide Lösungen werden auf ihr Verdauungsvermögen auf Fibrin untersucht. Es zeigt sich, daß das Filtrat auch im alkalisierten Zustande wirkungslos ist, die Lösung des Niederschlages die volle Wirkung besitzt.*

### Die Verdauung bei Helix pomatia.

Wir wählen die Weinbergschnecke als Beispiel für eine Tiergruppe, bei der die Verdauungsvorgänge sich wesentlich anders abspielen als bei höheren Tieren. Diese Gruppe besteht vornehmlich aus Protozoen, Schwämmen, Zölenteraten, Echinodermen, Plattwürmern und Mollusken, mit Ausnahme der Tintenfische. Bei diesen Tieren findet die gesamte oder ein wichtiger Teil der Verdauung intraplasmatisch statt. Bei den Protozoen versteht sich das von selbst. Bei den meisten anderen genannten Tieren findet der Prozeß so statt, daß die Nahrung in ein Darmsystem tritt. Die Nahrung kann schon aus kleinen Teilchen bestehen; dann wird sie, etwa durch Wimperschlag, in die Teile des verdauenden Apparates gebracht, deren Wand aus Zellen besteht, die das Vermögen besitzen, kleine Teilchen in sich aufzunehmen und intraplasmatisch zu verdauen. Bei den meisten Vertretern der hier besprochenen Gruppe wird die Nahrung in Form von größeren Beuteobjekten aufgenommen. Dies bedeutet, daß die Nahrung dergestalt zerkleinert werden muß, daß feine Partikel aus ihr entstehen, die durch die kleinen Phagozyten „gefressen" werden können. Bei diesen Tieren unterscheiden wir daher *Vorverdauung im Darmraume* und *Hauptverdauung in den Zellen.*

Wir wählen als Beispiele für diese Gruppe Helix pomatia. Zunächst werden wir die *Vorverdauung* kennen lernen, die eben im Zusammenhang mit der Phagozytose Besonderheiten aufweist im Gegensatz zu Astacus.

Das Tier lebt von pflanzlicher Nahrung, z. B. von Blättern, Pilzen usw. Während der Nahrungsaufnahme mischt sich im Ösophagus mit dem entstehenden Blattmus das Sekret der großen Speicheldrüsen, welche auf dem Ösophagus und dem Kropf, als weiße blattförmige Organe liegen und welche auf den Freßakt durch gesteigerte Sekretion reagieren (Abb. 28). Dieser so entstehende Brei wird nun durch entsprechende Bewegungen in den Kropf transportiert, der mit dem Pharynx durch einen kurzen Ösophagus verbunden ist. In diesem Kropf befindet sich, auch im Hunger, ein Saft, der in der Mitteldarmdrüse bereitet wurde. In dieser Hinsicht entspricht er also vollkommen dem Saft des Flußkrebses. Wir werden diesen Saft genauer kennen lernen; es wird sich zeigen, daß ihm einige Eigentümlichkeiten zukommen, die in Verbindung stehen mit der phagozytären Form der Verdauung, d. h. also mit der

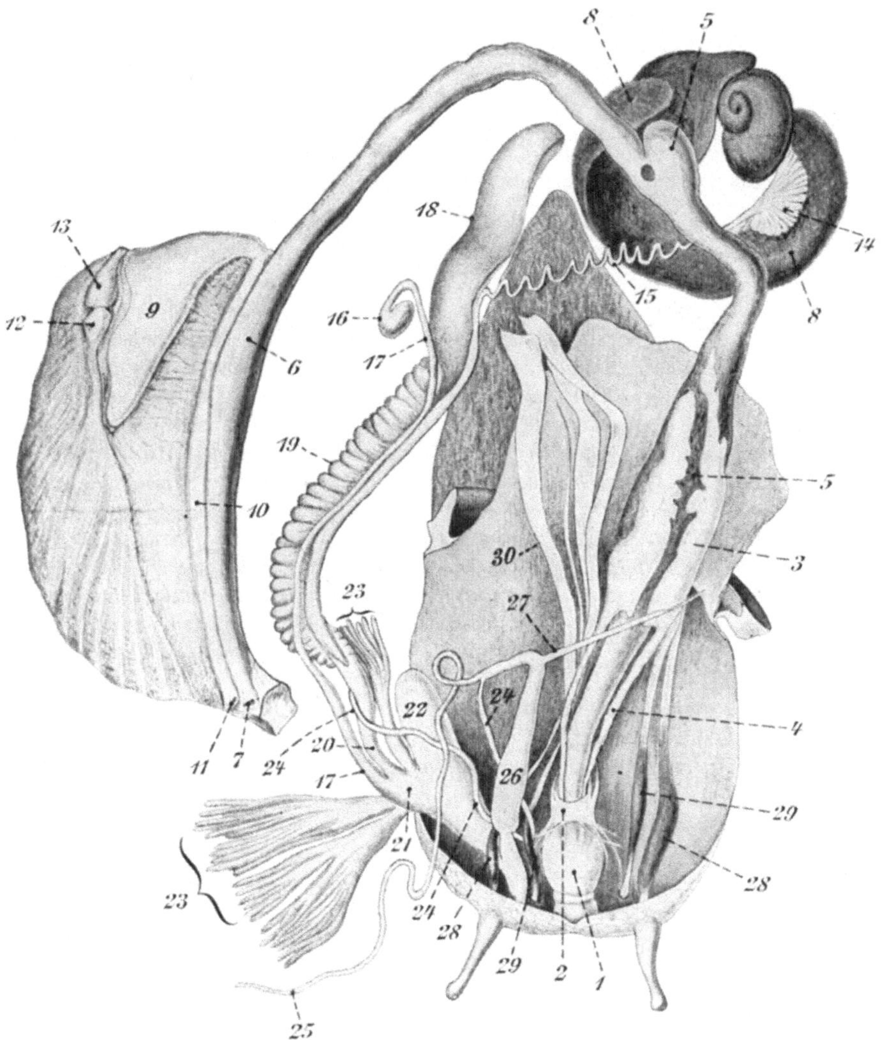



Abb. 28. *Auseinandergelegte Organe von Helix pomatia.* 1. *Pharynx.* — 2. Zerebralganglion. — 3. *Speicheldrüse.* — 4. *Ausführungsgang der Speicheldrüse.* — 5. *Kropf,* nach hinten zu Magen (auf der Mitteldarmdrüse). — 6. Enddarm. — 7. Anus. — 8. *Mitteldarmdrüse.* — 9. Niere. — 10. Sekundärer Nierenleiter. — 11. Nierenöffnung. — 12. Atrium des Herzens. — 13. Ventrikel des Herzens. — 28. Retractoren der vorderen Tentakeln. — 29. Retractoren der hinteren Tentakeln. — 30. Teile der Spindelmuskulatur. (Aus RÖSELER-LAMPRECHT 1914.)

Tatsache, daß der Saft lediglich eine vorbereitende Rolle bei der Verdauung spielt: *Es fehlt diesem Saft nämlich völlig ein eiweißlösendes Enzym.* Demgegenüber ist er imstande, Zellulose, wie sie die Membranen

Jordan-Hirsch, Übungen.                                                    6b der Pflanzenzelle bildet, zu verdauen. Dieses zelluloselösende Enzym, Zellulase oder Lichenase genannt, wirkt nicht auf Gerüstzellulose, sondern lediglich auf Reservezellulose, wie sie, abgesehen von den genannten Membranen, vor allen Dingen vorkommt in Pflanzensamen (Endospermien). Fließpapier wird nicht in dem Maße angegriffen, daß man dies durch einfache Versuche nachweisen könnte[1]. Weitere, auf verschiedene Kohlehydrate wirkende Enzyme sollen hier nicht besprochen werden.

Die Phagozytose findet ausschließlich in der Mitteldarmdrüse statt, deren Bau wir später kennen lernen werden.

### *Versuche über die Vorverdauung bei Helix.*

*54. Die Vorbereitung. Mindestens 24 Stunden vor den Versuchen bringt man große Exemplare von Helix pomatia in reines Wasser und sorgt dafür, daß sie dieses Wasser nicht verlassen können; sie schwellen auf durch osmotische Wasseraufnahme und gehen zugrunde an Wasserstarre. Das Wasser braucht nicht ausgekocht zu werden. (Es ist selbstverständlich, daß dieses bequeme Verfahren bei ernsthaften Versuchen, bei denen es auf quantitative Verhältnisse ankommt, nicht angewandt werden darf, weil durch die Wasseraufnahme auch die zu untersuchenden Säfte verdünnt werden.) Wir entfernen erst vorsichtig das Gehäuse. Sodann entfernen wir das Manteldach mit dem dicken, weißen, drüsenreichen Kragen und schneiden nun den eigentlichen Körper, der sich beim Kriechen der normalen Schnecke außerhalb des Gehäuses befindet, dorso-median der Länge nach auf (Abb. 1, gestrichelte Linie), setzen nach hinten diesen Schnitt fort, auf die Teile übergehend, die normalerweise im Gehäuse bleiben. Nun liegt vor uns der Pharynx, bei dessen medianer Eröffnung die Zunge mit der Radula sichtbar wird (Löffelform der Zunge!). Auf dem Kropf sieht man die Speicheldrüsen, deren Mündung leicht bis zum Pharynx zu verfolgen ist. Wir präparieren die Speicheldrüsen vorsichtig ab, ohne dabei den Kropf zu verletzen und legen sie in ein Uhrschälchen. Daraufhin machen wir den vollen Kropf unverletzt los, legen ihn auf ein anderes Schälchen und machen dann irgendeinen zweckmäßigen Einschnitt, so daß der braune Saft in das Schälchen läuft.*

*55. Das Sekret der Speicheldrüsen. Die Speicheldrüsen werden in einer kleinen Reibschale fein gerieben. Es entsteht ein Brei. Wenn man nun den Stempel schnell zurückzieht, dann bildet sich zwischen dem Brei und dem Stempel ein Faden, der uns zeigt, daß in der Drüse Schleim (Mucin) vorhanden ist, genau wie in unserem (gemischten) Speichel. Nunmehr mengt man den entstandenen Brei mit etwas Stärkemehllösung und überzeugt sich, daß in kurzer Zeit die Jodreaktion verschwindet (Versuch 2); auch wird man nach einiger Zeit in einem Filtrat Reduktion nachweisen können (Versuch 5).*

*56. Keine Protease im Kropfsaft. Ein wenig Kropfsaft kommt mit etwas Fibrin in ein Reagenzglas. Es tritt keine Verdauung auf. (Auch irgendwelche Zusätze von Alkali oder Säure, sowie von Darmextrakten etwa, in denen man die Anwesenheit einer Kinase vermuten könnte, sind wirkungslos.)*

---

[1] P. KARRER, Einführung in die Chemie der polymeren Kohlehydrate 1925.

*57. Zellulase im Kropfsaft. Auf den ersten Objektträger bringen wir einen Rasiermesserschnitt durch das Endosperm eines Dattelkerns. Hierauf kommt ein Tropfen Kropfsaft und ein Deckglas. Das Ganze kommt in eine feuchte Kammer, d. h. in eine Schale, auf deren Boden nasses Filtrierpapier liegt und welche mit einer Glasglocke zugedeckt ist. — In die gleiche feuchte Kammer bringt man ein zweites, genau gleich gemachtes Kontrollpräparat, bei dem jedoch an Stelle von Kropfsaft von Helix Wasser zur Bedeckung des Schnittes verwendet wurde. Am folgenden Tage werden beide Präparate mikroskopisch untersucht und es ergibt sich, daß das Wasserpräparat intakt ist, während beim Kropfsaftpräparat die Zellulosemembranen gelöst sind.*

*Weitere Enzyme im Kropfsaft. Man kann weiterhin mit dem Kropfsafte Verdauung von Fett, Stärkemehl und Rohrzucker erzielen, doch unterscheidet sich die Verdauung in nichts Wesentlichem von den Erscheinungen, die wir bei anderen Säften kennen.*


## C. Die Produkte der Eiweißverdauung bei den Säugetieren.

Die Aufgabe, die wir uns hier zu stellen haben, ist die folgende: Wir müssen mit einfachen Mitteln verfolgen, wie die Eiweißkörper im Laufe der Verdauung verändert werden; und wir müssen dieses so tun, daß wir zugleich verstehen, daß die Verdauung die Eiweißkörper geeignet macht durch die Darmwand hindurch zu treten. Wir beobachten daher bei den ersten Stadien der Verdauung das langsame Verschwinden der kolloidalen Eigenschaften. Diese kolloidalen Eigenschaften äußern sich, wie wir oben hörten, durch das Vermögen, etwa beim Kochen irreversibel zu gerinnen; ferner durch die Tatsache, daß bei Entziehung der Stabilitätsfaktoren die kolloidalen Lösungen präzipitiert werden (s. S. 46). Da nun Hauptstabilitätsfaktor der Eiweißkörper die Hydratation ist, so kann man den Grad kolloidaler Dispersion, welcher der Verdauungsstufe entspricht, bei den Eiweißkörpern und ihren Spaltungsprodukten durch Aussalzen vergleichsweise feststellen. Zunächst werden wir also finden, daß beide Eigenschaften: Gerinnbarkeit und Aussalzbarkeit, unter Wirkung der Enzyme verloren gehen. Die Aussalzbarkeit aber nimmt *allmählich* ab, d. h. je höher der Dispersionsgrad desto mehr Salz ist für die Aussalzung nötig: diese Salzmenge ist daher bei der „fraktionierten Aussalzung" ein Indikator für den Grad der Spaltung des Eiweißmoleküls.

Solange noch Gerinnung beim Kochen eintritt, sprechen wir von Eiweiß. Kurz nach Anfang der Verdauung treten Teile des Eiweißes in einen Zustand über, in dem sie auch beim Kochen nicht gerinnen, dagegen aber bei Neutralisierung, d. h. in Wirklichkeit beim isoelektrischen Punkte, noch ausfallen; sie verhalten sich jetzt wie eine Kaseinlösung. Man nennt dieses allererste Produkt der Verdauung *Azidalbumin*; ihm ist es zuzuschreiben, daß bei einer peptischen Verdauung, wenn man wenigstens nicht allzulange wartet, Neutralisierung einen Niederschlag erzeugt.

Das folgende Stadium ist charakterisiert durch die Tatsache, daß Kochen und Neutralisierung ohne Einfluß bleiben. Die Spaltungsprodukte bleiben klar gelöst, lassen sich aber aussalzen. Wir sprechen von *Albumosen*[1]. Man hat die Albumosen, je nach Konzentration des Salzes (Ammoniumsulfat), bei der sie ausfallen, klassifiziert, ein Verfahren, dem für unsere Zwecke kein Wert zukommt. Es ist leicht einzusehen, daß bei dem langsamen Prozeß des Abbruches jener hochkomplizierten Eiweißkörper erst größere, dann kleinere Bruchstücke entstehen. Je größer die Bruchstücke sind, desto höher sind ihre Ansprüche an die Stabilitätsfaktoren, desto geringer also die Salzkonzentration, bei der sie zu Boden fallen — und umgekehrt. Die Folge davon wird sein, daß man bei Zusatz geringerer Salzmengen andere Albumosen erhält als bei Zusatz größerer Mengen. Bei Sättigung werden alle Albumosen ausfallen. Allein es will uns scheinen, daß eine scharfe Scheidung in chemisch charakterisierbare Spaltungsprodukte auf diesem Wege nicht erzielt werden kann, so daß es für unsere Zwecke angezeigt ist, das Gemenge von Spaltungsprodukten verschiedener Größe unter dem Namen Albumosen als einheitliche Gruppe zu behandeln.

Wenn die Aussalzbarkeit verschwunden ist, finden wir einen Stoff, der sich durch verschiedene Eigenschaften noch als eiweißartiger Körper dokumentiert. Er ergibt noch deutlich Biuretreaktion (Nr. 25), ist auch noch durch verschiedene Reagentien (Alkaloidreagentien) fällbar. Diese Stoffgruppe nennen wir die *Peptone*. Peptone stehen auf der Grenze zwischen kolloidalen und nicht kolloidalen Stoffen (hemikolloidale Stoffe). Wir werden uns davon überzeugen, daß sie, wenn auch nur in geringem Maße, durch eine Pergamentpapiermembran dialysieren. Der Pepsinverdauungsversuch führt nicht weiter als zur Peptonbildung.

Anders die Trypsinverdauung. Bei dieser wird das Pepton weiter gespalten; es entstehen Peptide (Verbindungen von mehr oder weniger Aminosäuren), die keine Biuretreaktion mehr geben (abiurete Produkte). Endlich werden wir das Auftreten einiger Aminosäuren nachweisen können. Aktiviertes[2] Trypsin spaltet ursprüngliches Eiweiß, abgesehen von einigen Ausnahmen (Bindegewebe, wie wir hörten), zu Anfang auf die gleiche Weise wie Pepsin. Auch hier ist zunächst ein Neutralisierungsniederschlag in den Verdauungsprodukten zu erhalten (Neutralisierung mit Säure). Später entstehen Albumosen und Peptone. Dann aber geht die Spaltung weiter und es treten sehr bald einzelne Aminosäuren auf, welche vermutlich innerhalb des Eiweißes nicht (nur) in Form von Di- oder Tripeptidbindung vorkommen. Es sind dieses Leuzin, Tyrosin und Tryptophan. Di- und Tripeptidbindung vermag Trypsin nicht zu lösen; hierzu ist Erepsin nötig, doch sehen wir davon ab, in einem Kursus die Wirkungen dieses Stoffes zu untersuchen[3].

### *Versuche über Eiweißabbau.*

**58. *Ansetzen der Verdauungsgemische.*** *Zwei Tage, ehe man an diese Versuchsreihe kommt, bereitet man sie auf folgende Weise vor: In zwei Kolben kommt eine größere Menge Fibrin, dem man zusetzt:*

---

[1] Trotzdem müssen wir darauf hinweisen, daß die Begriffe Albumosen, Peptone usw. nur noch physiologischen Wert haben als Sammelbegriffe für Zwischenstadien der Verdauung — aber keinen chemischen Wert.

[2] Die Wirkung des nicht aktivierten Trypsins soll unbesprochen bleiben.

[3] Hauptsächlich der großen Kosten der Dipeptide wegen.

*Kolben 1: Pepsinsalzsäure in der beschriebenen Form (Nr. 30).*
*Kolben 2: Pankreatin in $NaHCO_3$ 2 vH.*

*In beide Kolben kommt etwas Toluol, auch werden sie gut verschlossen, damit das Toluol nicht verdampft. Thermostat, bei 38—40°.*

*Diese Kolben werden während ihres zweitägigen Stehens öfters kontrolliert. Der Säuregrad in der Pepsinmischung darf nicht verschwinden, d. h. Kongorot soll immer deutlich blau werden. Bei dem Trypsinpräparat ist es gut, von Zeit zu Zeit neues Enzym hinzuzufügen. Trypsin hat nämlich die Eigenschaft, bei schwacher Alkalinität wesentlich schneller zu verdauen als bei neutraler oder schwach saurer Reaktion; dem steht aber gegenüber, daß es bei alkalischer Reaktion viel schneller vernichtet wird. Allgemein vollzieht sich die Verdauung im Reagenzglas oder Kolben viel langsamer als in den Verdauungsorganen: in erster Linie deshalb, weil im Glase die Verdauungsprodukte liegen bleiben und (nach den Gesetzen der Gleichgewichtsreaktion) daher die Reaktion hemmen. Es ist daher vorteilhaft, die Verdauung bei der angegebenen alkalischen Reaktion vor sich gehen zu lassen und das zerstörte Enzym von Zeit zu Zeit zu ergänzen.*

*Produkte der Pepsinverdauung.*

**59. Kein Eiweiß mehr.** *Eine Probe der erhaltenen Lösung gerinnt beim Kochen nicht.*

**60. Azidalbumin.** *Eine kleine Probe der Lösung wird filtriert und vorsichtig mit verdünnter Lauge neutralisiert. Es entsteht ein Neutralisationsniederschlag (Azidalbumin). Diese Reaktion kann, da wir den Prozeß längere Zeit haben dauern lassen, bei unserem Versuch schon verschwunden sein; sie muß dann in einem frischen Verdauungsversuch ausgeführt werden.*

**61. Die aussalzbare Fraktion der Produkte: die Albumosen.** *Beim folgenden Versuche kann auch, an Stelle des selbstgemachten Produktes, käufliches Wittepepton verwendet werden. Dieses besteht fast ausschließlich aus Albumosen mit Spuren von Peptonen. Man gebraucht hiervon eine 10proz. Lösung. Zu einer Probe des Verdauungsgemisches oder der Wittepeptonlösung fügen wir gesättigte Ammoniumsulfatlösung[1]. Wir gießen solange von dieser Salzlösung nach, als an der Stelle, wo sie in das Verdauungsgemisch einströmt, noch Trübung auftritt. Nach einiger Übung können wir dergestalt genau alle Albumosen ausfällen, ohne doch mehr Salz hinzuzufügen als nötig ist. Eine kleine Menge Filtrat darf sich dann, bei weiterer Hinzufügung von Ammoniumsulfat, nicht mehr trüben. — Die Tatsache, daß nach Maßgabe zunehmender Salzkonzentration die Menge des ausgesalzenen Stoffes zunimmt, ergibt sich schon aus diesem einfachen Versuch. Will man dieses jedoch noch deutlicher sehen, so nehme man zwei Reagenzgläser und bringe in beide eine bestimmte Menge, z. B. 2 ccm, Verdauungsprodukt; füge zur ersten 2 ccm Salzlösung, zur zweiten etwa doppelt soviel, lasse den Niederschlag sich setzen und überzeugt sich nun, daß bei höherer Salzkonzentration der Niederschlag wesentlich voluminöser ist.*

---

[1] Ein genaueres, aber umständlicheres Verfahren ist das folgende: Man berechnet die Menge Ammoniumsulfat, die sich in dem zu untersuchenden Verdauungsgemisch gerade noch löst, und fügt diese dem Gemisch in Substanz zu.

*Eine vollkommen ausgesalzene Probe wird filtriert. Das Filtrat enthält die Peptone. Der Filterrückstand wird nunmehr in Wasser gelöst. (Man bringt hierzu das Filter mit dem Rückstande in eine Porzellanschale, gießt Wasser darüber und filtriert dieses ab; oder aber man löst, unmittelbar nach Auswaschen des Rückstandes mit Ammoniumsulfatlösung, den Rückstand durch Übergießen mit Wasser auf; dann kann man die ablaufende Lösung in einem Reagenzgläschen auffangen.) Diese Albumoselösung wird zu folgenden Versuchen gebraucht, aus denen sich einige Eigenschaften dieser Stoffe ergeben:*

*a) Aufkochen: Es tritt keine Gerinnung auf.*

*b) Biuretreaktion (Nr. 25): Schöne rote Farbe.*

*c) Alkohol verursacht einen Niederschlag, der sich in zugefügtem Wasser wieder löst. (Wasserentziehung.)*

*d) Salpetersäure mit Kochsalz, oder in einem zweiten Versuch Ferrocyankalium mit Essigsäure verursachen einen Niederschlag, der in der Wärme verschwindet, nach Abkühlung wieder auftritt.*

**62. Pepton.** *a) In einer kleinen Menge des albumosefreien Filtrats stellen wir die Biuretreaktion an, die hier einen roten Farbton hat, während Eiweiß einen mehr violetten Farbton ergibt. Wegen des Vorhandenseins von Ammoniumsulfat muß bei dieser Reaktion sehr reichlich Lauge hinzugefügt werden, vor allem, wenn man Natron- und nicht Kalilauge verwendet.*

*b) Die Reaktionen c und d auf Albumosen gelingen nicht mit dem Filtrat, welches nur noch Pepton enthält.*

*c) In der Peptonlösung entsteht ein Niederschlag durch Jod-Jodkali. Die Biuretreaktion ist positiv, die Farbe wie bei den Albumosen.*

*d) Wir nehmen zwei Dialysatoren, bringen in den einen Eiweißlösung, in den anderen peptonhaltiges Filtrat[1]. Beide kommen in je einen engen Becher mit Leitungswasser. Nach einiger Zeit überzeugen wir uns davon, daß Pepton durch das Pergamentpapier diffundiert.*

*Trypsin und seine Produkte.*

**63. Vergleich mit der peptischen Verdauung.** *Die ersten Stadien der tryptischen Verdauung bis zur Peptonbildung verlaufen im wesentlichen wie beim Pepsin. Neutralisationsniederschlag des Azidalbumins, Aussalzbarkeit der Albumosen, endlich das Entstehen von Pepton werden untersucht, wie bei der peptischen Verdauung.*

**64. Ninhydrinreaktion. Aminosäuren.** *Zur Feststellung, daß Aminosäuren sich gebildet haben, kann man sich der Ninhydrinreaktion bedienen. Eine kleine Menge der Eiweißspaltungsprodukte wird dialysiert; dem Dialysat werden zwei Tropfen einer 0,1proz. Lösung von Ninhydrin zugesetzt. In das Reagenzglas kommt ein Kochsteinchen, worauf genau 1 Minute lang gekocht wird. Violette Farbe deutet auf Aminosäuren. (Freie Säuren und Laugen stören die Reaktion.)*

*Wenn man ein Verdauungsgemisch hinreichend lange hat stehen lassen, so kann man oft, ohne weitere Hilfsmittel, die folgende Aminosäure nachweisen:*

---

[1] Die Firma Witte (Rostock i. M.) bringt unter dem Namen Pepton F e carne ein Produkt in den Handel, welches mehr Pepton enthält als das gebräuchliche „Witte-Pepton" und sich für diese Versuche besser eignet.

**65. Tryptophan.** *Einer kleinen Menge des Filtrats unseres Verdauungsgemisches werden einige Tropfen Bromwasser hinzugefügt (schwach ansäuern mit Essigsäure von 3 vH): Es tritt violette Färbung auf: „Tryptophanreaktion".*

**66. Leuzin und Tyrosin.** *Beide Aminosäuren kristallisieren in der Regel von selbst aus und können dann ohne weitere Hilfsmittel nachgewiesen werden. Man bringt einen Tropfen des Verdauungsgemisches auf einen Objektträger, deckt mit einem Deckglase zu und kann unter dem Mikroskop in diesem Präparat zuweilen schon Leuzinkugeln und Tyrosinnadeln (Abb. 29) finden. Ist dieses nicht der Fall, so läßt man das Präparat eine Zeit stehen, so daß beim Eintrocknen die Kristalle auftreten.*

Abb. 29. *Tyrosinkristalle* (nach PLIMMER 1920).

**67. Tyrosinkristalle aus Kaseinlösung.** *Die genaueren Methoden, um die genannten Aminosäuren mit Sicherheit zu erhalten, eignen sich nicht für unseren Kurs. Daher kann man, wenn die Darstellung der Kristalle auf die beschriebene Weise hier und da nicht gelingen sollte, Tyrosinkristalle auf die folgende Weise darstellen. In ein Reagenzglas kommt eine konzentrierte Lösung von Kasein in doppelkohlensaurem Natron, 2 vH. Man fügt Enzym, z. B. Magensaft des Flußkrebses, hinzu. Nach einiger Zeit wird das Gemisch trüb. Wenn man die trübe Flüssigkeit unter dem Mikroskop beobachtet, so zeigt sich, daß sich deutliche Tyrosindrusen (und -Nadelbüschel) gebildet haben (Abb. 29).*

**68. Quantitative Bestimmungen der Trypsinwirkung.** *Wir verfügen über die Möglichkeit, um das Freiwerden der Aminosäuren oder*

*Aminosäuregruppen durch Titration zu verfolgen. Die Aminosäuren haben Säurecharakter, daneben aber, durch den Besitz der Aminogruppe, auch basischen Charakter, so daß man sie nicht ohne weiteres gegen einen Indikator mit Lauge titrieren kann. Dagegen kann man den Eiweißspaltungsprodukten, mit ihrer zunehmenden sauren Reaktion, Stoffe hinzusetzen, welche die basische Gruppe ausschalten oder binden: Formol oder Alkohol. Wir werden zunächst die ältere Formoltitration verwerten und sie in sehr vereinfachter Form ausführen, wie sie sich zur Feststellung gröberer Unterschiede eignet.*

*Man untersucht Verdauungsgemische, von denen man von Zeit zu Zeit Proben von 2 ccm entnimmt. Zu diesen fügt man je 1 ccm käuflichen Formalins, verdünnt mit 2 ccm Wasser. Dieses wird vor dem Zusatz zum Verdauungsgemisch mit 0,1 norm. Alkali gegen Phenolphthalein neutralisiert, bis zum Auftreten von schwacher rosa Färbung. Diese Färbung verschwindet natürlich beim Zusatz zum Verdauungsgemisch, da dessen Reaktion durch Zusatz des Formols sauer wird. Nun wird der Säuregrad des Gesamtgemisches mit 0,1 norm. Natronlauge titriert, bis deutlich rote Färbung des Phenolphthaleins auftritt. (Stets soll der gleiche, starke Farbton erreicht werden!) Mit dieser Methode kann man die Verdauung in ihrem quantitativen Verhalten in gleichen Zeitabständen genau verfolgen und dieses Verhalten in Form einer Kurve darstellen, welche man auf folgende Weise aufzeichnet.*

*Als Abszissen dienen die Zeitabstände, innerhalb welcher man die Proben nimmt und titriert, während als Ordinaten die Menge des bei der Titration verwendeten Alkalis dienen. Große Genauigkeit wird man in einem Kursus nicht erzielen können, da eine Reihe Vorsichtsmaßregeln geboten sind, die sorgfältiges Arbeiten verlangen. (Puffergemisch, größere Übung im Titrieren, für welches man die Vorschriften finden kann bei* P. Rona[1]*) Wir können mit Hilfe der beschriebenen Methode z. B. die Geschwindigkeit der Verdauung bei verschiedenen Temperaturen zeigen, wobei gegebenenfalls einige wenige Bestimmungen ausreichen, wenn man einen Versuch bei niedriger, einen anderen bei etwa optimaler Temperatur ausführt (38—40°).*

**69. Alkoholtitrierung nach Willstätter und Waldschmidt-Leitz in vereinfachter Form**[2]. *An Stelle des Formols kann man auch Alkohol nehmen, um die Carboxylgruppen der Peptide und Aminosäuren, alkalimetrisch zu bestimmen. Wir können dabei die Genauigkeit etwas weiter führen als bei der einfachen Form der Formoltitrierung. Doch beschränken wir uns auch hier darauf, den zunehmenden Titer in Verdauungsgemischen festzustellen, um daraus eine Wirkungskurve zu gewinnen.*

*Man fügt zu Proben des Verdauungsgemisches soviel absoluten Alkohol, daß das Ganze eine Alkoholkonzentration von 90 vH erhält. Sodann titriert man mit $\frac{5}{n}$ alkoholische Natronlauge (Alkohol 90 vH), nach Zusatz von 0,5 ccm 0,5proz. alkoholischer Thymolphthaleinlösung zu je 100 ccm Analyseflüssigkeit. Man titriert bis zum ersten etwas grau-blauen Farbton*

---

[1] Rona, P. Praktikum der physiologischen Chemie. I. Fermentmethoden. S. 241. Berlin: Julius Springer 1926. — Allgemeine Anleitung zum Titrieren: Röhm, Otto, Massanalyse. Samml. Göschen Nr. 221.

[2] Genauere Ausführung bei P. Rona, S. 254.

*(Bürettenstand aufschreiben) und überzeugt sich, daß nach Zusatz von weiteren drei Tropfen Lauge die Farbe deutlich blau wird. Zu jeder Bestimmung ist eine Leerbestimmung unbedingt erforderlich, mit allen Bestandteilen des Hauptversuches, jedoch mit gekochtem Enzym. Der Titer, den wir als Ordinate unserer Kurve verwenden, ergibt sich aus der Differenz beider Titrationen.*

***70. Benutzung dieser Methode, um die Wirkungskurve von Trypsin bei verschiedenen $p_H$-Werten zu bestimmen.*** *30 ccm einer Gelatinelösung von 3 vH werden gemischt mit je 20 ccm der drei folgenden Puffer, um in drei Versuchen dreierlei Wasserstoffionenkonzentrationen zu erhalten.*

*Die Lösungen zur Bereitung der Puffermischungen sind folgende:*

*erstens $\frac{M}{20}$ Borax. (19,10 g Borax in Wasser gelöst und auf 1 l aufgefüllt); zweitens $\frac{N}{10}$ Salzsäure; drittens $\frac{N}{10}$ Natronlauge.*

*Puffer Nr. 1. 9 ccm Boraxlösung + 1 ccm NaOH        $p_H$ des Puffers = 9,36*

*Puffer Nr. 2. 9   ,,   Boraxlösung + 1   ,,   HCl        $p_H$ des Puffers = 9,09*

*Puffer Nr. 3. 6,5 ,,   Boraxlösung + 3,5 ,, HCl        $p_H$ des Puffers = 8,51*

*Bei der Mischung mit der Gelatinelösung und dem Enzym wird der $p_H$ etwas verändert, jedoch bei allen drei Versuchen in gleicher Weise[1].*

*Zu jedem Erlenmeyerkolben kommt nun je 5 ccm einer 1proz. Trypsinlösung (z. B. Pankreatin Rhenania). Diese wird hergestellt durch Lösung des Pankreatins in $NaHCO_3$ 1 vH, unter sorgfältigem Verreiben in einer Reibschale. Das Ganze kommt in den Thermostat bei z. B. 37°. Von Zeit zu Zeit (diese Zeitabstände liefern die Abszissen unserer Kurven) werden Proben aus dem Gemisch abpipettiert und in oben angegebener Weise titriert. Da man nicht alle drei Proben zugleich titrieren kann, wird unmittelbar nach dem Abpipettieren in jeder Probe das Enzym durch kurzes Aufkochen abgetötet. Vor dem Hinzufügen des Alkohols setzt man zu den Proben je 0,5 ccm einer Lösung von $CaCl_2$ hinzu, so daß auf $^1/_2$ ccm Lösung 20 mg $CaCl_2$ kommen. (Vermeiden des Zusammenballens der noch unverdauten Gelatine durch den Alkohol; auch muß der Alkoholzusatz unter dauerndem gründlichen Schütteln erfolgen!)*

*Mit dieser Methode lassen sich eine Reihe interessanter Vergleichungen ausführen, auch zwischen den Enzymen verschiedener Tiere.*

## D. Die Galle.

Die Galle ist ein Sekret der Leber. Weder Leber noch Galle finden wir bei niederen Tieren. Man hat bei diesen vielfach nach einem entsprechenden Organ gesucht, stets ohne Erfolg. (In älteren Büchern wird die Mitteldarmdrüse, d. h. der drüsenförmige Mitteldarm, häufig noch Leber oder Hepato-Pankreas genannt. Beides entspricht der Leistung

---

[1] Wenn man den $p_H$ zu wissen wünscht, so muß man ihn naturgemäß unmittelbar nach Ansetzen der Versuche bestimmen! Wir begnügen uns aber hier mit der aus obigen $p_H$-Zahlen ersichtlichen Relativität.

nicht.) Die Leistung der Leber ist eine sehr vielseitige. Wir werden sie im histologischen Abschnitte kennen lernen (Kap. E.). Hier beschränken wir uns völlig auf die Galle, das Sekret der Leber. Diese Galle ergießt sich an der gleichen Stelle in das Duodenum, an welcher auch der Saft des Pankreas in diesen Darmteil tritt. Die Galle ist ein Gemenge verschiedener Stoffe, die nur zum Teil für die Verdauung von Bedeutung sind, nämlich die gallensauren Salze, doppelkohlensaures Natron[1] und vielleicht auch die Schleimbestandteile, während die Gallenfarbstoffe wohl ausschließlich als ein Exkret zu betrachten sind; sie entstammen nämlich dem Hämoglobin des Blutes und zwar sind es Spaltungsprodukte des Hämoglobins derjenigen Blutkörperchen, die ausgedient haben. Trotz der Tatsache, daß sie bei der Verdauung keine Rolle spielen, werden wir sie hier kurz kennen lernen.

Die Galle läuft aus der Leber durch den Ductus hepaticus, wird dann aber, durch Kontraktion des letzten Abschnittes des Verbindungsweges zwischen Leber und Darm, zurückgestaut und gelangt durch den Ductus cysticus in die Gallenblase. Hier mischt sich die Lebergalle mit Absonderungsprodukten der Gallenblasenwand und bildet nun erst die Blasengalle, die sich durch einige Stoffe, z. B. Schleim, unterscheidet von der Lebergalle.

Aus der Blase tritt, nach Maßgabe des Bedarfes, die Galle durch den Ductus cysticus und dann durch den Ductus choledochus in das Duodenum. Die Rolle, die die Galle daselbst spielt, ist die folgende:

1. Die Galle trägt mit dazu bei, den Magensaft zu neutralisieren.

2. Sie übt einen bestimmten Einfluß auf die Darmbakterienflora (starker Fäulnisgeruch der Fäzes bei gestörter Gallenfunktion).

3. Die Galle verleiht den Fäzes die charakteristische Farbe durch die Gallenfarbstoffe.

4. Die Galle unterstützt die Fettverdauung.

Die Wirkung, welche die Galle auf die Fettverdauung ausübt, dankt sie ihren gallensauren Salzen, die wir hier im einzelnen nicht aufzählen wollen. Die Wirkung dieser Stoffe bezieht sich in erster Linie auf eine starke Herabsetzung der Oberflächenspannung der Fette. Die Bedeutung der Emulsionsbildung für die Fettverdauung haben wir weiter oben schon besprochen. In der Tat wirkt Galle stark emulgierend. Daneben aber hat sie einen ausgesprochenen aktivierenden Einfluß auf die Lipase des Pankreas (nicht auf diejenige des Magens oder der Darmwand).

### *Versuche mit Galle.*

*Zum Zwecke der Untersuchung der Galle verschaffen wir uns aus dem Schlachthause eine Gallenblase, ein großes beutelartiges Organ, das völlig mit einer grünlichen bis bräunlichen Flüssigkeit erfüllt ist; diese können wir ohne weiteres, nach Einschnitt in die Blase, in eine Schale laufen lassen.*

*71. Reaktion auf gallensaure Salze: PFTTENKOFERsche Reaktion. In einem Reagenzgläschen fügt man zu einer kleinen Menge Galle einige*

---

[1] Die Neutralisation der Säuren im Darm ist vornehmlich, aber nicht ausschließlich Leistung des Pankreassaftes.

*Tropfen einer Rohrzuckerlösung von 10 vH. Dann unterschichtet man vorsichtig mit dem halben Volumen konzentrierter Schwefelsäure. Es entsteht dann ein violetter Ring.*

*Diesen Versuch kann man auch auf folgende Weise anstellen. In ein Reagenzglas kommt Galle und 10proz. Rohrzuckerlösung. Nun fügt man, unter dauerndem Schütteln, tropfenweise konzentrierte Schwefelsäure hinzu[1]. Es entsteht ein Niederschlag (Cholsäure, eine der Gallensäuren). Wenn man nun mit der Hinzufügung der Schwefelsäure weitergeht, dann entsteht erst eine kirschrote, später eine purpurrote Färbung, die für das Vorhandensein von gallensauren Salzen spricht.*

*__72. Spektroskopische Untersuchung.__ Man muß mit dieser Reaktion, wenn man sie auf unbekannte Flüssigkeiten übertragen will, äußerst vorsichtig sein. Beim Suchen nach Sekreten, welche unserer Galle bei niederen Tieren entsprechen, hat man sich oft durch kritiklose Anwendung dieser Reaktion täuschen lassen. Man sprach von Galle, wo man es lediglich mit eiweißhaltigen Flüssigkeiten zu tun hatte. Denn auch mit Eiweiß ergibt diese Reaktion eine Färbung, die zwar viel weniger rot ist, aber unter Umständen doch Täuschungen veranlassen kann. Man hilft sich hier durch spektroskopische Untersuchung des roten Farbstoffes, der sich gebildet hat. Die mit gallensauren Salzen sich bildende Farbe hat ein charakteristisches Absorptionsspektrum[2]. (Die gefärbte Flüssigkeit wird zweckmäßig mit Alkohol verdünnt, ehe man sie spektroskopisch untersucht.)*

*__73. Gallenfarbstoffe: Reaktion von GMELIN.__ Die Reaktion von Gmelin beruht auf der Tatsache, daß die Gallenfarbstoffe, die in der Galle vorkommen, sich leicht oxydieren lassen, ein Prozeß, der sich durch Farbveränderungen in verschiedenen Fraktionen zu erkennen gibt. In der Galle selbst sind vorhanden Bilirubin und Biliverdin, von denen das letztere die weitergehende Oxydationsstufe ist. Wenn wir nun unter etwas verdünnte Galle sehr starke Salpetersäure unterschichten, dann bildet sich ein Ring, bei dem nicht nur Trübung auftritt, sondern auch, in bestimmter Reihenfolge, verschiedene Farben. Die Reihenfolge entspricht dem Oxydationsgrade. In der größten Entfernung von der Salpetersäure finden wir einen grünen Ring, der dem Biliverdin entspricht. Oberhalb dieses Ringes, wo die oxydierende Wirkung der Salpetersäure nicht durchgedrungen ist, hat die Galle ihre alte, schmutzig grünlich bis braune Färbung, welche auf der Mischung beider genannter Farbstoffe beruht. Der grüne Ring bedeutet also, daß hier aller Farbstoff zu Biliverdin oxydiert ist. Von diesem grünen Ringe an nach unten finden wir einen blauen (Bilicyanin), einen violetten und einen roten (Bilifuxin) Ring. Der violette Ring ist eine Übergangsschicht.*

*__74. Einfluß der gallensauren Salze auf die Fettverdauung.__ Wir wollen nun zeigen, daß Galle die Oberflächenspannung von Fetten herabsetzt. Wir nehmen ein Reagenzglas mit Wasser und fügen hierzu ein*

---

[1] Man sorge dafür, daß die Temperatur hierbei nicht zu hoch steigt. Die Mischung darf nicht wärmer werden als 60—70°.

[2] Zwei Absorptionsstreifen, den einen bei F, den andern zwischen D und E neben E.

*gleiches Volumen Öl. In ein zweites Reagenzglas bringen wir ebensoviel Öl, aber an Stelle des Wassers Galle oder etwas verdünnte Galle. Man vergleicht den gewölbten Meniskus gegen Wasser und den flachen Meniskus gegen Öl. An Stelle von fettem Öl (Salatöl) kann man auch Nelkenöl nehmen, also ein ätherisches Öl, welches sich zur Demonstration sehr gut eignet.*

*Man schüttelt Öl mit Wasser und in einem anderen Reagenzgläschen mit Galle: Größere Beständigkeit der Emulsion mit Galle.*

## E. Die Sekretion.

Unter Sekretion verstehen wir die Bereitung und Absonderung der Verdauungssäfte. Diese finden statt in Drüsen, die wir nun ihrem Baue nach kennen lernen müssen, da für unsere Zwecke die Erscheinungen der Sekretion größtenteils aus dem histologischen Bau der Drüsen erschlossen werden müssen.

Bei den niederen Tieren werden die Säfte, die bei der Verdauung eine Rolle spielen, durch das Epithel des Mitteldarmes abgesondert. Auf die Einzelheiten dieser für Wirbellose charakteristischen Absonderungsweise werden wir später eingehen. Das Epithel des Mitteldarmes hat bei den Wirbellosen also verschiedene Funktionen. Es muß die gelöste Nahrung resorbieren und es muß die Säfte liefern. Die Zellen, welche diese Leistungen auf sich nehmen, stehen hier meist nebeneinander, ja, in vielen Fällen handelt es sich überhaupt um die gleiche Zelle, die in verschiedenen Stadien ihres Lebens sezerniert und resorbiert. Reine Drüsen kommen bei den wirbellosen Tieren im eigentlichen Mitteldarm in der Regel nicht vor, wenn man wenigstens unter Drüsen lokalisierte Epithelausstülpungen versteht, welche ausschließlich Absonderungsfunktionen haben.

Die Sekretion der Verdauungsdrüsen bei den Wirbeltieren.

Bei den Wirbeltieren ist das im wesentlichen anders. Die eigentlichen Epithelien, die als Wandbekleidung des Mitteldarmes dienen, haben beinahe ausschließlich resorptive Funktion. Allerdings werden wir zwischen den eigentlichen Darmzellen die sogenannten Becherzellen kennen lernen, die vielleicht ausschließlich Schleim absondern; sie entsprechen also physiologisch keineswegs den Drüsenzellen aus dem Mitteldarm der Wirbellosen. Ferner wird z. B. für die Enterokinase bei den Vertebraten angegeben, daß sie nicht aus eigentlichen Drüsen, sondern aus den echten Epithelzellen stamme, doch scheint uns dies noch keineswegs bewiesen zu sein. Andererseits aber kann man sagen, daß die verdauenden Säfte aus morphologisch wohl charakterisierten Drüsen stammen. Um zu verstehen, was eine Drüse ist, müssen wir zunächst ein Epithel kennen lernen und werden hierfür ein einfaches Darmepithel wählen, wie es beim Frosche vorkommt. Alle aktiven Epithelien besitzen hohe, sogenannte Zylinderzellen (in Wirklichkeit prismatische Zellen). Der intensiven Leistung dieser Zellen entspricht ihr Protoplasmareichtum. Dies fällt unmittelbar auf, wenn wir sie vergleichen mit den Alveolenzellen der Lunge (S. 38), bei denen die dünne Plasmaschicht betont wurde.

Die Drüse leitet sich von dem einfachen Zylinderepithel durch Ausstülpung ab. Die Art dieser Ausstülpung kann verschieden sein. Im
wesentlichen können wir hier zweierlei Arten unterscheiden, die eine
andere Gestalt haben, je nachdem die Drüse sich in der Wand eines
Organs wie Magen oder Darm befindet, oder aber ein selbständiges Organ
ist, wie Pankreas oder Speicheldrüse. In der Wand eines Organs, wie des
Magens, entsteht die Drüse durch Ausstülpung, in Gestalt einfacher
Schläuche (tubulöse Drüsen), bei denen beinahe die gesamte Schlauch-
länge sekretiv ist und Schlauch dicht neben Schlauch die dicke Schleimhaut durchsetzt. Bei den selbständigen Drüsen (azinösen Drüsen) ist
das anders. Hier ist nur das blinde Ende der Ausstülpung sekretiv; es
ist stark erweitert, so daß es „Trauben" oder „Azini" bildet. So wird
der Raum des massiven Organs von diesen Azini eingenommen,
während die äußerst engen Ausführgänge zwischen den Azini laufen
und sich zu wenigen größeren Hauptausführgängen vereinigen. Wir
werden übrigens auch einige Ausnahmen von der Regel kennen lernen.

Bei den Wirbeltieren ist mit einfachen Hilfsmitteln, wie wir sie hier
anwenden, von der Sekretionstätigkeit der Zellen nicht viel zu sehen.
Allerdings kann man oft eine nichtsezernierende Sekretionszelle unterscheiden von einer solchen, die, ehe man sie fixierte, Saft abgesondert
hat. In der Ruhe häufen sich nämlich feine Granula auf, die bei der
Sekretion mindestens in viel geringerem Maße innerhalb des Zyto-
plasmas zu finden sind. Wir werden hierfür als Beispiel die Ösophagusdrüsen des Frosches geben. Bei den Wirbellosen dahingegen können wir
die Bildung und Absonderung der Sekrete unter dem Mikroskop studieren.

Die Untersuchung der Präparate geschieht nun so, daß den Kursusteilnehmern Schnitte im gefärbten Zustande (wo nicht anders gesagt
mit Hämatoxylin-Eosin) gegeben werden und nun der Teilnehmer die
Präparate betrachtet und eine Skizze von ihnen anfertigt. Wir wollen
hier anführen, auf welche Punkte des Präparates geachtet werden muß.

*Einige mikroskopische Präparate der Vertebraten.*

*75. Querschnitt durch den Dünndarm von Rana als Beispiel
eines einfachen Zylinderepithels (Abb. 30).*

*Epithelzellen: Man beachte, wie sich die Gestalt der Einzelzelle der
Form der Epithelfalten anpaßt. Längsfibrillen in den Zellen, wahrscheinlich als Kennzeichen resorbtiver Funktion. Saum sehr feiner Stäbchen
am Ende. Zwischen diesen Enden „Kittleisten".*

*Becherzellen (nicht in allen Teilen des Darmes vorhanden): Bei vielen
von ihnen ist das Ausstoßen des Schleimes, oder eine Mündung des Schleim-
raumes in das Darmlumen zu sehen.*

*Bindegewebe: Es muß in den Epithelfalten verfolgt werden. In ihm
verlaufen die Blutkapillaren und Chylusgefäße.*

*Zwei Schichten glatter Muskeln: Ring- und Längsmuskeln.*

*76. Schnitt durch den Magen eines Säugetieres, Fundusgegend.
Nach dem Magenlumen zu sehen wir die regelmäßigen, prismaförmigen
Oberflächenepithelzellen (Abb. 31 und 32), die keinen Magensaft absondern;*

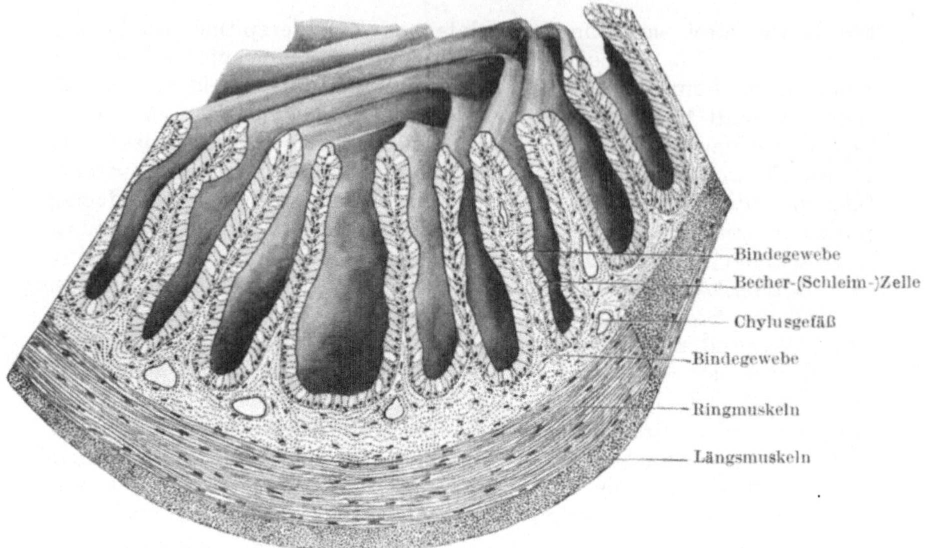



**Abb. 30.** *Plastische Darstellung eines Ausschnittes aus dem Dünndarm von Rana.* Vereinigung von Schnitten mit der Ansicht durch die bioculäre Lupe zur Demonstration des Faltensystems.

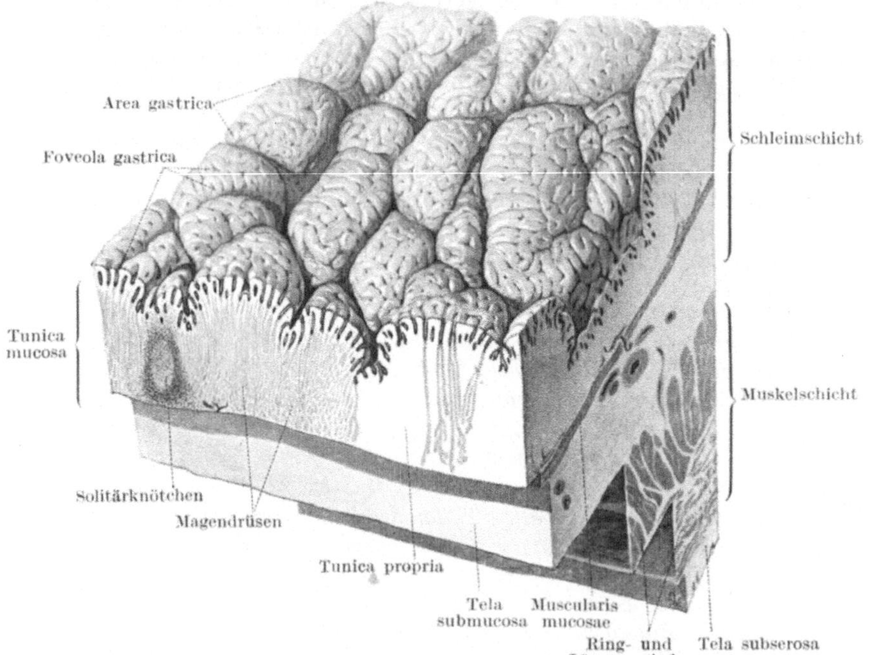



**Abb. 31.** *Magenwand des Menschen.* Auf der vorderen Schnittfläche sind rechts vom Beschauer nur einige Drüsen gezeichnet, die meisten sind fortgelassen; links dagegen sind die Magendrüsen in typischer Dichte gezeichnet. Drüsen grau. Magenrinnen schwarz. Vergrößerung 17 mal.
(Aus H. BRAUS, Anatomie des Menschen II, 1924.)

*sie sezernieren Schleim in Verbindung mit einem komplizierten Sekretionsapparat, den wir hier nicht näher untersuchen. Das Epithel buchtet sich in regelmäßigen Abständen zu den Foveolae gastricae ein (Abb. 31), von denen aus die Tubuli in die Tiefe der Magenwand gehen. Nur solche Stellen sind gut zu gebrauchen, wo man diesen Übergang sieht, wo also das Lumen der Foveolae in das Lumen der längsgeschnittenen Tubuli übergeht und wo außerdem hinreichend lange Stücke der Tubuli in reiner Längsrichtung getroffen sind (Abb. 32). Manche Einzelheiten des Baues jener Tubuli zeigen sich am deutlichsten an denjenigen Teilen, die dem blinden Ende am nächsten liegen. Hier verlaufen die kleinen Schläuche häufig gewunden, so daß wir neben Längsschnitten Querschnitte finden; in der Region der Tubuli, die längs getroffen sind, ist es dagegen zuweilen schwer festzustellen, welche Zellreihen zueinander gehören. Das Lumen eines solchen Tubulus ist nämlich in der Regel kaum zu sehen, so daß zumal der Anfänger Zellreihe neben Zellreihe sieht, die er nicht unmittelbar paarweise zu Schläuchen gruppieren kann. Man achte dann darauf, daß jeder Tubulus umsponnen ist von einer bindegewebigen Hülle (Tunica propria), welche ihm auch das feine Netz von Blutkapillaren zuführt, zur Anfuhr des Materials, aus welchem das Sekret gebildet wird. Bindegewebe hat charakteristische, längliche, kleine, dunkelgefärbte Kerne, und dieses Bindegewebe dient uns nun dazu, die einzelnen Tubuli gegeneinander abzugrenzen.*

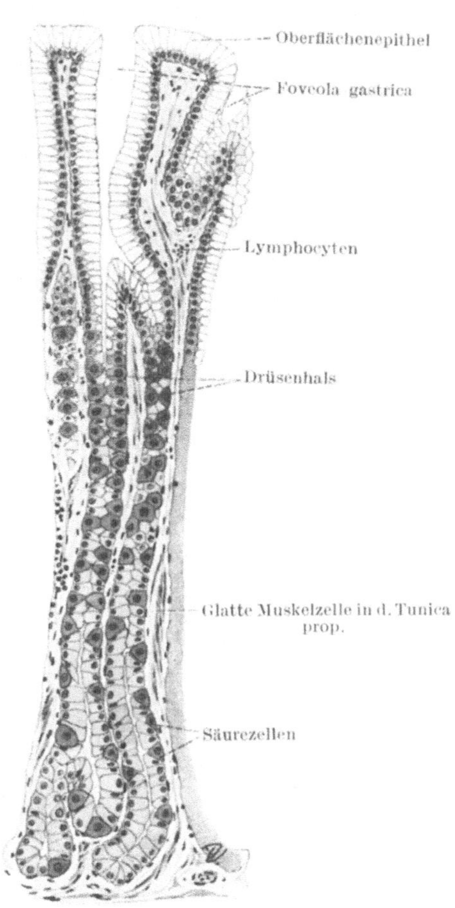


Abb. 32. *Zwei Drüsentubuli, längsgeschnitten, aus der Fundusgegend des Magens vom Menschen.* Pepsinzellen (Hauptzellen) grau, Säurezellen (Belegzellen) dunkel. Vergrößerung 130 mal. (Aus H. BRAUS, Anatomie des Menschen II, 1924.)

*Die Zellen der Tubuli: Schon bei schwacher Vergrößerung fällt uns auf, daß die Tubuli zweierlei Zellen enthalten:*

*a) Zellen, die sich (bei Häm.-Eos.-Färbung) mehr blau färben und die den eigentlichen Tubulus bilden (Hauptzellen). Sie liefern das Pepsin. Gelegentlich sind feine Granula vorhanden: Pepsinogengranula.*

*b) Zellen, die sich mehr rot färben, den blauen aufliegen (Belegzellen).
Sie liefern die Salzsäure; sie münden durch feine Kapillaren, welche zwischen den Hauptzellen hindurchführen. Diese Kapillaren kann man jedoch auf unseren Präparaten nicht sehen. Die Tätigkeit der Salzsäurezellen ist ohne besondere Reaktionen, etwa auf die reichlich in ihnen vorhandenen Chloride, nicht zu sehen.*

*Oberflächenepithel: vollkommen durchsichtige Schleimzellen.*

*Foveolae gastricae, Zellen wie im Oberflächenepithel.*

*Das Bindegewebe: zwischen den Tubulis, mit seinen, den Tubulis parallel laufenden, oben beschriebenen Kernen.*

*Muscularis mucosae: unmittelbar unter den blinden Enden der Drüsentubuli.*

*__77. Die Magenverdauung__[1] __von Rana.__ Wir „füttern" ein Exemplar von Rana mit gehacktem Fleisch. Dieses geschieht auf die folgende Weise. In die linke Hand kommt der Frosch. Mit einem Glasstabe wird der Mund geöffnet und der Unterkiefer mit dem Daumen der rechten Hand offen gehalten. Nunmehr wird eine kleine Menge gehackten Fleisches, etwa so groß wie eine Haselnuß, in den Ösophagus gestopft, zunächst mit dem Zeigefinger der rechten Hand; sodann wird das Fleisch mit einem rund abgeschmolzenen Glasstabe vollständig in den Magen gedrückt. In der Regel wird das Fleisch im Magen behalten und nicht erbrochen. Wenn dies doch geschieht, dann muß diese Zwangsfütterung wiederholt werden. (Einen Frosch auf natürliche Weise zu füttern ist nicht so einfach und im Winter wohl ausgeschlossen.) Man läßt das Tier nun etwa 24 Stunden am Leben. (Allgemein läßt sich die Zeit, die am günstigsten für den Versuch ist, nicht feststellen, da diese vollkommen von der Jahreszeit abhängt.)*

*Dann wird das Tier getötet, es sei durch Chloroform, es sei durch Zerstörung des Zentralnervensystems (Dekapitieren mit einem Scherenschlag und Zerstörung des Rückenmarkes mit einer Sonde). Der Bauch wird eröffnet, der Magen zunächst in situ betrachtet: Er ist voll, durchaus gegen den Darm geschlossen und ebenso gegen den Ösophagus, der sich in diesem Zustande sehr leicht vom eigentlichen, stark muskulösen Magen unterscheidet. Nun eröffnen wir den Magen durch einen Längsschnitt. Er enthält, äußerlich unverändertes Fleisch. Die Magenverdauung findet ja so statt, daß die Hauptwirkung des Pepsins mit der Salzsäure erst in der Pars pylorica sich entfaltet, obwohl diese Sekrete zum Teil schon im Ösophagus gebildet werden. Es liegt im Wesen der Magenbewegung, alles was flüssig ist, also auch Sekrete, in die Pars pylorica zu treiben, während der Fundus die festen unveränderten Inhaltsmassen enthält. Beweis: a) Mit blauem Lackmuspapier gelingt es fast stets, in der Pars pylorica Rötung zu erhalten, also saure Reaktion nachzuweisen, aber nicht im Fundus.*

*b) Wir machen ferner nun ein Zupfpräparat vom Fleisch des Mageninhaltes: erstens aus dem Fundus, zweitens aus der Pars pylorica. Während in der ersten Probe noch deutlich die Querstreifung zu sehen ist, welche für die Fleischfasern charakteristisch ist, ist in der Pars pylorica*

---

[1] Wir beschreiben diesen Versuch, der eigentlich zum vorhergehenden Abschnitte gehört, in diesem Zusammenhange, um es zu vermeiden, hierfür und für die kommende Untersuchung der Sekretion zwei Objekte zu töten.

*diese Querstreifung vernichtet, als Beweis dafür, daß in der Pars pylorica das Fleisch verdaut wird. Verdauungsprodukt in gelöster Form findet man im Magen nicht, da dieses unmittelbar in den Darm übergeht.*

*Am aufgeschnittenen mittleren Dünndarm (gereinigt) können wir übrigens noch jenes Faltensystem erkennen, das Abb. 30 deutlich wiedergibt; es ist so gerichtet, daß es ein Zurückweichen des Darminhaltes nach vorn zu verhindert.*

*78. Untersuchung der Ösophagusdrüsen in dem ausgespannten Ösophagus. Nachdem wir dergestalt den Mageninhalt untersucht haben, schneiden wir mit feiner Schere den Ösophagus ab, schneiden ihn auf und spannen ihn auf die folgende Weise, um ihn mikroskopischer Beobachtung zugänglich zu machen:*

*Man legt den aufgeschnittenen Ösophagus auf einen trockenen Objektträger, so daß der äußere peritoneale Überzug am Glase klebt; dann zieht man ihn nach allen Seiten gut auseinander, unter Zuhilfenahme von zwei Pinzetten, indem man ihn stets wieder gut auf die Glasplatte drückt. So gelingt es, auch ohne Zuhilfenahme eines Korkrahmens, ihn gut auszuspannen, so daß man bei schwacher Vergrößerung unter dem Mikroskop beobachten kann. — Auf dieselbe Weise behandeln wir den Ösophagus eines Hungerfrosches. Wir betrachten und zeichnen die Pepsin sezernierenden Drüsen, die als dunkle Pakete in zierlicher Felderung unter dem Mikroskop sichtbar sind. Wir überzeugen uns davon, daß beim gefütterten Tiere die Felderung heller ist (Verbrauch der Pepsinogengranula). Da die Granula eine Zeitlang nach der Fütterung sich wieder neu bilden und diese Zeit von verschiedenen Umständen, z. B. der Jahreszeit, abhängt, so ist beim Mißlingen eines Versuches dieser, unter Wahl eines anderen Zeitabstandes, zu wiederholen[1].*

*79. Mikroskopische Schnitte durch den Ösophagus von Rana (Abb. 33). Die Ösophagusdrüsen bilden große Einstülpungen des Ösophagusepitheles (hauptsächlich Schleimzellen, Wimperzellen) in die Propria. Die Wand der Drüsen besteht aus zweierlei Drüsenzellen. Die oft geräumigen Lumina mehrerer dieser Einstülpungen münden mit gemeinsamem Ausführgang.*

*Die Endzellen der Alveolen zeigen deutlich Pepsinogenkörnchen. Die proximalen Zellen sind Schleimzellen.*

*Der Ausführgang ist zuweilen nicht ganz leicht zu finden, da auf einige große Alveolen nur ein dünner Ausführgang kommt.*

*80. Mikroskopischer Schnitt durch die Glandula mandibularis (submaxillaris) eines Säugetieres[2]. Man betrachtet das Präparat zunächst unter schwacher Vergrößerung (Abb. 34). Dabei sieht man unmittelbar, daß man drei verschiedene Gruppierungen von Drüsenzellen unterscheiden kann: 1. Gleichförmig dunkle, rotviolette; das sind rein seröse Endstücke, deren Zellen Wasser und Ptyalin abscheiden (Enzym- und Ver-*

---

[1] Nach Nussbaum (1882) soll innerhalb 48 Stunden nach Fütterung der Gehalt an Pepsinogenkörnern stark abfallen; innerhalb 48—96 Stunden jedoch wieder ansteigen, falls inzwischen keine Fütterung erfolgt.

[2] Fixierung in Zenker. Paraffin. 10 $\mu$ Schnitte. Färbung: Hämatoxylin-Eosin. Ergebnis: seröse (Enzym-) Zellen rot-violett. Schleimzellen ungefärbt oder blau; Granula des Schleimes meist aufgelöst. Speichelrohr rot. — Will man die Prämuzingranula erhalten, so fixiert man in Formalin 1 Teil und Alkohol 90 vH 2 Teile.

*dünnungsspeichel). 2. Gleichförmig helle oder bläuliche Gruppen (selten);
das sind rein muköse Endstücke; ihre Zellen scheiden Muzin ab.
3. Gemischte Endstücke; sie enthalten hauptsächlich Schleimzellen
(hell), daneben aber auch Enzymzellen in Form dunkler „Halbmonde".*

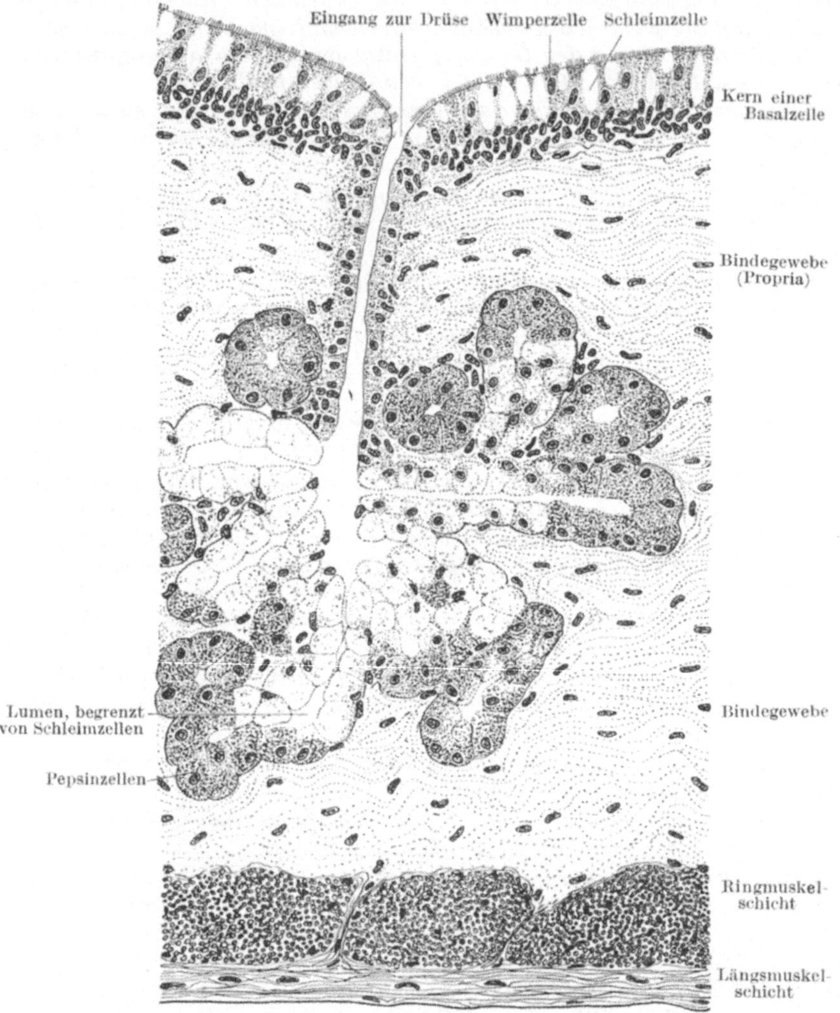


Abb. 33. *Ösophaguswand von Rana*, Längsschnitt.

*Nunmehr betrachten wir ein Endstück gemischten Charakters unter
starker Vergrößerung. Die Zellpakete, als welche die Schnitte durch die
Endstücke erscheinen, lassen sich wieder durch die Bindegewebshülle voneinander abgrenzen. Wir finden, daß um das Lumen[1] herum hauptsäch-*

---

[1] Auch hier ist oft das Lumen schwer zu sehen; die Zellen jedes Acinus
stoßen in der Mitte zusammen; das Lumen erscheint als ein weißer Punkt.

*lich durchsichtige Schleimzellen sich befinden. Der Schleim in diesen
Zellen färbt sich bei dieser Fixierung nicht, ist mit Wasser stark gequollen;
daher ist eben die ganze Zelle durchsichtig. Das Plasma zeigt Schaum-
struktur; in den Hohlräumen lag Muzin. Um den gegen die Basalmem-
bran gedrückten Kern, der also schüsselförmig geworden ist, liegt eine
kleine Menge Protoplasma (Abb. 35). Das Muzin wird hier (im Gegen-*

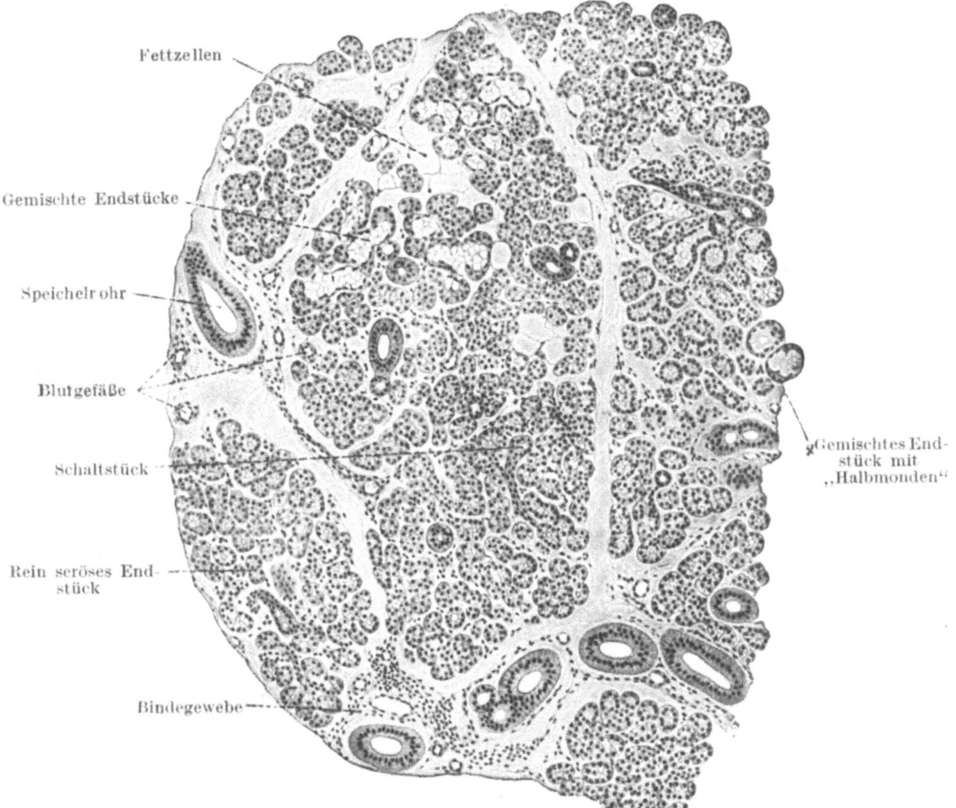


Abb. 34. *Ausschnitt eines Schnittes durch die Glandula mandibularis (submaxillaris) des Menschen.*
Viele Speichelrohre (an anderen Stellen sind sie noch zahlreicher); einzelne schmale Schaltstücke;
viele rein seröse Endstücke (dunkle Zellen); einige gemischte Endstücke (helle und dunkle Zellen);
Fettzellen im Bindegewebe. (Nach STÖHR-V. MÖLLENDORFF 1924.)

*satz zu den Schleimzellen in Abb. 33) durch die intakte vordere Zellwand
ausgeschieden und zwar nur hier (im Gegensatz zu den serösen Zellen).
Am distalen Ende der einzelnen Endstücke betrachten wir nun die
„Halbmonde". Es sind das die Enzymzellen, wie wir sagten; sie sind
ursprünglich zu betrachten als Zellen der Wand, die vermutlich durch die
aufquellenden Schleimzellen vom Lumen verdrängt worden sind, so daß sie
zwischen dem kugeligen Endstück und seiner bindegewebigen Hülle die Form
eines Napfes, daher im Durchschnitt die eines Halbmondes angenommen*

*haben. Die Sekretkörner sind rot gefärbt und kleiner als die Muzin-
granula. Der Kern behält seine ursprüngliche kugelige Form. Das Sekret
der Halbmondzellen wird durch zwischenzellige Kapillaren in das Lumen*

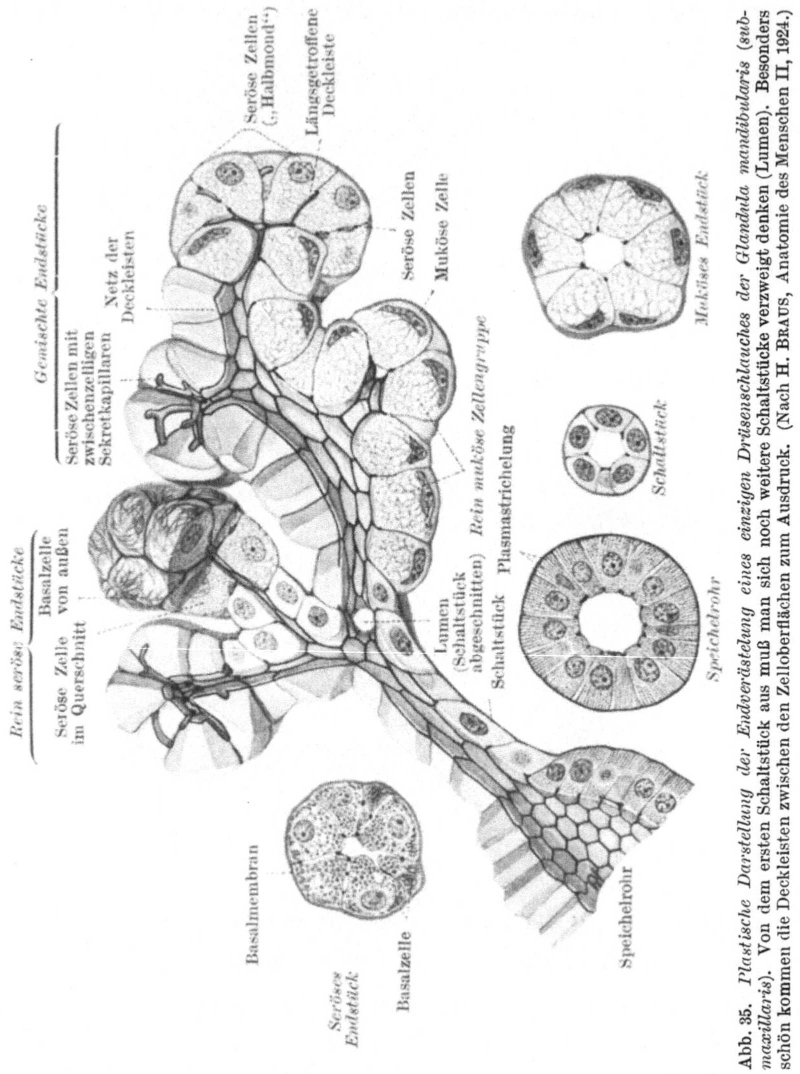



Abb. 35. *Plastische Darstellung der Endverästelung eines einzigen Drüsenschlauches der Glandula mandibularis (submaxillaris).* Von dem ersten Schaltstück aus muß man sich noch weitere Schaltstücke verzweigt denken (Lumen). Besonders
schön kommen die Deckleisten zwischen den Zelloberflächen zum Ausdruck. (Nach H. BRAUS, Anatomie des Menschen II, 1924.)

*der Drüse ergossen (Abb. 35). Diese Kapillaren sind auf unseren
Schnitten unsichtbar; sie laufen zwischen den serösen Zellen; so kommt
es, daß diese ihr Sekret auf einer viel größeren Oberfläche abgeben können
als die Schleimzellen.*

*Die Ausführgänge. Wir verfolgen nun die Ausführgänge der Endstücke auf unserem Schnitte. Man beachte dabei, wie sich die Ausführungsgänge*

Abb. 36. *Teil eines Schnittes des menschlichen Pankreas.* 1. Kerne der Endkanäle, d. h. der von sezernierenden Zellgruppen umgebenen Enden der Schaltstücke. — 2. Schaltstück. — 3. Gang. — 4. Beginnende Inseln. — 5. Blutgefäß. — 6. LANGERHANSsche Inseln. — 7. Große Insel mit Blutgefäßen. (Aus K. W. ZIMMERMANN in v. MÖLLENDORFFs Handbuch d. mikroskop. Anatomie des Menschen. Bd. 5. Berlin 1927.)

*verzweigen und nach Maßgabe hiervon verengern und sich zwischen den Endstücken hindurchwinden. Jeder Lobus solch einer Drüse hat einen großen*

*Ausführungsgang, der sich auf dem Querschnitte leicht zu erkennen gibt durch seine Dicke und durch die Tatsache, daß die Kerne des Epithels verschiedene Schichten dick gelagert sind. Er verzweigt sich in zahlreiche Speichelrohre, die auch noch einen deutlich epithelialen Bau tragen, allein nur noch eine einzige Reihe von Kernen haben; sie sind unter allen Umständen leicht zu erkennen, da die dicke Protoplasmaschicht peripher von der Kernreihe eine feine Strichelung zeigt und zwar in radiärer Richtung, gleichgültig, ob wir den Gang im Querschnitt oder im Längsschnitt vor uns haben (Abb. 35). Auch die Speichelrohre sind, verglichen mit der Anzahl Endstücke, nicht zahlreich, sondern sie verzweigen sich in außerordent-*

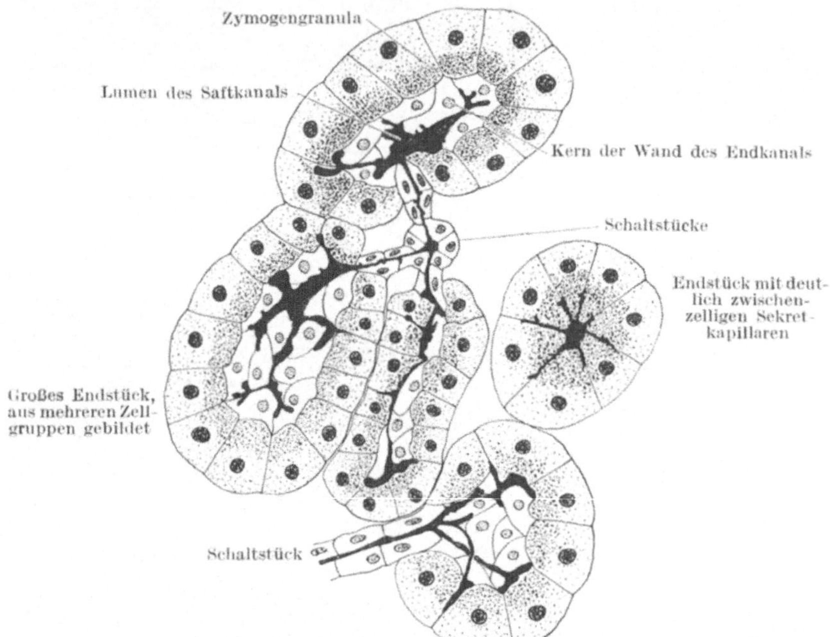


**Abb. 37.** *Fünf Endstücke mit ihren Abführkanälen vom Pankreas des Menschen.* Halbschematisch. Lumina zum Saftabtransport sind schwarz gezeichnet. Die früher fälschlich „zentroazinär" genannten Zellen sind hier als Zellen des Endkanals bezeichnet. Die Zellkerne der Sekretzellen sind etwas zu klein; die Basalstreifung der Zellen ist fortgelassen.

*lich zahlreiche „Schaltstücke", die kapillären Charakter tragen. In der Regel erkennt man im Längsschnitt die Schaltstücke daran, daß man zwei Reihen länglicher Kerne sieht. Man versuche, den Übergang von Ausführungsgang im Speichelrohr und von diesem in Schaltstück und endlich vom Schaltstück in einen Acinus zu finden. Letzteres ist nicht ganz einfach.*

***81. Schnitt durch das Pankreas eines Säugetieres.*** *Das Pankreas unterscheidet sich von den Speicheldrüsen durch drei Umstände. Erstens liegen die Zellen der sezernierenden Endstücke nicht einfach am freien Ende der Schaltstücke (wie in Abb. 35), sondern sie nehmen so an Masse zu, daß sie gewissermaßen am Endkanal des Schaltstückes emporwuchern und dabei miteinander verschmelzen. Auf einem Querschnitt (Abb. 37)* *finden wir also inmitten einer sezernierenden Zellgruppe das meist sehr schmale Lumen, das viele kleine Astkanäle zwischen die Wandzellen des Endkanals sendet. Um das Lumen herum liegen dann die Wandzellen des Endkanals. Um diese gruppieren sich schließlich die sezernierenden Zellen mit Zymogengranula; diese stoßen ihr Sekret aus in feinste Kanäle, die zuerst zwischen den sezernierenden Zellen verlaufen, dann zwischen den Zellen des Endkanals und schließlich in das Lumen des Endkanals münden.*

*Zweitens findet man in das Drüsengewebe eingebettet Inseln eines besonderen Gewebes, welches keinen geschlossenen Bau erkennen läßt (Abb. 36). Hier liegen die Zellen in eigenartigen, nicht sehr regelmäßigen Ketten, welche durchsetzt sind von großen Blutgefäßen (in ihnen sind Blutkörperchen sichtbar). Auf den Bau dieser sogenannten Langerhansschen Inseln können wir hier nicht näher eingehen, sie spielen keine Rolle bei der Verdauung. Es sind Drüsen mit interner Sekretion, ihr Produkt ist das Insulin; es wird an das Blut abgegeben und spielt eine sehr große Rolle beim Zuckerstoffwechsel: das Sekret hemmt die Mobilisierung des Zuckers aus den Glykogenvorräten der Leber und es befördert andererseits die Zuckerverbrennung.*

*Drittens sind beim Pankreas keine Speichelrohre eingeschaltet zwischen Schaltstücke und Ausführgang.*

*Die Zymogengranula interessieren uns hier besonders. Sie sind beim Hungertier sehr reichlich vorhanden und erfüllen die vordere Hälfte der Zelle bis über den Zellkern hinaus. Nach der Nahrungsaufnahme werden die Granula nach dem Kern zu trübe, gegen das Lumen zu lösen sie sich auf in kleine Vacuolen. Dieser Vacuoleninhalt wird an die Saftkanäle abgegeben. Nach sehr intensiver Reizung ist beobachtet, wie die Granula sich nach dem Lumen zu anhäufen; doch ist Genaues über die Wiederherstellung des Sekretes nicht bekannt.*

### Die Leber der Wirbeltiere.

Die Leber ist eines der wichtigsten Organe des Wirbeltieres. Einmal ist sie eine echte Drüse mit äußerer Sekretion und liefert die uns schon bekannte Galle. Hauptsächlich aber hat sie auch die Funktionen einer Drüse mit innerer Sekretion. Von diesen letzteren Leistungen wollen wir hier nur einige wenige erwähnen: In erster Linie ist die Leber der Ort, wo die Menge des Blutzuckers reguliert wird. Menschliches Blut enthält ungefähr 0,1 vH Traubenzucker. Solange der Mensch gesund und normal ernährt ist, auch nicht übertrieben körperlich arbeitet, erleidet diese Zahl keine großen Schwankungen. Aber auch im Hunger sinkt der Zuckergehalt des Blutes nicht unter etwa 0,08 vH. Wenn durch Adrenalineinspritzung der Zuckergehalt des Blutes wesentlich niedriger wird, dann treten Krämpfe auf. Bei Wirbellosen ist das ganz anders, hier beobachtete man große Schwankungen des Blutzuckers, der im Hunger völlig schwinden kann (ohne Krämpfe!). Bei reichlicher Anwesenheit von Zucker wird allerdings auch hier dem Blute Überschuß entzogen und nach Maßgabe des Verbrauches, solange hinreichender Vorrat vorhanden ist, der Blutzucker konstant erhalten (HEMMINGSEN, bei Astacus). Nach einer Mahlzeit, die reichlich Kohlehydrate enthält, strömt beim Säuger ein zuckerreiches Blut aus den Zweigen der Vena mesenterica und gelangt in die Vena portae und hierdurch in die Leber. Die Vena portae löst sich in der Leber zu einem Kapillarnetz auf, einem sogenannten „Pfortadersystem". Die Maschen dieses Netzes umspinnen die einzelnen Zellen der Leber, wie wir sehen werden und so wird es diesen möglich, dem Blute soviel Zucker zu entnehmen, daß das Blut mit 0,1 vH Zucker die Leber wieder verläßt, während der Zucker, der ihm entnommen wurde, in den Leberzellen in Form von Glykogen niedergelegt wird. Wenn nun durch körperliche Anstrengung viel Zucker verbraucht wird und demnach der Blutzucker abnimmt, dann ist es wiederum die Aufgabe der Leber, das Fehlende anzufüllen; sie mobilisiert ihr Glykogen, d. h. sie löst es durch intrazelluläre Enzyme auf, der sich bildende Zucker ergießt sich in das Blut, bis dieses den normalen Zuckergehalt hat. (Diese Beeinflussung des Zuckerstoffwechsels unterliegt, wie wir hörten, einer weiteren Regulierung von seiten des Sekrets der LANGER-HANSschen Inseln: dem Insulin und ferner seines Antagonisten, dem Sekrete der Nebennieren, dem Adrenalin, welches vor allen Dingen die Zuckermobilisierung befördert.)

Eine ähnliche Regulierung hat die Leber gegenüber dem stickstoffhaltigen Endprodukte des Eiweißstoffwechsels. Eiweiß wird im Stoffwechsel zunächst seiner Aminogruppe ($NH_2$) beraubt. Hieraus bildet sich Ammoniak und dieses verbindet sich unmittelbar mit der Kohlensäure, welche in den Geweben immer in reichlicher Menge vorhanden ist. Kleine Mengen kohlensauren Ammoniaks sind also im venösen Blute stets zu beobachten, sie gelangen in die Leber; das aus der Leber ausströmende Blut enthält kein kohlensaures Ammoniak mehr, dagegen aber eine entsprechende Menge Harnstoff. Dieser wird dann durch das Blut zur Niere transportiert und daselbst ausgeschieden.

So sehen wir, daß die Leber dasselbe leistet wie die beiden Drüsenarten, die wir, histologisch getrennt, im Pankreas kennen lernten als das eigentliche Pankreas und die LANGERHANSschen Inseln. Das heißt die Leber vermittelt einmal den Verkehr zwischen Blut und Ausführgang, dann aber zwischen Blut und Blut: sie entnimmt dem Blute Stoffe und gibt andererseits Stoffe an das Blut ab. Für diese zwei Grundfunktionen sind aber nicht — wie beim Pankreas — zwei Gewebearten gebildet; vielmehr muß dieselbe Zelle beiden Funktionen gerecht werden. Daher ist der Leberbau recht verwickelt.

Ordnung des Zellverbandes. Die Leber ist von Haus aus eine tubulöse Drüse. Bei den Amphibien (Abb. 38a, b und 41), ja auch noch bei den Säugetierembryonen, kann man das sehen. Man muß sich nun den Prozeß, durch welchen beim Säugetier der eigenartige Bau der Leber entsteht, in zwei Etappen verlaufend denken: Erstens haben wir es zu tun mit langgezogenen Schläuchen (Tubuli), die sozusagen einzelne Zellkettenpaare bilden (Abb. 38d und 39 links). Diese Zellenkettenpaare umschließen ein kleines Lumen eines Gallenkanälchens und werden dicht umsponnen mit Blutkapillaren (Abb. 38c). Wir haben also zunächst eine Reihe derartiger im Querschnitte zweizelliger Tubuli, die parallel nebeneinander liegen. —Zweitens finden wir das Folgende: Das Gallenlumen bildet zwischen den Zellen radiäre Ausläufer und umkreist hiermit die Leberzelle, wie das Abb. 39 Mitte vortrefflich wiedergibt. Von dem Ring gehen noch kleine blindendende Seitenkanäle aus. Wo also zwei Zellen einander berühren, da wird der Ring eines Gallenganges sich dazwischen legen, der mit dem ursprünglich vorhandenen Tubuluslumen stets wieder in Verbindung tritt, so daß schließlich nicht mehr auszumachen ist, ob eine Zellreihe ursprünglich mit der benachbarten einen Tubulus gebildet hat oder zur anderen Nachbarzellreihe gehört. Es ist so ein Netz von Sekret- oder Gallenkapillaren entstanden, welches die Einzelzellen umgreift (Abb. 42 rechts). So ist der Zellverband aufgelöst in eine Reihe von Zellketten. Diese Ketten sind nun von oben nach unten parallel zu einem offenen Fachwerk angeordnet, in welchem die „Steine" (Zellen) durch Zwischenräume getrennt sind.

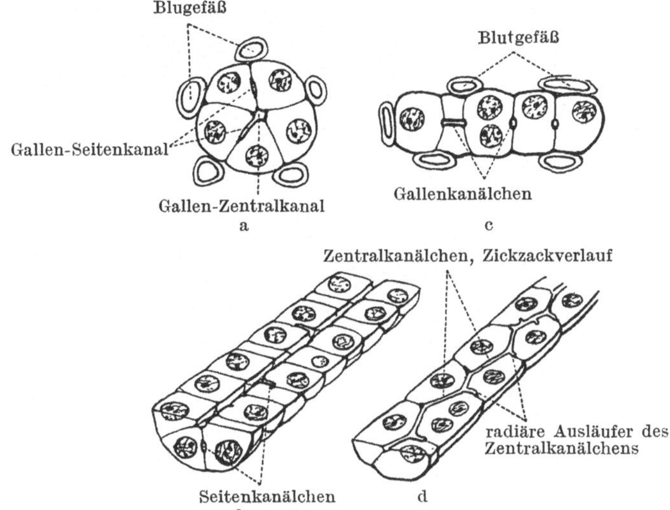


Abb. 38. *Vergleich der Amphibien- mit der Säugetierleber.* a und b: Amphibienleber im Schema, a quer, b längs. Tubulöse Drüse, deren Lumen einige Seitenkanälchen hat. — c und d: Säugetierleber: der Tubulus hat sich stark in die Länge gezogen, so daß nicht mehr als zwei Zellen das Lumen begrenzen; die Zellen liegen also alternierend und das Lumen verläuft zickzackförmig (vgl. Abb. 42 links).

Diese Zwischenräume werden hauptsächlich von Gallengängen, seltener von Blutgefäßen (Abb. 39 unten) erfüllt. Ein solches Fachwerk ist in Abb. 39 dargestellt; aus ihr ergibt sich, daß der enge Raum zwischen zwei Fachwerken ausgefüllt wird durch Blutgefäße, die auf diese Weise eine große Oberfläche der Leberzellen bestreichen. Somit besitzt die Leberzelle eine starke Oberflächenvergrößerung nach den Sekretkanälen und nach dem Blute zu, aber so, daß Kanal und Blutgefäß sich niemals berühren. Die Bedeutung ist leicht ersichtlich: der Kontakt der Einzelzelle mit dem Blutsystem und den Sekretkanälen ist hier viel inniger als bei gewöhnlichen Drüsen. Dieses steht im Zusammenhange mit der Tatsache, daß die Leber eine wichtige Leistung als Drüse mit innerer und äußerer Sekretion hat.

Die Ordnung der Elemente in einem Leberlobus. Bei allen Drüsen, mit Ausnahme der Leber, liegt der Ausführungsgang mit den Blutgefäßen zentral im Drüsenlobus, wie wir das z. B. bei den Speicheldrüsen gesehen haben (Abb. 35). Es verzweigen sich also bei der

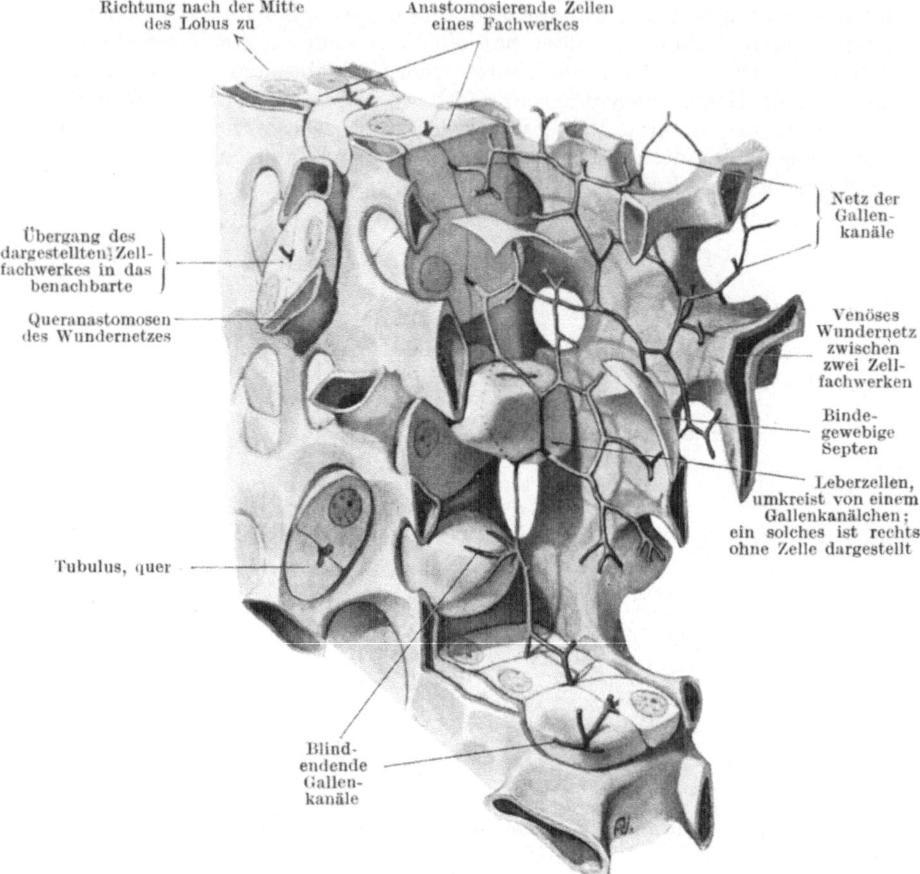


Abb. 39. *Ein Zellfachwerk aus einem Lobus der Leber des Menschen*, nach Wachsplattenrekonstruktion. Die Wundernetze verlaufen in zwei parallelen Ebenen und sind durch Queranastomosen verbunden. Zwischen diesen Ebenen liegt ein Zellfachwerk. Die Leberzellen sind im vorderen Teile herausgenommen, dagegen sind die Gallenkanälchen stehen geblieben. Vergrößerung 1000 fach. (Nach H. BRAUS, Anatomie des Menschen II, 1924.)

Speicheldrüse Ausführungsgang und Blutgefäße in der Weise, wie dieses bei Stamm und Zweigen eines Baumes der Fall ist. Die Ausführwege enden in den Acini wie die Zweige eines Baumes in den Blättern. Bei der Leber ist das ganz anders. Hier *umgeben* die Gallengänge, die Vena portae und die Arteria hepatica den Lobus, indem sie in der Bindegewebekapsel verlaufen, die den Lobus umschließt (Abb. 40); d. h. Gallengänge und diese Blutgefäße verzweigen sich also an der

Spitze eines pyramidenförmigen Lobus und laufen nun über dessen
Oberfläche, senden aber von Zeit zu Zeit Äste in den Lobus hinein, die
sich hier unmittelbar auflösen in das beschriebene Maschenwerk der
Blutgefäße und der Gallenkanäle. Über die Gallenkanäle ist weiter
nichts zu sagen, sie entnehmen den Zellen überall die Galle und leiten
sie nach der Peripherie des Lobus in die eigentlichen Gallengänge. Die
Anordnung der Blutgefäße verlangt aber noch eine kurze Beschreibung.
Wir haben bis jetzt die Verzweigung der Vena portae (Abb. 40) besprochen. Es sind ihre Zweige, die interlobulär, also außerhalb der Lobi

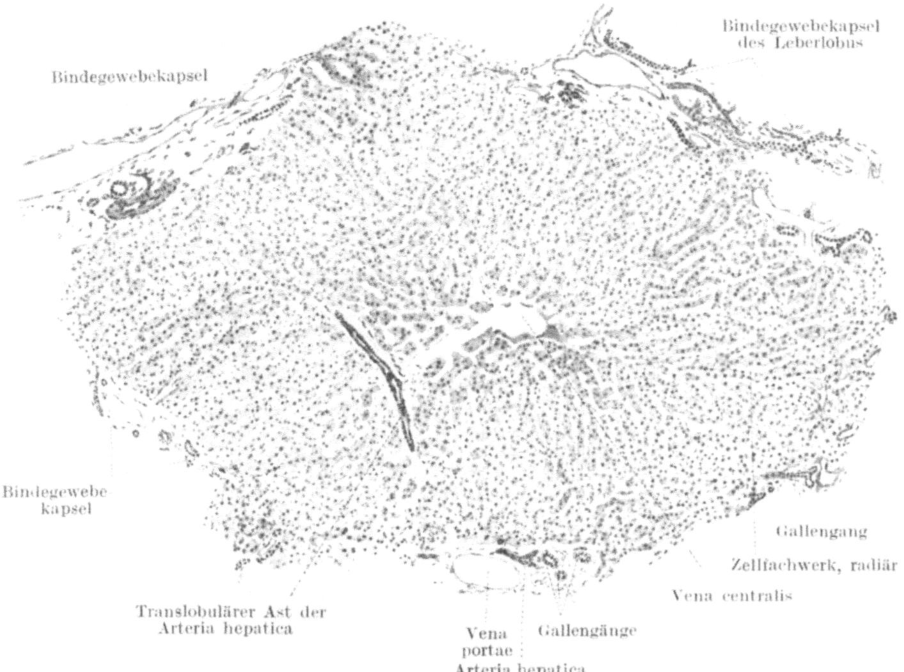


Abb. 40. *Einzelner Leberlobus des Menschen im Querschnitt.* Das im Querschnitt etwa ellipsoide
System der Leberbalken ist an vier Stellen umgeben von einer bindegewebigen Kapsel; beim
Schwein umhüllt diese Kapsel vollständig den Lobus. Das venöse Wundernetz zwischen den
Leberbalken ist hell wiedergegeben, Blutkörperchen sind nicht mitgezeichnet. Vergr. 75fach.
(Nach H. BRAUS, Anatomie II, 1924.)

liegen, von außen her Äste in sie eindringen lassen, die sich zu venösen
Wundernetzen auflösen. Dieser Verlauf zwischen dem Zellfachwerk ergibt sich aus Abb. 39. Gleichzeitig ergießt sich in dieses venöse Wundernetz das Blut der Arteria hepatica (Abb. 40), das wohl an Menge hinter
dem venösen Blut zurücksteht, aber die wichtige Sauerstoffversorgung
der Leberzellen garantiert. Alle diese Wundernetze streben der Mitte des
Lobus zu (Pfeilrichtung in Abb. 39). Hier vereinigen sie sich zu einer
Vena centralis (Abb. 40), welche in der Richtung der Längsachse der
Lobi verläuft und den Beginn der Vena hepatica darstellt. Dieses ist also
der Weg, auf welchem das Blut die Leber wieder verläßt.

Man orientiert sich auf einem Schnitte, der die Lobi *quer* trifft, stets nach den Blutgefäßen. Das zentrale Blutgefäß braucht nicht kleiner oder größer zu sein als die interlobulären; die Größe hängt ab von der Entfernung von der Spitze des Lobus: Je weiter entfernt nämlich, desto größer ist das Zentralgefäß, desto kleiner sind die interlobulären Gefäße. Allein das Zentralgefäß ist immer isoliert, während die interlobulären Gefäße stets in Gesellschaft von Gallengängen auftreten (Abb. 40). Um das Lumen des Zentralgefäßes sind die Fachwerke radiär angeordnet, umgeben von den recht weiten Blutgefäßen, zu denen sich hier schon die Wundernetze vereinigt haben.

Die einzelnen Leberzellen sind deutlich granulär; häufig enthalten sie zwei Kerne (Abb. 38c), was auf einen erhöhten Stoffwechsel schließen läßt. Von diesem ist das Glykogen stets nachweisbar. Fett und Eiweiß kommen in größeren Mengen nur bei niederen Wirbeltieren vor.

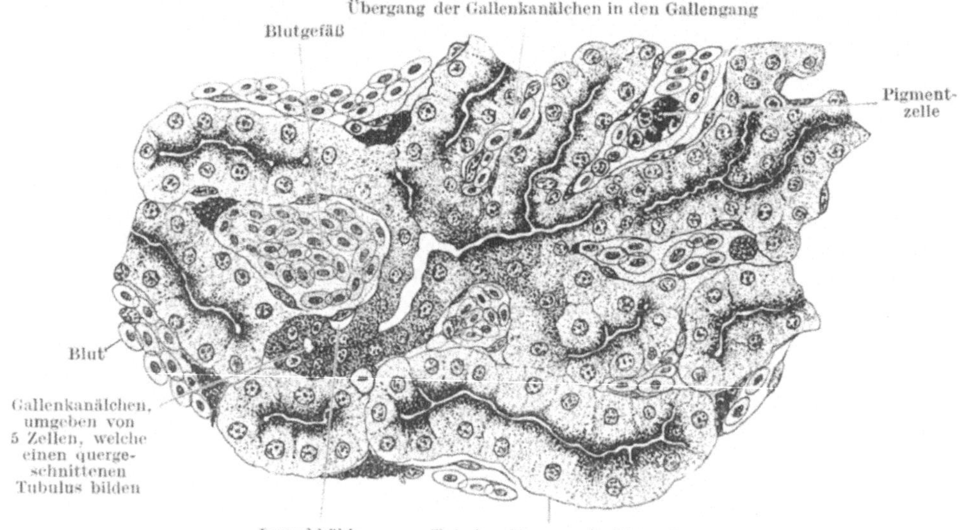


Abb. 41. *Stück eines Schnittes durch die Leber des Frosches.* (Nach R. KRAUSE 1923.)

### 82. Schnitt durch die Leber des Frosches (Abb. 41).

*Tubuli. Um das Gallenlumen dieser Tubuli findet man stark färbbare Granula, die uns zugleich deutlich machen, wo das Lumen zu suchen ist. (Nur gut zu sehen da, wo die Tubuli quer geschnitten sind.) Die Tubuli verbinden sich netzförmig.*

*Leberzellen. 4—5 Zellen umgeben den Tubulus. An der Basis der Zellen liegen kleine Vakuolen für Fett. — Gallengang: mit einer undurchsichtigen Masse erfüllt.*

### 83. Schnitt durch die Leber eines Säugetieres. Injektionspräparat des Pfortadersystems. *Die Vena portae (am besten auch die Vena hepatica, aber mit anderem Farbstoff) wurde farbig injiziert, mit einer Injektionsmasse, die das Anfertigen mikroskopischer Schnitte ermöglicht.*

*Lobi hepatici; auf Querschnitten durch die Leber leicht voneinander abzugrenzen: Bindegewebige Kapsel mit Interlobularvenen und Gallengängen. — Leberzellen. — Vena centralis (Abfuhr). — Vena interlobularis (Zufuhr). — Arteria hepatica. — Wundernetze des Pfortadersystems.*

*84. Schnitt durch eine Leber mit Silberimprägnierung der Gallenkapillare. (Abb. 42.)*

*Gallenkapillaren. Man sieht, wie diese erstens die Einzelzellen umgreifen, zweitens im Zickzack als Lumen langgestreckter Tubuli verlaufen.*

*85. Schnitt durch die Leber mit Hämatoxylin-Eosinfärbung. (Abb. 40.)*

*Die Leberzellen bilden Fachwerke radiär zur Vena centralis, mit Anastomosen. Viele Zellen mit zwei Kernen. Zwischen den Zellen der freie Raum: Wundernetze.*

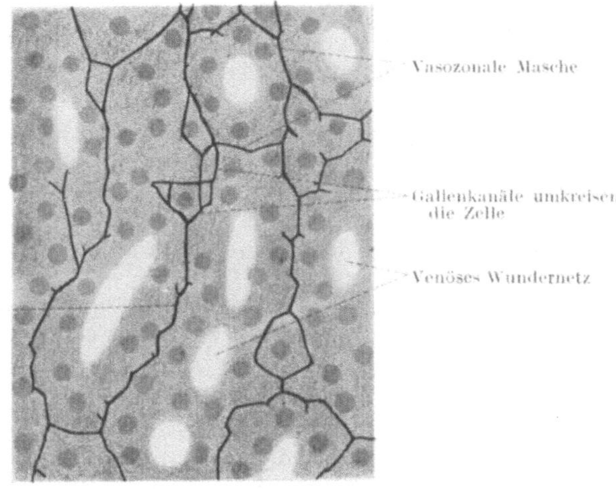


Abb. 42. *Gallenkanäle eines Leberbalkens des Menschen,* längsgeschnitten, nach Imprägnation mit Silber (schwarz). Vergrößerung 400fach. (Aus H. BRAUS, Anatomie des Menschen II, 1924.)

*86. Glykogennachweis in den Leberzellen. Entweder man fixiert und färbt nach BEST (s. S. 52) oder man benutzt folgende einfachere Technik (nach R. KRAUSE): Eine ganz frische Froschleber wird fixiert in absol. Alkohol 24 Stunden. Sehr dünne Rasiermesserschnitte färbt man dann auf dem Objektträger mit Jodjodkalium (S. 47): Glykogen rotbraun, Protoplasma und Kern gelb.*

### Die morphokinetische Sekretion.

Die Sekretion bei manchen Drüsen verläuft wahrscheinlich anders als bei den dargestellten Verdauungsdrüsen der Wirbeltiere. Bei jenen nämlich greift der Sekretionsakt tief in das Schicksal der Einzelzelle ein, wie auch überhaupt die niederen Tiere dadurch charakterisiert sind, daß die Einzelleistungen viel weitgehender als bei den Säugetieren zellindividuell sind. Jede Drüsenzelle nimmt an ihrer Basis die Stoffe auf, deren sie zum Aufbau ihres Sekretes bedarf. Bei manchen Verdauungszellen erfolgt dieser Aufbau währenddessen die Zelle selbst einen Wachstumsprozeß durchmacht, so daß sich ihre Form gründlich verändert. Langsam reift in der reifenden Sekretzelle das Sekret, sammelt sich z. B. in Form einer großen Saftblase an der freien Zellfront, oder auch in Form von Sekretkügelchen. Diese Sekretmassen werden dann abgegeben, nicht selten unter Aufopferung von Teilen, oder sogar von der ganzen Drüsenzelle. In mancher Beziehung erinnern diese Drüsenzellen an die sogenannten holokrinen Zellen der Wirbeltiere[1], nur finden sich bei den Wirbellosen alle möglichen Übergänge zwischen metakrinen und holokrinen Drüsen, so daß diese bei den Wirbeltieren übliche Nomenklatur für die Wirbellosen unbrauchbar ist. Wir wollen diese genannte Sekretionsart, die mit tiefeingreifenden morphologischen Veränderungen der Zellen einhergeht, morphokinetische Sekretion nennen, im Gegensatz zu der morphostatischen Sekretionsweise mancher Verdauungsdrüsen. Man könnte diese morphostatische Sekretionsart vergleichen mit einer Feuerspritze, die in jedem Moment auf der einen Seite Flüssigkeit aufnimmt und auf der anderen Seite Flüssigkeit abstößt. Die morphokinetische Sekretion dahingegen könnte man bis zu einem gewissen Grade vergleichen mit dem altmodischen Feuereimer, der im Fluß Wasser holt, dann zur Brandstätte getragen wird und sich hier seiner Last entledigt.

Ferner finden wir denn auch bei einigen Wirbellosen, in fester Beziehung zur Nahrungsaufnahme, Sekretionsrhythmen (G. C. HIRSCH, 1915), die man aber nur durch sorgfältige „Stufenuntersuchungen" feststellen kann. Hierzu muß man Tiere, die lange gehungert haben, in ganz bestimmten Zeitabständen nach einer Nahrungsaufnahme töten, z. B. in Intervallen von einer halben Stunde. Dann läßt sich der Sekretionsvorgang verfolgen. In der Regel sieht man dann, daß die Nahrungsaufnahme einen Sekretionsvorgang anregt und daß nach einer ersten *Entladung* eine neuerliche Sekret*bereitung* folgt, die dann erst zu einer zweiten *Entladung* führt, worauf eine zweite Bereitung folgt. Wir werden zunächst versuchen, an ein und demselben Präparate die Entwicklung der Drüsenzellen mit ihrem Sekrete zu verfolgen, wobei die nebeneinander liegenden Stadien der Drüsenzellen untersucht und künstlich in zeitliche Beziehung zueinander gebracht werden. Allein nur Stufenuntersuchungen geben Sicherheit dafür, daß das Nebeneinander der Stadien, wie wir es etwa bei einem Hungertier wahrnehmen, einem wirklichen genetischen Zusammenhang entspricht. Daher werden wir derartige Stufenuntersuchungen ausführen müssen bei Helix. Beim Hungertier zeigt die Sekretion keinen Rhythmus, der einer überwiegenden Anzahl von Zellen gleichermaßen eigen wäre; sie ist chaotisch. Die Ordnung wird erst durch die Nahrungsaufnahme in den Gesamtsekretionsakt gebracht. Schnitte, die innerhalb bestimmter Zeitabstände nach der Fütterung gemacht wurden, zeigen die Zellen jeweils der Hauptsache nach in einer bestimmten Sekretionsphase; dies lehrt uns

---

[1] Holokrine Drüsenzellen sind z. B. die Talgdrüsen der (menschlichen) Haut.

in erster Linie den Gang des Sekretionsaktes. In zweiter Linie ist die reaktive Sekretion, die Ordnung des Chaos der Hungersekretion, selbst eine Erscheinung von größter Wichtigkeit.

Reine Verdauungsdrüsen kommen, wie gesagt, bei den Wirbellosen nur selten vor, z. B. die uns bekannten Speicheldrüsen der Schnecke. Im Mitteldarm findet die Sekretion durch Zellen statt, die sich durch die Erscheinungen des Sekretionsaktes von den anderen unterscheiden. Das Vermögen der Resorption dürfte dahingegen allen Zellen zukommen (sieh unten). Die Sekretionszellen allerdings dürften nur im jugendlichen Zustande zur Resorption befähigt sein. Da bei der Sekretion, es sei bei jedem einzelnen Sekretionsakte, oder nach wiederholter Entleerung, die Zelle zugrunde geht, finden wir in den Mitteldärmen vieler wirbelloser Tiere Regenerationsherde, z. B. beim Flußkrebs die blinden Enden der einzelnen Mitteldarmcoeca. Wenn wir nun einen Querschnitt durch einen Lobus der sogenannten Mitteldarmdrüse eines Flußkrebses betrachten, so werden wir bei der Anordnung der einzelnen Coeca innerhalb des Lobus an den peripheren Teilen des Schnittes junge Stadien (in der Nähe der Regenerationsherde), im Zentrum dagegen in größerer Entfernung von diesen Herden, ältere Stadien finden. Nach diesem Gesichtspunkte werden wir nun einen Querschnitt durch die Mitteldarmdrüse von Astacus betrachten.

### Einige mikroskopische Präparate der Invertebrata.

*87. Astacus fluviatilis, Querschnitt durch einen Lobus der Mitteldarmdrüse. Wir suchen erstens an der Peripherie des Schnittes einen jener kleinen Querschnitte, an denen deutlich zu sehen ist, daß wir ganz in der Nähe des blinden Endes (Regenerationsherdes) eines Coecums sind. Man kann hier unterscheiden zwischen indifferenten Zellen und anderen, deren Protoplasma außerordentlich stark mit Kernfarbstoff gefärbt erscheint. Suchen wir nun etwas reifere Zellen, so finden wir, daß kleine Vakuolen zwischen zahlreichen Fibrillen auftreten (Fibrillenzellen, Abb. 43). Diese Vakuolen werden in noch reiferen Zellen (zentral gelegene Coeca) größer und vereinigen sich schließlich in den reifsten Zellen zu sehr großen Saftblasen, die am freien Ende der Zelle liegen und beinahe den Gesamtprotoplasmainhalt der Zelle gegen die Basis hin verdrängen: Blasenzellen. Diese Saftblase kann auch platzen und so ihren Inhalt in das Lumen entleeren; oder es kann die ganze Zelle abgestoßen werden. Die Ausstoßung erfolgt nach der Nahrungsaufnahme rhythmisch: binnen 6 Stunden wird eine größere Sekretmasse zweimal ausgestoßen und zweimal neu gebildet. Die indifferenten Zellen neben den Blasenzellen, mit großen Fettvakuolen, resorbieren.*

*88. Körnige Sekretion, z. B. die Mitteldarmcoeca von Aphrodite aculeata. Das Epithel in diesen Darmcoeca ist an manchen Stellen niedrig, an anderen aber hoch und bildet daselbst wahre Protuberanzen (Abb. 44). An diesen Stellen lassen sich die Sekretionsstadia am besten voneinander unterscheiden. Auch hier finden wir indifferente Zellen (Resorption und Vorstadium der Sekretion), sowie Sekretionszellen in den verschiedenen Stadia ihrer Leistungen. Diese Stadia sind:*

*1. Das Zytoplasma ist stark färbbar mit Kernfarbstoff.*

*2. Das stark gefärbte Zytoplasma teilt sich in Segmente.*

*3. Innerhalb des starkgefärbten Protoplasmas treten zierliche Sekret-kügelchen auf.*

*4. Das stark färbbare Zytoplasma ist verschwunden. An seiner Stelle findet man zahlreiche Sekretkügelchen, gleichfalls stark gefärbt, zu einer Traube am freien Ende der keulenförmig aufgetriebenen Zelle vereinigt.*

*5. Die Kügelchen lösen sich auf. Wo sich ein solches Kügelchen auf-gelöst hat, findet man eine deutlich umschriebene Vakuole in gleicher Form.*

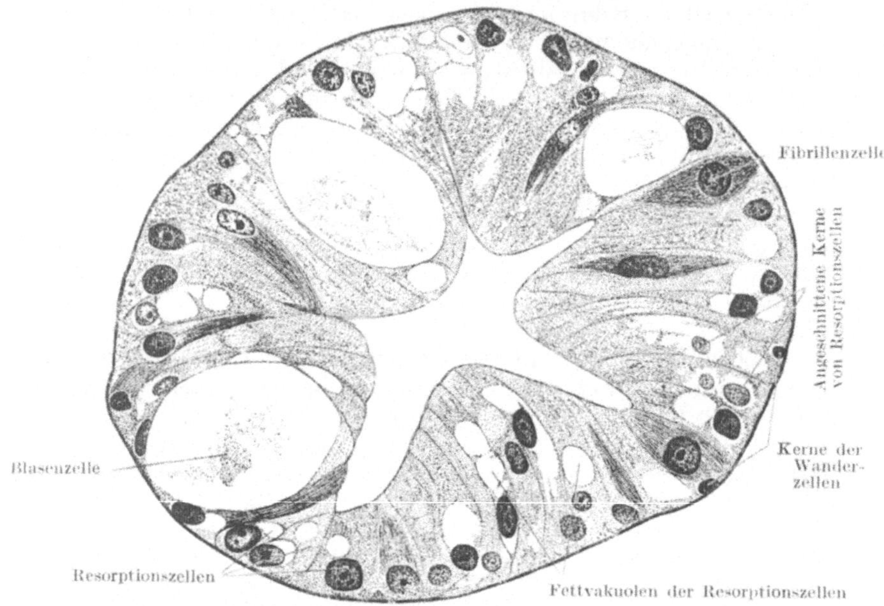


Abb. 43. *Mitteldarmdrüse von Astacus.* Querschnitt durch einen einzelnen Drüsenschlauch in der Gegend des proximalen Randes der Blasenzellenregion. Fixierung in Carnoy. Hämalaun-Pikrinsäure. (Nach Untersuchungen und einer Zeichnung von W. JACOBS, Utrecht.)

*6. Der Kopf der reifen Zelle mit der Traube von Vakuolen (zuweilen sind noch einzelne Kügelchen unaufgelöst) schnürt sich ab. (Übergangs-stadia: Der sich abschnürende Kopf ist noch durch einen Stiel mit der Zelle verbunden.) Im Lumen des Coecums liegen häufig zahlreiche abgeschnürte Zellköpfe (6). Sie schwimmen im Sekret (7).*

**89. Arbeitsrhythmus der Mitteldarmdrüse von Helix pomatia.**
*Um die Methodik der Stufenuntersuchung und die Gesetzmäßigkeit des Sekretionsrhythmus kennen zu lernen, wird vor dem Praktikum das Folgende getan:*

*Mindestens 13 Stück Helix pomatia hungern 3 Wochen. Dann werden 12 Tiere gefüttert mit angefeuchteten Kartoffelscheiben. Die Zeiten des Fütterungsbeginnes werden notiert. Ein Tier wird als Hungertier ver-arbeitet, die anderen $^1/_2$—6 Stunden nach Fütterungsbeginn in Inter-*

*vallen von einer halben Stunde. Die Behandlung ist folgende: Die Mittel-
darmdrüse wird schnell herausgenommen und ein Stück von ihr in Bouin
fixiert. Einbettung in Paraffin. 5 μ Schnitte. Färbung mit Alaunhäma-
toxylin-Eosin.*

*Betrachten wir nun z. B. einen Schnitt eines Tieres von 1 1/2 Stunde
nach Beginn der Nahrungsaufnahme, um die Elemente des Follikel kennen
zu lernen (Abb. 45): 1. sogenannte Resorptionszellen (wahrscheinlich
Vorstadien der Sekretions-
zelle). 2. Fermentzellen
mit großen Granula, die
häufig in Vakuolen liegen.
Diese F.-Zellen sind in
Abb. 45 rechts deutlich gegen
das Lumen zu abgegrenzt,
links dagegen ist ihr Sekretionsakt zu sehen: Aus-
stoßen von Granula mit
Flüssigkeitsvakuole in das
Lumen. 3. Kalkzellen,
die uns nicht beschäftigen.
4. In den Fermentzellen
treten an der Basis häma-
toxylingefärbte Zymogen-
körner auf (bei 1 1/2 Stunde
nicht zu sehen).*

*Eine Auswertung der
Stufen geschieht nun auf
zwei Wegen:*

*1. Wir unterscheiden
folgende Phasen:*

*a) Aufnahme der Roh-
stoffe: kein Krite-
rium,*

*b) Bildung der Vor-
stoffe: blaue Zymo-
genkörner,*

*c) Bildung der Gra-
nula,*

*d) Ausstoßen der Gra-
nula in das Lumen.*

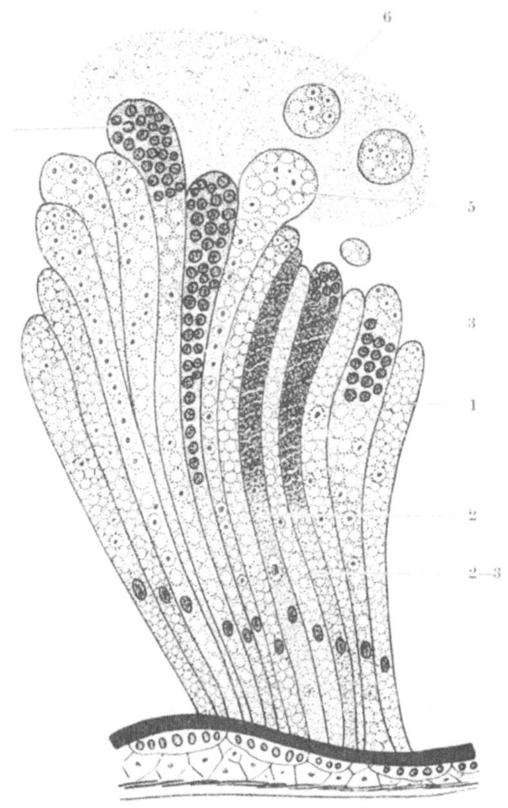

Abb. 44. *Teil eines Schnittes durch die Wand eines Blind-
schlauches von Aphrodite aculeata.* Erklärung der Ziffern
durch die Zahlen des Versuches Nr. 88. (Nach H. JORDAN 1904.)

*Nun vergleichen wir die Präparate und finden, daß in den Follikeln
überwiegt:*

| | | |
|---|---|---|
| *Hunger : c, d* | *2—2 1/2 Stunden : b* | *4 1/2 Stunden : b* |
| *1/2 —1 Stunde : c, d* | *3   ,,   : b* | *5   ,,   : b* |
| *1 1/2 ,,   : c, d* | *3 1/2   ,,   : c* | *5 1/2   ,,   : c* |
| | *4   ,,   : c, d* | *6   ,,   : c, d* |

*Daraus ergibt sich ein deutlicher Rhythmus.*

*2. Schärfer ist folgende Methode: Man betrachtet drei verschiedene Ge-*
*sichtsfelder des Schnittes bei Obj. 3 Ok. 8. In jedem Gesichtsfeld zählt man*
*die Anzahl der Follikel, von diesen die Anzahl der sezernierenden Follikel.*

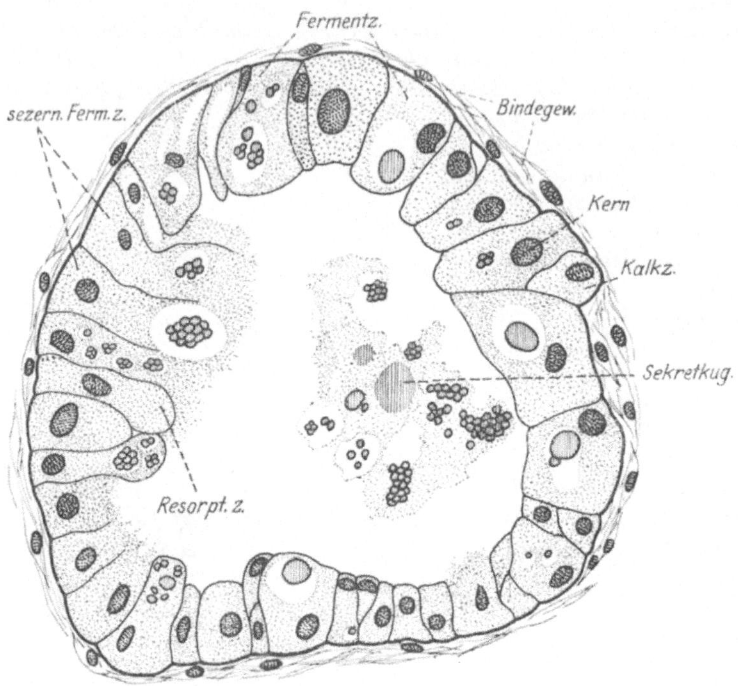


Abb. 45. *Helix pomatia, Querschnitt durch einen Follikel der Mitteldarmdrüse,* 1½ Stunde
nach Beginn der Nahrungsaufnahme. (Aus B. J. KRIJGSMAN, Utrecht 1925.)

*Daraus berechnet man die prozentuale Zahl der sezernierenden Follikel*
*für jede Stufe. Das Ergebnis ist eine Kurve, wie sie Abb. 46 wiedergibt*
*in der vollen Linie. Der·*
*Rhythmus der Zellarbeit ist*
*erwiesen durch den Rhyth-*
*mus einer einzigen Phase.*

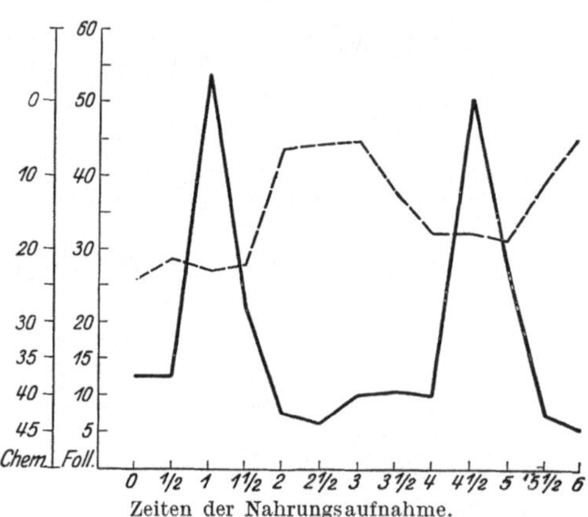


Abb. 46. *Helix pomatia, Mitteldarm-*
*drüse.* Volle Linie (—): Kurve der
Prozentzahlen der sezernierenden Follikel im Verhältnis zu der Gesamtzahl
der Follikel. — Gestrichelte Linie
(---): Rhythmus der Enzymstärke
der Zellulase im Kropfsaft, die aus
der Mitteldarmdrüse herstammt. (Aus
B. J. KRIJGSMAN, Utrecht 1925.)

## F. Die Permeation der Nahrungsteile in das Plasma.

Unter dem Begriff Permeation verstehen wir die Tatsache, daß Protoplasma Stoffe durchzulassen imstande ist (G. C. HIRSCH 1925). Zelloberflächen, auch von Darmteilen, die bei der Stoffaufnahme keine Rolle spielen, sind für bestimmte gelöste Stoffe semipermeabel, d. h. sie lassen Wasser hindurchtreten, aber nicht diese gelösten Stoffe. Die erste Eigenschaft also, die da auftritt, wo der Darm eine Rolle bei der Stoffaufnahme spielt, ist seine Permeabilität für gelöste Stoffe. Diese Holopermeabilität kann sehr verschieden sein. Sie ist entweder eine Diffusion, d. h. die Permeation erfolgt nach dem FICKschen Diffusionsgesetz; es ist kein Aufwand von Zellenergie zu konstatieren; es findet keine plasmatische Verarbeitung der aufgenommenen Stoffe statt. Dem gegenüber steht die Resorption mit folgenden Erscheinungen: sie verläuft nicht nach dem FICKschen Diffusionsgesetz, mit Verbrauch von Zellenergie und mit intraplasmatischer Verarbeitung.

Diese Resorption kann wieder nach der Größe der permeierenden Teile verschieden eingeteilt werden: In erster Linie für Salze, Zucker, Aminosäuren usw.: Ionen- und Molekelpermeation. Die Permeabilität kann sich aber auch auf größere Teilchen erstrecken: es können semikolloidale Lösungen permeieren (z. B. Lithiumkarmin, Peptone), ja kolloidale Körper (geringfügige Permeationen von Eiweiß; von Eisenzucker). Endlich können Partikel permeieren, die schon bei gewöhnlicher mikroskopischer Vergrößerung sichtbar sind, wie Tuschekörner und Karminpulver. In diesem letzteren Falle spricht man von Phagozytose.

### 1. Die Semipermeation.

Der Magen und der Enddarm eines Flußkrebses sind vorzügliche Beispiele für Darmteile, die (wahrscheinlich weil sie chitinisiert sind) für gelöste Nahrungsteile impermeabel sind, Wasser dahingegen durchlassen, mit anderen Worten semipermeabel sind. Die gesamte Resorption findet beim Flußkrebs in den Mitteldarmgebilden statt, hauptsächlich in der Mitteldarmdrüse.

**90. Semipermeation des Astacusdarmes gegenüber Glukose.** *Wir füllen einen Darm oder einen Magen (Kropf) von einem frisch getöteten Flußkrebs mit einer Traubenzuckerlösung und binden an beiden Enden gut ab. Diese Füllung geschieht am besten auf die folgende Weise. Mit dem Auslauf einer Bürette verbinden wir, durch ein längeres Stück Gummischlauch, eine Knopfkanüle, die sich (um uns auf den Darm zu beschränken) leicht in den Anus eines Flußkrebses einführen läßt. Zu diesem Zwecke wird der Darm zunächst vorsichtig aus dem Abdomen herauspräpariert, aber so, daß man ihn in Verbindung läßt mit dem abgeschnittenen Telson (Anus). Nun legt man ihn auf eine Glasplatte oder in eine Schale und bringt ihn unter die Bürette, welche in einem Stativ steht. Die Bürette ist gefüllt mit einer Glukoselösung, die auf 100 ccm Wasser 8,1 g Glukose enthält. (Isotonisch mit Krebsblut.) Um eventuelle Zerreißungen der Darmwand bemerken zu können, fügt man zu der Glukoselösung Karminpulver hinzu. Wenn nun die Außenflüssigkeit rot gefärbt ist, dann ist der Versuch unbrauchbar. Man sorgt dafür, daß Gummischlauch und Knopf-*

*kanüle vollkommen mit dieser Flüssigkeit erfüllt sind (an dem Gummischlauch befindet sich ein Quetschhahn). Nun führt man die Knopfkanüle durch den Anus ein und bindet mit einem Faden den Darm an der Kanüle fest. Man spült den Darm nunmehr mit der Zuckerlösung aus. Dann legt man um den Darm, an seinem freien Ende sowohl, als knapp vor der Mündung der Kanüle, eine Fadenschlinge, die man zu jeder Zeit zum Knoten anziehen kann. Wenn der Darm gespült ist, schließt man den Knoten des freien Endes, füllt nunmehr den Darm und wenn dieses hinreichend geschehen ist, verschließt man auch den zweiten Knoten vor der Knopfkanüle, beide Schlingen mit doppeltem Knoten. Zwischen Knopfkanüle und Knoten schneidet man den Darm durch, spült ihn mit Kochsalzlösung von 1,2 vH gut ab und hängt ihn in einer kleinen Glasröhre auf, die mit einer Kochsalzlösung gleicher Konzentration gefüllt ist, so daß der gefüllte Darm soviel wie möglich frei in der Flüssigkeit schwebt.*

*Nach höchstens 24 Stunden überzeugt man sich davon, daß keine Glukose hindurchgetreten ist durch die Reaktionsprobe mit Fehlingscher Lösung ( S. 48).*

**91. Wasserpermeation durch den Krebsdarm.** *Man füllt einen Krebsdarm auf dieselbe Weise mit einer Kochsalzlösung von 2 vH, wägt ihn genau und hängt den Darm nunmehr in Kochsalzlösung von 1,2 vH und stellt nach etwa 12 Stunden die Gewichtszunahme fest. Der Versuch kann auch umgekehrt gemacht werden mit Einfüllung einer Lösung von $^1/_2$ vH und Einhängen in eine Lösung von 1,2 vH: Gewichtsabnahme.*

**92. Darmperistaltik.** *In der Kochsalzlösung führt der Darm von Astacus typische peristaltische Bewegungen aus, die beobachtet werden.*

## 2. Die Diffusion am Schneckendarm.

Die Mitteldarmdrüse der Schnecke ist der Ort des Übertritts der Nahrung in das Blut, gleichgültig ob die Nahrung nun in Form kleiner Teilchen phagozytiert, intrazellulär verdaut und sodann in das Blut transportiert, oder ob gelöste Nahrung direkt resorbiert und dem Blute übergeben wird. Der Darm der Schnecke hat dahingegen histologisch ein indifferentes Epithel: es fehlen Verdauungsdrüsenzellen und den Epithelzellen fehlen die charakteristischen Merkmale der Resorption, wie wir sie sonst bei resorbierenden Darmzellen finden, z. B. in Form von „Vakuolen". Das Fehlen dieser Vakuolen oder sonstiger Einschlüsse weist hier darauf hin, daß eine echte Resorption nicht stattfindet. Es hat sich nun ergeben, daß der Helixdarm als eine Art Übergang zwischen semipermeablen Epithelien und resorbierenden Darmepithelien zu betrachten ist, hier findet eine Diffusion sehr verschiedener Stoffe statt. Der Darm verhält sich etwa wie ein Schlauch aus Pergamentpapier, d. h. er läßt in beiden Richtungen sowohl Wasser als, in beschränkterem Maße, gelöste Stoffe wie Zucker, Salze usw. hindurch. Auf diese Weise findet durch den Darm zwar keine echte Resorption statt, allein der in ihm bei der Verdauung der Stärke entstehende Zucker kann zu einem gewissen Teil hindurchdiffundieren und in das Blut gelangen.

**93. Diffusion von Glukose durch den Schneckendarm.** *Wir nehmen aus einer Schnecke den gesamten Vorderdarm (alle Teile des*

*Darmes verhalten sich gleichmäßig, aber der Vorderdarm eignet sich am besten für den Versuch), füllen ihn in angegebener Weise (Nr. 90) mit einer Glukoselösung von 4,21 vH (mit Karminpulver!), hängen ihn in eine Kochsalzlösung von 0,7 vH (genau 0,705 vH). Nach einigen Stunden wird im Außenwasser der Zucker nachgewiesen.*

**94. Der gleiche Versuch in umgekehrter Richtung.** *Der Darm wird gefüllt mit Kochsalzlösung von 0,7 vH und gehängt in Traubenzuckerlösung von 4,21 vH. Nach einigen Stunden wird im Darminhalt Zucker nachgewiesen.*

### 3. Die Molekel- und Kolloidpermeation der „echten" Resorption.

Zu der beschriebenen Permeabilität tritt nun in denjenigen Darmteilen, deren Aufgabe es ist gelöste Nahrung zu resorbieren, als neue Funktion hinzu echte Resorption. Die Erscheinungen, welche man allgemein an dieser beobachten kann, sind die folgenden: 1. Sie ist streng polarisiert, d. h. sie findet statt vom Darminnern nach dem Blute zu, nicht aber umgekehrt. 2. Sie beruht im wesentlichen auf einem aktiven Transporte des Wassers, welches sich im Innern des Darms befindet, nach dem Blute. Dieser Transport ist unabhängig vom osmotischen Drucke und kann gegen osmotisches Druckgefälle stattfinden. Daher kommt es, daß die Erscheinung sich in jeder Beziehung von einer Ausgleicherscheinung, wie Osmose, unterscheidet. Wenn man den Darm einer Schnecke mit physiologischer Kochsalzlösung füllt und in physiologische Kochsalzlösung hängt, so findet keinerlei Stofftransport statt. Der Darminhalt bleibt unverändert. Füllt man den Darm dagegen mit etwas stärkerer oder schwächerer Kochsalzlösung als diejenige, welche als Außenflüssigkeit dient, dann tritt, wie beim Krebsdarm, eine Gewichtsveränderung auf; doch kommt es bald zu einem Gleichgewichte. *Niemals wird sich der Schneckendarm völlig entleeren*, auch wenn der Salzgehalt seines Inhaltes wesentlich geringer ist als derjenige des Außenwassers. Der resorbierende Darm etwa eines Frosches, den wir z. B. mit physiologischer Kochsalzlösung füllen, wird dahingegen nach einiger Zeit vollkommen leer resorbiert. 3. Diese Resorption verursacht einen gesteigerten Sauerstoffverbrauch des resorbierenden Organs, als Beweis dafür, daß echte Resorption auf einer Zelltätigkeit beruht und nicht durch passive Membraneigenschaften erklärt werden kann. Die Steigerung des Sauerstoffverbrauchs ist proportional der transportierten Wassermenge, aber unabhängig von der hierbei mit transportierten Menge gelösten Stoffe. 4. Gegenüber der Diffusion zeichnet sich wenigstens die Kolloidpermeation dadurch aus, daß die Kolloide drei Stadien innerhalb des Plasmas durchlaufen: zuerst liegen sie diffus, dann werden sie in Vakuolen verdichtet, drittens liegen sie ohne Saftvakuolen im Plasma. Bei Diffusion dagegen findet man nur das diffuse Stadium. Doch werden wir dies im Kapitel „Intraplasmatische Verarbeitung" behandeln.

Eine weitere Eigentümlichkeit echter Resorption ist die, daß im Gegensatz zur Diffusion durch z. B. einen Pergamentpapierschlauch verschiedene Stoffe, die etwa gleich schnell diffundieren, verschieden schnell durchgelassen werden. Bei den Wirbeltieren erweist sich der Darm als gut durchlässig für Traubenzucker, schwer oder nicht durchlässig für Disaccharide. Die Folge davon ist, daß die Disaccharide, die entweder in der Nahrung vorkommen oder durch die Verdauung von Stärkemehl entstehen, erst weiterhin verdaut werden müssen, nämlich, entweder bei den Säugetieren durch die Maltase, Invertase oder Laktase der Darmwand, oder bei den Fischen und beim Frosch durch die (verglichen mit der Pankreasamylase) schwache Pankreasmaltase, wodurch in beiden Fällen eine Verzögerung der Resorption eintritt. Es wird hierdurch eine örtliche Überschwemmung des Blutes mit Zucker vermieden, die eintreten würde, wenn der in großen Mengen abgeschiedene Pankreassaft bei Fischen reichliche Maltase, bei Säugetieren überhaupt Maltase enthielte. Bei den niederen Tieren dagegen sind die Verdauungs- und Resorptionsprozesse so langsamer Natur, daß von einer Überschwemmung des Blutes wohl kaum je eine Rede sein kann. Dies gilt zumal für den Darm der Schnecke, bei welchem sich die Nahrungsaufnahme auf den langsamen Diffusionsprozeß beschränkt. Durch den Darm der Schnecke diffundiert Rohrzucker (als Beispiel eines Disaccharids) fast ebenso schnell wie Traubenzucker [1].

### *Versuche zur Molekel- und Kolloidpermeation.*

*95. Echte Resorption physiologischer Kochsalzlösung beim lebenden Frosch. Ein Frosch kommt solange in eine 10proz. Alkohollösung, bis er vollständig narkotisiert ist. Das Abdomen wird vorsichtig eröffnet (Vorsicht zumal bezüglich der Vena abdominalis). Bei einiger Übung kann man durch kleine Einschnitte in die Haut und die Abdominalwand den Versuch ausführen. Nach Eröffnung der Leibeshöhle wird der Darm herausgeholt, kurz hinter der Mündung des Gallenganges abgebunden, hinter dieser Abbindung durchschnitten und eine Kanüle eingeführt und eingebunden. Vor die Mündung der Kanüle kommt eine Fadenschlinge, die leicht zugebunden werden kann, sobald die Füllung vollendet ist. Das Umführen des Darmes mit einer Fadenschlinge geschieht jeweilig mit einer chirurgischen, gebogenen Nadel, mit der man das Mesenterium, unter Schonung seiner Venen, durchsticht. Nunmehr bindet man den Darm kurz vor der Kloake ab, durchschneidet ihn vor dieser Abbindung und legt eine Fadenschlinge um das eröffnete Ende. Wenn nötig, wird der Darm ausgespült; in der Regel ist das jedoch nicht nötig. Man achte auf Darmparasiten und vermeide, wenn möglich, Tiere oder Darmstellen, in denen solche Parasiten vorkommen. Nunmehr bindet man das distale Ende ab und füllt den Darm, wie in Versuch 90 aus der Bürette mit 0,7proz. Kochsalzlösung (blutisotonisch). Der Darm darf hierbei ruhig etwas anschwellen, jedoch nicht zu sehr. Bei genauen Versuchen liest man an der Bürette ab, mit wieviel Lösung der Darm gefüllt worden ist. Nunmehr bindet man vor*

---

[1] Auch bei Wirbellosen wird die Überschwemmung des Blutes mit Zucker wohl allgemein vermieden. EIKICHI HIRATSUKA konstatierte bei Seidenraupen schwere Schädigungen, wenn er dem normalen Futter Zucker zusetzte. Der Zusatz von Amylum ist dagegen ungefährlich, weil nicht mehr Amylase abgeschieden wird, als zur Erzeugung unschädlicher Zuckermengen nötig ist (Berichte der Reichs-Experimentieranstalt für Seidenkultur, Japan Bd. 6, S. 457. 1925).

der Kanüle ab, entfernt die Kanüle, legt den Darm wieder in die Leibeshöhle und verschließt sie. Dieses geschieht durch eine chirurgische Naht am besten so: Man macht eine Reihe Nadeln bereit mit einem entsprechenden Stück Faden; alles naturgemäß sehr reinlich. Es empfiehlt sich, die Nadel in einen chirurgischen Nadelhalter zu nehmen und nun mit Einzelfadenschlingen, die nicht allzu dicht nebeneinander liegen, erst die eigentliche Abdominalwand, sodann die Außenhaut zu vernähen. Hierbei werden erst bei der Abdominalwand, später bei der Außenhaut, zuerst die nötigen Fäden gelegt, so daß sie die beiden Wundränder miteinander verbinden, ohne aber schon zu einem Knoten vereinigt zu werden. Erst wenn alle Fäden liegen, werden sie der Reihe nach geknotet und zwar am besten mit einem sogenannten chirurgischen Knoten, wobei man den einen Faden zweimal um den anderen schlingt (im Gegensatz zum gewöhnlichen Knoten, bei dem man das nur einmal tut). Nach vollständiger Vernähung beider Wunden bringt man den Frosch mit Vorteil in Wasser, da dann die Alkoholwirkung schnell aufgehoben wird. Ein solch' operierter Frosch wird unmittelbar springen und beinahe durch nichts zu erkennen geben, daß ein Eingriff an ihm vorgenommen wurde. In der Regel bleibt so ein Tier für unsere Zwecke lange genug leben.

Anmerkung. Eine peinliche Asepsis, wie sie bei Operationen am Menschen nötig ist, ist bei niederen Tieren nicht notwendig, doch erhöht große Reinlichkeit die Wahrscheinlichkeit des Erfolges. Vor allen Dingen muß man auch dafür sorgen, daß Pinzette und Schere, mit der man die Haut des Tieres durchschneidet, nur nach Reinigung in Berührung kommen mit den inneren Organen, da die Hautabsonderung, auch für das Tier selbst, nicht unschädlich ist.

Drei Tage nach der Darmfüllung wird das Tier getötet und der Darm untersucht. Schon ohne weitere Hilfsmittel sehen wir in der Regel (je nach der Jahreszeit), daß der Darm vollkommen leer ist, obwohl ja eine Entleerung auf anderem Wege als den der Resorption ausgeschlossen ist (Abbindungen). Sollte der Darm noch nicht völlig leer sein, so eröffnen wir ihn, lassen den Inhalt auslaufen, drücken den Darm gut leer, wägen den Inhalt und finden, daß, verglichen mit der eingeführten Menge, beinahe nichts mehr vorhanden ist. In der Regel wird jedoch der Darm leer sein, höchstens findet man etwas Schleim.

**96. Kontrolle des obigen Versuches am toten Darm.** Wo echte Resorption fehlt, wird eine völlige Entleerung des Inhaltes niemals stattfinden. Dies kann man beweisen. Zwei Wege stehen hierzu offen: Man kann bei einem Frosche den gleichen Versuch machen, den wir beschrieben haben, unter Hinzufügung einer kleinen Menge eines Stoffes, der das Darmepithel schädigt (z. B. Fluornatrium).

**97. Kontrolle am toten Tier.** Es genügt, den genannten Versuch an einem Darme auszuführen, den wir einem frisch getöteten Tiere entnehmen, mit Kochsalzlösung von 0,7 vH füllen und nun in ein Gefäß mit gleicher physiologischer Kochsalzlösung hängen. Das Darmepithel wird bald absterben; dann ist der Darm eine Diffusionsmembran geworden. Der Inhalt wird nicht weiter abnehmen: echte Resorption ist an das Leben gebunden.

**98. Ausbleiben echter Resorption im lebenden Schneckendarm.** Man kann den Darm einer Schnecke im lebenden Tier füllen und ab-

*binden und wird dann, bei Anwendung von physiologischer Kochsalzlösung, auch nach drei Tagen keinen nennenswerten Flüssigkeitsverlust finden. Wir wollen die Technik dieses Versuches aber nicht ausführlich beschreiben, weil sie für einen Kursus zu schwierig ist.*

**99. Vergleich der Resorption von Rohrzucker und Glukose bei Rana und Helix.** *Zwei gleich lange Stücke eines Froschdarmes und zwei ebenso lange Stücke eines Schneckendarmes werden gut ausgewaschen und dann gefüllt: das eine Stück von beiden Tieren mit Glukoselösung von 4,21 vH, das andere mit Rohrzuckerlösung von 8 vH und je in ein Röhrchen mit Kochsalzlösung von 0,7 vH gehängt. Durch die Reduktionsprobe (FEHLINGsche Lösung oder TROMMER) wird in der Außenflüssigkeit von Zeit zu Zeit geprüft, ob Durchtritt des betreffenden Zuckers stattgefunden hat. Bei den Versuchen mit Rohrzucker geschieht dieses dadurch, daß man etwas Säure hinzusetzt, einen Augenblick aufkocht, neutralisiert und dann erst FEHLINGsche Lösung hinzusetzt. Man wird einen Unterschied in der Zeit finden, die es dauert bis zum Erstauftreten von Rohrzucker beim Froschdarm, verglichen mit dem Schneckendarm, während ein solcher Unterschied bei Glukose nicht in dem Maße nachzuweisen ist.*

*Exakt sind diese Versuche nicht, da nach Absterben des Froschdarmes dieser sich wie der Schneckendarm verhält und die Zeit, während welcher der Froschdarm noch lebt, nicht festgestellt werden kann. Wir müssen uns daher auf die Relativität der Zeitdauer beschränken. Innerhalb des lebenden Darmes kann der Versuch nicht ausgeführt werden, da man sich dort nicht vor Enzyme schützen kann. Um bei den genannten Versuchen nicht durch adsorbierte Invertase getäuscht zu werden, muß man nicht nur den Darm gut auswaschen, sondern sich auch davon überzeugen, daß bei demjenigen Darm, der mit Rohrzucker gefüllt wurde, in der Außenflüssigkeit keine unmittelbar reduzierenden Stoffe auftreten, denn nur dann wissen wir, daß innerhalb des Darmes keine Rohrzuckerspaltung stattgefunden hat und die Spaltungsprodukte resorbiert worden sind.*

### 4. Die Phagocytose.

Unter Phagocytose verstehen wir die Aufnahme von Partikeln größer als 0,1 $\mu$ in das Plasma. Sie hat in ihren Begleiterscheinungen viel Gemeinsames mit der oben geschilderten Molekül- und Kolloidpermeation, soviel, daß G. C. HIRSCH[1] all diese Permeationen unter den Begriff Resorption zusammenfassen konnte.

Es ist schon auf S. 84 darauf hingewiesen, daß eine ganze Reihe Tiere sich vor allem der Phagocytose bedienen, daß also bei ihnen die intraplasmatische Verdauung überwiegt gegenüber der extraplasmatischen. Wir können sagen, daß die Hauptmasse der Tiere sich einer extraplasmatischen Vorverdauung und Hauptverdauung bedient (soweit sie nicht Partikelfresser sind). Die phagocytierende Gruppe aber kennt extraplasmatisch nur die Vorverdauung, die Hauptverdauung ist intraplasmatisch. Es sind dies viele Protozoen, die Spongien und viele Coelenteraten, Turbellarien, Mollusken.

---

[1] G. C. HIRSCH, Probleme der intraplasmatischen Verdauung. Zeitschr. f. vergl. Physiol. 3, 1925.

### Versuche über Phagocytose.

**100. Vorbereitung zu den Versuchen über Phagocytose in der Mitteldarmdrüse von Gastropoden.** Zu der folgenden Untersuchung werden Querschnitte durch die Mitteldarmdrüse einer *Helix* benutzt. Vor der Präparation ist die Schnecke gefüttert worden mit einem Brei von Brot und fein zerriebenem Karminpulver. Man tut gut, bei der Vorbereitung dieses Teiles zahlreiche Schnecken auf diese Weise zu füttern, da der Versuch keineswegs immer gelingt. — Man kann auch mit gutem Erfolge *Limnaea*[1] *stagnalis* benutzen: Ein Hühnereiweiß wird mit Wasser auf das dreifache Volumen verdünnt, mit drei Tropfen verdünnter Essigsäure versetzt und filtriert. Zum Filtrat wird schwarze Tusche verrieben mit etwas Kochsalz. Durch Erwärmen wird das Ganze koaguliert. Dies wird verfüttert.

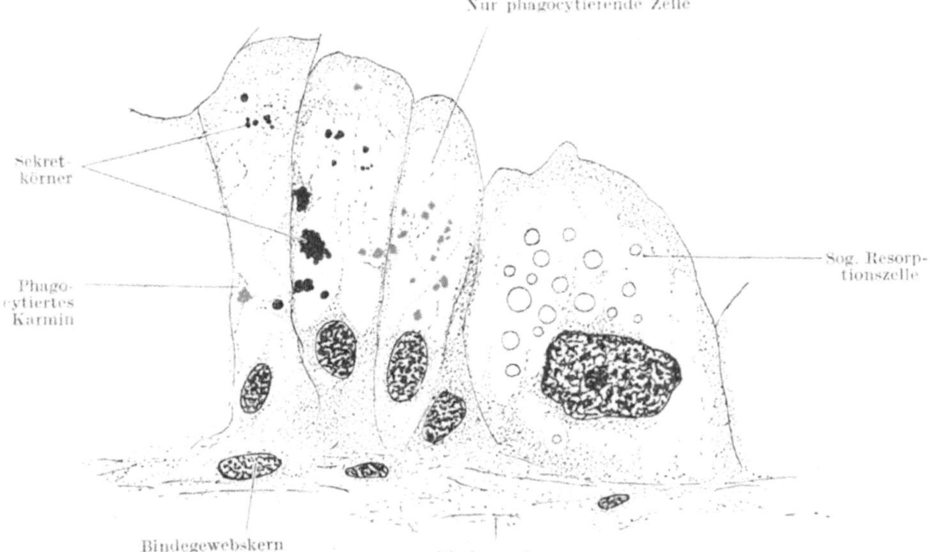


Abb. 47. *Phagocytose von Karmin in der Mitteldarmdrüse von Helix pomatia.* Paraffinschnitt, Pikrinsäure. Durch Vergleich der drei linken Zellen ergibt sich, daß dieselbe Zelle phagocytieren und sezernieren kann.

Wenn man die Tiere 2—3 Tage bei dem Futter hat leben lassen (mittlerweile haben sich deutlich gefärbte Faezes gezeigt), tötet (in Ätherdampf) und eröffnet man sie. Man konserviert und behandelt weiter nur Mitteldarmdrüsen, die deutlich gefärbt erscheinen.

**101. Beobachtung lebender Zellen.** Von der gefärbten Mitteldarmdrüse werden erstens Zupfpräparate in Kochsalzlösung 0,7 vH hergestellt. Man findet dabei zahlreiche Zellen, die häufig zu einem Syncytium verschmolzen sind und die keulenförmig am freien Ende geschwollen sind. Sie enthalten (*Limnaea*) kleine schwarze Kugeln: Vakuolen, in denen das aufgenommene Eiweiß verdaut wird oder (*Helix*) rotglänzende Karminkörner.

---

[1] O. PECZENIK, Zeitschr. f. vergl. Physiol. 2. 1925.

***102. Beobachtung von Schnitten durch die Mitteldarmdrüse.***
*Ein anderer Teil der Mitteldarmdrüse wird in Formalin fixiert; es werden dann entweder Gefrierschnitte oder Paraffinschnitte hergestellt. Diese werden bei Karminfütterung mit Pikrinsäure gefärbt; bei Tuschefütterung ebenfalls oder ungefärbt, oder Hämalaunfärbung. Auf einem Schnitt durch die Mitteldarmdrüse der Weinbergschnecke (Abb. 47) finden wir scheinbar verschiedenartige Zellen, von denen die einen reichlich Karminkörner in ihr Zytoplasma aufgenommen haben (Abb. 45, Resorptionszellen). Neben diesen finden wir andere, die eigenartige, große Sekretkugeln enthalten. Phagocyten und Sekretzellen sind Stadien ein und derselben Zelle. Man achte darauf, daß der Rand der Zellen nach dem Lumen zu, verglichen mit demjenigen bei Astacus, außerordentlich unregelmäßig ist. Dies ist typisch für Phagocyten. Das Protoplasma hat keine Membran und ist vermutlich beweglich.*

***103. Phagocytose bei Sagartia.*** *In Helgoland hat man reichlich Gelegenheit, kleine Sagartia troglodytes mit Fischfleisch, untermengt mit Karminpulver, zu füttern. 6 Stunden nach Fütterung Fixieren in Sublimat-Eisessig, Paraffinschnitte. Färben mit Pikrinsäure oder Eisenhämatoxylin. Ergebnis: Das freie Ende der Magensepten zerfällt in zwei Längswülste: der zentrale Wulst ist nicht mit Karmin erfüllt; er dient nur der Sekretion der Enzyme zur Vorverdauung. Der darauf in Radiärrichtung folgende Wulst ist hingegen stark mit Karminkörner erfüllt. Er dient also der Resorption, speziell der Phagocytose (Abb. bei* G. C. HIRSCH *1925, S. 188).*

### G. Die intraplasmatische Verarbeitung.

Aus den im vorigen Kapitel F genannten Tatsachen ergibt sich, wie verkehrt es ist, wenn man eine Erklärung der Resorption sucht durch ein Studium der Permeation durch Membranen, wie sie die physikalische Chemie benutzt. Der Physiker würde einen großen Fehler begehen, wenn er seinen Versuch an Membranen ausführte, bei denen das Verhältnis der Moleküle zueinander nicht konstant wäre. Bei tierischen „Membranen", zumal Darmmembranen, dürfte eine solche Konstanz nur selten vorkommen (vielleicht beim Astacus- und Schneckendarm). Die Vergleichung der Resorption von Lösungen mit derjenigen von Partikeln, wie sie bei der Phagocytose stattfindet, zeigt uns am deutlichsten, wie weitgehend bei der Resorption eine Verlagerung der Teile des Protoplasmas stattfinden kann; denn um derartig große Teile wie Karminkörner oder kolloidales Eisen in sich aufzunehmen, muß eine aktive Verlagerung der Plasmateilchen unbedingt angenommen werden. Wir sind überzeugt, daß auch bei allen echten Resorptionserscheinungen mit einer derartigen aktiven Tätigkeit des Plasmas gerechnet werden muß. Dies ergibt sich, wenn man die histologischen Veränderungen in einer resorbierenden Darmzelle beobachtet.

Ein Teil der Vorgänge im Plasma nach Resorption läßt sich auf verschiedenen Wegen aufdecken. Wir wollen uns hier auf drei Wege beschränken, die allerdings nur einen geringen Ausschnitt aus der intraplasmatischen Verarbeitung zeigen. Wir können erstens leicht nachweisen,

daß Enzyme im Plasma vorhanden sind, welche den intraplasmatischen
Stoffwechsel regeln. Hier geben wir den Nachweis einer intraplasmatischen Protease. — Zweitens können wir das Schicksal von verfütterten
Stoffen verfolgen. Dazu eignet sich erstens kolloidales Eisen oder
Lithiumkarmin und ferner phagocytiertes Eiweiß zusammen mit Tusche
oder Farbstoffen. Töten wir die Tiere, welche wir hiermit fütterten, in
verschiedenen Zeiten nach Nahrungsaufnahme, so kann leicht ein Teil
der Verarbeitungen deutlich werden, denen die Stoffe im Plasma unterliegen. Es ergibt sich dann, daß die Stoffe meist zuerst diffus im Plasma
liegen, dann in Vakuolen konzentriert werden und schließlich stark zusammengeballt im Plasma konzentriert sind, um dann ausgestoßen oder
weiter verarbeitet zu werden. Es ist also eine deutliche Konzentrationsarbeit im Plasma zu beobachten, die nach Kolloid- oder Partikelpermeation gleich ist. Das weitere Schicksal der Stoffe ist hauptsächlich an
Turbellarien untersucht; doch scheinen uns diese Versuche zu schwierig,
um sie hier anzuführen.

**104. Die intraplasmatische Protease bei Helix.** *Der Nachweis
findet statt durch den Abbau von Seidenpepton zu Tyrosin. Seidenpepton
wird wie folgt hergestellt: 100 g Seidenabfälle werden mit 500 g Schwefelsäure von 70 vH vier Tage lang stehengelassen. Die $H_2SO_4$ wird mit Baryt
quantitativ entfernt. Das Baryt wird ausgewaschen. Das Filtrat wird bis
zum Eintrocknen eingedampft und stellt Seidenpepton dar. — Eine extraplasmatische Protease ist bei Helix nicht vorhanden. Deshalb wählen wir
ihre Mitteldarmdrüse zum Nachweis der intraplasmatischen Protease.
Ein kleines Stückchen Gewebe wird auf zwei Objektträgern zerzupft, die
vorher mit Alkohol desinfiziert sind. Das eine Gewebestück wird über
einer Flamme nach Zusatz von etwas Wasser gekocht, das dabei verdunstet.
Auf beide Objektträger träufelt man 3—5 Tropfen Seidenpeptonlösung
zu 50 vH und einen Tropfen Toluol. Darüber ein steriles Deckglas. Das
Ganze kommt in eine feuchte Kammer bei Zimmertemperatur. Nach 12 bis
19 Stunden sind Tyrosinkristalle mikroskopisch nachweisbar (Abb. 29),
im Kontrollpräparat nicht.*

**105. Eisenresorption in der Mitteldarmdrüse von Astacus.** *Wir
wählen als Beispiel die Fütterung eines Krebses mit einer kolloidalen
Eisenverbindung und nehmen hierfür eine Lösung von Ferrum oxydatum
saccharatum zu 1 vH. Beim Flußkrebs kann man diese durch die gleiche
Glaskanüle, mit der wir uns den Magensaft verschaffen, in den Magen
bringen. Nun lassen wir das Tier einige Tage am Leben. Am besten ist,
man füttert mehrere dieser Tiere und tötet in verschiedenen Zeitabständen
zwischen 1—3 Tagen. (Große Verschiedenheiten je nach Jahreszeit und
Zustand der Tiere.) Wenn man der Flüssigkeit sehr fein verteiltes Karmin
zusetzt, so kann man nach Töten und Eröffnen der Tiere häufig gut
die Tatsache demonstrieren, daß ein feines Filtrat in die Coeca der
Mitteldarmdrüse eintritt: Ein feiner rötlicher Streifen gibt in den gefüllten Coeca das Lumen an. Derartige Coeca werden wie folgt fixiert:
Sie kommen in eine Mischung von 95 ccm Alkohol 96 vH und 5 ccm Ammoniumsulfid weiß; nach 24 Stunden muß die Fixierungsflüssigkeit erneuert werden; dann werden die Objekte in absoluten Alkohol, Xylol, end-*

*lich in Paraffin gebracht. Später machen wir Schnitte durch diese Drüsen-*
*teile und stellen auf ihnen die Berliner Blaureaktion an: die Schnitte*
*kommen, nach Entfernung des Paraffins und Überführung in Wasser, in*
*eine starke Lösung von gelbem Blutlaugensalz (Ferrocyankali), hierauf einen*
*Augenblick in eine Salzsäurelösung von 0,1 vH, um dann nach schwacher*

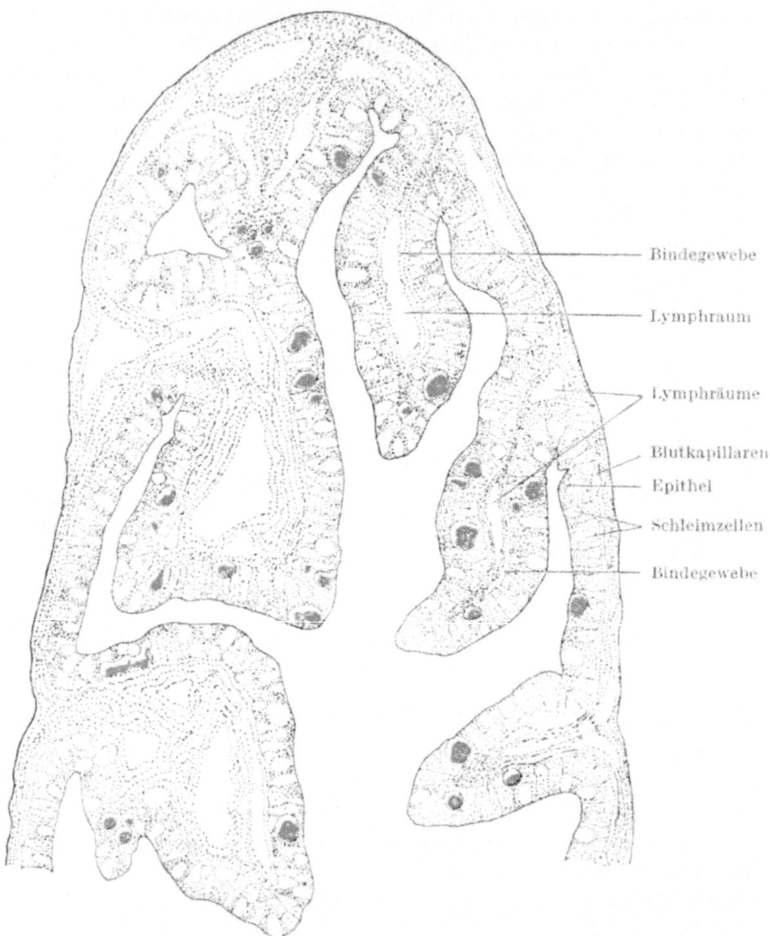


Abb. 48. *Rana, Dünndarmschnitt nach Eisenfütterung* und Fixierung des resorbierten Eisen-
kolloids in den Darmzellen. Das Eisen in den Vakuolen der Epithelzellen ist hier aus technischen
Gründen mit roter Farbe wiedergegeben.

*Karminfärbung in Canadabalsam untersucht zu werden. Man sucht geeig-*
*nete Stellen, in denen die Resorptionszellen (Abb. 43) deutliche blaue*
*Vakuolen enthalten.*
　　**106. Das Fehlen von Eisenvakuolen beim nicht resorbierenden**
**Helixdarm.** *Man kann einen ähnlichen Versuch dadurch machen, daß man*
*einen herausgeschnittenen Schneckendarm (Vorderdarm) mit der genannten*

*Eisenlösung füllt, ihn abbindet und in physiologische Kochsalzlösung hängt. Als Eisensalz nehmen wir hier Ferrocyannatrium, auf welches wir späterhin nicht mit Ferrocyankali, sondern mit Eisenchlorid reagieren. Trotz des nachweislichen Durchtrittes von Eisen durch den Schneckendarm (Eisenreaktion im Außenwasser mit Schwefelammonium oder Eisenchloridsalzsäure), werden wir auf Schnitten niemals Eisenvakuolen finden, sondern nur einen feinen blauen Hauch in den Zellen, der auf einen diffusen Durchtritt des Eisens durch das Protoplasma hinweist.*

***107. Eisenvakuolen im Froschdarm (Abb. 48).*** *Die Verarbeitung des Eisens innerhalb der Zelle finden wir auch bei höheren Tieren, z. B. kann man die Versuche, wie wir sie beim Krebs beschrieben, auch beim Frosche machen. In den Mitteldarmzellen findet man dann sehr reichlich blaue Vakuolen. Es empfiehlt sich, für diese Versuche dem Frosch einen Brei von gehacktem Fleisch oder Brot, welcher gut mit Ferrum oxydatum saccharatum getränkt wurde, in den Magen einzuführen, wie wir das oben bei der Fleischfütterung des Frosches kennen gelernt haben (S. 100).*

***108. Vakuolenbildung und intraplasmatische Vakuolenreaktion bei Paramaecium*** [1]. *Aus der Kultur kommen einige Paramaecien (mit möglichst wenig Kulturwasser) in sorgfältig neutralisiertes Leitungswasser.*

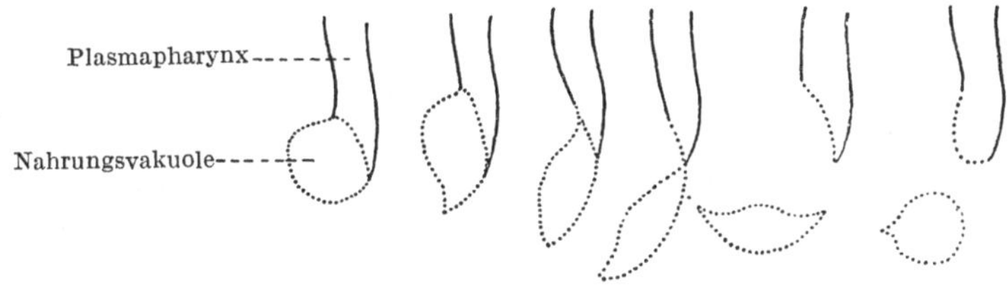


Abb. 49. Paramaecium, Vakuolenabschnürung. (Nach NIERENSTEIN aus Handb. d. norm. u. pathol. Physiol.)

*Hinzu bringt man koaguliertes Eiereiweiß, 5 vH (Merck), das vorher in heißer Kongorotlösung 3 Minuten gekocht wurde. Überdecken mit Deckglas, das auf „Wachsfüßchen" steht, um die Wasserschichtdicke bestimmen zu können. Zu beobachten ist: 1. Das Einstrudeln der Eiweißflocken wie in Versuch 39. — 2. Die leuchtend roten Flocken werden in Vakuolen konzentriert. Diese Vakuolen bilden sich am Grunde des Plasmapharynx: a) durch eine Einbuchtung des Entoplasmas am hinteren Ende des Pharynx (Abb. 49), in welche ein Wassertropfen eintritt; der Anreiz zur Bildung dieser ersten Stufe ist ein Partikelreiz auf das Plasma, denn bei Nichtanwesenheit von Partikeln unterbleibt die Einbuchtung; auch erfolgt die Vakuolenbildung bei wenig Partikeln alle 4—5 Minuten, bei viel Partikeln alle 1—2 Minuten. b) Dann schnürt sich die Vakuole ab: das Plasma des Schlundendes kontrahiert; die Vakuole wird hinten zugespitzt. c) Die Vakuole wird nach hinten transportiert durch eine Protoplasma-*

---

[1] E. BOZLER, Archiv für Protistenkunde 49. 1924. — E. NIERENSTEIN, Zeitschr. f. wiss. Zoologie 125. 1925.

*strömung, welche die Vakuole in das Plasma eintreten läßt. — 3. Kurze Zeit nach Einschluß in die Vakuole schlägt die Farbe des Eiweißes um in Blauviolett bis Blau. Damit ist eine $p_H$- Veränderung angezeigt von 5 auf etwa 3. Gleichzeitig treten entoplasmatische Granula in die Vakuole ein. Die sezernierte Säure (wahrscheinlich HCl) tötet das normale Nahrungsmittel, die Bakterien. — 4. Nach kurzer Zeit erfolgt ein neuer Farbumschlag in Rotviolett bis Rot; eine helle Flüssigkeit ist in das Plasma ergossen, welche den $p_H$- Umschlag nach der alkalischen Seite hin bewirkt und gleichzeitig Enzyme abscheidet. — 5. Das Eiweiß wird verdaut durch intraplasmatische Protease.*

*109. Intraplasmatische Eiweißverdauung bei Limnaea*[1]. *Vier große Limnaeae werden in genügendem Wasser mit dem Kongoroteiweiß des Versuches 108 gefüttert. Nach einem Tage werden sie herausgenommen und in reines Wasser ohne jede Nahrung gesetzt. Nun wird 2, 4, 8, 12 Tage nach Fütterungsbeginn je ein Tier geöffnet, und die Mitteldarmdrüsenzellen werden im Zupfpräparat untersucht. Es ergibt sich: Nach zwei Tagen liegen mehrere kleine Eiweißvakuolen im Plasma. Nach 4—8 Tagen sind diese Vakuolen konzentriert zu einem Ballen, der deutlich von einer größeren Flüssigkeitsvakuole umgeben ist. Nach 12 Tagen sind die meisten Eiweißmassen verdaut; rote Blasen im Plasma sind Reste. Ein Farbumschlag im Beginn (wie bei Paramaecium) wird hier nicht beobachtet.*

## H. Fäces und Defäkation.

Bei allen Tieren wird der Inhalt des Enddarmes, vermutlich auch durch Drüsensekrete, zu Kotsäulen verbunden, die wir leicht demonstrieren können.

*110. Fäces von Helix pomatia. Die Fäces der Schnecke, die wir mit karminhaltigem Brote fütterten (Versuch 102), demonstrieren wir als ziemlich dicke, wurstförmige Gebilde, auf denen sich ein eigenartiger, wellig geschlungener dünnerer Faden befindet. Der dickere Teil durchsetzte Vorderdarm, Magen, Mittel- und Enddarm in direkter Linie, während der dünne gewundene Teil aus der Mitteldarmdrüse stammt und entweder nicht phagozytiert wurde, oder nach Phagozytose als unverdaulicher „Zellkot“ wieder ausgestoßen ist.*

*111. Fäces von Astacus. Krebse, denen wir karminhaltige Flüssigkeit in den Magen spritzten (Versuch 105), setzten nach einiger Zeit Kot in zweierlei Form ab. Erstens lange, dicke Fäden vom Kaliber des Enddarmes, aus fest zusammengebackenen Karminkörnern bestehend. Diese wurden nicht durch den Filterapparat im Pylorus hindurchgelassen und wanderten aus dem Magen durch den Trichter unmittelbar in den Enddarm. Daneben finden wir feine rote Fäden, den „Drüsenkot“, auch größtenteils aus feinsten Karminkörnchen bestehend, welche durch die Filterapparate hindurch in die Coeca gelangten, daselbst aber naturgemäß nicht resorbiert werden konnten und nun aus der Drüse direkt in den Enddarm gelangend, neben dem „Darmkot“ abgesetzt wurden.*

---

[1] O. Peczenik, Zeitschr. f. vergl. Physiologie 2. 1925.

# III. Das Blut.

Eine allgemeine Definition des Begriffes Blut bei allen Tieren kann man nicht geben. Man hat den Begriff bei den Säugetieren gebildet, bei denen die Körperflüssigkeit zahlreiche, voneinander unabhängige Leistungen zu verrichten hat. Bei den niederen Tieren sind die Aufgaben des Blutes in der Regel lange nicht so mannigfach. Wir wollen zunächst die einzelnen Aufgaben, wie sie dem Säugetierblute zukommen, aufzählen, und einen kurzen Überblick davon geben, in welcher Weise sie bei den verschiedenen Tieren gelöst werden.

## A. Die allgemeine Bedeutung des Blutes.

Blut als inneres osmotisches Milieu. In erster Linie spielt die Körperflüssigkeit, gleichgültig ob man ihr den Namen Blut gibt oder nicht, die Rolle des inneren osmotischen Milieus. Zum Verständnis des Begriffes „inneres osmotisches Milieu" bedürfen wir eines Einblicks in die Bedeutung des „äußeren osmotischen Milieus". Man denke sich ein Protozoon, das im Seewasser lebt. Dieses Tier wird vom Seewasser umspült, d. h. also von einer Lösung verschiedener Salze. Die Oberfläche dieses Tieres ist eine semipermeable Membran; sie läßt Wasser, aber keine Salze hindurchtreten. Daher steht das genannte Tier in osmotischer Wechselwirkung mit seiner Umgebung. Es kann also nur bestehen, wenn es den gleichen inneren osmotischen Druck hat als das umgebende Seewasser, denn sonst würden Ausgleichserscheinungen eintreten, auf Grund deren das Tier zugrunde gehen müßte. Wie nun bei den Protozoen zwischen der einen Zelle und dem umgebenden Seewasser, so muß bei den Metazoen zwischen den inneren Körperzellen und der Körperflüssigkeit stets osmotisches Gleichgewicht bestehen. In der Tat besitzen das Zellinnere und die Körperflüssigkeit bei allen Tieren den gleichen osmotischen Druck und im wesentlichen auch gleiche Salze in gleicher Konzentration.

Wie verhält sich die Konzentration der Körperflüssigkeit bei den Metazoen zu den Konzentrationen im *umgebenden Medium*? Die wirbellosen Tiere haben eine semipermeable Körperoberfläche. Übrigens findet sich eine solche auch noch bei Fischen und Amphibien. Bei allen wirbellosen Seetieren ist der osmotische Druck gleich dem des umgebenden Wassers; sie befinden sich also als Ganzes im osmotischen Gleichgewicht mit der Umgebung. Sie sind, wie man zu sagen pflegt, poikilosmotisch, d. h. je nach dem osmotischen Drucke ihrer Umgebung, werden Individuen gleicher Art innerlich verschiedenen osmotischen Druck haben müssen. Anders ist dieses bei den Wirbellosen des Süßwassers und bei den meisten Wirbeltieren; sie haben einen anderen inneren osmotischen Druck als die Umgebung (homoiosmothische Tiere). Die osmotischen Ausgleichserscheinungen, nämlich das Eindringen von Wasser durch die Körperoberfläche, werden hier dauernd durch die Nieren kompensiert. In allen Fällen aber herrscht auch bei ihnen ein osmotisches Gleichgewicht zwischen Körperzellen und Körperflüssigkeit.

Die Ernährung der Körperzellen durch das Blut. Bei den niedersten Metazoen geht die Nahrung von Zelle zu Zelle. Wo ein Nahrungstransport stattfindet, wie bei den Schwämmen, geschieht dieses durch Wanderzellen; sie bemächtigen sich dieser Nahrung und transportieren sie zu den anderen nahrungsbedürftigen Zellen. Erst wo das Blut, im Zusammenhange mit der Atmung, als *inneres Verkehrsmittel* auftritt, nimmt es auch die Rolle der Nahrungsvermittlung auf sich. Es wird zur Nährlösung, welcher die einzelnen Körperzellen Eiweiß, (Aminosäuren), Fette und Kohlehydrate usw. entnehmen.

Der Sauerstofftransport durch das Blut. Die Rolle des inneren Verkehrsmittels nimmt das Blut offenbar stets im Zusammenhange mit der Atmungsfunktion auf sich. Während bei den niederen Wirbellosen auch der Sauerstoff von Zelle zu Zelle diffundiert, tritt bei gewissen Tieren, z. B. bei den Neomeniden, im Zusammenhange mit der Lokalisierung der Kieme, ein einfach gebautes Herz auf, welches das sauerstoffreichere Blut von den Kiemen (in der Kloake) nach der Kopfgegend treibt.

Der Blutkreislauf. Im einfachsten Falle finden wir eine Bewegung der Körperflüssigkeit in den Kiemenanhängen, z. B. bei den Seesternen. Hier sind die Kiemenanhänge eine Ausstülpung der Leibeshöhle durch eine Öffnung des Kalkpanzers. Diese hohlen Papillen sind daher mit Leibeshöhlenflüssigkeit erfüllt; sie tragen im Innern sowohl wie an der, dem Seewasser zugekehrten Seite Zilien, deren Aufgabe es ist außen das Atmungswasser, innen die Leibeshöhlenflüssigkeit stets zu erneuern. Wo das Blut teilweise oder ganz in Blutgefäßen eingeschlossen ist, treten blutbewegende Organe als muskulöse Teile der Blutgefäßwand auf. Wenn man einen Regenwurm von der dorsalen Seite betrachtet, dann sieht man, wie das große Rückengefäß, dem „Herzfunktion" zukommt, peristaltische Bewegungen ausführt, die an die Peristaltik des Darmes erinnern (s. S. 120). Peristaltische Bewegungen verlaufen stets in einer bestimmten Richtung (in diesem Falle von hinten nach vorn). Peristaltik treibt das Blut, auch ohne daß zur polarisierten Bewegung ein Klappenapparat unbedingt notwendig wäre, in dieser einen Richtung vorwärts. Allein sie eignet sich nur für Zirkulationssysteme, bei denen der bewegende Teil, verglichen mit dem passiven Teil, lang ist, denn die Bewegung gleitet so kontinuierlich von einem Muskelabschnitte zu dem folgenden, daß von einer großen Kraftentfaltung keine Rede sein kann. Eine solche aber ist nötig bei der Überwindung langer, nicht pulsierender Gefäßstrecken. Wo solche vorhanden sind, finden wir ein typisches Herz. Das ist ein größerer Hohlmuskel, bei dem eine ansehnliche Muskelmasse sich abrupt zusammenzieht und so das Blut unter großem Drucke austreibt. Wenn die Muskulatur einer Herzkammer sich *als Ganzes* zusammenzieht, so erzeugt sie Druck, gibt aber keine Richtung. Daher muß die Richtung des Blutstromes durch einen *Klappenapparat* gewährleistet werden.

Alle Herzen dieser Art, bei Wirbellosen und Wirbeltieren, bestehen mindestens aus einer Vorkammer (Atrium) und einer Kammer (Ventrikel), die sich nacheinander zusammenziehen und zwar so, daß (vermutlich

allgemein) die Vorkammer schnell ihren Inhalt in die Kammer entleert und dann längere Zeit in erschlafftem Zustande das zuströmende
Blut aus dem Venensystem in sich aufzunehmen imstande ist; während
umgekehrt die Kammer einen länger dauernden Austreibeprozeß hat.
Auf Grund dieser Zweiteilung wird der regelmäßige Lauf des Blutes in
den Gefäßen so wenig wie möglich gestört. Bei den „höheren" Tieren
(Anneliden, Wirbeltieren) ist das Blutgefäßsystem geschlossen, d. h. die
Arterien lösen sich zu einem komplizierten Netz von Kapillaren auf,
diese vereinigen sich zu Venen, die bei den Wirbeltieren in die Vorkammern des Herzens münden. Die Flüssigkeiten, welche aus den Kapillaren in die Gewebe sickern, sammeln sich in Lymphgefäßen, durch
welche sie dem Blute wieder zugeführt werden, nachdem sie die Exkrete
der Zellen aufgenommen haben. Bei den meisten wirbellosen Tieren dagegen löst sich das arterielle System in Spalträume des Bindegewebes
auf, um von da, in der Regel durch das Atmungsorgan hindurch
strömend, wieder in die Vorkammer[1] des Herzens zu gelangen. Eine
Frage, die wir nicht beantworten können ist die: Welche Kraft zwingt
das Blut aus den Spalträumen des Bindegewebes (oftmals große Blut-
räume, die man auch wohl unechte Leibeshöhle oder Schizozoel nennt)
durch die feinen Blutgefäße von Kieme oder Lunge in die Vorkammer
des Herzens einzutreten?

Die Blutgerinnung. Das Vermögen zu gerinnen finden wir nicht
beim Blute aller Tiere. Es kommt nur da vor, wo es nötig ist, um
einen Blutverlust bei Hautverletzung zu verhindern. Es fehlt den
Tieren, die einen spontan kontraktilen Hautmuskelschlauch haben, wie
z. B. den Gastropoden. Wo diese Kontraktilität der Haut fehlt, da ist
in der Regel das Vermögen vorhanden, kleine Verletzungen, es sei
durch Blutbestandteile (weiße Blutkörperchen bei den Echinodermen),
es sei durch Blutgerinnung, zu verstopfen. Echte Blutgerinnung, die
wir besprechen werden, kommt hauptsächlich bei den Arthropoden
(Beispiel der Flußkrebs) und den Wirbeltieren vor.

Schutzfunktionen. Bei fast allen Tieren dürfte dem Blute eine
Schutzfunktion gegenüber eindringenden Körpern aller Art zukommen.
Am bekanntesten ist diese Schutzfunktion gegenüber Bakterien; allein
sie tritt auch gegenüber anderen Körpern auf. Die primitivste Art
dieser Schutzfunktion ist diejenige durch Amöbozyten, d. h. amöboid
bewegliche weiße Blutkörperchen. Neben diesen zellulären Schutz-
mitteln kennt man bei höheren Tieren auch gelöste Schutzstoffe gegen
bestimmte krankmachende Bakterienarten oder ihre Toxine, doch
werden wir uns mit ihnen nicht beschäftigen.

Der Transport der Exkretstoffe nach der Niere. Die Körperzellen übergeben ihre Exkrete dem Blut. Dieses transportiert sie zu
den Ausscheidungsorganen. Bei niederen Tieren ist dieser Transport

---

[1] Nicht immer führt das funktionelle Atrium auch anatomisch diesen
Namen. Bei den höheren Krebsen z. B. liegt das „Herz" (d. h. der physiologische Ventrikel) in einem „venösen Sinus", der das physiologische Atrium
darstellt und von dem aus das Blut durch mehrere „Ostien" in das „Herz"
strömt.

häufig Aufgabe der Amöbozyten, welche die Exkrete meist in Körnchen-
form in sich aufnehmen und irgendwie aus dem Körper entfernen (bei
den Schwämmen übergeben sie sie dem Kanalsystem, bei den Anneliden aber z. B. dem Trichter der cölomwärts offenen Nierenkanälchen).
Über den Transport gelöster Exkretstoffe durch das Blut der Wirbellosen ist beinahe nichts bekannt[1]. Bei den Wirbeltieren findet man
im Blute derartige Exkretstoffe als kohlensaures Ammoniak, Harnstoff usw.

Die Bewegung. Auch für die Bewegung, vor allem der niederen
Tiere, spielt das Blut in vielen Fällen eine äußerst wichtige Rolle. Es
hat bei vielen eine ähnliche Bedeutung wie bei uns die Skelettachse,
da ja eine Flüssigkeitssäule unter Druck die zur Bewegung nötige
Festigkeit gewährleisten kann. Wir werden das im Abschnitte über
das Nervenmuskelsystem besprechen. Viele schwellbare Organe werden
durch das Blut geschwellt. (Fuß der Muscheln, Nickhaut bei manchen
Wirbeltieren, Geschlechtsorgane.)

## B. Das Säugetierblut[2].

### Die Formelemente des Säugetierblutes.

Das Säugetierblut besteht aus einer Lösung verschiedener Stoffe,
in welcher Formelemente suspendiert sind. Wir wollen zunächst die
Formelemente kennen lernen. Zu diesem Zwecke untersuchen wir unser
eigenes Blut.

*1. Herstellung der Präparate. Man macht auf der Fingerspitze mit
einem Schnepper eine kleine Wunde. Vor Anbringen der kleinen Verletzung wird die betreffende Stelle sorgfältig mit Wasser und Seife, dann mit
Alkohol und Äther gereinigt. Mit dem gründlich gereinigten und in Alkohol desinfizierten oder ausgekochten Schnepper wird die Wunde verursacht.
Sehr geeignet sind mechanische Schnepper, die man spannt, fest aufsetzt,
dann abdrückt. Sie dringen bis zu einer ganz bestimmten, zweckentsprechen-
den Tiefe ein und verursachen durch die Geschwindigkeit ihrer Wirkung
keinerlei Schmerz. Bei Anwendung anderer Modelle muß der Eingriff
energisch vorgenommen werden; er ist nur schmerzhaft, wenn er ängstlich.
ausgeführt wird. Auf gründliche Desinfektion der Klinge mit Alkohol oder
durch Auskochen kann nicht hinreichend genug gedrungen werden. Der
Blutstropfen, der austritt, soll groß genug sein, etwa die Größe einer
Erbse haben, da sonst die weißen Blutkörperchen, wegen ihrer großen
Klebrigkeit, an den Wundrändern haften bleiben.*

*Ehe wir uns das Blut verschaffen, bereiten wir eine Farblösung. Wir
empfehlen hierzu: ,,Romanowsky stain, Leishman's modification. Soloid
brand microscopical stains. Buroughs, Wellcome & Co., London.'' Eine*

---

[1] Wirbellose, deren Exkrete aus Harnsäure und ihren Derivaten bestehen,
haben oft einen höheren Reduktionstiter als dem Blutzucker entspricht. Dieser
Umstand spricht zugunsten der Auffassung, daß das Blut auch hier der
Niere die Exkrete zuführt, da Harnsäure FEHLINGsche Lösung reduziert.

[2] Aus praktischen Gründen besprechen wir zunächst nur die Säugetiere
und besprechen die Versuche an Wirbellosen in einem besonderen Abschnitt,
da wir auf diese Weise mit weniger Material auskommen.

*Tablette wird aufgelöst in 10 ccm reinem Methylalkohol. Diese Lösung enthält Eosin und Methylenblau und dient zu gleicher Zeit zum Fixieren des Blutes. Ein wenig von dem Blute bringen wir nun auf den geschliffenen Rand eines Objektträgers und setzen diesen Rand im Winkel von 45° auf einen zweiten gut gereinigten Objektträger. Dann wird das Blut zu einer ganz dünnen Schicht ausgestrichen, indem man nach dem Winkel von 135° hinzieht. Diese dünne Schicht wird, durch Schwenken des Objektträgers durch die Luft, gut getrocknet. Sodann wird sie mit ein wenig Romanowskylösung übergossen. Man läßt die Lösung 1 Minute lang einwirken. Unterdessen hat man einen Teil der Romanowskylösung mit einer gleichen Menge destillierten Wassers auf die Hälfte verdünnt. Mit dieser verdünnten Lösung wäscht man die zuerst aufgebrachte konzentriertere weg. Die verdünnte Lösung bleibt 5 Minuten auf dem Präparat. Sodann wird das Präparat gut mit destilliertem Wasser abgewaschen, mit Filtrierpapier gut abgetrocknet, wie man dieses mit Fließpapier bei nassen Schriftzügen tut; d. h. das gesamte Blutpräparat wird mit dem Filtrierpapier bedeckt und dieses mit dem Handrücken fest angedrückt. Wenn das Präparat gut trocken ist, kann man es mit Canadabalsam und Deckglas schließen. Allerdings enthält der Canadabalsam Säure, so daß sich in ihm die Farbe schlecht hält. Es ist daher besser, die Blutpräparate nicht zu bedecken und sie ausschließlich durch Ölimmersion zu betrachten, wobei man dann einen Tropfen Zedernöl unmittelbar auf die Stelle des Präparates bringt, welche man zu betrachten wünscht. Nach dem Gebrauch wird das Öl mit Chloroform abgespült. Trocknen mit Fließpapier ist auch dann zulässig.*

*2. **Rote Blutkörperchen** (Abb. 50). Wir finden in einem solchen Blutpräparate des Menschen hauptsächlich Erythrocyten; sie sind die Träger des roten Blutfarbstoffes. Sie sind rund, von geringer Größe (7 μ im Durchmesser), kernlos und haben in der Mitte beiderseitig eine schüsselförmige Einbuchtung, was man am besten an solchen Körperchen sehen kann, die etwa zufällig auf der Seite liegen, so daß man hier eine beiderseitige Eindrückung sehen kann. Die Blutkörperchen zeigen, zumal bei Präparaten, die weniger sorgfältig gemacht worden sind, die Neigung, sich zu sogenannten Geldrollen zu vereinigen.*

*Bei anderen Tieren kommen Blutkörperchen von anderer Form vor. Auch finden wir bei allen Wirbeltieren, außer den Säugetieren, kernhaltige rote Blutkörperchen, die dann in der Regel da, wo die menschlichen Körperchen eingedrückt sind, vorstehen. Meistens sind die Blutkörperchen dieser Wirbeltiere oval. Beispiel: Vögel, Frosch (man beachte bei Froschblutpräparaten, daß häufig bei der Präparation einzelne Blutzellen zerstört werden, also neben den ganzen Zellen einzelne Kerne auftreten).*

*3. **Weiße Blutkörperchen.** Wir finden nach kurzem Suchen in unserem Blutpräparat vielerlei Blutkörperchen, deren eigentlicher Zellkörper ungefärbt ist, die dagegen einen stark blau gefärbten Kern enthalten, zuweilen auch gefärbte Körnchen innerhalb des Plasmas erkennen lassen. Wir wollen eine Übersicht dieser Zellen geben. Jeder Kursusteilnehmer mache es sich zur Aufgabe, wenn irgend möglich für alle genannten Gruppen einen Repräsentanten in seinem Präparate zu finden (zuweilen vermißt man in der Mitte des Präparates die weißen Blutkörperchen, es haben sich* *diese dann am Rande des Ausstriches angehäuft. Dieses hängt von der Weise ab, auf welche man den Ausstrich gemacht hat).*

**A. Polynukleäre Leukozyten** *(etwa 70 vH aller Leukozyten des menschlichen Blutes).    Sie sind charakterisiert durch den Besitz eines länglichen oder halbkreisförmigen Kernes mit Einschnürungen, so daß dieser eine Kern tatsächlich zuweilen aussieht, als bestände er aus vielen Kernen. Daher der Name vielkernige Leukozyten. Wir unterscheiden zwei Formen:*

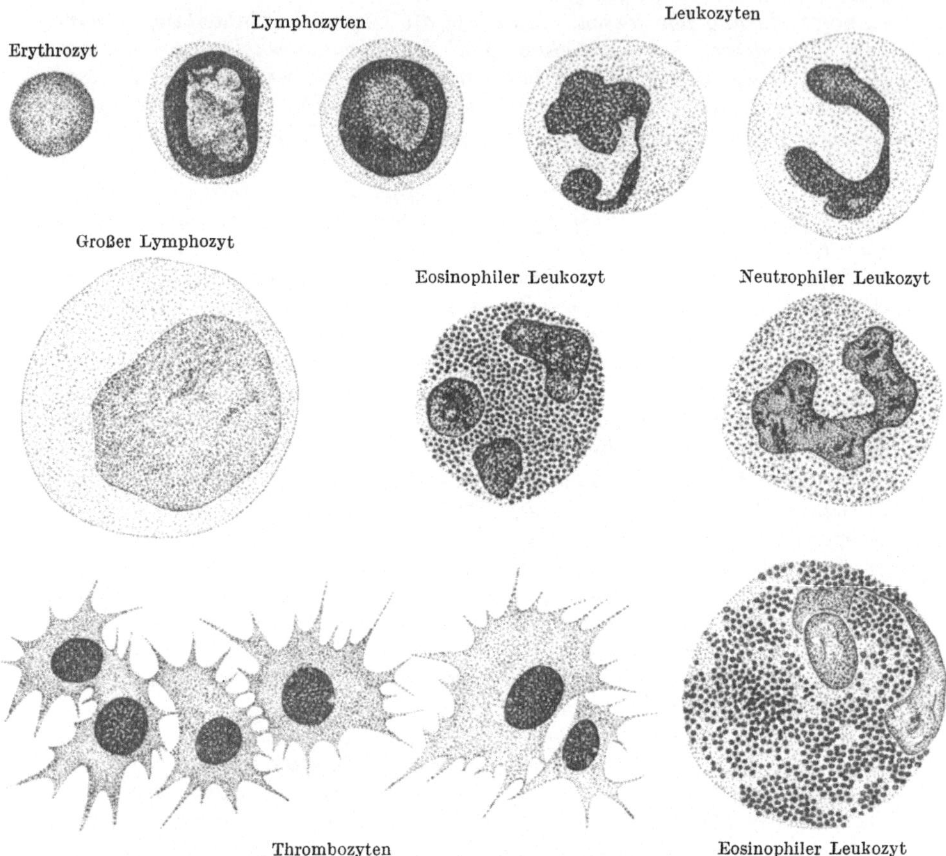


Abb. 50. *Hauptsächliche Formelemente menschlichen Blutes* (nach SOBOTTA 1920). Vergrößerung der Thrombozyten etwa 2000 fach, der anderen Zellen etwa 1400 fach.

*a)* **Neutrophile Leukozyten** *(Abb. 50). Das Plasma ist wenig gefärbt, nicht blau. Dies sind die meisten hierher gehörigen Körperchen.*

*b)* **Eosinophile oder acidophile Leukozyten** *(Abb. 50). Zu ihnen gehören 1—2 vH aller polynukleären Leukozyten; sie unterscheiden sich von den Neutrophilen durch regelmäßig geordnete, ausgesprochen rote, runde, glänzende Körnchen.*

**B. Rundkernige Leukozyten oder Lymphozyten** *(etwa 30 vH aller Leukozyten).*

*a) Große Lymphozyten (Abb. 50), viel größer als die roten Blutkörperchen. Großer runder Kern. Plasma hellblau, nur 3—4 vH aller Leukozyten.*

*b) Kleine Lymphozyten (Abb. 50). Häufigste Form. Doppelt so groß als die roten Blutkörperchen. Plasma hellblau, großer runder Kern.*

*c) Übergangszellen. Das sind Lymphozyten, bei denen am Kern eine Aussparung sichtbar ist, die an die Form einer partiellen Sonnenfinsternis erinnert. Es sind Lymphozyten, die im Begriffe sind, sich in polynukleäre Leukozyten zu verwandeln.*

*4. Blutplättchen (Trombozyten) (Abb. 50). Die Blutplättchen sind kleine kernhaltige Zellen, in der Ruhe etwa von Sternform. Sie spielen bei der Blutgerinnung eine große Rolle dadurch, daß sie im Kontakt mit fremden Körpern (hier dem Objektträger) zerfallen, hierdurch dem Blute Inhaltsstoffe übergeben, welche die Ursache der Gerinnung sind. Will man sie intakt unter das Mikroskop bringen, so muß man einen hinreichend großen Tropfen Blut auf ein sehr sauber und glatt gemachtes Stück Paraffin bringen. Hier gerinnt das Blut, wie wir hören werden, nur sehr langsam und es sammeln sich die Blutplättchen auf der obersten Kuppe des Blutes; sie können durch vorsichtiges Auflegen eines Deckglases auf dieses übertragen werden. Jedoch diese Präparation verlangt eine gewisse Technik und soll durch uns nicht praktisch ausgeführt werden. In unserem Blutpräparate finden wir die Blutplättchen in einem mehr oder weniger aufgelösten Zustande, meistens in Form kleiner Haufen vereinigt. Man sieht hauptsächlich die Kerne und um diese herum ein wenig auseinandergefallenes Protoplasma. Eine andere Methode, um die Blutplättchen sichtbar zu machen, lernen wir im hier folgenden Abschnitte kennen.*

*5. Darstellung der Leukozyten und Trombozyten mit ihren Pseudopodien[1]. In einen Thermostat von 38° Celsius bringt man ein Uhrschälchen, welches durch ein zweites Uhrschälchen bedeckt wird, an dessen Innenseite ein Stück gut befeuchtetes Filtrierpapier gelegt wurde (so daß es sozusagen am Dache dieser feuchten Kammer festklebt). Auf ein sorgfältig gereinigtes Deckglas kommt ein Tropfen Lösung von RINGER (siehe S. 139) oder von DEETJEN (diese besteht aus 0,75 vH Kochsalz, 0,5 vH Mangansulfat, 0,1 vH Natriumbikarbonat). Diese Flüssigkeit wird vor dem Versuche auf Körpertemperatur erwärmt. Sodann wird in dem erwärmten Tropfen auf dem Deckglase ein sehr kleiner Blutstropfen aus dem Finger aufgefangen. Nun kommt das Deckglas in die kleine feuchte Kammer, die wir beschrieben haben, in den Thermostat und nach ungefähr 15 Minuten wird das bedeckende Uhrschälchen schnell ersetzt durch ein anderes, an dessen Innenseite sich wieder ein Blättchen Filtrierpapier befindet, welches mit 40 vH Formaldehyd (wie es im Handel ist) getränkt ist. Auf diese Weise wirken die Formoldämpfe sehr schnell auf die* Leukozyten und die Blutplättchen, die im Zustande amöboider Bewegung abgetötet werden. *Nach ungefähr $^{1}/_{2}$ Stunde nimmt man das Deckglas heraus, läßt den mit Blut gemengten Tropfen abfließen; es werden hierbei hinreichend Blutkörperchen aller Art kleben bleiben. Man*

---

[1] M. A. VAN HERWERDEN, Nederl. tydschrift voor geneeskunde. 1919.

*kann das Präparat in feuchtem Zustande färben und weiter behandeln oder erst trocknen. Die Färbung geschieht, also z. B. nach dem Trocknen, wie wir das vom Blut, unmittelbar nach seiner Entnahme aus dem Finger, gelernt haben. Was man zu sehen erhält, zeigt Abb. 51.*

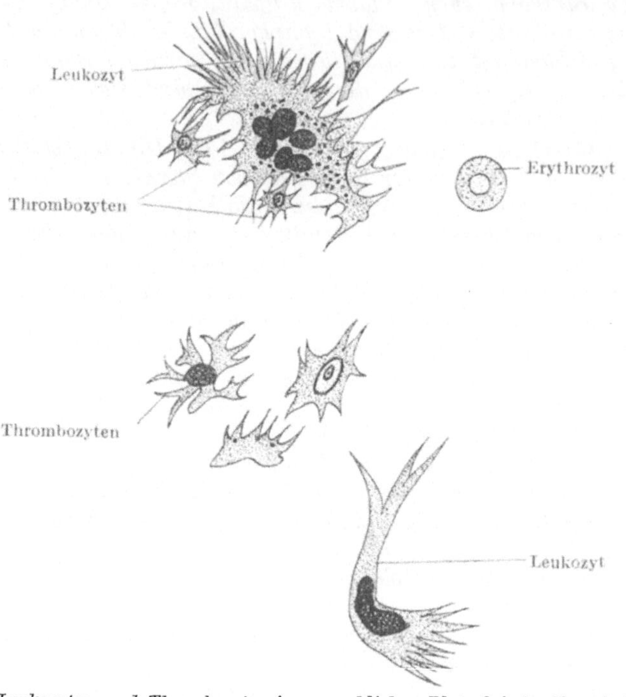


Abb. 51.　*Leukozyten und Thrombozyten im menschlichen Blut*, fixiert während der amöboiden Bewegung. (Nach M. A. VAN HERWERDEN, 1919.)

## Die Blutflüssigkeit (das Blutplasma).

***6. Gewinnung des Blutplasmas.*** *Die Blutflüssigkeit verschafft man sich wie folgt. Man nimmt Blut von einem Säugetiere. Wir schlagen vor, dieses Blut aus einem Schlachthause zu beziehen; hierzu schickt man in das Schlachthaus Gläser, die eine Lösung von einem Salze der Oxalsäure enthalten, z. B. Natrium- oder Ammoniumoxalat. Man sorgt dafür, daß auf etwa 1 l Blut 10 ccm einer 5proz. Lösung solch' eines Salzes kommt. Derjenige, der das Blut holt, muß Sorge tragen, daß das frische Blut, wenn es beim Schlachten der Tiere in das betreffende Gefäß aufgefangen wird, unmittelbar gut mit der Oxalatlösung gemischt wird. Dann wird durch das Salz das im Blute anwesende Calcium niedergeschlagen und hierdurch, wie wir hören werden, die Gerinnungsmöglichkeit aufgehoben. Dieses Blut muß nun so behandelt werden, daß die beschriebenen Blutkörperchen sich in hinreichendem Maße von der eigentlichen Flüssigkeit trennen. Bei Rinder- oder Schweineblut ist hier der Gebrauch einer Zentrifuge nötig. Bei Pferdeblut setzen sich die Blutkörperchen von selbst unten ab. Über ihnen steht eine hinreichende Menge reiner Blutflüssigkeit: das Blutplasma.*

Zusammensetzung von Pferdeblutplasma. Pferdeblutplasma enthält nach HAMMARSTEN auf 1000 Teile:

| Wasser | 917,6 Teile |
| --- | --- |
| Feste Stoffe | 82,4 „ |
| Eiweiß | 69,5 „ |
| hiervon: Fibrin | 6,5 „ |
| Globulin | 38,4 „ |
| Albumin | 24,6 „ |
| Zucker | 1,0 „ |
| Fett | 1,2 „ |

Salze (isotonisch mit einer Kochsalzlösung von 9 vH) und Reststickstoff.

Die Zusammensetzung der Salze der verschiedenen Blutarten wird am besten wiedergegeben durch die verschiedenen sog. physiologischen Lösungen. Die folgenden Zahlen dienen zugleich als Rezept für entsprechende physiologische Lösungen, in welche man die Gewebe der betreffenden Tiere bringen kann.

Mensch[1] (Säugetier): Kochsalz 0,9 vH, Chlorkalium (KCl) 0,042 vH, Chlorcalcium ($CaCl_2$) 0,024 vH, doppelkohlensaures Natron ($NaHCO_3$) 0,02 vH. Hierzu fügt man, um Geweben ein soweit möglich „natürliches“ Milieu zu verschaffen, 0,1 vH Glykose[2].

Süßwasserfisch und Frosch: Kochsalz 0,65 vH, Chlorkali 0,02 vH, Chlorcalcium 0,02 vH, doppelkohlensaures Natron 0,01 vH.

Tyrodelösung für Säugetiere besteht aus[3]:

Kochsalz 0,8 vH
Chlorkali 0,02 vH
Chlorcalcium 0,02 vH
Magnesiumchlorid (Mg $Cl_2$) 0,01 vH
Natriummonophosphat ($NaH_2PO_4$) 0,005 vH
Glykose 0,1 vH

Die Blutgerinnung beruht auf dem Festwerden des Fibrinogens. Man kann trotz dieser Gerinnung ein flüssiges Blut erhalten, dadurch, daß man das frische Blut mit Besen schlägt; hierbei entfernt man aus dem Plasma das Fibrin, welches sich in Form der uns aus der Verdauungslehre bekannten Fibrinflocken von der Flüssigkeit absondert. Die Flüssigkeit, die man übrig behält, heißt *Serum*. Dieses Serum enthält also noch an Eiweißkörpern, wie sich aus obiger Tabelle ergibt, Globulin und Serumalbumin.

---

[1] Ringer-Lockesche Lösung.

[2] Rezept zu einer Durchströmungsflüssigkeit für das Säugetierherz (nach R. MAGNUS, Praktische oefeningen in de pharmakologie, Groningen, J. B. Wolters 1920). 18 g NaCl + 8,4 ccm KCl-Lösung von 10 vH + 4,8 ccm $CaCl_2$-Lösung von 10 vH werden in 1,8 l destillierten Wassers gelöst (chem. reine Reagentien, frisch im Glasapparat destilliertes Wasser!). 2 Stunden lang wird mittels ausgezogener Glasröhre Luft oder Sauerstoff durch die Lösung geleitet. Kurz vor dem Gebrauche fügt man unter Umrühren hinzu: 0,4 g $NaHCO_3$ + 2 g Glykose in 200 ccm Aqua destillata gelöst. Gut schütteln!

[3] Rezept zur Bereitung von ungefähr 10 l Tyrodelösung (Verwendung bei Versuchen am überlebenden Darm): 80 g Kochsalz, 20 ccm KCl-Lösung 10 vH, 20 ccm $CaCl_2$-Lösung 10 vH, 10 ccm $MgCl_2$ 10 vH und 10 g Glukose werden in 9 l destillierten Wassers gelöst. Hierzu fügt man langsam unter Schütteln 1 l destilliertes Wasser, worin 10 g $NaHCO_3$ und 10 ccm $NaH_2PO_4$ von 5 vH gelöst sind.

Das Verhältnis von Blutkörperchen und Serum nach ABDERHALDEN:

|  | Körperchen: | Serum: |
|---|---|---|
| Schwein | 435,09 | 564,91 |
| Rind | 325,5 | 674,5 |
| Pferd | 397,7 | 602,3 |
| Mensch (Mann) | 513,02 | 486,98 |
| Mensch (Frau) | 396,24 | 603,76 |

Diese Zahlen unterliegen natürlich Schwankungen. Sie sollen nur eine Vorstellung des in Frage stehenden quantitativen Verhaltens geben.

### *Versuche über den osmotischen Druck des Blutes.*

*7. Der Einfluß hypertonischer Lösungen auf die Blutkörperchen. Auf einen Objektträger bringen wir ein wenig Menschenblut und fügen diesem einen Tropfen von einer Kochsalzlösung von 5 vH hinzu. Wir beobachten unter dem Mikroskop die Veränderung der Blutkörperchen, die osmotisch ausgesogen werden und dabei „Stechapfelform" annehmen.*

*8. Hypotonische Lösungen. Den Einfluß hypotonischer Lösungen studieren wir am besten durch das Verhalten des Blutes im Reagenzglase bei Mischung mit größeren Mengen destillierten Wassers. Wenn die Verdünnung einen gewissen Grad erreicht hat, so bersten die roten Blutkörperchen und der rote Farbstoff tritt aus und löst sich im verdünnten Blutplasma. Die Folge davon ist, daß das Blut, welches normalerweise undurchsichtig ist und nur bei auffallendem Licht rot erscheint (deckfarben), nun durchsichtig geworden und im durchfallenden Licht schön rot ist (lackfarben). Diese Auflösung der roten Blutkörperchen nennt man „Hämolyse".*

*9. Kontrollversuch. Gleiche Verdünnung des Blutes mit einer Kochsalzlösung von 0,9 vH macht aus dem deckfarbenen Blute kein lackfarbenes.*

*10. Bedeutung der Lipoide für die Permeabilität der Blutkörperchen. Man nimmt an, daß an der Oberfläche der roten Blutkörperchen fettartige Substanzen die Permeabilität der Körperchen beherrschen. Diese Meinung wird durch den folgenden Versuch gestützt. Wenn man sich ein Urteil gebildet hat über die Menge destillierten Wassers, die man zu einer bestimmten Blutmenge hinzusetzen muß, um diese lackfarben zu machen, dann wiederholt man den gleichen Versuch, nachdem man dem Blute erst fettlösende Stoffe (Äther oder Chloroform) zugesetzt hat. Die Lösung tritt nun schneller auf.*

### *Versuche über Blutplasma als Nahrungslösung.*

*Die Versuche werden mit Schlachthausblut angestellt. Am besten eignet sich, wie oben gesagt, Pferdeblut, da man sich hier, bei dem ungerinnbar gemachten Blute, das Plasma ohne weiteres verschaffen kann.*

*11. Reaktionen auf Eiweiß. Mit einer kleinen Probe Pferdeblutplasma werden die uns aus dem Abschnitte über Verdauung bekannten Eiweißreaktionen angestellt. (Xanthoproteinreaktion, Biuretreaktion, Millons Reaktion, siehe S. 57.)*

*12. Trennung von Serumalbumin und Serumglobulin. Man bringt eine Probe des Blutplasmas in einen Dialysator aus Pergamentpapier und taucht diesen in viel Wasser, am besten so, daß man unter dem Wasserhahne ständig Wasser zuströmen läßt. Dann tritt innerhalb des Plasmas ein Niederschlag auf: das Serumglobulin (s. S. 55). Auch das Fibrinogen gehört zu den Globulinen und wird auf diese Weise, durch Salzentziehung, niedergeschlagen. Wenn man nun den Inhalt des Dialysators filtriert, so erhält man eine Flüssigkeit, die noch etwas Eiweiß enthält (Reaktion): das Serumalbumin, welches auch bei Abwesenheit von Salzen in Lösung bleibt. Der Niederschlag, die Globuline, löst sich in Kochsalzlösungen von 0,9 vH wieder auf.*

*13. Einfache quantitative Bestimmung des Eiweißgehaltes des Blutplasmas. Mit einer Meßpipette saugt man 10 ccm Pferdeplasma auf und bringt diese in einen kleinen Kolben. Man fügt Ammoniumsulfat hinzu und kocht das Ganze. Nunmehr wird ein Filter im Exsikkator gut getrocknet, sodann gewogen und durch dieses Filter das gekochte Präparat filtriert und sorgfältig (bis zum letzten Reste) der Niederschlag auf das Filter gebracht. Hier wird er gut mit destilliertem Wasser ausgewaschen; auf dem Wasserbade wird das Filter daraufhin gründlichst getrocknet, im Exsikkator zur Wage gebracht und gewogen. Von dem Gewichte des getrockneten Filters wird das erst festgestellte Gewicht des leeren Filters abgezogen.*

*Die Methode ist nicht genau, jedenfalls nicht in einem Kursus, da Eiweißkörper schwer zu konstanter Trockenheit zu bringen sind. Es kommt uns aber nur auf eine ungefähre Vorstellung des Prozentgehaltes des Eiweißes an[1]. Es empfiehlt sich, in einem Kursus, wenn eine hinreichende Anzahl Wagen nicht zur Verfügung steht, mit einer feineren Briefwage das Gewicht festzustellen.*

*14. Blutzuckerbestimmungen.* Die Bestimmung des Blutzuckers spielt eine große Rolle in der Klinik und kann mit kleinen Blutmengen ausgeführt werden, wie man sie aus einem kleinen Stich in die Fingerspitze erhalten kann. Beim normalen Menschen ist die Menge des Blutzuckers ziemlich konstant, daher kann seine Abweichung zur Diagnostik dienen. Eine Übertragung auf die wirbellosen Tiere hat nur in ganz bescheidenem Umfange stattgefunden; es hat sich bei ihnen eine große Schwankung des Blutzuckers ergeben. Während beim Menschen auch im Hungerzustande der Zuckergehalt nicht unter ein bestimmtes Minimum heruntergeht (0,8 vT), findet man bei Wirbellosen sehr häufig keine nachweisbaren Zuckermengen im Blut. Etwas anderes ist es, wenn man z. B. einem Krebse reichliche Glukosemengen in das Blut spritzt, dann verschwindet diese Glukose schnell aus dem Blut und es bleibt eine Menge übrig, die etwa gleich dem Zuckergehalte gefütterter Tiere ist, nämlich 0,030 vH. Die Konstanz der Werte tritt 5 bis 6 Stunden nach der Einspritzung auf. Auch hier wird der überflüssige Zucker irgendwie synthetisch festgelegt und nach Maßgabe des Verbrauches und solange dieser Vorrat reicht, ergänzt. (Zahlen etwa der gleichen Größe fand HEMMINGSEN auch im Blute von Schmetterlingsraupen, doch auch hier ist die Zuckermenge sehr abhängig vom Ernährungszustande.) Solange dieses also möglich ist, ist auch beim niederen

---

[1] Beim Arbeiten mit Schlachthausmaterial ist solch eine Bestimmung schon deswegen ungenau, weil das Verhältnis zwischen Blut und Oxalatlösung nie genau bekannt ist.

Tiere, wenigstens beim Flußkrebs, von einer Zuckerregulierung die Rede. Was fehlt, ist eine Ergänzung des Blutzuckers aus anderen Stoffen, wenn der Kohlehydratvorrat erschöpft ist. Daher steigt auch, wenn man hungernde Krebse füttert, der Blutzucker sehr schnell[1].

Wir wollen eine einfache Methode der Zuckerbestimmung im menschlichen Blute beschreiben, die sich für Mikrountersuchung an eigenem Blute eignet. Da wir soviel wie möglich das Arbeiten an lebendem Material, vor allen Dingen von Säugetieren, beschränken, kommt eine Makrobestimmung nicht in Frage. Schlachthausblut eignet sich zum Zuckernachweis nicht, ein solcher gelingt nur an frischem Blut. Für niedere Tiere hat das Utrechter Institut die Methode noch nicht geprüft, so daß wir Versuche an niederen Tieren, die nach dem oben Gesagten sehr wohl möglich sind, hier nicht beschreiben wollen[2]. Bei allen Versuchen dieser Art jedoch beachte man, daß die sogenannte „Zuckerbestimmung“ nie etwas anderes ist als eine Bestimmung des Reduktionsvermögens. Man hüte sich vor der Meinung als komme im Blut nur Zucker als reduzierender Stoff vor. Beim Säugetier ist Zucker praktisch der einzig reduzierende Körper im Blutplasma. Bei niederen Tieren, bei denen häufig Harnsäure oder Urate als Exkrete auftreten, ist dieses keineswegs der Fall. Die Methode dürfte sich jedoch eignen zur Kontrolle der Zunahme des Reduktionsvermögens nach Fütterung mit Zuckerlösungen und der daraufhin eintretenden Regulationserscheinungen nach Feststellung der Blankozahl beim Hungertiere.

*Man macht einen Einstich, z. B. mit einem Schnepper, wie wir das bei der Besprechung der Blutkörperchen kennen lernten (Nr. 1), in die Fingerspitze und saugt schnell in eine kalibrierte Pipette 0,2 ccm Blut. Dieses muß schnell geschehen, damit keine Gerinnung auftritt. Der Einstich in die Fingerspitze muß so gemacht werden, daß hinreichende Blutmengen austreten. Diese 0,2 ccm Blut bringt man in ein Zentrifugenröhrchen und fügt hinzu 2 ccm Schwefelsäure $^{1}/_{15}$ N und 0,8 ccm Natriumwolframat 2,5 vH. Sofort gut schütteln und dann zentrifugieren! Hierbei wird das Eiweiß zur Gerinnung gebracht und durch Zentrifugieren Gerinnsel und Flüssigkeit getrennt. Nun handelt es sich darum, die Flüssigkeit abzupipettieren und keine Eiweißgerinnsel mitzusaugen. Dieses geschieht wie folgt: Man nimmt eine Pipette, die auf 2 ccm geeicht ist. An dem Ende, an welchem man saugt, ist sie mit einem langen Stück Gummischlauch als Mundstück versehen. Auf die andere Öffnung befestigt man ein klein wenig Watte durch einen Gummiring. Mit dieser Pipette saugt man 2 ccm der zentrifugierten Flüssigkeit auf, stößt sodann die Watte von der Spitze und läßt die 2 ccm enteiweißter Lösung in ein weites Reagenzglas laufen. Nun fügt man zu dieser Lösung 2 ccm der* SCHÄFFER-HARTMANN*schen*

---

[1] HEMMINGSEN, A. M.: The bloodsugar of some invertebrates. Skand. Arch. Physiol. Vol. 45. p. 204. 1924. — Bloodsugar regulation in the Crayfish Ibid. Vol. 46, p. 51. 1924.

[2] Daher wird der Leser ein Kapitel über Blutzucker im Abschnitt über das Blut Wirbelloser vermissen; das wichtigste Material wurde hier besprochen.

*Flüssigkeit hinzu. Diese besteht aus den folgenden Salzen auf 1 l Lösung berechnet (das Rezept entspricht der Verbesserung durch* SOMOGYI[1]*).*

| Kupfersulfat | 6,5 g |
| --- | --- |
| Seignettesalz | 12,0 „ |
| Kohlensaures Natron | 20,0 „ |
| Doppelkohlensaures Natron | 25,0 „ |
| Kaliumjodit | 10,0 „ |
| Kaliumjodat | 0,8 „ |
| Kaliumoxalat | 18,0 „ |

*Das weite Reagenzglas wird durch ein Deckelchen geschlossen. Hierzu kann man z. B. eine kleine Petrischale nehmen, oder den Deckel eines Schmelztiegels. Es wird nun genau 15 Minuten in ein kochendes Wasserbad getaucht, hierauf unter der Wasserleitung gekühlt, bis auf eine Temperatur von etwa 35°, d. h. bis das Ganze der Hand etwa lauwarm erscheint. Nun fügt man 1 ccm Schwefelsäure[2] zweimal normal hinzu, schüttelt und titriert genau nach 2 Minuten Schüttelns mit einer Lösung von Natriumthiosulfat 0,00527 normal. Zunächst titriert man, bis die dunkelgelbe Farbe, die durch das Freiwerden des Jods entstand, hellgelber Färbung gewichen ist. Dann fügt man, wie bei Jodometrie üblich, etwas Amylumlösung hinzu und titriert nun weiter bis zur vollständigen Entfärbung der blauen Jodstärke.*

*Vor dem Versuch muß man die Reagentien auf eigenes Reduktionsvermögen hin prüfen. Man nimmt hierzu Wasser 2 ccm + 2 ccm der genannten kupferhaltigen Lösung, fügt aber natürlich kein Blut hinzu. Der gefundene Titer muß später in Rechnung gebracht werden. Diesen Versuch nennen wir bei der Verrechnung den blinden Versuch, den Versuch mit Blut den Hauptversuch.*

*Berechnung. Es wurde verbraucht:*

> *Für den blinden Versuch a ccm Thiosulfat*
> *Für den Hauptversuch    b ccm Thiosulfat*

*Die Menge Thio, die mit dem freigebliebenen Jod übereinstimmt, ist daher gleich a — b.[3] Die Normalität ist 0,00527. Die folgende Tabelle ist berechnet für 0,005 normal. Daher entspricht a — b ccm einer 0,00527 normalen Lösung* $\frac{527}{500}$ · *a — b ccm einer Thiolösung von 0,005 normal.*

*Tabelle der Milligramm Glukose per 100 ccm Blut nach Maßgabe des bei der Titrierung verbrauchten Natriumthiosulfates in 0,005 Normallösung.*

| ccm Thio in 0,005 N. | 0 | 1 | 2 | 3 | 4 | 5 | 6 | 7 | 8 | $9\frac{cc}{10}$ Thio 0,005 N. |
| --- | --- | --- | --- | --- | --- | --- | --- | --- | --- | --- |
| 0 | | | 42 | 53 | 63 | 74 | 83 | 91 | 100 | 108 |
| 1 | 117 | 125 | 134 | 142 | 150 | 159 | 168 | 176 | 185 | 193 |
| 2 | 202 | 210 | 219 | 227 | 236 | 245 | 253 | 262 | 270 | 279 |
| 3 | 288 | 296 | 305 | 313 | 322 | 330 | 339 | 347 | 355 | 364 |
| 4 | 373 | 381 | 390 | 399 | 407 | 416 | 424 | 433 | 441 | 450 |
| 5 | 458 | | | | | | | | | |

[1] SOMOGYI, M.: Journ. Biol. Chemistry. Vol. 70, p. 594. 1926.

[2] Der Zusatz der Schwefelsäure hat den Zweck, das (im alkalischen Milieu) vorhandene $KJO_3$ umzusetzen in $HJO_3$, dessen Bedeutung aus den Formeln am Schluß des Abschnittes ersichtlich ist.

[3] Man beachte, daß bei diesem Verfahren die kleinere Reduktion dem größeren Thiowert entspricht, daher b von a abgezogen werden muß.

*Formeln zu den beschriebenen Reaktionen:*

$$5\,HJ + HJO_3 = 6J + 3H_2O$$
$$6J + 3H_2O = 6HJ + 3O \text{ (wenn oxydabler Stoff vorhanden ist)}$$
$$Cu_2O + O = 2CuO\,;\ \ CuO + H_2SO_4 = CuSO_4 + H_2O$$

### *Versuche über Blutgerinnung.*

Übersicht über die Faktoren, von denen die Blutgerinnung bei den Säugetieren abhängt. Unter Blutgerinnung verstehen wir die Tatsache, daß das Fibrinogen des Blutplasmas in unlösliches Fibrin umgesetzt wird. Dieses geschieht unter Wirkung eines Enzyms: „Fibrinferment". Dieses Ferment entsteht, wenn das Blut die Gefäße verläßt, wodurch, wie wir hörten, die Blutplättchen auseinanderfallen und irgendwelche Stoffe an das Blutplasma abgeben. Diese verbinden sich mit dem Calcium des Blutes und bilden das genannte Fibrinferment. (Diese Bildung haben wir bei unserem Schlachthausblut hintertrieben durch Ausfällung der Calciumsalze durch Hinzufügung von Oxalat.) Auf Grund dieser Tatsachen können folgende Faktoren die Blutgerinnung beeinflussen:

1. Wie gesagt Calcium; seine Anwesenheit oder seine Entfernung.

2. Eigenschaften der Oberfläche, mit denen das Blut nach Verlassen der Gefäße in Berührung kommt. Paraffin, glatt gemacht und vollständig rein, greift die Blutplättchen wenig an. Die Blutgerinnung wird nur langsam eintreten. (Siehe oben, die Gewinnung der Blutplättchen S. 137.)

3. Andere Faktoren, welche den Zerfall der Blutplättchen verhindern, sind der Speichel blutsaugender Parasiten, z. B. des Blutegels. Das wirksame Prinzip dieses Speichels ist unter dem Namen Hirudin im Handel.

4. Verhinderung des enzymatischen Prozesses. Hierzu eignet sich am besten Kälte. Bei $0^\circ$ tritt die Gerinnung langsam, praktisch oft garnicht auf.

*15. Untersuchung der Gerinnung an frischem Säugetierblut. Die meisten dieser Faktoren kann man in ihrer Wirkung nur an frischem Blute untersuchen. Frisches Blut verschafft man sich aus einem mit Äther narkotisierten Kaninchen. Am Halse wird die Arteria carotis präpariert; sie wird mit zwei Klemmpinzetten geschlossen. Zwischen beiden bleibt hinreichender Abstand. Die Carotis wird zwischen beiden Pinzetten durchschnitten, oder besser schräg eingeschnitten. Man achte vor allen Dingen darauf, daß die Klemmpinzetten nicht los lassen. Der schräge Einschnitt ist so gemacht, daß man mit einer Schere vom Kopfe her in die Carotis einen Einschnitt macht, ohne diese Arterie vollständig zu durchschneiden, so daß ein proximalwärts gerichteter Zipfel entsteht. Zuvörderst hat man eine Dextrinlösung mit etwas käuflichem Hirudin hergestellt, in welche man eine Knopfkanüle aus Glas gelegt hat von passendem Kaliber, um in die Carotis eingeführt zu werden. Nach dem Baden der Kanüle in der Hirudinlösung[1] muß sie wieder vollständig getrocknet sein.*

---

[1] Um Verstopfung der Kanüle durch Gerinnung zu vermeiden.

*An der Stelle des zipfelförmigen Einschnittes, distal von ihm, legt man um die Carotis eine Fadenschlinge, faßt den Zipfel, drückt die Knopfkanüle ein und bindet sie gut fest. Wenn man nunmehr die Klemmpinzette, welche distal von der Kanüle liegt, öffnet, so strömt Blut aus, welches man in die zuvor bereitgestellten Reagenzgläschen auffängt. Diese sind wie folgt vorbereitet worden:*

*a) Das erste Reagenzglas enthält einige Tropfen Ammoniumoxalatlösung 5 vH. (Das beste Verhältnis zur Blutmenge ist 1: 100.)*

*b) Ein zweites Röhrchen enthält ein wenig Hirudin oder einen selbstgemachten Extrakt aus dem Kopfe eines Blutegels (Hirudo medicinalis). Dieser Kopf wird in einem Mörser so gut wie möglich zerquetscht und mit etwas physiologischer Kochsalzlösung extrahiert. Die Speicheldrüsen befinden sich in unmittelbarer Nähe des Pharynx, der sich direkt an den Mund, daher an den vorderen kleinen Saugnapf anschließt.*

*c) Ein Reagenzglas steht in einem hohen Becher, welcher mit Schnee oder fein zerschlagenem Eis gefüllt wird. Schnee oder Eis müssen das Reagenzglas vollständig umgeben.*

*d) Zwei Reagenzgläser stehen in Wasser, das eine von etwa 11°, das andere von etwa 40° Celsius. Man wird die Zeit festzustellen haben, in welcher in beiden Gläsern das Blut zur Gerinnung kommt.*

*$e_1$) In eine Paraffinplatte schmelzen wir mit Hilfe eines warm gemachten geschlossenen Endes eines Reagenzgläschens einen kleinen Napf. Auch da hinein kommt etwas Blut. Man beobachtet, daß dieses in langer Zeit nicht gerinnt.*

*$e_2$) Zur Kontrolle kommt ebensoviel Blut wie in $e_1$ in ein Porzellanschälchen; es gerinnt ohne weiteres. Vergleiche die Gerinnungszeit mit der in $e_1$.*

*f) Ziemlich viel Blut wird in einer Schale aufgefangen und unmittelbar nach dem Auffangen mit einem Stäbchen geschlagen. Dann gerinnt das Blut, aber das Fibrin scheidet sich vom Serum und den Blutkörperchen in Form von Flocken ab und der Rest bleibt flüssig.*

*g) Auspressen von Blutserum aus dem Blutkuchen. Ein Röhrchen wird etwa zur Hälfte mit Blut gefüllt. Es gerinnt, worauf man es noch eine Zeitlang stehen läßt. Der „Blutkuchen" zieht sich zusammen und preßt an der Oberfläche eine kleine Menge einer gelben Flüssigkeit aus: Blutserum.*

Die später beschriebenen Versuche über Spektroskopie von Hämoglobin und Häminkristalle kann man auch mit dem Blut des Kaninchens ausführen; sie gelingen aber ebensogut mit Schlachthausblut.

An Stelle der beschriebenen Versuche empfehlen wir die folgenden an Schlachthausblut, da es uns nicht geeignet erscheint, daß jeder Kursusteilnehmer eine derartige Versuchsreihe je an einem lebenden Kaninchen ausführt. Die folgenden Versuche an Schlachthausblut haben sich vortrefflich bewährt: sie ermöglichen ruhiges Arbeiten, mit genauer Feststellung des Temperatureinflusses auf die Gerinnung. Einige der oben genannten Versuche sind hierbei allerdings ausgeschlossen.

Da das Schlachthausblut durch Zufügung eines Kalkfällungsmittels ungerinnbar gemacht worden ist, so können wir durch Hinzufügung von Calciumchlorid die Gerinnung hinterher wieder eintreten lassen. Dieses geschieht dann, wenn erstens alles zugefügte Oxalat gebunden und zweitens ein bestimmter Überschuß an Calciumionen im Blute vorhanden ist. Es ist nicht möglich, genau anzugeben, wieviel Calcium hinzugefügt werden muß, da bei der rohen Art, wie das Blut im Schlachthause aufgefangen wird, man nicht für eine bestimmte Konzentration einstehen kann. Man verfährt daher wie folgt.

*16. Bestimmung der Calciummenge, die wir dem Oxalatplasma hinzufügen müssen, um optimale Gerinnung zu erhalten. Zunächst bereitet man eine hinreichend große Menge Pferdeblutplasma mit Oxalat (Versuch Nr. 3), so daß man mit ihr alle Versuche machen kann, die wir beschreiben werden.*

*Jeder Kursusteilnehmer erhält in zehn Reagenzgläschen je 2 ccm von diesem Plasma. Nunmehr fügt er zum ersten 1 Tropfen, zum zweiten 2 Tropfen, zum dritten 3 Tropfen usw. einer Calciumchloridlösung von 0,5 vH hinzu und beobachtet, in welchem der Gläschen zuerst die Gerinnung auftritt und notiert dessen Tropfenzahl. Aus diesen Versuchen ergibt sich nicht nur praktisch die Menge des Calciums, welche diesem Plasma hinzugesetzt werden muß, als Vorbedingung für die folgenden Versuche, sondern auch die Tatsache, daß die Konzentration der Calciumionen für die Gerinnung ein Optimum hat. Die Gläschen, welche zuviel Calcium enthalten, gerinnen langsamer, bei noch höherer Konzentration gar nicht. (Dieser Versuch sollte durch den Kursusleiter insofern vorbereitet werden, als dieser sich vor dem Kursus davon überzeugt hat, daß durch Zusatz von Calcium in bestimmter Konzentration Gerinnung überhaupt eintritt. Schlachthausmaterial ist immer unzuverlässig, wenn nicht ein wissenschaftlich geschulter Beamter bei der Schlachtung persönlich zugegen sein kann. Die Möglichkeit, daß das Oxalat nicht auf richtige Weise mit dem Blute gemengt wurde, oder daß durch verkehrte Manipulationen das Blut beim Mengen defibriniert wurde, ist zu groß, als daß man ohne weiteres sich einem Mißerfolge aussetzen dürfte.)*

*17. Der Einfluß der Temperatur auf die Blutgerinnung. Die Versuche werden ausgeführt mit dem gleichen Oxalatplasma, bei dem wir das Calciumoptimum bestimmt haben. Wir füllen eine Reihe von Reagenzgläschen mit je 2 ccm Plasma und bringen sie je in ein Wasserbad von verschiedener Temperatur. Das erste kommt in ein Becherglas, welches mit Schnee oder feingehacktem Eis gefüllt wurde und zwar so, daß das Eis das Reagenzgläschen vollständig umgibt. (Unter keiner Bedingung darf dem Eise Salz zugesetzt werden, da sonst eine Kältemischung entsteht und das Plasma gefriert.) Die anderen Gläschen kommen in Bechergläschen, die Wasser von verschiedener Temperatur enthalten, z. B. 5, 10, 20, 40, 50, 55 und 60°. Die Temperaturen erhält man durch Mischung kochenden Wassers mit Leitungswasser; die niederen Temperaturen durch reines Leitungswasser oder Leitungswasser unter Zusatz von etwas eisgekühltem Wasser. Allen Reagenzgläschen wird nun die entsprechende Tropfenzahl einer 0,5proz. Calciumchloridlösung ($CaCl_2$) hin-*

*zugesetzt und nunmehr die Zeit bestimmt, in welcher in den einzelnen Reagenzgläschen die Gerinnung auftritt[1]. Man macht sodann eine Kurve, in welcher die Abszissen den Temperaturen und die Ordinaten den Gerinnungszeiten entsprechen. Zur genauen Bestimmung des Optimums muß man in seiner Nähe einige weitere Bestimmungen machen.*

## Das Hämoglobin und die Sauerstoffbindung durch das Säugetierblut.

In den roten Blutkörperchen der Wirbeltiere findet sich ein Farbstoff, das Hämoglobin, dessen Aufgabe es ist, den Sauerstoff der Atmung zu binden und durch den Körper zu transportieren. Auf das Gesamtvolumen des Blutes berechnet, findet man

| | | |
|---|---|---|
| beim Schwein | 14,2 vH Hämoglobin, oder Hb. | |
| „ Rind | 10,3 „ | „ |
| „ Pferd | 12,5 „ | „ |
| „ Menschen etwa | 14 „ | „ |

Die vom Blutplasma befreiten Blutkörperchen enthalten im feuchten Zustande 30—45 vH Farbstoff, im trockenen Zustande bis zu 96 vH. Das Hämoglobin ist ein sogenanntes Proteid (s. S. 56), d. h. es ist eine Verbindung von einem Eiweißkörper mit einer organischen, eisenhaltigen Farbstoffgruppe und zwar besteht es zu 96 vH aus dem Eiweißkörper, dem sogenannten Globin und zu 4 vH aus der Farbstoffgruppe, dem Hämatin, wie diese Gruppe im oxydierten Zustande heißt, während ihr sauerstoffloses Chromogen Hämochromogen genannt wird. Hämatin enthält 8,82 vH Eisen, während das Hämoglobin 0,335 vH Eisen enthält (Pferd, Mensch). Die Farbstoffgruppe läßt sich leicht aus dem Hämoglobin abspalten, z. B. durch Kochen mit Säuren. Hierbei bildet es ein Hydrochlorid, welches in Essigsäure unlöslich ist, Kristalle bildet und Hämin genannt wird.

*18. Die Häminprobe. (Teichmannsche Kristalle.) (Abb. 52.) Ein Tropfen Blut wird auf einen Objektträger gebracht und daselbst eingetrocknet, durch vorsichtiges Erwärmen über einer Flamme. Die getrocknete Masse wird vom Glase abgekratzt und zu einem kleinen Haufen vereinigt. Es wird mit Hilfe einer Pipette oder eines Glasstabes Eisessig hinzugefügt und gut gemischt. Sodann wird hinreichend Eisessig hinzugefügt, so daß man das Ganze mit einem Deckglase zudecken kann; nunmehr wird der Objektträger über eine kleine Flamme gehalten, bis der Eisessig zu kochen anfängt. Dann kühlt*

Abb. 52. *Häminkristalle* (sogen. Teichmannsche Kristalle). (Aus Höber, 1922.)

---

*man den Objektträger ab und untersucht mikroskopisch. Kleine schwarz-
braune Kristalle vom Hämin sind leicht zu sehen. Sollten sie noch nicht
entstanden sein, dann fährt man mit dem Erhitzen fort und ergänzt hierbei gegebenenfalls den verdampfenden Eisessig, bis sich die Kristalle zeigen.*

Weitere Spaltungsprodukte des Hämoglobins sollen durch uns nicht
besprochen werden. Man würde zunächst aus dem Hämatin das Eisen
abspalten und Hämatoporphyrin erhalten, eine braunrote Masse, die
bekanntlich chemisch mit dem Magnesiumproteid: Chlorophyll, verwandt ist.

*19a. Hämoglobinkristalle. Die einfachste Art, um Hämoglobinkri-
stalle zu erhalten, ist die folgende. Auf einem Objektträger macht man
einen kleinen Ring von Kanadabalsam, dessen Größe etwa derjenigen eines
Deckglases entspricht und der in der Mitte eine Art Krater bildet. Hier
hinein bringen wir einen Tropfen Pferdeblut (nicht Kaninchenblut) und bedecken mit Deckglas. Nach einiger Zeit, in der Regel einigen Tagen, bilden
sich Hämoglobinkristalle.*

*19b. An Stelle die Zerstörung der roten Blutkörperchen vor der Kristall-
bildung dem Xylol des Kanadabalsams zu überlassen, kann man sie
in vitro selbst vornehmen. Pferde- oder Rattenblut wird ein gleiches Volumen destillierten Wassers mit ein bis zwei Tropfen Äther hinzugesetzt
und gut geschüttelt, bis Hämolyse auftritt. Ein Tropfen dieser Lösung kommt
auf einen Objektträger und wird mit einem Deckglase zugedeckt. Kristalle
bilden sich, wo am Rande die Lösung eintrocknet.*

### Versuche über die Verbindung des Hämoglobins mit dem Sauerstoff.

Hämoglobin ist ein Stoff, der reichliche Mengen Sauerstoff chemisch
zu binden imstande ist. Hierbei entsteht aus dem (reduzierten) Hämoglobin ein neuer Stoff, der, verglichen mit dem Hämoglobin, ein charakteristisches Spektrum hat. Auch nimmt er bei der Sauerstoffverbindung
schon für das unbewaffnete Auge deutlich eine andere Färbung an.
Während Hb[1] im reduzierten Zustande braunrot ist, wird es im oxydierten Zustande hellrot.

Einige wichtige Zahlen die sich auf die Bindung des Sauerstoffes durch Hämoglobin beziehen. 1 g Hb bindet 1,34 ccm
Sauerstoff. Da menschliches Blut 14 vH Hb enthält, so bindet menschliches Blut 17,3 vH Sauerstoff, das bedeutet also rund 40 mal mehr, als
das Blutplasma physikalisch zu lösen imstande ist, wenn man rechnet,
daß dieses bei seinem Salzgehalte und der Temperatur des menschlichen
Körpers 0,5 vH Sauerstoff auflöst.

Selbstreduktion und Methämoglobinbildung. Ehe wir die
Farbveränderungen und spektroskopischen Veränderungen des Blutes
betrachten, wollen wir noch einige andere Modifikationen des Blutfarbstoffes besprechen. Wenn man Blut lange stehen läßt, so verändert sich
das Hämoglobin spontan. Es tritt durch Sauerstoffzehrung und Bak-

---

[1] Wir werden in der Folge das Wort Hämoglobin durch das Symbol Hb
ersetzen.

terienwachstum Reduktion auf, die bei Schütteln mit Luft wieder Oxydation Platz machen kann. Wenn das Blut aber noch älter wird, so tritt die hellrote Farbe bei Schütteln in viel geringerem Maße auf, das Blut wird brauner und brauner. Es hat sich ein Isomer des Oxyhämoglobins gebildet, das Methämoglobin, welches den Sauerstoff nicht leicht abgibt, sondern eine sehr feste Verbindung mit ihm ist. Methämoglobin kann man aus dem Hämoglobin leicht durch Hinzufügung einer gesättigten Lösung von Ferricyankalium (rotem Blutlaugensalz) darstellen. Alsdann nimmt das Blut eine schwarzbraune Färbung an, die für den genannten Körper charakteristisch ist.

*20. Oxydation des Hb durch Schütteln mit Luft. Schlachthausblut, welches einige Zeit gestanden hat, reduziert sich selbst durch Sauerstoffzehrung der Formelemente und wohl auch der Bakterien, die sich in ihm entwickeln. Vorsichtig bringt man das braunrote Blut in ein Reagenzgläschen und schüttelt es kräftig mit Luft. Es nimmt eine hellrote Farbe an, falls es nicht zu alt ist. Nunmehr setzen wir eine reduzierende Flüssigkeit hinzu, z. B. Natrium-Hydrosulfid. Da wir für Versuche mit Gasanalyse in Büretten eine Lösung zur Hand haben, die Sauerstoff bindet, so können wir diese benutzen; sie besteht, wie wir oben hörten, aus:*

5 Teile Seignette-Salz  zu 30 vH  
1 Teil Eisensulfat $FeSO_4$ „ 40 „  
Vor dem Gebrauche fügt man dazu:  
1 Teil NaOH zu 40 vH oder KOH 60 vH.

*Fügt man von dieser Mischung einen Tropfen zu oxydiertem Blute, so wird es reduziert, läßt sich aber bei anhaltendem Schütteln wieder vollständig oxydieren, so daß man den Versuch der Reduktion und der Oxydation einige Male wiederholen kann. Die Farbe des hierbei auftretenden Oxy-Hb wird immer etwas dunkler durch den hinzugefügten reduzierenden Stoff, der nach Maßgabe seiner Oxydation dunkler wird.*

*Ein anderes Rezept für eine reduzierende Flüssigkeit ist dasjenige von* STOKES.

Eisensulfat        1 Teil  
Acidum tartaricum (Weinsteinsäure) 2 Teile  
Aqua destillata      15 „

*In diesem Zustande kann diese Flüssigkeit bewahrt werden. Vor dem Gebrauche fügt man soviel Ammoniak hinzu, daß das Ganze schwach alkalisch wird und klar bleibt.*

*21. Methämoglobin. Einer Blutprobe wird etwas Ferricyankali hinzugefügt. Es tritt schwarzbraune Färbung auf. Der Farbstoff wird spektroskopisch untersucht[1] (s. Abb. 52).*

*22. Carboxyhämoglobin. In einem Reagenzgläschen befindet sich etwas Blut. In dieses Blut ragt eine ausgezogene Glasröhre, die durch einen Gummischlauch mit der Leuchtgasleitung in Verbindung steht und welche durch einen doppelt durchbohrten Gummipfropfen geht, der das Reagenzgläschen verschließt. In der zweiten Bohrung des Gummipfropfens befindet sich*

---

[1] Wir rechnen nicht mit der Möglichkeit, daß jedem Kursusteilnehmer ein Spektroskop zur Verfügung gestellt werden kann. Die Spektra werden demonstriert.

*ein kurzes Glasrohr, welches das Blut bei weitem nicht erreicht; an diesem ist ein Stück Schlauch befestigt, welches zu einem Brenner geht (Bunsenbrenner mit abgeschraubtem Rohr). Nun lassen wir durch das Blut eine Zeitlang einen langsamen Gasstrom gehen, aber nicht so stark, daß sich das Reagenzgläschen zu sehr mit Blutschaum füllt. Das durch den Brenner ausströmende Gas wird verbrannt. Nach einiger Zeit nimmt das Blut kirschrote Farbe an. Das Blut wird nunmehr spektroskopisch untersucht. Das Spektrum des Carboxyhämoglobins unterscheidet sich im Spektroskop mit schwacher Dispersion nur wenig von dem des Oxyhämoglobins. Es treten auch*

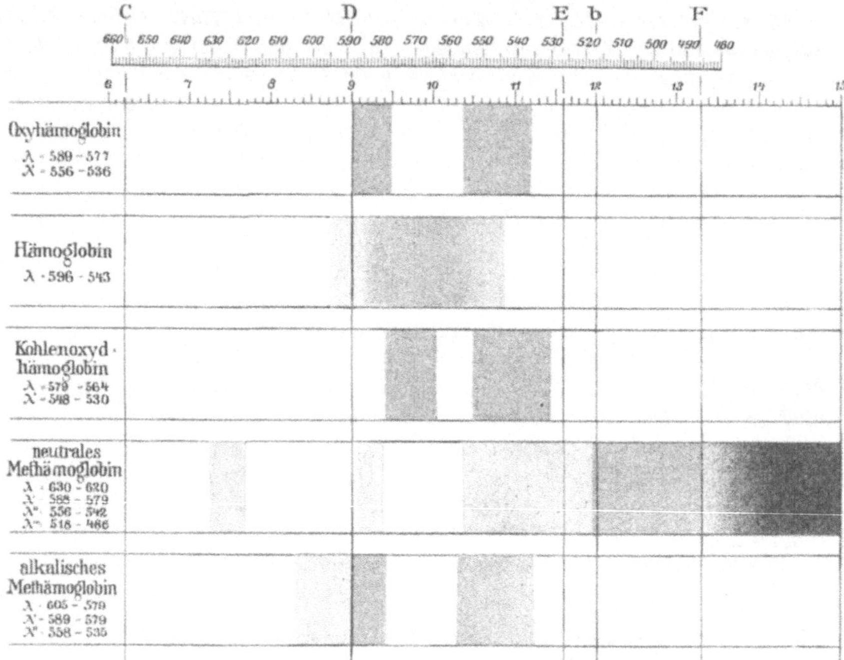


Abb. 53. *Spektren des Hämoglobins.* (Aus ABDERHALDEN, Praktikum 1922.)

*hier zwei Banden auf, die, verglichen mit denjenigen des Oxy-Hb, um ein weniges verschoben sind. Als Methode, um beide Hb-Arten zu unterscheiden, versetzen wir je eine Probe beider Arten mit STOKEscher Flüssigkeit oder einer anderen reduzierenden Lösung. Aus dem Oxyhämoglobin entsteht Hb, was sich schon ohne weiteres durch die wahrnehmbare Farbveränderung kundgibt, während das Carboxy-Hb sich nicht verändert, weder was die Farbe, noch was sein Spektrum betrifft.*

Die Sauerstoffbindung durch das Hämoglobin in quantitativer Beziehung. Die Bindung von Sauerstoff durch Hämoglobin ist eine Gleichgewichtsreaktion, d. h. also, die Menge des entstehenden Oxyhämoglobins hängt bei konstanter Hämoglobinmenge vom Sauerstoffdruck des Gasmediums ab, mit dem man die Hämoglobinlösung in Gleichgewicht bringt. Bei bestimmten niederen Sauerstoffdrucken entsteht also keineswegs 100 vH Oxyhämoglobin, auch dann nicht, wenn man eine beliebig große Gasmenge mit dem entsprechenden Sauerstoffdruck und eine sehr geringe Hämoglobinmenge miteinander schüttelt. Z. B. menschliches Blut ist bei einer Temperatur von 38°, wenn man es in Gleichgewicht bringt mit einem Gasgemisch von Stickstoff und 10,5 vH Sauerstoff, zu 95 vH oxydiert. Bringt man es dahingegen in Gleichgewicht mit einem Gasgemisch, welches nur 3,5 vH Sauerstoff enthält, so enthält das Blut nur mehr 50 vH Oxyhämoglobin und 50 vH reduziertes Hämoglobin. Man kann eine Kurve konstruieren, bei welcher man als Abszissen den Sauerstoffgehalt in Prozent einer Atmosphäre, oder in Millimeter Quecksilberdruck berechnet einzeichnet, während als Ordinaten die gefundenen Prozentzahlen des Oxyhämoglobins bei diesen Partialspannungen des Sauerstoffes dienen.

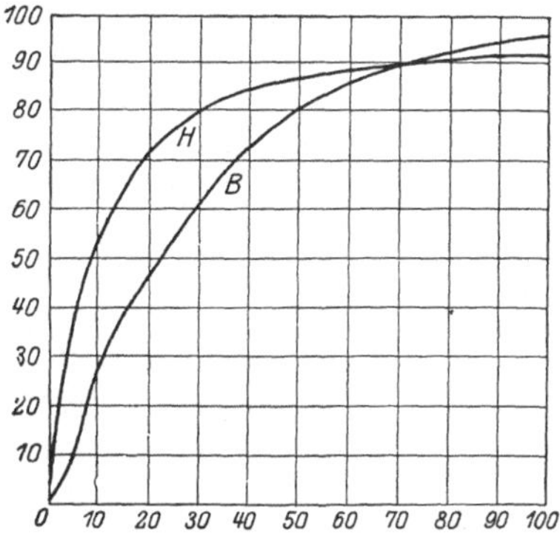

Abb. 54. *Dissoziationskurven:* $H$ von elektrolytfreiem Hämoglobin, $B$ von Menschenblut. — Abszissen: Sauerstoffdruck in Millimeter Hg in der Umgebung. — Ordinaten: die Menge des entstehenden Oxyhämoglobins in Prozenten. (Aus HÖBER nach BARCROFT.)

Eine solche Kurve nennt man „Dissoziationskurve", da sie die verschiedenen Grade der Dissoziation des Oxyhämoglobins zu Hb und $O_2$, bei verschiedener Sauerstoffspannung angibt.

Tabelle. Dissoziation von reinem Hämoglobin.

| $O_2$ | | 0 | 10 | 20 | 40 | 100 |
|---|---|---|---|---|---|---|
| | mm Hg | 0 vH | 1,3 vH | 2,6 vH | 5,2 vH | 13 vH |
| | in vH einer Atm. | | | | | |
| $HbO_2$ vH . . . . . | | 0 | 55 | 72 | 84 | 92 |

In Abb. 54 zeigen wir die Kurven, wie man sie zu zeichnen pflegt und zwar H für gereinigtes Hb und B für Blut. Aus diesen Kurven lassen sich eine Reihe wichtiger Tatsachen ableiten. In erster Linie die Tatsache, daß nur von bestimmten Spannungen ab das Hämoglobin vollständig oxydiert ist. In zweiter Linie sieht man, inwiefern Hämoglobin innerhalb des Körpers seinen Funktionen, in der Lunge Sauerstoff aufzunehmen und diesen in den Geweben abzugeben, entsprechen kann. Wenn wir nämlich rechnen, daß in der Lunge ein Sauerstoffdruck von etwa 100 mm herrscht (13 vH Atm.), und daß in den Geweben eine Spannung herrscht zwischen 27 mm (Muskeln) und 40 mm (Drüsen), so sieht man, daß die Menge des Sauerstoffes, welche reines Hämoglobin an die Gewebe abzugeben imstande ist, viel zu gering ist. In den Drüsen betrüge der Unterschied der Ordinaten (zwischen den Abszissen 100 und 40 mm) nur 8 vH, während in Wirklichkeit beinahe 50 vH abgegeben werden.

Faktoren welche die Aufnahme und Abgabe des Sauerstoffes durch das Hämoglobin beeinflussen. Die Tatsache also, daß innerhalb des tierischen Organismus tatsächlich viel mehr Sauerstoff abgegeben wird als Hämoglobin in gereinigtem Zustande dieses tut, ist durch verschiedene Umstände zu erklären, auf die wir hier nur flüchtig eingehen können. Einmal spielen die Elektrolyten eine große Rolle, welche sich zusammen mit dem Hämoglobin innerhalb der Blutkörperchen befinden. Die Dissoziationskurve von Blut, welches nicht erst durch Dialyse seiner Elektrolyten beraubt worden ist, hat eine S-Form. Hier ist also bei hohen Sauerstoffspannungen die Sauerstoffaufnahme höher; bei niederen Drucken aber wird mehr Sauerstoff abgegeben, als durch elektrolytfreies Hämoglobin. Es ist sehr wahrscheinlich, daß die Elektrolyten, die dem Hb zugegeben sind, bei verschiedenen Tieren die Leistung des Hämoglobins an die besonderen Bedingungen des Milieus der betreffenden Tiere anpassen. Wir wollen dieses mit einigen Zahlen belegen. Bei 35° C gibt menschliches *Blut* die Hälfte seines Sauerstoffes ab wenn es in Gleichgewicht kommt mit einer Sauerstoffspannung entsprechend 27 mm Quecksilber (3,5 Atm. vH). Diese 27 mm entsprechen dem Sauerstoffdruck in den Muskeln, wie wir hörten. Bei 15° C wird die Abgabe wesentlich geringer. Hier würde die Hälfte des Sauerstoffes erst dann abgegeben werden, wenn das Blut im Gleichgewicht sich befände mit einer Spannung von 0,675 mm. Nehmen wir nun aber an Stelle von Menschenblut das Blut eines Kabliaus, dann ergibt sich daß, bei 15° schon bei einer Sauerstoffspannung in den Geweben von 18 mm, die Hälfte des Sauerstoffes abgegeben wird. Dies ist nicht eine Eigenschaft des Hämoglobins dieser Fische, sondern vermutlich besonderer Elektrolyten.

In zweiter Linie kommt, wie sich schon aus dem Gesagten ergibt, wenigstens bei den Warmblütern, Wärme in Frage. Je höher die Temperatur ist, desto leichter gibt das Hämoglobin seinen Sauerstoff ab. Je niedriger die Temperatur ist, desto schwerer ist es, das Hämoglobin von seinem Sauerstoffe zu trennen. Umgekehrt natürlich nimmt Hämoglobin bei niederen Temperaturen Sauerstoff viel leichter auf. Wir werden auf diese Dinge bei einer Besprechung des Hämoglobins der Schnecken zurückkommen. Bei Warmblütern ist die Temperatur der Gewebe, in welchen Verbrennung stattfindet, immer etwas höher als diejenige in der Lunge mit ihrer sehr geringen Oxydation und ihrer ständigen Wasserverdampfung; daher die Bedingungen in der Lunge günstiger sind für Sauerstoffaufnahme, in den Geweben für Sauerstoffabgabe.

Der wesentlichste Faktor, der sowohl Sauerstoffaufnahme wie -abgabe begünstigt, ist die Kohlensäure. Je mehr Kohlensäure im Blut vorhanden ist, desto weniger Sauerstoff nimmt das Blut auf. Die Kohlensäure ändert nicht die Form der Dissoziationskurve (wie die Elektrolyten dieses tun), sondern macht sie nur im ganzen niedriger. Nun wird in der Lunge Kohlensäure durch das Blut abgegeben, in den Geweben aber aufgenommen. Beide Prozesse begünstigen also jeweils die an der betreffenden Stelle für die Atmung notwendigen Erscheinungen.

Bedeutung der Sauerstoffaufnahme und -abgabe für die Kohlensäureaufnahme und -abgabe[1]. Bei dem im vorigen Abschnitte Besprochenen handelt es sich um eine Wechselwirkung zwischen Kohlensäure und Sauerstoff zu Gunsten der Sauerstoffübertragung; durch sie wird aber auch der Kohlensäuretransport von den Geweben zu der Lunge und die Abgabe dieses Gases daselbst begünstigt.

Wir wollen hier zunächst kurz über die Bindung der Kohlensäure im Blute sprechen. Die Kohlensäure ist im Blute hauptsächlich gebunden als Natriumhydrokarbonat und nur eine kleine Menge ist frei gelöst im Blutplasma. Arterielles Blut enthält 50 Vol vH Kohlensäure, venöses Blut etwa 55 vH. Die Kohlensäurespannung in der Lunge beträgt 40 mm Hg, in den Geweben 60 mm. Wenn in den Geweben Kohlensäure durch das Blut aufgenommen wird, so befindet sich im Blut keineswegs freies kohlensaures Natron, welches unter Bildung von doppelkohlensaurem Natron die Kohlensäure zu binden imstande wäre. Die Kohlensäure re agiert aber mit dem vorhandenen Kochsalz in Form einer geringen Gleichgewichtsverschiebung, so daß etwas Natrium sich mit der Kohlensäure zu doppelkohlensaurem Natron verbindet und eine kleine Menge Chlorionen frei wird. Trotz der Unwahrscheinlichkeit einer derartigen Gleichgewichtsreaktion tritt sie auf und zwar deswegen, weil die Chlorionen leicht durch die Membran der roten Blutkörperchen treten (elektive Permeabilität). Wenn man aus einem Gleichgewichtssystem einen der Faktoren entfernt, dann wird das Gleichgewicht in bekannter Weise dadurch beeinflußt, d. h. es bildet sich in unserem Falle in der Tat, auf Kosten des Kochsalzes, doppelkohlensaures Natron, während Chlor in die Blutkörperchen · tritt. Ein ähnliches Beispiel kennt man aus dem Prozeß, durch den die Glasur von Töpferwaren gemacht wird. Hierbei bringt man Kochsalz auf erhitztes Silikat. Es entsteht aus dem Kochsalze Salzsäure, die als Dampf entweicht, wodurch das Gleichgewicht sich so verschiebt, daß in gleichem Maße Natriumsilikat, das ist Glasur, entsteht. Innerhalb der Blutkörperchen werden die Chlorionen dem Hb Natrium entreißen und sich mit ihm zu Kochsalz verbinden. 'Hierdurch wird das Hb seines Natriums beraubt und geringere Affinität zu Sauerstoff erhalten, mit der Folge, daß zugleich mit der Kohlensäureaufnahme eine Erleichterung der Sauerstoffabgabe vor sich geht. Denn Hb, eine schwache Säure, nimmt in Verbindung mit Natrium mehr Sauerstoff auf als ohne dieses Alkali. Andererseits aber erhöht die Bindung mit Sauerstoff auch die Säureeigenschaften des Hb, d. h. sein Alkalibindungsvermögen. Sobald es also in den Geweben Sauerstoff durch Dissoziation losläßt, wird das Alkali leichter frei; dieses nimmt Chlor aus dem Plasma auf, im Plasma wird Natrium frei: so wird die Kohlensäureaufnahme ihrerseits durch die Sauerstoffabgabe begünstigt.

---

[1] VAN SLYKE, DONALD D., The carbon dioxide carriers of the blood Physiological Reviews Vol. 1. p. 141. 1921. — HENDERSON, LAWRENCE J., The equilibrium between oxygen and carbon dioxide. Journ. Biol. Chem. Vol. 41. 1920. — BARCROFT und Mitarbeiter, The acid-base equilibrium of the blood. "The Haemoglobin Commitee" Privy Council Med. Researche. London 1923.

Der umgekehrte Prozeß findet in der Lunge statt. Das Hämoglobin nimmt Sauerstoff auf. Oxyhämoglobin ist wie gesagt saurer als Hämoglobin. Es bestreitet dem Chlor das Natrium kräftiger als das Hb. Chlorionen werden frei, wandern zurück in das Blutplasma, machen der Kohlensäure das Natrium streitig, die Kohlensäure entweicht. Umgekehrt, nach Maßgabe der Natriumaufnahme durch das Hb, steigt dessen Affinität zum Sauerstoff. So wird auch die Sauerstoffaufnahme begünstigt. (BARCROFT und seine Mitarbeiter.)

Oxyhämoglobin ist eine chemische Verbindung des Hb mit dem Sauerstoff. Die Tatsache, daß Hämoglobin nur dann zu 100 vH oxydiert ist, wenn man es mit hohen Sauerstoffspannungen in Gleichgewicht bringt, hat früher, ehe man die Eigenschaften der Gleichgewichtsreaktionen kannte, die Meinung veranlaßt, es könne Hämoglobin den Sauerstoff nicht chemisch, sondern physikalisch binden, z. B. durch Absorption. Diese Meinung, die schon wegen des charakteristischen Spektrums des Oxyhämoglobins unwahrscheinlich ist, wurde durch BARCROFT widerlegt. Er bewies, daß bei Sättigung einer Hämoglobinlösung mit Sauerstoff eine Menge Sauerstoff gebunden wird, die in einem stöchiometrischen Verhältnis zur Hämoglobinmenge steht. Da die Menge des Hämoglobins nicht ganz leicht zu bestimmen ist, so bezieht man die Menge des gebundenen Sauerstoffes auf das Gewicht des in dem betreffenden Quantum Hb vorhandenen Eisens; es ergibt sich, daß 1 g Eisen 401 ccm Sauerstoff bindet, oder in Atomgewichten ausgedrückt 56 g Eisen (1 Atomgewicht) bindet 32 g Sauerstoff (2 Atome oder 1 Molekül). Daher ist die Formel für Oxyhämoglobin $HbO_2$ oder ein Vielfaches.

*Die Fragen, die man durch Bestimmung des Sauerstoffgehaltes in einer bestimmten Blutmenge entscheiden kann, sind die folgenden:*

*1. Die Sauerstoffkapazität von Hb-haltigem Blut, zu vergleichen mit einer dem Blute isotonischen Kochsalzlösung.*

*2. Das stöchiometrische Verhalten des Hämoglobinmoleküls, gemessen an seinem Eisenatom, zur Menge des aufgenommenen Sauerstoffes bei Sättigung zu bestimmen.*

*3. Die Dissoziationskurve des Hb unter verschiedenen Bedingungen festzustellen.*

***23. Die Sauerstoffkapazität einer bestimmten Blutmenge.*** *Wir wollen zunächst einen Versuch beschreiben, der uns die Sauerstoffbindung einer bestimmten Blutprobe bei Sättigung mit Luft zeigt. Der Wert der Sauerstoffbestimmung in einer Blutprobe, ohne nähere Bestimmung seiner Bestandteile, ist der, daß wir eine allgemeine Vorstellung davon erhalten, eine wie große Menge Sauerstoff durch Blut gebunden werden kann (Sauerstoffkapazität).*

*Der Apparat, den wir benutzen und den Abb. 55 zeigt, ist ein durch uns für Kursuszwecke vereinfachter Apparat nach BARCROFT. Zwei Sammelgläser, wie sie in zoologischen Instituten gebraucht werden, um Material zu sammeln oder solches zu versenden, werden so ausgesucht, daß sie dem Augenmaße nach von gleicher Größe sind. In eins kommt ein ganz kleines Röhrchen der gleichen Art, welches nur 1—2 ccm enthält. Beide große Röhren werden gut durch einen Gummipfropfen geschlossen. Von diesen hat der eine zwei, der andere drei Bohrungen. In diese Bohrungen stecken wir die folgenden Teile. Erstens biegen wir aus käuflicher Glaskapillare ein Manometer, wie wir das auf der Abb. 56 sehen. Hinter den V-förmigen Teil dieses Manometers binden wir einen Streifen Millimeterpapier mit Zahlen auf den Zentimeterstrichen; das Manometer ist mit etwas, durch Fettfarbstoff (z. B. Alkanna) gefärbtes Petroleum gefüllt. Der Petroleumfaden soll in den beiden Manometerschenkeln nicht zu hoch stehen. Weiterhin bringen wir in je eine Bohrung der beiden Gummipfropfen eine Glasröhre, die oben entweder einen Hahn hat, oder ein Stück Gummischlauch trägt, der durch einen Quetschhahn geschlossen werden kann. Durch die dritte Bohrung des einen Gummi-pfropfens führen wir das freie, seines Pipettschlauches beraubte Ende unserer Gaspipette ein (s. S. 27). Diese ist vollständig mit Wasser gefüllt, die Glocke ist mit einem Gummipfropfen, das Seiten-*

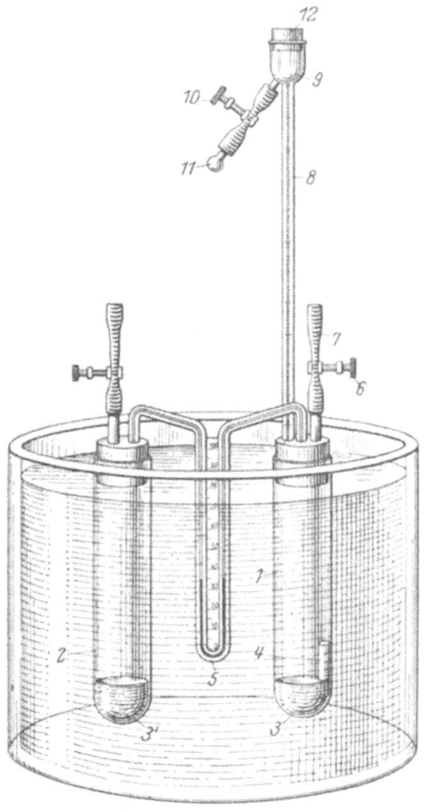

Abb. 55. *Vereinfachter Blutgasanalyse-apparat* nach BARCROFT. 1. Blutröhre für die eigentliche Analyse. — 2. Blutröhre zur Kontrolle (Differentialröhre mit konstantem Druck und gleicher Temperatur wie 1). — 3. Blut mit Barcroftammoniak geschüttelt. — 4. Kleine Röhre mit gesättigter Ferricyankalilösung. — 5. Manometer. — 6. Quetschhahn zum Verschluß der beiden Röhrchen, durch welche beide Blutröhren mit der Außenwelt in Verbindung stehen, zum Zwecke des Temperaturausgleiches vor dem Versuche. — 7. Der Gummischlauch auf dieser Röhre. — 8. Die Gaspipette, die hier als Eichkapillare dient (vgl. Abb. 11). — 9. Die Glocke, die hier mit Wasser gefüllt ist. — 10. Pipett-Quetschhahn auf dem Gummischlauche, der die Seitenröhre abschließt: er dient, um den Gasfaden in der Kapillare zu bewegen. — 11. Glasstift, durch welchen dieser Gummischlauch verschlossen ist. — 12. Gummistöpsel auf der Glocke.

*rohr mit einem Gummischlauche mit Glasstift verschlossen. Auf dem Gummischlauche des Seitenrohres befindet sich ein Schraubquetschhahn, mit Hilfe dessen wir wiederum das Wasser in der Kapillare bewegen können. Dieses Wasser ist zu Beginn des Versuches so eingestellt, daß der Meniskus so nahe wie möglich beim Gummipfropfen der Glasröhre sich befindet, in welche wir das Blut bringen („Blutröhre"). Man sorge dafür, daß die Wasserfüllung der Kapillare, der Glocke, des Seitenrohres, einheitlich ist, keine Luftblasen enthält. Nunmehr bringen wir in beide Blutröhren 2 ccm von sogenanntem Barcroftammoniak. Dieses wird hergestellt durch Mischung von 4 ccm reinen käuflichen Ammoniaks mit 1 l destillierten Wassers. In beiden Röhren setzen wir dem Barcroftammoniak je 1 ccm genau pipettierten, gut mit Luft geschüttelten frischen Oxalatblutes zu. Sodann werden beide Röhrchen gut geschüttelt, bis das Blut vollkommen lackfarben geworden ist. Nun füllen wir das kleine Glasröhrchen, welches so hoch sein muß, daß es, in die „Blutröhre“ gebracht, oberhalb des Niveaus der Blut-Ammoniakmischung hervorragt, mit gesättigter Ferricyankalilösung. Wir nehmen sodann in die linke Hand die Blutröhre, in die rechte Hand, mit einer Pinzette, das kleine Ferricyankaliröhrchen und führen dieses in die schräg gehaltene Blutröhre ein, so tief wie wir können, legen es gegen die untere Wand der Blutröhre und lassen es so vorsichtig bis auf den Boden*

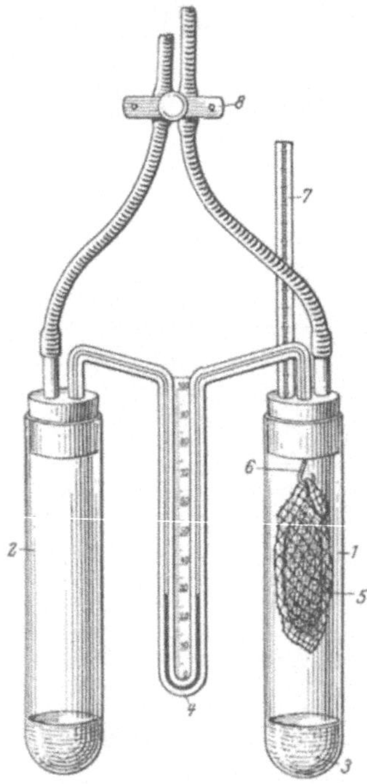

*gleiten. Vorsichtig setzen wir die Gummipfropfen auf beide Blutröhrchen und zwar so, daß der dreimal durchbohrte, mit der Meßkapillare, auf das Blutröhrchen mit dem Ferricyankalirohr kommt. Nun tauchen wir beide Blutröhrchen, die nun durch das Manometer verbunden sind, in einen größeren Behälter mit Wasser und lassen das Ganze mindestens 20 Minuten lang stehen, bis sich innerhalb der Röhren Temperatur und Wasserdampfspannung ausgeglichen hat. Sodann schließen wir beide Glasröhren, durch welche der das Blut enthaltende Raum mit der Außenwelt kommuniziert, ab. Wir überzeugen uns, daß das Manometer rechts*

Abb. 56. *Mikrorespirometer nach* KROGH *in vereinfachter Ausführung.* Vgl. auch Abb. 55. — 1. Glasröhre (Sammelröhre) mit dem Objekt. — 2. Glasröhre mit konstantem Gasvolumen. — 3. Kalilauge von 2 vH (die gleiche Füllung in 2). — 4. Kapillares Manometer, als Skala dient Millimeterpapier, als Füllung gefärbtes Petroleum. — 5. Das Objekt im Mullbeutel; es hängt an 6. einer hakenförmig gebogenen Stecknadel. — 7. Gaspipette (Abb. 11), das oberste Stück (Glocke mit Seitenröhre) ist weggelassen. — 8. Quetschhahn, welcher beide Röhren zugleich verschließt, durch welche 1 und 2 vor dem eigentlichen Versuch mit der Atmosphäre kommunizieren.

*und links gleich hoch steht und schreiben seinen Stand genau auf (ein kleiner Unterschied zwischen dem Manometerstand rechts und links stört den Versuch nicht, wenn dieser Stand nur als Nullstand genau aufgeschrieben wurde. Allerdings beruht mangelhaftes Gleichgewicht im Manometer häufig auf Unsauberkeit, so daß gründliches Auswaschen mit Bichromat-Schwefelsäure [S. 28] häufig wiederholt werden muß). Endlich notieren wir auch den Stand des Meniskus in der Gaspipette. Nunmehr neigen wir den Apparat so, daß in der einen Röhre das Ferricyankalium in das Blut kommt, welches hierauf unmittelbar braunschwarze Färbung annimmt. Nun nehmen wir den Apparat in beide Hände. Rechts halten wir das Blutrohr mit Ferricyankali und zwar so, daß wir mit Daumen und Zeigefinger die Kapillare der Gas-*

*pipette fest umfassen; die linke Hand hält das Kontrollblutrohr. Wir schütteln wiederholt gründlich. Das Schütteln verlangt einige Übung, bis beide Hände sich genau gleichsinnig bewegen. Nach einiger Zeit tauchen wir beide Röhren wieder in das gleiche Wasser. Das Manometer stellt sich nach Temperaturausgleich ein. Wir notieren uns seinen Stand und wiederholen sodann das Schütteln solange, bis das Manometer nicht mehr nach der Kontrollröhre hin steigt. Der Prozeß der Sauerstoffentwicklung dauert ziemlich lange, daher darf das Schütteln nicht zu schnell abgebrochen werden.*

*Es hat sich im Gefäß mit Ferricyankali Methämoglobin gebildet. Bei dieser chemischen Veränderung läßt das Oxyhämoglobin seinen Sauerstoff vollkommen los und dieser entweicht in das Gefäß. Der Druck nimmt zu und das Manometer steigt nach dem Kontrollgefäß. Wenn wir jetzt wissen wollen, wieviel Sauerstoff freigeworden ist, so verfahren wir wie folgt. Wir schrauben mit dem Schraubquetschhahn am Seitenröhrchen der Gaspipette den Meniskus in der Kapillare nach oben, d. h. also nach der Glocke zu und zwar tun wir das, bis das Manometer rechts und links wieder genau gleich steht (auf unserem notierten Nullpunkte). Nun wissen wir, daß in dem Gesamtsystem der ursprüngliche Druck herrscht, denn am Kontrollglase haben wir ja nichts verändert: der Druck innerhalb des Gesamtsystems ist gleich dem herrschenden Barometerdruck. Dieser Druck herrscht auch innerhalb der Eichkapillare, daher dürfen wir das Volumen des in diese eingesogenen Gases ohne weiteres ablesen. Es ist gleich dem Volumen des durch das Hb abgegebenen Sauerstoffes[1]. Das Volumen dieses Gases bestimmt man wie folgt. Wir hatten den Meniskus in der Kapillare vor dem Versuch abgelesen. Man liest ihn nunmehr wieder ab, und bestimmt so die Länge des eingesaugten Gasfadens in der Kapillare. Den Wert dieser Zahl erhält man in Kubikmillimetern ausgedrückt durch Eichung. Man saugt Quecksilber ein, mißt eine bestimmte Länge solch eines Quecksilberfadens mit Hilfe der Zahlen (Millimeter) der Graduierung der Kapillare und wägt diese Menge genau. Aus dem spezifischen Gewicht des Quecksilbers berechnet man das Volumen (siehe S. 30). Man soll nur Kapillaren gebrauchen, welche auf ihre ganze Länge hinreichend genau gleiches Kaliber haben. Ganz kleine Abweichungen kann man notieren und bei genauen Messungen, zur Korrektur gebrauchen. Mit Hilfe dieser Methode stellen wir fest, daß das Schlachthausblut per Kubikzentimeter eine bestimmte Menge Sauerstoff enthält (je nach der Art des Tieres verschieden). Wir berechnen natürlich die zugefügte Menge Oxalatlösung und vergleichen den gefundenen Wert mit dem uns bekannten Werte des durch Wasser gelösten Sauerstoffes.*

**24. Eisenbestimmung im Säugetierblut. Die spezifische Sauerstoffkapazität.** Die Eisenbestimmung hat für uns doppelten Zweck: 1. Sie ist eine Methode, um die *Hämoglobinmenge eines bestimmten Blutquantums* feststellen zu können. Wir erhalten Blut aus dem Schlachthause mit Oxalatzusatz; beide Substanzen können im Schlachthaus

---

[1] Der Sauerstoff hat den Druck im System geändert, durch Absaugen von Gas gleichen wir diese Veränderung genau aus, daher das abgesaugte Gasvolumen dem entstandenen Sauerstoffvolumen genau entspricht.

niemals so zuverlässig gemischt werden, daß sich daraus die Verdünnung des Blutes berechnen ließe. Daher bezieht sich eine Sauerstoffbestimmung im Blute auf ein Volumen, welches nicht vollkommen bekannt ist. Es ist daher zu empfehlen, neben den Sauerstoffbestimmungen die nachfolgenden Eisenbestimmungen auszuführen und aus diesen Eisenbestimmungen, wie weiter unten angegeben wird, die Hämoglobinmenge der Blutprobe zu berechnen. Mit Hilfe der Zahlen des Hämoglobingehaltes des Blutes der verschiedenen Tiere (s. S. 147) kann man auch die verwendete Blutmenge berechnen, und auf sie die Sauerstoffwerte beziehen. Auf alle Fälle ist eine Eisenbestimmung in Blutproben, in denen man die Sauerstoffbindung feststellt der sicherste Weg, um die Sauerstoffwerte auf genau bestimmte Hämoglobinwerte zu beziehen.

Wir haben zweitens im theoretischen Teile gezeigt, daß aus der quantitativen Beziehung zwischen Eisenmenge und gebundenem Sauerstoff die chemisch-einheitliche Natur des Oxyhämoglobins bewiesen werden kann (stöchiometrisches Verhältnis). Wir werden also den gefundenen Sauerstoffwert umrechnen auf eine Blutmenge, die ein Gramm Eisen enthält und uns davon überzeugen, daß der gefundene Sauerstoffwert nicht allzuweit von 401 ccm entfernt ist (spezifische Sauerstoffkapazität).

*(Bei der folgenden Bestimmung*[1] *beachte man sehr genau die angegebenen Vorsichtsmaßregeln und halte sich so streng wie möglich daran, da bei Versäumung von einer einzigen, durch das Aufspritzen der kochenden Schwefelsäure schwere Beschädigungen der Augen stattfinden können.)*

*Man verdünnt 1 ccm Blut (aus dem Schlachthause) mit 4 ccm destillierten Wassers. Hiervon pipettiert man 1 ccm in ein gewöhnliches Reagenzglas und läßt aus einer Bürette hierzu 1 ccm starke Schwefelsäure zufließen. Es tritt Verkohlung auf. Nun wird auf einer äußerst kleinen Flamme sehr vorsichtig, unter dauerndem starken Schütteln, gekocht. Hierbei findet die Zerstörung des organischen Stoffes statt. Zu Anfang sieht man nur Wasserdampf aufsteigen. Hierdurch wird die Schwefelsäure konzentrierter und nimmt die Verkohlung zu. Nach einiger Zeit vorsichtigen Kochens sieht man Nebel von Schwefelsäure und schwefeliger Säure aufsteigen. Vom Augenblicke des Auftretens dieser Nebel kocht man noch 3 1/2 Minuten und läßt daraufhin das Ganze 20 Sekunden (nach der Uhr!) abkühlen. Nun fügt man tropfenweise, unter Schütteln, aus einer Pipette, sehr vorsichtig, 1 ccm einer 10 proz. Lösung von $NaClO_3$ (Natriumchlorat) hinzu. Dieser Zusatz hat den Zweck, die Entfärbung (Oxydation des entstehenden Kohlenstoffes) schneller verlaufen zu lassen. Die Oxydation durch Natriumchlorat geschieht sehr heftig. Deswegen muß die vorherige Abkühlung und die große Vorsicht beim Hinzufügen streng beachtet werden. Nach Hinzutat des ersten halben Kubikzentimeters ist die Flüssigkeit vollkommen klar. Nun kocht man wieder 3 Minuten, kühlt wieder 20 Sekunden ab und fügt auf die oben beschriebene vorsichtige Weise*

---

[1] San-Yng-Wong, Kolorimetrik determination of iron and haemoglobin in blood. Journ. Biol. Chem. Vol. 55, p. 421. 1923. Einige Änderungen nach W. E. Ringer.

*weitere 0,3 ccm Natriumchlorat von 10 vH hinzu, erhitzt noch einmal 2 Minuten lang und läßt nun abkühlen. Sodann wird die Flüssigkeit vorsichtig, unter Schütteln und Abkühlen, mit 14 ccm destillierten Wassers verdünnt. Darauf gießt man die gesamte Lösung, in welcher sich unter anderem die Ferriionen befinden, in eine Kolorimeterröhre. — Als Kolorimeterröhren benutzen wir Röhren, wie sie zum Sammeln zoologischen Materials dienen, mit plattem Boden. Es ist nicht notwendig, daß die Röhren sehr glatte Wände haben, oder gar geschliffen sind, doch dürfen sie nicht zu eng sein. Zu einer Bestimmung dienen je 2 Röhren, die einen Eichstrich tragen, entsprechend einem Inhalt von 50 ccm. Wir benutzen Röhren, die einen Durchmesser von 4 cm haben. Eine der beiden Röhren füllen wir mit der gesamten destruierten Flüssigkeit; in die andere Röhre kommt eine Vergleichungsflüssigkeit, die wir uns wie folgt herstellen:*

*Die Vergleichungsflüssigkeit. Wir benutzen zu der Vergleichungsflüssigkeit* Mohr*sches Salz: $FeSO_4 \cdot (NH_4)_2 SO_4$. Das genannte Salz hat den Vorteil, daß es sich quantitativ genau wägen läßt, so daß man die Menge Eisen, die eine bestimmte Lösung von ihm enthält, genau bestimmen kann. Wir lösen das Salz in destilliertem Wasser so auf, daß die Lösung auf 1 ccm 0,1 mg Eisen enthält. Dieses Eisen muß zunächst oxydiert werden, um es als dreiwertiges Ion zu erhalten. Dieses geschieht durch $KMnO_4$. Dieser Zusatz muß gemacht werden, ehe wir die Lösung auf das gewünschte Volumen (per ccm 0,1 mg Fe) auffüllen. Es muß hierbei soviel Kaliumpermanganat zugefügt werden, daß bei weiterer Hinzufügung nicht unmittelbare Entfärbung der Permanganatlösung auftritt. Von der Stammlösung füllt man nun aus einer Bürette 1 ccm in das zweite Kolorimeterglas, fügt hierzu 15 ccm destilliertes Wasser, dann aus einer Bürette 1 ccm Schwefelsäure, um in beiden Gläsern soviel wie möglich die Umstände einander gleich zu machen.*

*Die Kolorimetrie. Zu beiden Kolorimetergläsern fügt man 5 ccm 3 N Rhodankalium ($KCNS$ — man nehme ein sehr reines Präparat) hinzu: Es tritt rote Farbe auf. Hierbei sorge man erstens, daß die beiden Lösungen gleiche Temperatur haben (je wärmer die Lösung, desto intensiver die Farbe), zweitens, daß die Zutat des Rhodankaliums zu den beiden Gläsern so schnell wie möglich nacheinander erfolgt, da die Färbung sich während des Stehens verändert. Beide Koloritmetergläser werden mit destilliertem Wasser bis zum Eichstrich von 50 ccm aufgefüllt: sie werden kurz geschüttelt. Dann lasse man beide Gläser 5 Minuten lang stehen, um den geringen Zeitunterschied der Rhodankalizutat auszugleichen. Nun hält man beide Gläser nebeneinander auf eine weiße Unterlage und beurteilt ihre Farbe dadurch, daß man sie von der Oberfläche (dem Spiegel) ihres Inhalts aus betrachtet, rein vertikal. Hierbei hält man die Gläser gegen das Fenster, ein wenig oberhalb des Tisches, der die weiße Unterlage trägt und hält die Hände so vor beide Gläser, daß sie vor seitlicher Belichtung geschützt werden. Das Vergleichungsglas ist nun zunächst dunkler gefärbt, daher gießen wir aus diesem soviel Vergleichungsflüssigkeit in ein bereitstehendes reines Becherglas, daß die Farbe der Vergleichungsflüssigkeit deutlich heller wird als die Farbe der untersuchten Flüssigkeit. Sodann wird tropfenweise aus dem Becherglase von der abgegossenen Flüssigkeit dem*

*Vergleichungsglase hinzugefügt bis beide Flüssigkeiten genau gleich ge-
färbt erscheinen. Nun mißt man am Vergleichungsgefäß die Höhe der
Flüssigkeitssäule mit Hilfe von Millimeterpapier.*

*Die Berechnung des Resultates. Die Höhe der Flüssigkeit im
Vergleichungsrohr sei M. Die Höhe der Flüssigkeitssäule der untersuchten
Flüssigkeit, d. i. die ein für allemal festgestellte Höhe vom Boden bis zum
Eichstrich, sei X. Die Vergleichungsflüssigkeit enthält pro Kubikzenti-
meter 0,1 mg Eisen. Daher enthält die untersuchte Flüssigkeit:*

$$\frac{M}{X}\ 0,1\ mg\ Eisen.$$

*1 ccm Blut enthält daher 5 mal* $\frac{M}{X}$ *0,1 mg Eisen.*

*Nun enthält Hämoglobin 0,335 vH Eisen. Ein Milligramm Eisen ent-
spricht demnach*

$$\frac{1}{3,35}\ g\ Hämoglobin,$$

*100 ccm Blut enthalten daher* $100 \cdot 5 \cdot \frac{M}{X} \cdot 0,1 \cdot \frac{1}{3,35}\ g\ Hb.$

**25. Die Dissoziationskurve des Oxyhämoglobins.** *Wir verwenden
eine einfache Methode, um Blut mit Gasgemischen geringerer Sauerstoffspannung zu sättigen*[1].

*Abb. 57 zeigt einen sogenannten Saturator von* BARCROFT. *Die obere
Öffnung wird mit einem doppelt durchbohrten Pfropfen geschlossen, durch
welchen ein langes und ein kurzes Rohr in das große Gefäß hineinragt.
An dem unteren Ende befindet sich ein Zweiweghahn, der das Gefäß verbindet mit einem Auslaufrohr, welches auf genau 1 ccm geeicht ist. In
das Gefäß kommt Blut (man benutzt das gleiche Blut, dessen Sauerstoffgehalt nach Luftsättigung man schon bestimmt hat, oder man bestimmt jeweils die Hb-Menge durch den quantitativen Nachweis des Eisens). Nun
verbinden wir das lange Rohr, welches also bis auf den Boden des Gefäßes
reicht und daher tief in das Blut taucht, mit einer Stickstoffbombe. Stickstoff aus Bomben enthält noch einige Prozent Sauerstoff. Eine Probe dieses
Gases wird zunächst in der Gaspipette analysiert. Sollte der Sauerstoffgehalt zu hoch sein, so leitet man den Stickstoff durch einige Waschflaschen
mit unserer reduzierenden Lösung (oder mit einer alkalischen Pyrogallol-
lösung). Für Kursuszwecke ist die Wahl einer bestimmten niedrigen Sauerstoffspannung ziemlich gleichgültig. Man tut jedoch gut, sie so niedrig
zu wählen, daß eine deutliche Verminderung der Sauerstoffsättigung des
Blutes auftritt, also etwa eine Stickstoffmischung mit 3—4 vH Sauerstoff.
Wir lassen nun in einem nicht zu dünnen Strahl das Gas durch das Blut
perlen, während das Gefäß in ein großes Wasserbad mit Wasser von etwa
40° taucht. Die Zeit, während welcher man das Ganze stehen lassen muß,
hängt naturgemäß von der Blutmenge ab und diese von der Anzahl der
Kursusteilnehmer; sie muß daher durch einen Vorversuch durch die Kursus-
leitung festgestellt werden. Nach eingetretenem Gleichgewicht wird nun aus
dem einen Saturator jedem Praktikanten in unser vereinfachtes Barcroft-
manometer je 1 ccm Blut gegeben. Dieses geschieht wie folgt. Die Gas-*

---

[1] H. BEGEMANN, Dissert. Utrecht Nat. Fak. 1924.

*leitungsröhren werden aus dem Saturator entfernt (wenn man befürchtet, daß durch Schütteln das Blut neuerdings Sauerstoff aus der zutretenden Luft aufnimmt, so kann man es mit etwas Paraffinöl überschichten). Wir öffnen nunmehr den Zweiweghahn, so daß das Auslaufrohr sich mit Blut füllt und schließen den Hahn. Nun lassen wir die Kursusteilnehmer je mit einer der „Blutröhren", mit 2 ccm Barcroftammoniak, herantreten. Die Auslaufröhre des Saturators wird in die Blutröhre gebracht, unter die Oberfläche des Barcroftammoniaks, und nun wird der Hahn so gedreht, daß die Auslaufröhre oben direkt mit der Atmosphäre in Verbindung gesetzt wird. Der Kubikzentimeter Blut läuft in die „Blutröhre" unter das*

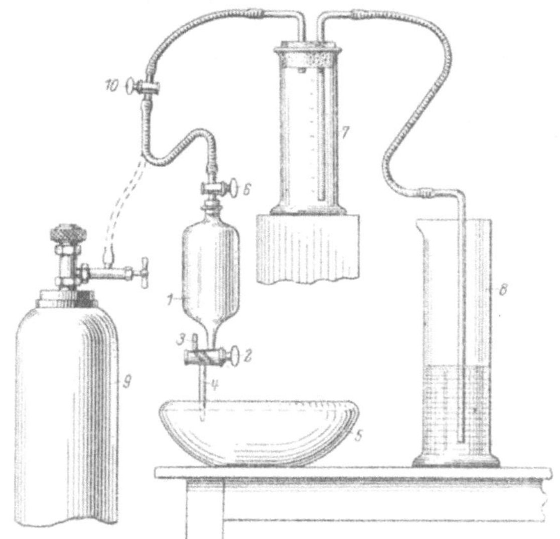

Abb. 57. *Apparat zur Füllung der Saturatoren mit verschiedenen Gasgemischen.* 1. Saturator. — 2. Sein Dreiweghahn, der den Auslauf auf Wunsch mit dem Saturator oder mit der Außenwelt durch Rohr 3 in Verbindung setzt. — 4. Auslauf. — 5. Wanne mit Quecksilber. — 6. Hahn an der Schlauchverbindung des Saturators mit dem Maßzylinder 7, der das betreffende Gasgemisch enthält. — 8. Zylinder mit Wasser, aus welchen Wasser in 7 strömt, wenn der Saturator das Gas ansaugt. — 9. Stickstoffbombe. — 10. Hahn an der Schlauchleitung, durch welche 7 entweder mit der Bombe (zur Füllung mit sauerstoffarmem Gase) oder mit dem Saturator verbunden werden kann. In 7 wird soviel Luft und sodann soviel Stickstoff aus der Bombe eingefüllt (unter Senken von 8), bis die gewünschte Gaskonzentration erzielt worden ist. Der mit dem Blut beschickte Saturator wird mit einer Wasserstrahlpumpe soweit wie möglich evakuiert. Dann kommt der Auslauf 4 in das Hg von 5, der Hahn 2 wird nach 4 geöffnet, Hahn 6 geschlossen, bis das Hg fast bis 6 steigt. Nun öffnet man 6, so daß das Hg langsam sinkt und das Gas aus 7 einsaugt. Wenn das Hg den Saturator verlassen hat, schließen wir 2 und 6. In der Wanne 5 wird unter Wasser der Hahn 6 einige Male kurz geöffnet und wieder geschlossen, um den Druck gleich dem der Atmosphäre zu machen.

*Barcroftammoniak. So erhält jeder Praktikant genau 1 ccm des betreffenden Blutes. Nach Einsetzen der „Blutröhre" (ohne Ferricyankali!) in das Manometer, und nach Temperaturausgleich (20 Minuten) schließen wir die Hähne und schütteln gründlich, und das Blut, welches nur zum Teil sauerstoffgesättigt ist, wird aus der Röhre soviel Sauerstoff aufnehmen, daß Sättigung eintritt. Das Manometer steigt nach der Blutseite (die andere Seite enthält nur Barcroftammoniak). Der Meniskus in der*

Jordan-Hirsch, Übungen. 11

*Eichkapillare wurde vor dem Versuch hoch eingestellt und abgelesen, d. h. so nahe wie möglich bei der Glocke. Er wird nun heruntergeschraubt, bis das Manometer wieder auf Null steht. Die Menge des ausgeschraubten Kapillareninhaltes entspricht der Menge des Sauerstoffs, der durch das nicht gesättigte Hämoglobin beim Schütteln aufgenommenen wurde; aus diesem*

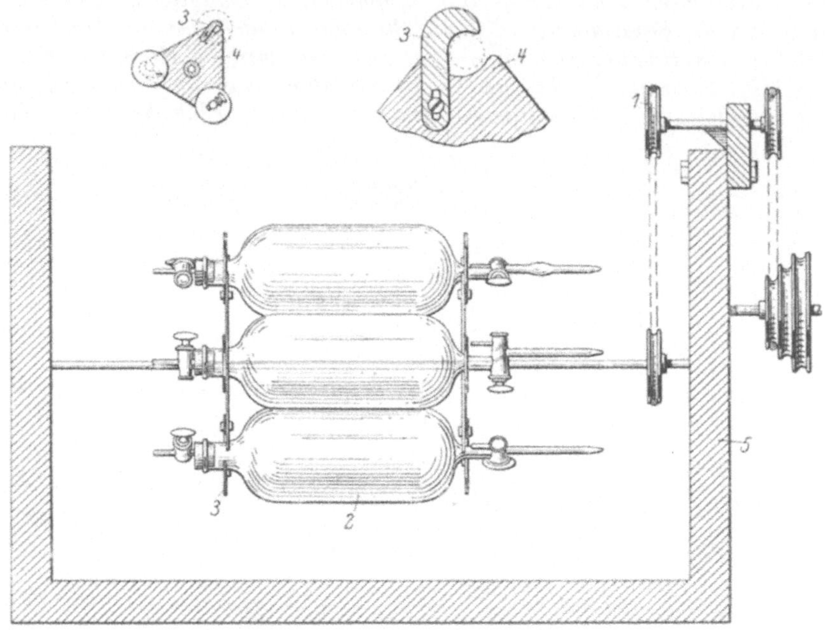

Abb. 58. *Apparat, um Blut in Gleichgewicht mit bestimmten Gasen zu bringen.* 1. Triebwerk, um die Umdrehungen eines Motors auf die Achse zu übertragen, auf der die drei Saturatoren befestigt sind. — 2. Einer der Saturatoren. — 3. Klammer, in welcher der Hals des Saturators befestigt wird. Oben sieht man links den Teil der Achse, der die drei Klammern für die drei Hälse (oder drei Ausläufe) der Saturatoren faßt (4), rechts eine Klammer davon größer gezeichnet. — 5. Die große Wanne mit Wasser von konstanter Temperatur. — An den Saturatoren sieht man den Dreiweghahn, der auf 1 ccm geeicht ist.

*Wert und unseren Resultaten mit luftgesättigtem Blut läßt sich der Prozentsatz der Sauerstoffsättigung durch die angewandte Stickstoff-Sauerstoffmischung berechnen. Aus verschiedenen Werten dieser Art, d. h. bei verschiedener Sauerstoffspannung im Saturator, konstruiert man die Dissoziationskurve des betreffenden Blutes.*

## C. Das Blut einiger Invertebraten.

### Das Blut als Salzlösung.

Wir haben oben gehört, daß bei den wirbellosen Seetieren das Blut stets die gleiche Salzkonzentration hat als das umgebende Seewasser. Dies ist nun im süßen Wassers anders, und zwar nicht nur bei Wirbeltieren allgemein, sondern auch bei den Wirbellosen. Es versteht sich ja auch wohl von selbst. Das süße Wasser ist äußerst salzarm. Eine entsprechende Salzarmut der Gewebe und somit des Blutes würde offenbar das Leben unmöglich machen. Daher müssen fast alle Süßwassertiere höheren Salzgehalt haben als das umgebende Wasser, also irgendwelche Anpassungen an die osmotischen Erscheinungen zeigen. Wir wollen als Beispiel den Frosch nehmen, dessen Blut etwa mit einer Kochsalzlösung 0,7 vH isotonisch ist. Die Haut des Frosches ist semipermeabel, sie läßt Wasser, aber keine Salze hindurch. Daher bildet der Frosch mit seinem salzarmen Milieu ein osmotisches System und nimmt dauernd Wasser auf, welches ebenso dauernd durch die Nieren wieder ausgeschieden werden muß. Daher ist der Urin des Frosches, den man unter Wasser leben läßt, äußerst salzarm, und bei Anwendung von destilliertem Wasser als äußerem Milieu, salzfrei.

Bei den Wirbellosen finden wir die folgenden Anpassungen an das Leben im Süßwasser. Der Flußkrebs ist ein Beispiel für Süßwassertiere mit außerordentlich hohem Salzgehalt des Blutes. Die Gefrierpunktserniedrigung seines Blutes beträgt —0,7 ° C. Das Blut ist also isotonisch mit einer Kochsalzlösung von 1,2 vH. Nichtsdestoweniger ist der osmotische Druck, dem das Tier zu widerstehen hat, nicht groß, da die Flächen, durch welche ein osmotischer Ausgleich stattfinden kann (also Wasseraufnahme) im Verhältnis zur Gesamtkörperoberfläche klein sind: Gelenkhäute, ventrale abdominale Wand, Kiemen usw. Daß auch hier die Niere eine Rolle spielen muß, ergibt sich aus der Tatsache, daß Krebse beim Absterben, wenn also die Organfunktion aufhört, schwellen, d. h. daß ihre Gelenkhäute hervortreten. Bei niederen Krebsen, z. B. Daphnia, deren Haut nicht gepanzert ist und vermutlich überall das Wasser gut durchläßt, herrscht nach Fritzsche ein bedeutender Innendruck, der auf osmotischem Wege zustande kommt, dem Tiere Turgor verleiht und den osmotischen Druck im Gleichgewicht erhält[1]. Bei diesen Cladoceren konnte Fritzsche, allerdings mit einer nicht sehr zuverlässigen Methode, Gefrierpunktserniedrigungen finden, die nicht viel geringer sind als beim Flußkrebs, nämlich im niedrigsten Falle Δ = —0,67°. Allerdings fand er auch in manchen Fällen viel geringere Werte, nämlich Δ = —0,2°.[2]

Eine ganz andere Art Anpassung zeigt Anodonta. Bei ihr ist die Oberfläche, durch welche Wasser osmotisch aufgenommen werden kann, sehr groß. Die Haut ist sehr durchlässig, eignet sich aber wenig dazu, um einem starken Innendrucke Widerstand zu bieten. Hier finden wir denn auch, neben vermutlicher Nierentätigkeit, sehr niederen Salzgehalt des Blutes. Die Gefrierpunktserniedrigung ist Δ = —0,091°. Das Blut ist also isotonisch mit einer Kochsalzlösung von 0,15 vH, hat also ungefähr ein Zehntel des osmotischen Druckes beim Flußkrebs.

---

[1] Daß auch beim Flußkrebs ein positiver Innendruck herrscht, wissen wir aus den Versuchen mit Saftgewinnung: der Saft wird ohne weiteres in das Glasröhrchen gedrückt. Eine große Bedeutung für den Turgor dürfte dieser Druck bei diesen gepanzerten Tieren nicht haben. Bei Daphnia dagegen beruht die Prallheit der Gliedmaßen, d. h. die Möglichkeit ihrer Funktion ausschließlich auf dem Turgor.

[2] Fritzsche, Revue ges. Hydrobiologie Bd. 8, S. 26. 1915.

Vergleichung des Salzgehaltes im Blute verschiedener Invertebraten. Wir vergleichen den Salzgehalt von Anodonta mit dem des Blutes von einem Flußkrebs. Kryoskopische Methoden sind für einen Kursus ungeeignet. Wir verwenden daher eine einfache Demonstrationsmethode. NB.: Falls es Schwierigkeiten verursacht, die Versuche am Flußkrebs auszuführen, wegen Materialmangels, so kann man an seiner Stelle Helix pomatia nehmen. Helix ist ein Landtier, so daß die Beziehungen zum umgebenden Wasser naturgemäß nicht die gleiche Rolle spielt als bei Astacus und Anodonta[1]. Der Salzgehalt des Helixblutes aber ist ziemlich hoch: Die Gefrierpunktserniedrigung ist $\Delta = -0{,}41°$; das Blut ist also isotonisch mit einer Kochsalzlösung von 0,705 vH, also etwa gleich dem Froschblute. Wenn man eine Schnecke ins Wasser legt, so schwillt sie, wie wir oben hörten, auf, d. h. ihr Blut zieht osmotisch Wasser an; ihre Niere aber, welche nicht an das Wasserleben angepaßt ist, kann die Wassermenge nicht bewältigen. Entfernt man das Tier aus dem Wasser, so nimmt man eine ausgiebige Wasserausscheidung durch die Hautdrüsen wahr. Bleibt das Tier dahingegen im Wasser, so geht es bald durch Wasserstarre zugrunde.

*26. Das Blut von Anodonta cyanea. Zwischen die beiden Schalen drücken wir vorsichtig das Heft eines Skalpells, um nun vorsichtig die beiden Schalen ein Stück voneinander zu entfernen. Ist dieses gegen den starken Widerstand der Schließmuskeln gelungen, dann fügen wir zwischen beide Schalen einen Kork ein. Wir lassen das Wasser, welches sich im Mantelraum befindet, gut auslaufen und wenn nötig, trocknen wir den Mantelraum so, daß wir sicher sind, daß im Hinterteile des Mantelraumes kein Wasser mehr vorhanden ist[2]. Wir sehen nun längs der Schalen die dickgeschwellten Mantellappen, die noch etwas mehr Blut in sich aufnehmen, wenn wir durch Berührung des Fußes diesen zu weiterer Kontraktion zwingen, denn zwischen Fuß und Mantellappen besteht eine Art Antagonismus. Soll der Fuß vorgestreckt werden, so tritt das Blut aus dem Mantel in ihn ein, während seine Muskulatur erschlafft. Zieht sich dahingegen der Fuß zurück, so nimmt der Mantel das aus ihm ausgepreßte Blut auf. Hiervon machen wir nunmehr Gebrauch. Ein Stich in beide Mantellappen führt eine große Blutung herbei. Das wasserartige Blut wird in einem Becherglas aufgefangen. Man achte auf die große Menge des Blutes; hierauf werden wir noch zu sprechen kommen.*

*27. Das Blut von Helix pomatia. (Abb. 59.) An der zweiten Windung des Schneckenhauses, rechts oberhalb des Einganges, machen wir,*

---

[1] Immerhin spielt auch bei Helix der Salzgehalt eine biologische Rolle: Jede Berührung mit feuchtem Grase bedeutet bei diesen Tieren Wasseraufnahme. Das Aufschwellen des Körpers, wenn die Tiere im Wasser liegen, kommt auch in der Natur vor. Übrigens habe ich niemals eine Schnecke trinken sehen, da offenbar das Wasser nur mit der Nahrung und durch die Haut aufgenommen wird. Landarthropoden dahingegen können trinken. (Beobachtet bei Spinnen und vielen Insekten.)

[2] Bei genauen Versuchen, deren Zweck es ist mit dem Kryoskop oder titrimetrisch den osmotischen Druck oder den Salzgehalt des Blutes zu bestimmen, wird der Mantelraum nicht nur gut abgetrocknet, sondern mit dem Blute einer andern Muschel ausgespült.

*mit einer starken Schere oder einer dreieckigen Feile, ein kleines Loch, und drücken ein wenig auf die im Hause zurückgezogene Schnecke. Die Haut des Eingeweidesackes tritt nun ein wenig aus der Schalenwunde hervor. Man sticht vorsichtig mit einer Nadel in diese Haut ein, ohne darunter liegende Organe zu verwunden: nunmehr tropft das blaue Blut der Schnecke in ein zum Auffangen bereit gehaltenes Becherglas. Wir üben mit dem einen Finger einen dauernden Druck auf die Schnecke aus, wobei es uns gelingt, einige Kubikzentimeter Blut pro Exemplar zu erhalten.*

*28. Das Blut von Astacus fluviatilis. Das Blut des Flußkrebses verschaffen wir uns durch einen Schnitt in die dorsale Gelenkhaut zwischen Thorax und Abdomen. Man beachte, daß nach einiger Zeit Gerinnung eintritt.*

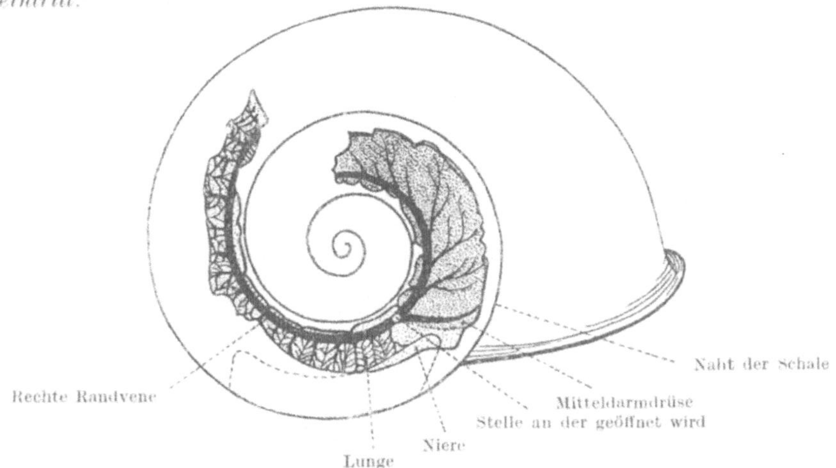


Abb. 59. *Schema der Präparation der rechten Randvene bei Helix pomatia,* um sich reines Blut zu verschaffen. Eröffnung auf dem vorletzten Umgang, so nahe wie möglich der Naht. Man sieht dann die rechte Randvene der Lunge, die vom Apex längs des ganzen rechten Randes des Eingeweidesackes läuft. Hier wird die Vene geöffnet (kurz vor ihrem Übergange in die Lunge) und das Blut abgezapft.

*29. Der Kochsalzgehalt des Blutes. 1 ccm Muschelblut kommt in ein Reagenzgläschen. In ein anderes 1 ccm Blut eines der beiden Tiere mit kochsalzreichem Blut. Beide Proben werden mit 9 ccm destillierten Wassers verdünnt, aufgekocht, filtriert und nun werden jedem der beiden Filtrate einige Tropfen einer Lösung von Silbernitrat zugesetzt. Es bildet sich ein deutlicher Niederschlag von Chlorsilber im Schnecken- oder Krebsblut, während im Muschelblut nur eine ganz leichte Trübung auftritt. — Der Chlorgehalt kann auch titrimetrisch bestimmt werden. Man fügt in einem weiteren Versuch Natriumoxalat an Stelle von Silbernitrat hinzu. Der Niederschlag, der nun entsteht, wird durch die Kalksalze verursacht. Auch diese kommen im Muschelblut in geringerer Menge vor.*

### Der Eiweißgehalt der verschiedenen Blutarten.

Außerordentlich verschieden ist der Eiweißgehalt des Blutes verschiedenartiger Tiere. Es gibt eine Reihe von Tieren, deren Blut sich vom Wasser kaum unterscheidet. Wir wollen nicht von der Leibeshöhlenflüssigkeit der Echinodermen reden. Welche der verschiedenen Körperflüssigkeiten dieser Tiere den Namen Blut verdient, ist noch keine ausgemachte Sache. Aber auch bei anderen Wirbellosen, bei denen die Körperflüssigkeit, die wir untersuchen, in jeder Beziehung der Definition des Begriffes Blut genügt, zumal durch die Tatsache, daß sie durch ein Herz bewegt wird, unterscheidet sie sich häufig fast in nichts vom umgebenden Wasser. BOTTAZZI fand im Blute von Aplysia limacina nur 0,037 vH Eiweiß. Ähnlich verhält es sich bei Anodonta, die allerdings unter verschiedenen Umständen (Jahreszeit, usw.) eine verschiedene Menge Eiweiß im Blut enthalten kann. So finden wir in der Literatur die folgenden Zahlen angegeben: für Anodonta 0,56 vH, für Unio 0,12 vH. Wenn wir nun das Blut von einer Anodonta zum Kochen erhitzen, so tritt eine Trübung auf, die je nach Jahreszeit und Lebensbedingungen sehr verschieden ausfallen kann: im Sommer, bei frischem Material, mag sie deutlich sein; im Winter, zumal bei Aquariummaterial, ist sie nur eben angedeutet.

Gegenüber diesen Fällen stehen Tiere mit ziemlich großen Eiweißmengen. Irgendeine Beziehung der Menge des Eiweiß zu seiner Ernährungsfunktion oder zur Stellung des Tieres im zoologischen System läßt sich noch nicht angeben. Beim Säugetier wissen wir, daß die Kolloide des Blutes bei der normalen Ernährung der Gewebe wohl keine Rolle spielen. Das Gewebseiweiß wird aus den einzelnen Aminosäuren gebildet, wie sie eine kurze Zeit nach der Eiweißverdauung im Blute zirkulieren. Wir wissen heute durch KROGH, daß die Blutkapillaren kolloidosmotische Systeme sind und die Hauptrolle der Bluteiweißkörper dürfte der durch sie ausgeübte osmotische Druck sein[1]. Die Verschiedenheit der Zahlen für den Eiweißgehalt des Blutes erhellt aus den folgenden Beispielen:

Bei Helix pomatia findet sich ein Eiweißgehalt von 2—3 vH
„ Astacus                                  2,1  „
„ Rana                                      3,1  „
„ Felis domestica                     4,8  „
„ Homo                       etwa 8  „
„ Cephalopoden (Octopus, Eledone)    9,76  „

Die Zahlen sind nicht gleichwertig, da bei den Mollusken, die wir nannten, das Eiweiß größtenteils, ja vielleicht völlig, mit dem Hämocyanin identisch ist, dessen Hauptfunktion wir in seiner Sauerstoffbindung kennen lernen werden, während bei den Wirbeltieren das Atmungspigment nicht zu den Eiweißkörpern des Blutes gerechnet wurde.

**30. Der Eiweißgehalt bei Anodonta und Helix.** *In ein Reagenzglas kommt 1 ccm filtrierten Blutes von Anodonta, in ein anderes von Helix, unverdünnt. Beide Proben werden bis zum Kochen erhitzt. Das Anodontablut bleibt flüssig, das Helixblut dahingegen wird fest, so daß wir das Reagenzglas umkehren können, ohne daß Flüssigkeit ausläuft.*

*Eine quantitative Methode um die Eiweißmenge im Blute, wenn auch nicht sehr genau, festzustellen, haben wir oben beim Säugetierblut gegeben (siehe S. 141).*

---

[1] Im Hunger und in Gewebskulturen spielen die Eiweißkörper des Blutplasmas allerdings auch eine ernährende Rolle.

## Blutkörperchen.

Bei allen genannten Wirbellosen können wir mikroskopische Präparate machen und finden darin weiße Blutkörperchen mit eigentümlichen pseudopodienartigen Ausläufern, die sich jedoch nicht sichtbar bewegen.

*31. Die Blutleukozyten von Helix. Wir nehmen eine Schnecke, deren Blut zu den mitgeteilten Versuchen gedient hat, drücken den letzten Tropfen des Blutes auf einen Objektträger aus und bedecken den Tropfen mit einem Deckglase. Mit starker Vergrößerung finden wir nun bald die Blutkörperchen und stellen das Objektiv ein auf eine Gruppe derartiger Zellen, die ohne miteinander vereinigt zu sein, ziemlich nahe beieinander liegen. Wir machen von ihrer Lage eine Skizze und benutzen die Zeit, die nötig ist, um das Verhalten der Zellen weiterhin zu beobachten dazu, die Blutkörperchen mit allen Einzelheiten zu zeichnen. Nach einiger Zeit werden wir wahrnehmen, daß die weißen Blutkörperchen sich zu Plasmodien vereinigen. Ungemerkt haben sie sich einander genähert und schließlich verschmelzen sie miteinander und das Protoplasma fällt auseinander.*

## Blutgerinnung.

Blutgerinnung tritt bei denjenigen Tieren auf, bei denen sie eine Bedeutung hat; sie fehlt der Muschel und der Schnecke. Bei der Muschel bedeutet Blutverlust nicht viel, auch ersetzt er sich ziemlich schnell, wie Wägungen zeigen; während bei der Schnecke eine Verletzung der weichen Teile keine Blutung zur Folge hat, da sich der Hautmuskelschlauch zusammenzieht. Deutliche Blutgerinnung finden wir dagegen z. B. beim Flußkrebs; sie unterscheidet sich von derjenigen beim Säugetier durch die Tatsache, daß sie von einigen wenigen Zentren ausgeht und sich von da durch die Blutmasse verbreitet; sie geht nämlich aus von zerfallenden Blutkörperchen. Man beschreibt zweierlei weiße Blutkörperchen beim Flußkrebs, von denen die eine Art schneller zerfällt als die andere und in ihrer Funktion daher unseren Blutplättchen entsprechen soll. Es ist sehr interessant, daß der Zerfall der Blutkörperchen schon da auftritt, wo es keine Blutgerinnung gibt (Helix). Bei niederen Wirbellosen wird die Agglutination der weißen Blutkörperchen, die wir soeben bei Helix kennen lernten, als ein Mittel beschrieben, um kleine Wunden im Panzer zu verstopfen (Echinoiden). So könnte man diese Agglutination und den Zerfall der Zellen als eine Art Vorläufer echter Gerinnungserscheinungen betrachten, wie sie ja auch bei den höheren Tieren eine Rolle spielen.

*32. Blutgerinnung bei Astacus. Wir begnügen uns damit, eine Glaskapillare durch die Gelenkhaut eines Krebses zu stechen, damit ein klein wenig Blut aufzufangen, welches nach einiger Zeit in der Kapillare gerinnt. Bei dieser Gerinnung spielt, genau wie beim Wirbeltier, das Calcium eine Rolle. Natriumoxalat verhindert auch hier die Gerinnung: Wenn man zu einer Probe Astacusblut einige Tropfen Natriumoxalat hinzufügt, so trübt sich das Blut, es gerinnt aber nicht mehr.*

## Das Blut Wirbelloser als Sauerstoffträger.

Bei vielen Tieren spielt das Blut als Sauerstoffträger eine Rolle nur dadurch, daß es, in seiner Eigenschaft als Wasser, Sauerstoff physikalisch zu lösen imstande ist. Das gilt vornehmlich für die Arten, deren Blut beinahe gleich Wasser ist und die in der Regel große Blutmengen enthalten, z. B. Aplysia limacina, Echinodermen. Auch bei Anodonta dürfte es nicht wesentlich anders sein, wenn auch von einigen Autoren von Spuren von Hämocyanin bei diesen Tieren gesprochen wird. Entsprechend dieser Tatsache enthält der Körper einer Teichmuschel außerordentlich viel Blut. Auf das Tier, mit Schale berechnet, beträgt die Blutmenge 60—65 vH, ohne Schale 76 vH. Bei Helix pomatia findet man nur 24,3 vH des Gesamtgewichtes als Blut[1]. Hand in Hand mit dieser geringeren Menge des Blutes geht seine höhere Sauerstoffkapazität, welche es dem blauen Farbstoff, dem Hämocyanin (Hcy), dankt.

Das Hämocyanin (Hcy). Das Hämocyanin ist ein blauer, kupferhaltiger Farbstoff, der bei verschiedenen Wirbellosen vorkommt, vor allen Dingen bei vielen Schnecken, wie Helix pomatia, sodann bei Cephalopoden und vielen Krebsen: Homarus, Maja usw. Das Hämocyanin ist ein Eiweißkörper von Globulincharakter, der mit einer kupferhaltigen Gruppe verbunden ist; oder aber ein Eiweißkörper, der direkt mit Kupfer verbunden ist, also ein Kupferalbuminat; entschieden ist dieses noch nicht. Die Farbe des oxydierten Körpers ist blau, eine Färbung, die zum Teil durch Lichtabsorption zuwege gebracht wird, zum Teil aber durch Dispersion. Die blaue Färbung ist am deutlichsten bei auffallendem Lichte. Das Oxyhämocyanin hat ein charakteristisches Spektrum; doch läßt sich dieses nur mit genaueren Hilfsmitteln nachweisen. Die Tatsache, daß das Eiweiß, welches als Hauptgruppe des Hcy eine Rolle spielt, globulinartig ist, ergibt sich hieraus, daß bei Dialyse das Hcy auskristallisiert. Es genügt hierzu Schneckenblut in ein Collodiumsäckchen zu bringen und dieses in fließendes Leitungswasser zu hängen. Die Geschwindigkeit der Dialyse wird erhöht, wenn man durch das Außenwasser einen Kohlensäurestrom leitet: man erhält dann das Hcy als Kristallbrei im Collodiumsäckchen.

Einige Zahlen zur Beurteilung der Hcy-Leistung. Hcy enthält 0,29 vH Kupfer. Helixblut enthält 2—3 vH Hcy; Octopusblut etwa 9 vH. Ein Gramm Hcy bindet 0,51 ccm Sauerstoff. Die Bindung zwischen Hcy und Sauerstoff geschieht im stöchiometrischen Verhältnis. Dieses ergibt sich aus der spezifischen Sauerstoffkapazität (BOHR): Dem Verhältnis der maximalen Sauerstoffbindung zur Kupfermenge des Blutes oder der Hämocyaninlösung. Auf 1 g-Atom Kupfer kommt nämlich $1/_2$ Mol. Sauerstoff; in Kubikzentimeter ausgedrückt: 11197 ccm Sauerstoff. Daher muß auf 1 g Kupfer kommen 11197 : 63,57 = 176,1 ccm Sauerstoff. Die gefundenen Werte entsprechen dieser theoretischen Zahl mit hinreichender Genauigkeit (BEGEMANN 1924[2]).

---

[1] Ein Landtier würde so große Blutmengen, wie sie bei Wasserinvertebraten vorkommen, nicht tragen können.

[2] H. JORDAN, Zeitschr. f. vergl. Physiologie. Bd. 2, S. 381. 1925.

Aus den angegebenen Zahlen zeigt sich, daß das Schneckenblut durch Sauerstoffbindung nicht viel mehr Sauerstoff aufnimmt als durch Sauerstofflösung. In einem bestimmten Falle, den wir als Beispiel anführen wollen, enthält eine Blutprobe von Helix gelöst 0,65 vH Sauerstoff, an Hcy gebunden 0,75 vH Sauerstoff. Naturgemäß sind die Zahlen bei verschiedenen Individuen etwas verschieden. Es muß dazu bemerkt werden, daß bei Luftsättigung, das Hcy noch nicht zu 100 vH oxydiert ist. In diesem Zusammenhange wollen wir daran erinnern, daß das menschliche Blut etwa 40 mal mehr Sauerstoff bindet als es diesen zu lösen imstande ist[1].

*33. Nachweis des Kupfers bei Helix. Man bringt verdünntes Schneckenblut in ein Reagenzgläschen und fügt hierzu einen Tropfen Formaldoxym und einen Tropfen Natronlauge von 15 vH. Es tritt eine blaue Färbung auf. Zur Kontrolle machen wir den gleichen Versuch mit der Lösung eines Kupfersalzes, mit Wasser und mit Muschelblut[2].*

*34. Die Veränderung der Farbe bei Reduktion und Schütteln. Zu einer Probe Schneckenblut, die bei Schütteln blau wird, setzen wir einen Tropfen reduzierender Flüssigkeit hinzu: Natriumhydrosulfid oder* STOKES *Lösung (siehe S. 149). Die blaue Farbe verschwindet. Bei energischem Schütteln tritt sie wieder auf. Man beachte den Unterschied bei auffallendem Licht (blau) und bei durchfallendem Licht (bräunlich).*

*35a. Der Ringversuch. In ein nicht zu weites Reagenzglas kommt ein Kubikzentimeter Schneckenblut. In ein zweites ebensoviel, nur überschichten wir hier etwas Paraffinöl. In dem ersten verschwindet nach einiger Zeit (1—2mal 24 Stunden), durch Selbstreduktion, die blaue Farbe. Nur an der Berührungsfläche mit der Luft bleibt ein blauer Ring, der darauf hinweist, daß zwar auch hier Verbrauch aber auch dauernde Neuaufnahme von Sauerstoff stattfindet: Die Oberfläche des Blutes atmet.*

*Daß der blaue Ring eine Folge eines dauernden Atmungsprozesses ist, ergibt sich aus dem Röhrchen mit der Paraffinölschicht. Diese verhindert die Atmung. Zwar wird sich auch hier erst ein blauer Ring bilden, da Paraffinöl selbst viel Sauerstoff gelöst enthält. Wenn dieser aber verbraucht ist, diffundiert kein weiterer Sauerstoff nach und die Ringbildung unterbleibt. Noch nach Tagen läßt sich das Blut, welches zu den beiden Ringversuchen gedient hat, durch Schütteln wieder oxydieren, so daß Blaufärbung auftritt. In der Regel zeigt sich hierbei Schneckenblut sehr*

---

[1] Über die Sauerstoff- und Kohlensäurebindung durch das Hcy verschiedener Tiere sind in jüngster Zeit verschiedene Arbeiten publiziert worden, die u. a. zeigen, daß auch das Hcy-haltige Blut bei verschiedenen Tieren, je nach Milieu, andere Eigenschaften hat. D. HOGBEN, Some observations on the dissociation of haemocyanin by the colorimetric method. Brit. Journ. Exper. Biol. Vol. 3, p. 225. 1926. — A. C. REDFIELD, TH. COOLIDGE and A. L. HURD, The transport of oxygen and carbon dioxide by some bloods containing haemocyanin. Journ. Biol. Chem. Vol. 69. p. 475. 1926. — Ferner Arbeiten von E. u. C. STEDMAN. Ibid. Bd. 19, S. 544. 1925; Bd. 20, S. 938. 1926; Bd. 20, S. 949. 1926. — T. R. und W. J. PARSON: Journ. Gen. Physiol. Vol. 6. p. 153. 1923.

[2] Man findet in der Literatur die Angabe, daß Schneckenblut durch seinen Kupfergehalt die Biuretreaktionen gibt, bei Zusatz von Kalilauge, ohne Kupfersulfat. Wir haben uns oft von der Unrichtigkeit dieser Tatsache überzeugt. Die Täuschung kommt offenbar durch die Farbe des Hcy.

170            Das Blut.

*widerstandsfähig gegen Fäulnis, wenn wir wenigstens als Merkmal für diese nur den Geruch benutzen.*

*35b.*    *In eine der beiden „Blutröhren" unseres vereinfachten Barcroftapparates (Abb. 55) bringen wir etwas Schneckenblut und verschließen den Apparat nach Temperaturausgleich. Nach einiger Zeit kann man diesen Sauerstoffverbrauch durch Steigen des Manometers nach der Blutseite nachweisen und, wenn man will, messen (siehe S. 155).*

Quantitative Bestimmung des Sauerstoffgehaltes des Schneckenblutes. Wir wollen nun zeigen, daß eine gewisse Menge

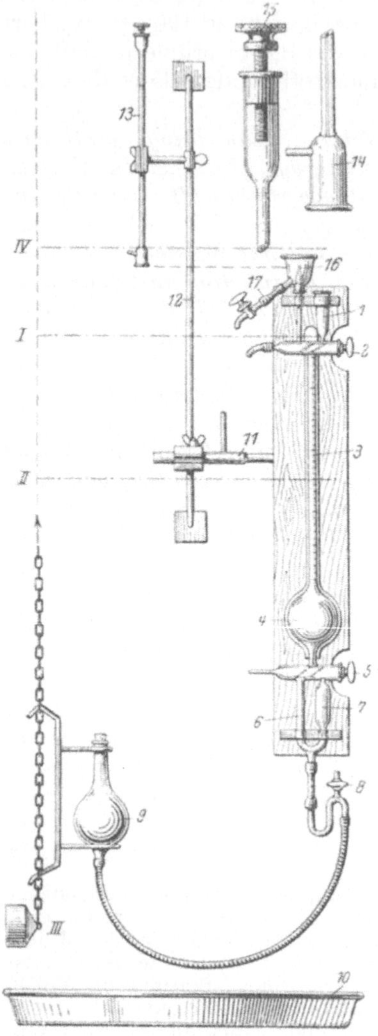

Abb. 60. *Blutgaspumpe nach* VAN SLYKE, *verändert durch* H. BEGEMANN. 1. Einfüllröhrchen für das auszupumpende Blut (mit 6 ccm Inhalt). — 2. Dreiwegbahn von 7 cm Länge, der die „Barometerröhre" 3 sowohl mit 1 als mit 16 in Verbindung setzen kann. — 4. Erweiterung unten an der Barometerröhre, wodurch das Volumen der Röhre von Hahn 2—5 100 ccm wird. Die Länge dieses Teiles der Röhre beträgt 26 cm. — 5. Dreiweghahn von 7 cm Länge, der die Barometerröhre unten nach Wunsch mit 6 und 7 in Verbindung setzt. — 6. Verbindung der Barometerröhre mit dem Quecksilberschlauche. — 7. Gefäß, in das das Blut kommt, wenn man die Gase quantitativ in 16 auffangen will, um sie zu analysieren. — 8. Hahn, durch den man Gasblasen, die aus dem Quecksilberschlauche aufsteigen, entweichen lassen kann. — 9. Quecksilber- oder Niveauglas, welches an einer Kette befestigt ist, so daß man es nach Wunsch hoch oder tief einstellen kann (hoch, zum Austreiben des Inhaltes der Barometerröhre; tief, zum Evakuieren). — 10. Wanne aus Holz, zum Auffangen des verschütteten Hg. — 11—12. Befestigung der Pumpe an der Wand, die ein Schütteln der ganzen Pumpe ermöglicht; in 11 drehbar, während der Stab 12 oben und unten in die Mauer des Laboratoriums eingelassen ist. — 13. Gaspipette zur quantitativen Analyse der ausgepumpten Gase, in einer Klammer, um unmittelbar bei der Hand zu haben um bei 16 Gase aufzufangen. — 14. Form der Glocke, die auf 16 paßt. — 15. Quecksilberschraube, die eine feinere Verschiebung des Hg in der Kapillare erlaubt, als der Gummischlauch mit Quetschhahn. — 16. Kapillare Mündung der Röhre, durch welche man Gas aus der Barometerröhre 3 austreten läßt, um sie unter Hg aufzufangen (Hg in dem Gefäße). — 17. Auslaufrohr für das Hg aus dem Gefäße zum Auffangen der Gase. — I—IV die verschiedenen Stände des Hg-Gefäßes: z. B. Stand III befindet sich 80 cm unter dem Hahne 5, um in der Barometerröhre das TORRICELLIsche Vakuum herzustellen.

Schneckenblut nur etwa zweimal soviel Sauerstoff aufnimmt als eine entsprechende Menge einer Kochsalzlösung von 0,7 vH, bei gleicher Temperatur. Wir kennen kein Mittel, durch welches, gleich dem Hämoglobin, der Sauerstoff ohne weiteres aus dem Hcy ausgetrieben werden könnte. Der Sauerstoff kann im Hcy-haltigen Blute nur durch die

Vakuumpumpe bestimmt werden[1]. Abb. 60 zeigt eine solche. Da dieser Apparat das Hantieren mit größeren Quecksilbermengen zur Voraussetzung hat, so empfiehlt es sich nicht (abgesehen von den Anschaffungskosten so vieler Pumpen), den Kursusteilnehmern die Pumpe selbst in die Hand zu geben, sondern der Kursusleiter pumpt eine Menge Schneckenblut aus und verteilt das vollkommen reduzierte Blut in die Barcroftapparate (Abb. 55) ohne Ferricyankaliumröhrchen). Nach eingetretenem Gleichgewicht werden diese geschüttelt. Durch das reduzierte Blut wird eine entsprechende Menge Sauerstoff aus der Blutröhre aufgenommen: ihr entsprechend steigt das Manometer. Die gefundene Menge Sauerstoff war im Schneckenblute teils physikalisch gelöst, teils durch das Hcy gebunden. Wir können die gelöste Menge gleich 0,6 vH rechnen und was darüber hinausgeht, als gebunden betrachten.

*36. Die Quecksilberpumpe. Die Pumpe besteht im wesentlichen aus einer langen Glasröhre, die „Barometerröhre“, die, mit einer Erweiterung, 100 ccm faßt; sie kann mit Quecksilber gefüllt werden. Bei Verschluß des Hahnes 2 und durch Senken des Quecksilberniveaus entsteht ein TORRICELLIsches Vakuum in ihr. Bringt man nun eine Flüssigkeit in die Röhre, läßt dann in ihr das Vakuum entstehen, so entweichen die Gase aus dieser Flüssigkeit. Oben an der Barometerröhre befindet sich der Dreiweghahn 2, der nach Belieben die Barometerröhre verbindet mit 1, dem Empfangsrohre für die auszupumpende Flüssigkeit (sie hat 6 ccm Inhalt), oder mit 16, dem Wege, auf welchem wir die ausgepumpten Gase austreiben und dort unter Quecksilber auffangen. Der Dreiweghahn 5 hat für uns keine Bedeutung. Wenn man aber die ausgepumpten Gase des Blutes unmittelbar bestimmen will, so bringt man nach dem Auspumpen die Blutflüssigkeit in den Behälter 7 und treibt dann, nach entsprechender Drehung von 5, die ausgepumpten Gase nach 16 und in eine über die Mündung von 16 gehaltene Gaspipette. Das S-förmige Stück der Leitung zwischen Niveauglas 9 und der Barometerröhre 2 dient dazu, um Gasblasen, die aus dem Gummischlauche kommen, zu entfernen; dieses geschieht durch den auf der Abbildung sichtbaren Hahn. Die Kette, die zum Teile abgebildet ist, dient dazu, um dem Glase 9 jede beliebige Stellung geben zu können. Die verschiedenen Stellungen sind durch römische Zahlen angegeben. Stellung III befindet sich 80 cm unter Hahn 5.*

*Man achte auch auf die Befestigung der Pumpe an einem, an der Zimmerwand befestigten Stativ. Das Brett, welches die Glasteile trägt, hat eine horizontale Tragachse 11, die in eine Hülse paßt und darin festgestellt werden kann. Hierdurch ist es möglich, den ganzen Apparat gut zu schütteln und das Austreten der Gase im Vakuum zu befördern. Eine große Schwierigkeit bereitet stets das gute Schließen der Hähne. Die Hähne 2 und 5 müssen 7 cm lang und sehr sorgfältig eingeschliffen sein. Die Luftdichtigkeit der Pumpe muß kontrolliert werden. Wenn man nämlich ein Vakuum durch Zurückziehen des Quecksilbers entstehen läßt und dann das Quecksilber durch Heben von 9 gegen den geschlossenen Hahn 2 anschlagen läßt,*

---

[1] In der auf S. 169 zitierten Literatur findet man zahlreiche Angaben über andere Methoden der Sauerstoffbestimmung im Hcy-haltigen Blut. Uns fehlen Erfahrungen mit diesen Methoden.

*muß man einen metallischen Anschlag hören; wenn Luft eingedrungen ist, hört man diesen Anschlag nur gedämpft.*

***37. Das Auspumpen von Schneckenblut.*** *Die Pumpe und das Niveauglas 9 werden mit Quecksilber gefüllt. Das Niveauglas wird gehoben, so daß das Quecksilber bis zum Hahn 2 steht. In das Gefäß 1 kommt das Schneckenblut. Nunmehr senken wir das Niveauglas, öffnen den Hahn vorsichtig, so daß das Blut dem Quecksilber auf dem Fuß folgt und schließen den Hahn, ohne der Luft Gelegenheit zu geben, einzutreten. Nunmehr senken wir das Niveauglas, so daß die Kugel vollständig quecksilberfrei wird und am Boden nur mehr das Blut enthält. Nun steigen Luftblasen aus dem Blute auf; ein Prozeß, den wir dadurch befördern können, daß wir die Hand gegen die Kugel halten, wo das Blut sich befindet (Wärme) und die Pumpe, wie oben angegeben wurde, schütteln. In dem Napf (bei 16) befindet sich Quecksilber. Wenn wir nun das Niveauglas wieder heben und den Hahn so stellen, daß der Napf mit der Pumpe kommuniziert, so können wir die ausgepumpten Gase durch das Quecksilber des Napfes austreiben (oder in der Gaspipette auffangen und analysieren). Die Spitze, zu der das Gas in das Quecksilber ausströmt, ist kapillar ausgezogen. Nun schließen wir den Hahn 2 wieder, senken das Quecksilber wieder zur Bildung eines neuen* Torri-celli*schen Vakuums und setzen dieses so lange fort, bis aus dem Blute kein Sauerstoff[1] mehr entweicht und das Blut völlig entfärbt ist. Nun kommt etwas Paraffinöl in das Gefäß 1. Wir heben das Niveauglas, bis das Blut am Hahne 2 steht, öffnen diesen nach dem Gefäße 1 und lassen das Blut in dieses unter das Paraffinöl treten. Die Blutproben werden nunmehr in die Barcroftapparate gebracht und zwar mit Hilfe einer Pipette, wobei stets etwas Paraffinöl mit eingesaugt wird, um das Blut von der Luft abzuschließen. (Nachgießen von Paraffinöl auf das Blut im Gefäß 1.) Auch im Blutröhrchen des Barcroftapparates befindet sich etwas Paraffinöl, unter welches das Blut mit der Pipette gebracht wird (sie muß das Blut hinreichend bedecken), wir dürfen dann das Blut stehen lassen, bis die Temperatur sich mit der des Wassers, worin beide Röhren tauchen, ausgeglichen hat. Man denke daran, das Ferricyankaliröhrchen wegzulassen und die zweite „Blutröhre" überhaupt nicht zu füllen. Der Meniskus steht in der Eichkapillare so hoch wie möglich, da das reduzierte Blut aus der „Blutröhre" bei Schütteln seiner Kapazität entsprechend Sauer-stoff aufnimmt[2]. Das verschwundene Gas wird aus der Pipette (der Eich-kapillare) angefüllt, bis das Manometer wieder auf Null steht, und sodann sein Volumen abgelesen. Der gebundene Sauerstoff wird durch Abziehen von 0,6 vH für gelösten Sauerstoff berechnet.*

[1] Da bei unserm Versuche keine Zusätze erlaubt sind, die den Austritt der, als Bikarbonat gebundenen Kohlensäure beschleunigen, so entweicht längere Zeit nach der Reduktion noch Kohlensäure. Eine Probe dieser Gasblasen in der Pipette mit etwas Lauge analysiert, verschwindet unmittelbar völlig: dann entweicht kein Sauerstoff mehr, das Blut darf verteilt werden. Für Kursuszwecke genügt übrigens die Entfärbung des Blutes, um den Zeitpunkt zu bestimmen, zu welchem man das Auspumpen unterbrechen darf.

[2] Die Schraube des Quetschhahnes an der Seitenröhre der Eichpipette muß so eingestellt sein, daß sie zum Austreiben des Gases aus der Kapillare den nötigen Spielraum hat.

# IV. Der Stoffwechsel.

Wir verstehen unter Stoffwechsel die Erscheinung, daß die Stoffe, welche die Tiere durch ihre Ernährung aufnehmen, innerhalb ihres Organismus umgesetzt werden. Das geschieht auf verschiedene Weise.

1. Als Baustoffwechsel werden die aufgenommenen Stoffe gebraucht für den Aufbau der Gewebe. Beim jungen Tier also zum Wachstum, beim erwachsenen Tier zum Ersatz verbrauchter Gewebssubstanz.

2. Als Betriebsstoffwechsel werden die aufgenommenen Stoffe durch verschiedene chemische Prozesse ihres Energievorrates beraubt, so daß sie den Körper so energiearm wie möglich verlassen.

3. Endlich nennen wir intermediären Stoffwechsel alle diejenigen Erscheinungen, welche sich abspielen zwischen der Aufnahme der Stoffe in das Blut und den eigentlichen energieliefernden Prozessen; also z. B. die Umsetzung von Kohlehydraten in Fette, die Bildung von Reservefett, Zellfett usw.

Wir werden in diesem Abschnitte uns vollkommen beschränken auf den Betriebsstoffwechsel. Da bei den höheren Tieren die Energiegewinnung in letzter Linie stets durch Verbrennung stattfindet, d. h. durch Verbindung der Nährstoffe mit dem durch die Atmung erlangten Sauerstoff, so nennt man diese Erscheinungen auch den respiratorischen Stoffwechsel.

Der respiratorische Stoffwechsel beruht vornehmlich auf Oxydation von Fetten und Kohlehydraten (wir werden uns auf die Kohlehydrate beschränken). Zucker verbrennt nicht als solcher, er muß erst chemisch gespalten werden. So zerfällt der Prozeß in eine Spaltung ohne Sauerstoffverbrauch und eine Verbrennung der entstandenen Produkte.

## Anoxybiose und Oxybiose.

Es gibt Tiere, die von der Energiemenge leben können, die bei der sauerstofflosen Spaltung entsteht. Es ist theoretisch leicht zu verstehen, daß eine Spaltung der Kohlehydrate eine Art intramolekuläre Verbrennung ergeben kann. Kohlehydrate sind reich an Sauerstoff, welcher durch die Struktur des Kohlehydratmoleküls verhindert wird, sich mit dem Wasserstoff oder dem Kohlenstoff des gleichen Moleküls zu verbinden. Wenn diese Struktur vernichtet wird, so ist diese Trennung aufgehoben und es tritt Oxydation auf, wie das bekanntlich bei der Alkoholgärung der Fall ist, bei der ja auch Kohlensäure entsteht. Die reduzierten Stoffe, die hierbei übrig bleiben, müssen bei den anoxybiontisch lebenden Tieren entfernt werden, da sie giftig sind. Dies geschieht durch einen besonderen Exkretionsakt. Bei Ascaris z. B., der als Darmparasit in sauerstoffloser Umgebung lebt, entsteht aus dem reichlich vorhandenen Glykogen (siehe S. 52) Valeriansäure, welche den Tieren den charakteristischen Geruch verleiht. Ascaris kann Sauerstoff nicht verbrauchen, auch wenn er ihm zur Verfügung steht, er wirkt nur schädigend auf das Tier. Viele niedere Tiere, z. B. der Regenwurm oder viele Schnecken

(Limax variegatus), können auch geraume Zeit auf diese Weise anoxybiontisch leben. Wird ihnen aber Sauerstoff zur Verfügung gestellt, so veratmen sie die Spaltungsprodukte, wohl auf diejenige Weise, die wir sogleich für die Säugetiere beschreiben werden. Bis zu einem gewissen Grade ist es richtig, wenn manche Autoren behaupten, primär sei die Anoxybiose, zu ihr „könne sich gesellen" die Verbrennung. Man darf jedoch nicht vergessen, daß die Anoxybiose ganz besondere Anforderungen an den Organismus stellt: an Stelle der Oxydation der meisten Tiere tritt bei ihnen die spezifische Exkretion der reduzierten Stoffe, z. B. wie gesagt von Valeriansäure bei Ascaris[1], von Fett bei Fasciola hepatica[2].

Tiere, die Sauerstoff veratmen, verbrennen die anoxybiontischen Spaltungsprodukte, welche auch bei ihnen stets entstehen, z. B. Milchsäure. Da nun in vielen Fällen die eigentliche Gewebsarbeit, z. B. die Muskelarbeit, durch die anoxybiontische Spaltung bewirkt wird, so wird in einer anoxydativen Phase mehr Stoff verbraucht als nötig wäre, wenn der Prozeß unmittelbar durch Verbrennung stattfinden würde, denn jede Anoxybiose liefert weniger Energie per Gramm verbrauchten Stoffes, als die Verbrennung.

In unseren Muskeln verläuft der gesamte Stoffumsatz wie folgt:

1. Anoxydativ: $\frac{4}{n}$ Glykogen $+ 4\,H_2O \rightarrow 4$ Glukose $\rightarrow 8$ Milchsäure.

$$(C_6H_{12}O_6) = 2\,(C_3H_6O_3)$$
$$\text{Glukose} \qquad \text{Milchsäure}$$

2. Oxydativ: 8 Milchsäure $+ 6$ Sauerstoff $= 6$ Kohlensäure $+ 6$ Wasser $+ 3$ Glukose

und aus diesen drei, wieder aufgebauten Glukoseteilen entsteht eine entsprechende Menge Glykogen, also $\frac{3}{n}$ Glykogen $+ 3\,H_2O$, wenn Glykogen $n \cdot (C_6H_{10}O_5)$ ist. Mit anderen Worten: ungefähr $1/4$ der gebildeten Milchsäure wird oxydiert, $3/4$ werden wieder aufgebaut zu Glykogen, so daß also nicht mehr Glykogen in letzter Linie verbraucht wird, als für die oxydative Bestreitung des Prozesses nötig ist. Die Milchsäure verbindet sich, unter Freiwerden derjenigen Energie, welche die Muskelarbeit bestreitet, mit den Stoffen der Muskelfaser (Neutralisation der Säure). Aufgabe der Verbrennung ist vor allen Dingen, diese Verbindung wieder zu lösen, dann erst der genannte Wiederaufbau[3]. Der Muskel gleicht, wie BARCROFT sagt, einem Wecker, der durch ein Gewicht getrieben wird (das Fallen des Gewichtes wird also mit der Verbindung von Milchsäure mit den Stoffen der Muskelfaser verglichen) und einem Verbrennungsmotor, der ihn wieder aufzieht. Hieraus ergibt sich auch, daß, wie oben angedeutet, dauernde, obligatorische Anoxybiose mehr ist,

---

[1] WEINLAND. — [2] Frhr. v. BRAND.
[3] Nach O. MEYERHOF. G. EMBDEN faßt die Ergebnisse chemischer Untersuchungen am arbeitenden Muskel anders auf als MEYERHOF. Wir müssen bezüglich seiner Lehre auf seine neueste Publikation verweisen: Klin. Wochenschrift Jahrg. 6. Nr. 14. 1927.

als die Vorphase der Verbrennung, da die spezifische Exkretion einen
Teil der Oxydationswirkung ersetzen muß: Das Beseitigen der Spaltungsprodukte.

Es ist nicht unsere Aufgabe, hier auf diese Dinge weiter einzugehen,
da wir die komplizierten Erscheinungen innerhalb des arbeitenden
Muskels doch nicht nachprüfen können. Wir wollten nur das Prinzip
der Verbrennung kennen lernen.

### Die Faktoren des respiratorischen Stoffumsatzes. „Standard-<br>bedingungen" bei Stoffwechselmessung.

Wir wenden uns nunmehr einer weiteren Frage zu: Von welchen Faktoren hängt die Menge der in der Zeiteinheit verbrannten Stoffe ab? Man
muß unterscheiden zwischen dem Stoffumsatz bei *absoluter Ruhe* und dem
Stoffumsatz bei irgendwelcher *Körpertätigkeit*. Der Stoffumsatz bei absoluter Ruhe müßte eigentlich bestimmt werden, wenn keine Zelle des
Gesamtorganismus irgendeine Tätigkeit im Dienste dieses Gesamtorganismus verrichtet, d. h. also, so lange alle Zellen nichts weiteres tun als
„leben". Dieser Zustand kann praktisch nicht hergesetellt werden, er be
steht nur theoretisch. Herz, Darm, Atmung usw. müssen weitergehen,
können nicht ausgeschlossen werden. Darum beschränkt man sich auf
eine Untersuchung der Tiere unter Ausschaltung aller *willkürlicher
Bewegung*. Diese Beschränkung hat auch allgemeine technische Bedeutung, weil willkürliche Bewegung sich niemals auf ein bestimmtes
Maß beschränkt und derartige *Schwankungen* des Umsatzes hervorrufen, *daß seine Bestimmung unter allen Umständen wertlos ist, wenn derartige willkürliche Bewegungen nicht ausgeschlossen werden*. KROGH hat
hier den Begriff des *Standardumsatzes* eingeführt. Unter „Standardbedingungen" befinden sich z. B. Menschen, denen man aufträgt, alle
willkürlichen Bewegungen und Muskelspannungen zu unterlassen. Bei
Tieren bedient man sich mit Vorteil einer leichten Narkose, z. B. mit
Urethan oder Äther. Frösche und Regenwürmer kann man eine Zeitlang
in 10 proz. Alkohol legen, worauf sie meist hinreichend lange narkotisiert bleiben, ohne daß der Stoffwechsel beeinträchtigt würde.

Wovon hängt nun die Größe des Standardstoffwechsels ab? Vorausgesetzt, daß in einer lebenden Zelle eine bestimmte Menge Brennmaterial
und Sauerstoff vorhanden ist, müssen diese miteinander reagieren nach
den Gesetzen der Chemie, also nach dem *Massengesetz* (GULDBERG und
WAAGE).

Weiterhin wird die *Temperatur* einen Einfluß haben müssen, denn
die Reaktionsgeschwindigkeit ist nach VAN 'T HOFF und ARRHENIUS abhängig von der Temperatur und zwar so, daß, wenigstens *unter bestimmten Umständen*, mit 10° Temperatursteigerung die Reaktionsgeschwindigkeit um das zwei- bis dreifache zunimmt[1] („$Q_{10}$", d. i. der Quotient
des Verbrauches bei 10° Temperaturunterschied, ist gleich 2—3). Es
unterliegt keinem Zweifel, daß, wenn einmal in den einzelnen Zellen eine

---

[1] Man nennt die Erscheinung, in dieser Form ausgedrückt, die „Regel
von VAN'T HOFF", auch wohl die R. G. T.-Regel.

bestimmte Menge Brennmaterial und Sauerstoff vorhanden ist, diese nach den genannten Regeln miteinander reagieren[1]. Die Frage ist nur, inwieweit man dieses nachweisen kann. Wenn man ein Tier in einen Apparat bringt, der es erlaubt z. B. seinen Sauerstoffverbrauch zu messen und man setzt es in diesem Apparate verschiedenen Bedingungen aus, so werden diese Bedingungen sich immer von außen geltend machen und die Frage, was man nun innerlich verändert hat, bedarf einer weiteren Analyse.

## Das Wesen des biologischen Verbrennungsprozesses.
### Einleitung zu Versuchen, bei denen man ihn durch äußere Umstände beeinflußt.

Der eigentliche Verbrennungsprozeß ist sehr komplizierter Natur. Die Stoffe, die wir als Nahrungsstoffe kennen gelernt haben, verbrennen nicht in der Form, in der sie durch den Organismus aufgenommen werden. Weder Eiweiß noch Kohlehydrate noch Neutralfette können durch den Organismus verbrannt werden. Der Verbrennung geht, wie oben auseinandergesetzt wurde, eine Spaltung durch Enzyme voraus. Erst die Spaltungsprodukte werden dann verbrannt. Auch die Verbrennung ist ein komplizierter Prozeß, der nicht ohne weiteres stattfinden kann, da der molekuläre Sauerstoff aus fest miteinander zu Molekülen verbundenen Atomen besteht. Es ist hier nicht der Ort, um auf die neuesten Theorien der Verbrennung einzugehen. Wir können uns einigermaßen auf die älteren Vorstellungsarten beschränken. Da ergibt es sich, daß zunächst Körper oder Stoffe vorhanden sein müssen, die den Sauerstoff leichter als die zu spaltenden Nahrungskörper binden, also „autoxydabel" sind. Wenn sie sich, vielleicht lose, mit dem Sauerstoff verbunden haben, dann ist vermutlich das Sauerstoffmolekül in Atome zerlegt worden; wenn nunmehr ein Enzym diese Bindung wieder bricht, dann wird der Sauerstoff in Atomform („in statu nascente") sich leicht mit den gespaltenen Nahrungskörpern verbinden. Hieraus ergibt sich, daß ein recht komplizierter Apparat, der aus mindestens zwei Faktoren besteht, nötig ist, um die Verbrennung einzuleiten. Wir haben alle diese Faktoren aufgezählt, nicht nur um überhaupt eine Vorstellung von den in Frage stehenden Erscheinungen zu geben, sondern vor allen Dingen, um darauf hinzuweisen, daß der Einfluß veränderter Temperatur sich auf alle diese Faktoren geltend machen muß. Die Messung des Sauerstoffverbrauches gibt also keineswegs eine eindeutige Antwort auf die Frage, ob der eigentliche Verbrennungsprozeß der Regel von VAN 'T HOFF ohne weiteres gehorcht. Hierzu gesellen sich noch weitere Schwierigkeiten.

Wenn man in einem Reagenzgläschen eine bestimmte Menge reagierender Stoffe vereinigt und nach einiger Zeit unter bestimmten Umständen mißt, wieviel Produkt sich gebildet hat, so kann man daraus ein

---

[1] Bei den weiten Grenzen, welche die Regel von VAN'T HOFF läßt, ist dieser Satz zulässig, obwohl die Umstände, welche nach VAN'T HOFF Bedingung der Gültigkeit seiner Regel sind, in der Zelle sicher nicht gegeben sind. Wir wollen hierauf nicht weiter eingehen!

Maß für die Reaktionsgeschwindigkeit ableiten. Dieses ist nicht möglich, wenn man die Menge der reagierenden Stoffe nicht in der Hand hat. Wie steht dieses nun beim Organismus? Hier kennen wir unter keiner Bedingung die Menge der reagierenden Stoffe und sicherlich handelt es sich nicht um eine bestimmbare, unveränderliche Menge. Wir messen nur den Sauerstoffverbrauch oder die Kohlensäureabgabe in einer bestimmten Zeit und stellen die Veränderung dieses Verbrauches nach Maßgabe verschiedener Umstände, z. B. höherer Temperatur, fest. Hierbei messen wir also nicht nur die Schnelligkeit der Reaktion des eigentlichen Brennmaterials mit dem Sauerstoff, *sondern unser Resultat steht zugleich unter dem Einflusse der dauernden Ergänzung sowohl des Brennmaterials, als des Sauerstoffes in jeder einzelnen Zelle.* Daher dürfen wir aus den Änderungen des Verbrauches nicht ohne weiteres Schlüsse auf die Gesetze der Verbrennung ziehen. Das wichtigere Problem der Regelung der Verbrennung innerhalb des Organismus ist also offenbar dasjenige der *Konstanterhaltung der reagierenden Stoffe*[1]. Auf dieses Problem gehen wir hier nicht ein, sondern wir begnügen uns damit festzustellen, daß, wenn wir bei einem Tiere bei verschiedenen Temperaturen den Sauerstoffverbrauch messen, wir die Temperaturen auf ein äußerst kompliziertes System wirken lassen, welches zunächst nicht erlaubt, einen Schluß zu ziehen auf den unmittelbaren Kausalzusammenhang zwischen Wärme und den einzelnen Bestandteilen dieses Systems. Von diesem Standpunkte aus müssen wir also vor der Überschätzung der kommenden Versuche warnen.

Man kann nach dem Gesagten theoretisch den Stoffwechsel auf die folgende Weise beeinflussen. Einmal durch Veränderung der Menge reagierender Stoffe, dann aber durch Veränderung ihrer Reaktionsbedingungen, also vor allem der Temperatur. 1. Es gibt in der Tat Tiere, bei denen man, durch gesteigerte *Zufuhr von Sauerstoff*, einen gesteigerten Sauerstoffverbrauch erhalten kann (THUNBERG), z. B. die Nacktschnecke Limax, die, wenn man ihren Sauerstoffverbrauch bei Luftspannung gleich 100 setzt, bei 50 vH Sauerstoff im Apparat 116,6 Sauerstoff verbraucht. Das gilt aber nur für solche Tiere, bei denen die Gewebe keine reichliche Sauerstoffzufuhr von Natur aus erhalten, während bei Tieren, bei denen das wohl der Fall ist, z. B. bei den pelagischen Tieren, wie z. B. den Medusen, gesteigerte Sauerstoffspannung ohne Einfluß bleibt (HENZE). Hieraus ergibt sich ein wichtiger Schluß: Die Einschränkung der Verbrennung auf ein bestimmtes Maß, die Tatsache, daß ein Tier nicht einem Strohhaufen vergleichbar, schnell total verbrennt, sondern per Zeiteinheit nur soviel verbraucht als es nötig hat, ist einem

---

[1] Unter dieser Stoffanfuhr, die jene Konstanz des Verbrauchs bei konstanten Bedingungen zuwegebringt, verstehen wir in erster Linie die Anfuhr von Sauerstoff und etwa Zucker durch das Blut. Die hierauf folgende Spaltung des Zuckers (oder Glykogens) zu oxydierbaren Produkten ist ein enzymatischer Prozeß und verhält sich verschiedenen Temperaturen gegenüber selbst sicherlich nach der Regel von VAN'T HOFF, kompliziert aber auch das Gesamtresultat.

der Faktoren des Gesamtprozesses zuzuschreiben, der in geringerem Maße vorhanden ist als die anderen und daher deren freie Reaktion beschränkt. Man nennt ihn den „limitierenden Faktor" (BLACKMAN). Wo der Verbrennungsprozeß durch die Sauerstoffzufuhr zu den einzelnen Zellen begrenzt wird, wird Sauerstoffzufuhr zum Milieu des Tieres seinen Verbrauch erhöhen können. Wo das nicht der Fall ist, bleibt in der Regel Erhöhung der Sauerstoffspannung in der Umgebung ohne Einfluß auf den Stoffumsatz.

Vermutlich kann auch die Zufuhr des Brennmaterials als limitierender Faktor auftreten, allein es ist experimentell sehr schwierig, einen Einfluß auf diesen Faktor auszuüben. Wir wollen auf diese Frage hier nicht eingehen.

Temperaturversuche. Für Temperaturversuche eignen sich alle kaltblütigen Tiere; warmblütige Tiere erst nach Ausschaltung ihrer Wärmeregulierung. Man pflegt fälschlich Kalt- und Warmblüter, mit Bezug auf die zu besprechenden Erscheinungen, wie folgt einander gegenüber zu stellen. Beim Warmblüter sagt man, steigt der Stoffumsatz mit fallender Temperatur, beim Kaltblüter umgekehrt. Dieses ist insofern falsch formuliert, als beim Warmblüter eine Änderung der Temperatur in der Umgebung nicht Hand in Hand geht mit einer Änderung der Temperatur im Innern, sondern nur Reaktionen (z. B. bei Abkühlung Zittern) hervorruft, welche die Konstanz der Körpertemperatur bei veränderter Außentemperatur gewährleisten, aber den Stoffumsatz in umgekehrter Richtung beeinflussen, als die Temperatur dies unmittelbar tun würde. Vergleichbar sind die Verhältnisse nur dann, wenn, wie beim Kaltblüter, auch beim Warmblüter die *innere* Temperatur beeinflußt wird. Geschieht dieses, so verhalten sich Warmblüter und Kaltblüter prinzipiell gleich. Wir wollen uns im folgenden auf wirbellose Tiere beschränken.

Innerhalb gewisser Temperaturgrenzen verhält sich in der Tat die Verbrennung innerhalb des Tieres nach der Regel von VAN'T HOFF. Eine Puppe von Tenebrio molitor verbraucht bei 15° per Kilogramm Tier und Stunde etwa 100 ccm Sauerstoff, bei 25° etwas weniger als 300 ccm Sauerstoff. Wenn man aber die Temperaturen über ein gewisses Maß hinaus steigert, dann ergibt es sich, daß die Kurve des Verbrauches, nach Maßgabe der Temperatur, eine *Optimumkurve* ist, deren Optimum bei den verschiedenen Tieren außerordentlichen Schwankungen unterliegt. Es liegt z. B. beim Imago von Musca bei 45°, während es bei Limnaea stagnalis bei 38° liegt usw. Das gleiche gilt für niedrige Temperaturen. Unterhalb einer gewissen Temperatur hört der Sauerstoffverbrauch eines Kaltblüters praktisch auf. Steigert man nun die Temperatur, so ist der Quotient der Zunahme ($Q_{10}$) zunächst „unendlich" und bleibt bei niederen Temperaturen eine Zeitlang recht hoch. Z. B. für Fische und Amphibien, unter Standardbedingungen, ist $Q_{10}$ zwischen 0° und 5° = 10,9[1]. Zwischen 5 und 10° = 3,5 und zwischen 20 und

---

[1] Man bestimmt den Unterschied bei einer so wenig konstanten Zahl für geringere Temperaturunterschiede und berechnet daraus den Wert für 10° als ob innerhalb dieser Zone von 10° der gleiche mittlere Unterschied

$27{,}5° = 2{,}2$. Jenseits des Maximums des Verbrauches, wenn also mit zunehmender Temperatur der Verbrauch nicht zu, sondern abnimmt, wird $Q_{10}$ ein echter Bruch. *Die Frage, ob hier die Regel von* VAN 'T HOFF *aufgehoben ist, scheint uns, bei der Kompliziertheit des Systems, falsch gestellt zu sein.* In Wirklichkeit kann man die Erscheinungen wie folgt erklären. Solange die Verhältnisse in den Zellen „einfach" und der Norm entsprechend sind, gilt, wenn auch grob, die Regel von VAN 'T HOFF. Sobald Abweichungen von dieser Regel auftreten, geben sich Faktoren zu erkennen, die den Verbrennungsprozeß indirekt beeinflussen. Z. B. der Nachschub der reagierenden Stoffe hält mit dem Verbrauch der Stoffe nicht mehr gleichen Schritt, oder es tritt eine Schädigung der Enzyme auf, wie sie ja gerade bei höheren Temperaturen sich so allgemein geltend macht usw. Mit anderen Worten: In den Abweichungen von der Regel von VAN 'T HOFF werden sich die Umstände zu erkennen geben, die den Verbrennungsprozeß regulieren. Denn nur dann kann die Temperatur den Umsatz erhöhen, wenn sie den limitierenden Faktor entsprechend der Regel von VAN 'T HOFF beeinflußt. Wenn hinreichend Sauerstoff vorhanden ist, dahingegen das „Brennmaterial" in beschränkter Menge zur Verfügung gestellt wird, dann ist dieses Brennmaterial der limitierende Faktor. Mit zunehmender Temperatur nimmt die enzymatische Spaltung der Nahrungsstoffe zu, es sind größere Massen Brennmaterial verfügbar, die, auch ihrerseits unter Einfluß der Temperatur, mit dem reichlich vorhandenen Sauerstoff sich in gesteigertem Maße verbinden. Ganz anders liegen die Dinge, wenn, bei reichlich vorhandenem Brennmaterial, die Sauerstoffzufuhr der limitierende Faktor ist. Diese beruht z. B. auf Diffusion. Diffusion wird zwar auch durch höhere Temperatur beschleunigt, allein in viel geringerem Maße als chemische Prozesse. Wenn man in diesem Falle den Stoffverbrauch bei höherer Temperatur für eine längere Zeit bestimmt, so ist es möglich, daß eine entsprechende Steigerung nicht festgestellt werden kann. So verwickelt diese Dinge auch sind (wir haben uns auf ganz einfache Fälle beschränkt), so ist doch in Zukunft die Hoffnung berechtigt, daß man unter anderem mit Hilfe der Temperaturversuche die Faktoren, welche die Größe des Stoffumsatzes beherrschen, einer eingehenden Analyse unterwerfen wird. Die Forschung hat jedoch diesen Weg noch nicht so weitgehend beschritten, als daß wir heute schon Anweisungen geben könnten, wie die Analyse aller Faktoren, die den Verbrennungsprozeß beeinflussen, sich zu gestalten hat. Wir werden uns im kommenden auf Temperaturversuche in ihrer einfachsten Form beschränken; d. h., wir werden die Abhängigkeit des Sauerstoffverbrauches von der Temperatur kennen lernen, sowie Übereinstimmung und Abweichung von der Regel von VAN 'T HOFF bei ausgiebiger Änderung der Temperatur. Es wird dem Kursusteilnehmer nach Obigem deutlich sein, daß ihn diese Versuche in ein sehr weites Gebiet einführen. Er wird zunächst, innerhalb derjenigen Temperaturen, die man für eine bestimmte

---

bestünde. Man verdoppelt also z. B. den Wert des Unterschiedes, den man bei $5°$ Temperatursprung festgestellt hat. Die mitgeteilten Resultate vornehmlich nach KROGH; einige nach JOEL.

Tierart „normal“ nennen kann (innerhalb der „Behaglichkeitszone“),
bei der die reagierenden Stoffe und alle Bedingungen in passendem Maße
vorhanden sind, sich überzeugen können, daß der Verbrennungsprozeß
gleichen Gesetzen gehorcht wie andere chemische Reaktionen. Aber
aus der Konstanz des Sauerstoffverbrauches in der Zeiteinheit unter
konstanten Bedingungen, sowie durch die Abweichungen von der Regel
von van 't Hoff bei abnormalen Temperaturen, wird er einen Eindruck davon gewinnen, daß an der biologischen Verbrennung zahlreiche
Faktoren in funktioneller Abhängigkeit voneinander beteiligt sind.
Mehr läßt sich hier nicht erreichen.

### *Versuche zum respiratorischen Stoffwechsel.*

*1. Der Sauerstoffverbrauch von Periplaneta bei verschiedenen
Temperaturen. Wir benutzen nunmehr unseren vereinfachten Barcroft-
apparat als Mikrorespirometer (Abb. 56 auf S. 156; nach einem von Krogh
beschriebenen Apparate). In beide Röhren kommen je 2 ccm Kalilauge von
2 vH. In den Gummipfropfen, der dreifach durchbohrt ist und die Eichkapillare trägt, stechen wir unten eine Stecknadel, welche zu einem Haken gebogen ist, ein. Nunmehr bringen wir ein geeignetes Tier[1] (wir verwenden
hierzu Periplaneta) in einen kleinen selbstverfertigten Beutel aus Gase oder
Mull, der nun mit einem Faden an dem Haken aufgehängt wird. Wir verschließen die Sammelröhren nun mit den Gummistöpseln, das Objekt soll bis
ziemlich dicht über die Oberfläche der Kalilauge herabhängen, ohne diese
jedoch berühren zu können. Nun tauchen wir beide Röhren in Wasser von bestimmter Temperatur, lassen das Ganze zum Temperaturausgleich kommen
(etwa 20 Minuten), um dann auf beiden Seiten die Ausgleichröhren mit
dem Quetschhahn zu schließen. Zuvor haben wir dafür gesorgt, daß in der
Eichkapillare der Meniskus so hoch wie möglich steht, also dicht unter der
Glocke. Nunmehr wird das Insekt Sauerstoff aus dem Behälter verbrauchen
und Kohlensäure an die Kalilauge abgeben. Die Kohlensäure wird so
schnell von der Kalilauge aufgenommen (dies wurde durch Krogh genau
untersucht), daß der Druckunterschied, der nun zwischen beiden Röhren
entsteht, vollkommen den Sauerstoffverbrauch des Tieres angibt. Es tritt
also ein entsprechendes Steigen des Petroleumfadens im Manometer auf
und zwar nach der Röhre zu, in welcher sich das Tier befindet. Alle 5 Minuten messen wir die Menge des verbrauchten Sauerstoffes durch Herunter-
schrauben des Meniskus, bis das Manometer je wieder auf Null steht und
schreiben die gefundene Menge auf. Wenn der Versuch gut von statten geht,
sind die Werte, die wir für je 5 Minuten erhalten, ziemlich genau einander
gleich. Aus Abweichungen dieser Zahlen können wir unsere etwa gemachten
Fehler finden und verbessern. Man darf den Versuch ziemlich lange fortsetzen,
da nach Krogh der Verbrauch konstant bleibt, solange der Sauerstoffgehalt
der Röhre nicht unter 16 vH gesunken ist.*

*Dieser Versuch wird bei verschiedenen Temperaturen ausgeführt und
zwar wähle man dazu erstens eine Temperatur von 10—11° C, die sich*

---

[1] Wenn man die Versuche bei verschiedenen Temperaturen an verschiedenen Tieren ausführt, so müssen die Objekte erst gewogen und der
Verbrauch auf die Gewichtseinheit bezogen werden.

*in der Regel durch Anwendung frischen Leitungswassers ergibt. Hierbei ist zu bedenken, daß Periplaneta ein subtropisches Tier ist, welches in unseren Gegenden nur an warmen Orten vorkommt. Man wird denn auch finden, daß bei niederen Temperaturen der Verbrauch an Sauerstoff beinahe Null ist. Weiterhin untersuchen wir bei verschiedenen höheren Temperaturen, doch sollte man nicht höher als 35—40° gehen. Man berechnet aus zwei Bestimmungen, die nicht mehr als 5° voneinander entfernt sein sollen, den $Q_{10}$ dadurch, daß man den Verbrauchsunterschied von 5° verdoppelt und daraus den Quotienten für 10° berechnet: Man teilt den Verbrauch bei der höheren durch den Verbrauch bei der niederen Temperatur. Man berechnet den $Q_{10}$ etwa zwischen 10 und 15°, 15 und 20° und zwischen 30 und 35°.*

*Man macht eine Kurve des Sauerstoffverbrauches. Abszissen sind die Temperaturen, Ordinaten die Menge des in der Zeiteinheit durch ein und dasselbe Tier verbrauchten Sauerstoffes. Die $Q_{10}$-Kurve macht man nach Berechnung der Quotienten auf gleiche Weise, je eine Ordinate für die der Messung entsprechenden Abszissenstrecke (5°) „per Kilogramm Tier", bei Anwendung verschiedener Exemplare einer Art.*

*2. **Standardbedingungen. Vergleichung zwischen Periplaneta und Puppen einheimischer Insekten. Reduktion der abgelesenen Gasvolumina.** Wir haben nicht die Vorschrift gegeben, diese Versuche unter Standardbedingungen auszuführen, da es sich hier nur um Kursversuche handelt. Bei genauen Versuchen müssen die Objekte, falls es sich nicht um Puppen handelt, narkotisiert werden; doch ist die Technik der Narkose nicht ganz einfach; und ferner ist Äther, als das geeignetste Narkosemittel, bei Insekten für die Respirometrie dadurch lästig, daß er eine sehr hohe Dampfspannung hat. Will man sich von den Bewegungen des Tieres vollständig unabhängig machen, ohne Narkose, so benutzt man Insektenpuppen (Puppen von Tenebrio molitor oder Schmetterlingspuppen). An einheimischen Insektenpuppen werden nun bei verschiedenen Temperaturen in gleicher Weise Versuche gemacht, wie die Versuche an Periplaneta. Hierbei wird der Sauerstoffverbrauch der einheimischen Arten verglichen mit demjenigen der Periplaneta, zumal bei niederen Temperaturen. Das Einnähen von Periplaneta in einen Mullbeutel bedingt im allgemeinen für diese orientierenden Versuche, bei denen man nur große Unterschiede berücksichtigt, hinreichende Ruhe des Tieres, so daß wir die Versuche an Puppen recht wohl mit denjenigen an Periplaneta vergleichen können.*

*Man vergesse übrigens auch nicht, daß die gefundenen Zahlen des Sauerstoffverbrauches eigentlich noch reduziert werden müssen auf Trockenheit, eine Temperatur von 0° und 760 mm Barometerstand. Für Kursuszwecke können diese Reduktionen jedoch unterbleiben.*

Der Apparat von Krogh (S. 156) läßt eine Kohlensäurebestimmung nur dadurch zu, daß man die aufgenommene Kohlensäure aus der Kalilauge durch Mineralsäure austreibt und bestimmt. Wir wollen diese Methode aber nicht beschreiben, da sie aus verschiedenen Gründen für einen Kursus zu kompliziert ist. Dagegen beschreiben wir im Zusammenhange mit dem folgenden Versuche eine weitere Methode zur Bestimmung des Gasverbrauches, bei der auch die Kohlensäureabgabe gemessen werden kann.

*__3. Versuche über Gewebsatmung. Bestimmung der abgegebenen__* *__Kohlensäure.__ Wir wollen nunmehr feststellen, daß die Atmung nicht an das intakte Leben gebunden ist und daß zerkleinerte Gewebselemente damit fortfahren, Sauerstoff zu verbrauchen und Kohlensäure zu bilden. Hierfür bedienen wir uns der Gaspipette (s. S. 27). Wir bringen in die Kapillare Quecksilber, wie wir das bei den Kohlensäurebestimmungen in unserer eigenen ausgeatmeten Luft taten. In die Glocke kommt eine kleine Menge gehackten Froschmuskels, einem soeben getöteten Frosche entnommen. An Stelle des Muskels kann man auch andere Gewebe nehmen. Die Seitenröhre des Apparates ist verschlossen mit einem Gummischlauch und einer kurzen Glasröhre mit Glashahn (an Stelle dessen man zur Not einen Quetschhahn nehmen kann). Wir bringen das gehackte Gewebe in die Glocke und verschließen diese durch einen Gummipfropfen sorgfältig. Die Glocke taucht man in Wasser von konstanter Temperatur und zwar so, daß die Mündung des Seitenrohres über die Wasseroberfläche hervorragt[1]. Nach Eintritt des Temperaturausgleiches (etwa 10 Minuten) schließen wir den Hahn am Seitenrohre. Nach Verlauf von einer Stunde nimmt man die Pipette aus dem Wasser, hält die Glocke nach oben und schraubt etwas Quecksilber aus der Kapillare in sie hinein. Nun neigt man die Kapillare ein wenig, so daß dieses Quecksilber auf die Seite fällt, saugt nunmehr eine Luftprobe ein, hält dann die Kapillare so, daß der Quecksilbertropfen wieder auf die Mündung der Kapillare fällt und saugt das Quecksilber tief genug ein, um zu verhüten, daß es beim Umdrehen des Apparates herausfällt. Nunmehr öffnet man erst den Hahn des Seitenrohres, um dann erst den Gummipfropfen zu entfernen. Man analysiert erst die Kohlensäure, dann den Sauerstoff, wie angegeben. Es wird für Kursuszwecke genügen nachzuweisen, daß Sauerstoff verbraucht ist und Kohlensäure entstanden.*

*Will man dagegen die genannte Methode zu quantitativen Versuchen gebrauchen, z. B. wenn es gilt die abgegebene Kohlensäure auch in einem Kursus mit einfachen Mitteln per Gewichts- und Zeiteinheit zu bestimmen, so muß man das Volumen des in der Glocke und der Seitenröhre eingeschlossenen Gases mit Quecksilber bestimmen (der Pfropfen muß dann bis zu einer Eichmarke eingedrückt werden, oder es muß eine Gaspipette mit Glasverschluß angefertigt werden). Von dem derart bestimmten Gasvolumen zieht man das Volumen des Gewebes ab, welches man ungefähr aus seinem Gewichte berechnen kann. Der Verbrauch berechnet sich aus den gefundenen Prozentwerten wie folgt. Das Gasvolumen in der Glocke hat um einen kleinen Betrag abgenommen, wenn der respiratorische Quotient kleiner als 1 ist, d. h. also wenn mehr Sauerstoff verbraucht wurde als Kohlensäure entstand. Dann müssen wir die gefundenen Prozentwerte (nach dem Versuche) auf ein kleineres Volumen beziehen, als das ursprünglich bestimmte, um daraus die absolute Kohlensäure- und Sauerstoffmenge zu berechnen, die in der Glocke vorhanden ist. Dieses kleinere Volumen erhalten wir, wenn wir das ursprüngliche Volumen multiplizieren mit dem*

---

[1] Wenn man sich darauf beschränkt, die Tatsache nachzuweisen, daß Sauerstoff verbraucht und Kohlensäure gebildet wird, kann man bei Zimmertemperatur arbeiten.

*echten Bruche aus dem ursprünglichen Stickstoffprozentgehalt (79 vH) und dem bei unserer Analyse gefundenen Stickstoffprozentgehalt, das ist die Gasmenge, die nach vollendeter Absorption übrig bleibt, prozentualiter bezogen auf die gesamte Gasmenge, welche in die Kapillare eingesogen worden war. Die Stickstoffmenge blieb ja unverändert, ihr Prozentgehalt nahm zu im Verhältnisse, als beide Atmungsgase zusammen an Volumen abnahmen. Die beiden Volumina, das ursprüngliche und dasjenige nach dem Atmungsversuch, verhalten sich also umgekehrt wie die Prozentzahlen ihres Stickstoffgehaltes.*

# V. Der Blutkreislauf.

## A. Allgemeine Prinzipien des Kreislaufes.

Wir behandeln den Blutkreislauf an dieser Stelle, um unmittelbar an die Physiologie des Herzens diejenige des Nervenmuskelsystems anzuschließen. Wir können dann die Technik beider Kapitel gemeinsam behandeln; auch was die Theorie betrifft ist es vorteilhaft, beide Kapitel unmittelbar nacheinander zu besprechen.

Die allgemeinen Prinzipien des Blutkreislaufes können hier nur angedeutet werden. Nur bei den niedersten Tieren finden wir keinerlei Bewegungen der Körperflüssigkeiten, während bei den höheren im Prinzip zwei Formen der Bewegung vorkommen, die wir weiter oben schon angedeutet haben:

1. Peristaltische Bewegung, d. h. das Blut wird in peristaltisch, darmähnlich sich bewegenden langen Blutgefäßen in einer Richtung verschoben, wie der Darminhalt.

2. Wesentlich anders ist die Blutbewegung durch eine lokalisierte Pumpe. Hier ist die Druckwirkung vollkommen lokalisiert auf ein kurzes Herz und der dem Blut erteilte Druck muß hier genügend sein, um das Blut soweit zu treiben, als es überhaupt getrieben werden kann.

Die Bewegungsform wird in beiden Fällen eine ganz andere sein. Allein wenn es auch dem Kursusteilnehmer leicht genug möglich ist, die peristaltische Bewegung des Regenwurmherzens, das ist das lange Rückengefäß dieser Tiere, mit bloßem Auge oder mit einer Lupe zu beobachten, so eignet sich dieses Organ doch nicht für unsere Zwecke. Wir werden unsere Untersuchungen auf „echte" Herzen beschränken müssen, deren Aufgabe es also ist, den Druck auf eine Stelle zu konzentrieren. Damit hängen die Eigenschaften des Herzmuskels zusammen, die wir nunmehr besprechen wollen. Wir wollen uns zunächst beinah ausschließlich auf die Wirbeltiere beschränken.

Das Blut strömt dem Herzen zu aus den Venen. Die Strömung in den Venen selbst dankt ihre Entstehung verschiedenen Ursachen, am wenigsten vielleicht der durch die Kapillaren hin wirksamen Druckkraft des Herzens[1]. (Das Problem, wie das venöse Blut bei einem offenen

---

[1] Neben der Saugkraft des Thorax spielen die Bewegungen der Muskeln, welche die Körpervenen z. B. in den Beinen umgeben, eine große Rolle. Die Venen haben Klappen, die eine Strömung nur in der Richtung zum Herzen zulassen. Druckerhöhung in den Venen (durch Kontraktion benachbarter Beinmuskeln) treibt Blut zum Herzen. Druckverminderung, die auf dieses Zusammendrücken folgen muß, saugt Blut aus den Füßen.

Gefäßsystem dem Herzen zuströmt, ist vollkommen ungelöst. Alle Herzen sind schlaffe Säcke aus Muskelmasse, denen eine Saugwirkung nicht zukommt und doch sieht man, wie aus der Leibeshöhle, z. B. bei Helix pomatia, das Blut durch die Gefäße der Lunge in das Atrium des Herzens gelangt.) Kontinuierlich also strömt das Blut aus den Venen in das Atrium. Es ist nunmehr die Aufgabe des Herzens, dieses Blut so aufzunehmen und weiter zu befördern, daß hierbei so wenig wie möglich ein Stagnieren des Blutstromes in den Gefäßen entsteht. Dieses wird, wie wir in der allgemeinen Übersicht schon zeigten, durch die Zweiteilung des Herzens, mindestens in eine Vorkammer und Kammer, erreicht: Die Vorkammer verwendet längere Zeit auf die Blutaufnahme, die Kammer längere Zeit auf die Blutabgabe. So wird die Unterbrechung des Stromes in den Gefäßen immer nur ganz kurz sein. Alle Muskelfasern der Herzkammer müssen sich praktisch gleichzeitig zusammenziehen, um auf das gesamte in ihr enthaltene Blut einen großen Druck auszuüben. Das Blut bewegt sich erst, wenn der Druck eine gewisse Höhe erreicht hat, hinreichend um die Widerstände im Leitungssystem zu überwinden.

Wir werden an einem schlagenden Herzen also zunächst die rhythmische Folge von Zusammenziehen und Erschlaffen in jedem Teile beobachten. Die Kontraktion nennt man *Systole*, die Erschlaffung *Diastole*. Die Systole des Ventrikels folgt der des Atrium, diese bei den Amphibien der Systole des Sinus.

Unter dem gleichförmigen Druck der Herzmuskulatur würde das Blut ebensogut nach dem Atrium als nach der Aorta ausweichen, wenn nicht das Klappensystem die Rückstauung nach dem Atrium verhinderte. Das Klappensystem des Säugetierherzens müßte im Prinzip dreiteilig sein: zwischen Venen und Vorkammer, zwischen Vorkammer und Kammer, endlich zwischen Kammer und Arterie. In der Tat fehlen aber Klappen zwischen Vorkammer und Venen und werden vermutlich ersetzt durch aktive Verengerung der Mündungsstelle der Venen. Zwischen Vorkammer und Kammer finden wir große, lappenförmige Klappen, die aufeinander gepreßt werden, sobald der Druck in der Kammer positiv wird, und die auseinandergehen, wenn er negativ wird. An ihren Enden sind diese Klappen durch Sehnen an Muskelausläufern der Herzwand, den Kolumellarmuskeln, befestigt. Diese Sehnen sorgen dafür, daß die Klappen gespannt bleiben und während des Zusammenziehens der Kammer nicht nach der Vorkammer hingedrückt werden. Säßen diese Sehnenfäden direkt an der Herzwand fest, so würden sie, bei der Verkleinerung des Herzraumes während des Zusammenziehens, zu lang werden, um die Klappenblätter festzuhalten. Dies wird durch die Kontraktion der Kolumellarmuskeln ausgeglichen. — Im Anfang der Arterien finden wir je 3 Klappen von Schwalbennest- oder Taschenform, je halbkreisförmig von der Wand der Arterie in das Lumen ragend, die Höhlung der taschenförmigen Einstülpung vom Herzen abgewendet. Sobald der Druck in den Arterien höher wird als im Herzen, nämlich bei der Erschlaffung der Herzkammer, füllt das Blut die Höhlung der Klappen, schwellt diese auf, drückt sie gegeneinander, so daß ein Verschluß herbeigeführt wird. Es wird kein Blut in das Herz zurückströmen, solange die Klappen gesund sind und ihre Ränder genau aufeinander passen.

Bei den niederen Tieren und unter den Wirbeltieren bei den Fischen, kommt nur eine einzige Folge von blutempfangenden und blutbefördernden Herzteilen vor, während man bei den Amphibien, Reptilien, Vögeln und Säugetieren bekanntlich einen doppelten Kreislauf, d. h. ein rechtes und ein linkes Herz findet. Das rechte Herz empfängt das Blut aus dem Körper und pumpt es nach der Lunge; das linke Herz aber empfängt das arterialisierte Blut aus der Lunge und pumpt es in den Körper. Die Amphibien besitzen eine einheitliche Kammer, d. h. es fehlt ihnen die Scheidewand zwischen rechter und linker Kammer und nur die beiden Vorkammern sind getrennt. Die Tatsache, daß bei den Fischen und Amphibien (um uns auf diese zu beschränken) der blutempfangende Teil komplizierter ist (der blutaussendende Teil bei den Fischen auch) soll hier nur erwähnt werden. Bei den Fröschen, mit denen wir uns speziell beschäftigen werden, strömt das Blut aus den Venen in den Sinus venosus und aus diesem in Vorkammer, Kammer und endlich in die Arterie.

## B. Blutkreislauf bei Wirbeltieren.

### Die Eigenschaften des Herzmuskels.

Alles- oder Nichtsgesetz. Nach dem Gesagten muß der Herzmuskel zu sehr plötzlichen, die Kraft konzentrierenden Verkürzungen befähigt sein. Dieses ist beim Herzmuskel auch ohne Zweifel der Fall. Er wird nicht bei schwachem Reiz eine geringe Verkürzung geben, die dann bei zunehmender Reizung anschwillt, sondern er gibt bei irgendwelcher Reizung entweder gar keine Antwort oder, sobald der Reiz hinreichend ist, unmittelbar *eine maximale Einzelverkürzung*, der die Erschlaffung folgt (Alles- oder Nichtsgesetz).

Die refraktäre Periode. Das Alles- oder Nichtsgesetz ist schon an sich eine Eigenschaft, welche rhythmische Bewegung zu gewährleisten imstande wäre. Wir können das an einem tropfenden Wasserhahn sehen. Wenn das Wasser in sehr geringen Mengen von der Leitung her zuströmt, bleibt es am Rande des Hahnes, dank seiner Oberflächenspannung, kleben, bis soviel Wasser sich gesammelt hat, daß das Gewicht des Tropfens den Widerstand der Oberflächenspannung überwindet. Auch hier also alles (das ist die volle Tropfengröße) oder nichts. Allein, wenn ich den Hahn weiter öffne, dann ist die Menge Wasser, die zuströmt, so groß, daß ein kontinuierlicher, also nicht rhythmischer Strom entsteht. Soll das Herz also unter allen Umständen rhythmisch arbeiten, so muß noch eine andere Eigenschaft hinzukommen. Es muß nach Beginn einer jeden Verkürzung eine Zeitlang weiteren Erregungen unzugänglig, ihnen gegenüber *refraktär* werden.

Die Vereinigung beider Eigenschaften, die wir besprochen haben, Alles- oder Nichtsgesetz und refraktäre Periode, bringt es mit sich, daß alle Teile des Herzens ausschließlich rhythmisch arbeiten können und zwar auch dann, wenn man sie von außen stark reizt. Stets tritt nur ein beschleunigter Rhythmus, niemals aber eine dauernde Verkürzung auf.

## Die Automatie des Herzens.

Ein Herz schlägt, wenn wir es aus dem Organismus entfernen, ruhig weiter. Es enthält also die Ursachen seines rhythmischen Schlages in sich selbst. Nicht alle Teile sind in gleicher Weise zur Erweckung dieses Rhythmus befähigt. Auf der Tatsache, daß es beweglichere oder spontanere Teile gibt, und andere, die diese Eigenschaft in geringem Maße haben, beruht die Eigenschaft, die wir sogleich kennen lernen werden, daß nämlich ein Teil des Herzens die Führung der anderen Teile auf sich nimmt. Hierdurch wird chaotische Bewegung vermieden. Wir beschränken unsere Aufmerksamkeit zunächst auf die *führenden Teile*. Sie enthalten Gewebselemente, die viele Ähnlichkeit haben mit den Muskelelementen und sich nur dadurch von diesen unterscheiden, daß sie relativ weniger Fibrillen, mehr Sarkoplasma enthalten, im ganzen etwa an embryonale Muskelelemente erinnern. Beim Säugetier ist hier zunächst zu erwähnen der Sinusknoten, der wichtigste Bestandteil dieses Gewebes. Er befindet sich im rechten Atrium, an der Mündung der großen Venen. Aber auch zwischen Atrium und Ventrikel befindet sich noch ein Knoten, der Knoten von Aschoff-Tawara. Letzterer ist der weniger spontane; der Sinusknoten gibt dem Herzen normalerweise die Führung. Beim Frosch hat der venöse Sinus die Führung, während der sogenannte atrioventrikuläre Trichter auch da nur in zweiter Linie, unter bestimmten Versuchsbedingungen, die wir kennen lernen werden, Spontaneität entwickelt. Die genannten Knoten stehen mit einem reich verzweigten und anastomosierenden Netz aus jenen „spezifischen Muskelfasern", in Verbindung, die man heute für das erregungsleitende System hält; es überträgt die aus den Knoten kommende Erregung auf die einzelnen kontraktilen Elemente der Herzteile. Die Bewegung tritt zunächst im Sinus (Frosch) oder Sinusknoten (Säugetier), selbst schon rhythmisch geordnet, auf und verbreitet sich durch das Reizleitungssystem auf alle Muskelteile, die selbst nur rhythmisch tätig, unter allen Umständen in genauer Folge von Kontraktion und Erschlaffung arbeiten müssen.

Beim Übergang der Leitung von Vorkammer zu Kammer (Säugetier) findet eine verzögerte „Überleitung" statt, der es zuzuschreiben ist, daß (um uns auf das Säugetier zu beschränken) die Kammer sich erst verkürzt wenn die Verkürzung der Vorkammer abgelaufen ist und die Kammer daher das Blut empfangen hat, welches sie weiter befördern soll.

Auf die Frage, ob schließlich alle Teile des Herzens zu spontaner rhythmischer Kontraktion befähigt sind, wollen wir nicht eingehen. Wir wollen aber die Herzspitze betrachten als zu solchen Spontanbewegungen nicht befähigt. Die anderen Teile sind hierzu zwar befähigt, doch ist ihre Erregbarkeit soviel geringer als die des Sinusknotens, daß sie jeweilig durch die Arbeit der benachbarten Teile schon zur Arbeit gezwungen werden, lange ehe ihre eigene Spontaneität zur Entfaltung kommt. Es gibt also zwei Ursachen der Herzarbeit: 1. Die Spontanerregung; 2. die Tatsache, daß in benachbarten Teilen Erregung auftritt und sich durch das Reizleitungssystem fortpflanzt. Praktisch kommt im Sinusknoten der Spontanreiz, in den anderen Teilen des Herzens die Erregung durch die Nachbararbeit zur Geltung. Doch werden wir Versuche ausführen, wobei auch im atrio-ventrikulären Trichter die Spontaneität zu ihrem Rechte kommt. Die Ursache der Spontaneität sucht man heute nach HABERLANDT im Auftreten eines spezifischen Reizstoffes.

### Eigenschaften, durch welche geführte Herzteile sich von führenden unterscheiden.

a) **Kompensatorische Pause.** Wir werden durch elektrische oder mechanische Reizung der Herzkammer eines Frosches in diesem Teil eine sogenannte „Extrasystole" erzeugen. Die Kammer ist in der Tat, außerhalb der refraktären Periode, künstlichen Reizen zugängig. Dann wird sich aber weiterhin zeigen, daß nach jeder außerhalb des natürlichen Rhythmus fallenden, künstlich erzeugten Kammerkontraktion, eine besonders lange Pause folgt (Abb. 61). Unmittelbar nach Beginn der durch uns erzeugten Systole kommt naturgemäß die Erregung

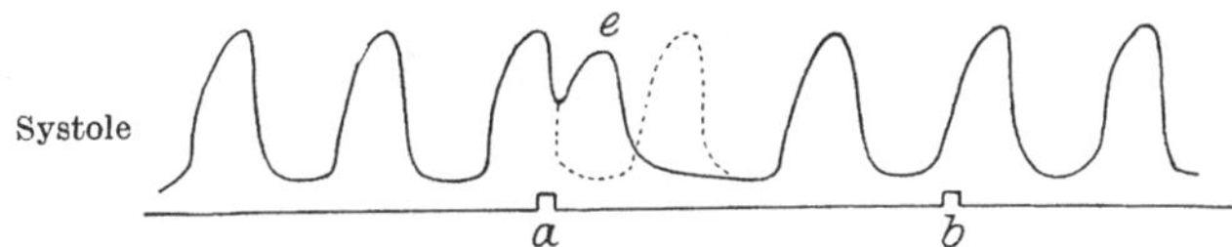


Abb. 61. *Ventrikelbewegung des Froschherzens.* Systole verursacht einen Ausschlag des Schreibhebels nach oben. Bei *a* wird der Ventrikel durch einen Einzelschlag gereizt: Extrasystole, auf welche kompensatorische Pause folgt, d. h. der Ventrikel schlägt erst wieder, wenn der folgende normale Schlag (mit punktierter Linie eingezeichnet) erfolgen würde. Bei *b* wird auf gleiche Weise gereizt, jedoch zur Zeit der refraktären Periode: kein Ausschlag. (Aus HÖBER, 1922.)

vom Sinus und findet die Kammer im Zustande der refraktären Periode, so daß die Kammer erst beim folgenden Schlage, also mit verlängerter Pause, wieder in Tätigkeit treten kann. Ein spontan tätiger Herzteil, z. B. der Sinus des Frosches, hat keine kompensatorische Pause, da er für seinen natürlichen Rhythmus nicht auf die Erregung von seiten eines anderen Teiles warten muß.

b) **Wirkung der Temperatur.** Erhöhte Temperatur bedingt eine Beschleunigung der Herztätigkeit, erniedrigte Temperatur eine Verzögerung. Nach dem was wir über führende und geführte Herzteile gesagt haben, ist es selbstverständlich, daß bei *lokaler* Einwirkung, z. B. von höherer Temperatur, nur dann eine Beschleunigung auftreten wird, wenn wir sie auf einen führenden Teil, also beim intakten Froschherzen auf den Sinus anwenden. Erwärmen wir lokal die Kammer, so werden deren Ausschläge zwar größer, der Rhythmus aber, den sie ja nicht selbst in Händen hat, bleibt unverändert.

### Einflüsse auf die Herztätigkeit.

1. **Salze.** Die Regelung der automatischen Tätigkeit des Herzens ist außerordentlich kompliziert; auf eine allgemeine Darstellung müssen wir hier daher verzichten. Wir wollen nur darauf hinweisen, daß außer den genannten Faktoren auch die Salze des Blutplasmas eine Rolle spielen und zwar *alle* Salze, d. h. die Wirkung des einen ist schädigend, wenn nicht das andere vorhanden ist. Während einerseits z. B. Kalium in der Blutflüssigkeit nicht fehlen darf (es sei denn es würde durch ein radio-

aktives Salz ersetzt von gleicher radioaktiver Stärke, die der normalen Kaliummmenge zukommt), wird ein Übermaß an Kalium das Herz zum Stillstand bringen, wenn dieses Übermaß nicht durch Calciumionen kompensiert wird. Auf die theoretische Bedeutung dieser Dinge können wir hier jedoch nicht eingehen[1].

2. Die Herznerven. Wie alle autonom innervierten Organe hat das Herz einen hemmenden und einen fördernden Nerven, von denen der erste dem parasympathischen System (N. vagus), der andere dem N. sympathicus (N. accelerans) zugehört. Reizung des Vagus bedingt Verlangsamung des Rhythmus, geringere Ausschlagshöhe und schließlich, bei stärkerer Reizung, Stillstand in vollkommener Erschlaffung (Diastole). Hierbei kann bei Dauerreizung das Herz wieder zu schlagen beginnen, ohne daß die Reizung unterbrochen wird. Reizung des Accelerans hat den umgekehrten Effekt. Auch die Hemmung und Beschleunigung durch die genannten Nerven wird (nach LOEWI) der hemmenden und erregenden Wirkung bestimmter *Stoffe* zugeschrieben, die auf Reizung der betreffenden Nerven hin abgesondert, später aber durch Enzyme unwirksam gemacht werden. Der Angriffspunkt der genannten Stoffe von HABERLANDT und LOEWI ist unbekannt. Man beachte, daß nach BOEKE *alle* Herzmuskelfasern einzeln innerviert werden, mit typischen Nervenendigungen!

Das Herz und der Blutkreislauf.

Auf den Zusammenhang zwischen Herz und Blutkreislauf gehen wir nur ganz flüchtig ein. Die Menge Blut, die das Herz per Kontraktion oder per Zeiteinheit durch den Körper pumpt, wird durch den Körper selbst bestimmt. Je nach Tätigkeit der Organe öffnen oder erweitern sich seine Blutkapillaren. KROGH hat gefunden, daß jedes Organ viel mehr Blutkapillaren besitzt als in der Ruhe benutzt werden. Die unbenutzten bleiben geschlossen; es bewegt sich dann kein Blut durch sie. Sobald von dem betreffenden Organ Arbeit geleistet wird und es demnach mehr Sauerstoff benötigt, reagieren seine Blutkapillaren auf bestimmte Stoffe, die bei der Arbeit entstehen (Milchsäure, Histamin usw.). Nunmehr strömt mehr Blut in das Organ und dementsprechend ist, wenn ausgedehnte Organbezirke arbeiten (Muskeltätigkeit), der Gesamtwiderstand des Körperkreislaufsystems vermindert. Es wird per Zeiteinheit mehr Blut in das rechte Atrium laufen. Diesem Zustrom muß das Herz genügen. Die Tatsache ist nun, daß das Herz sich durch verschiedene Reflexe an die Ansprüche des Körpers anpaßt und zwar immer mit Bezug auf den *großen Kreislauf*, denn, da rechtes und linkes Herz immer zusammen arbeiten, so muß bei jeder Kontraktion genau ebensoviel Blut

---

[1] Das paradoxe Verhalten des Kalium kann man nach B. KISCH wie folgt erklären. Ein Überschuß von Kaliumionen wirkt hemmend auf das Gesamtherz. Eine Aufnahme von Kalium durch die automatischen Teile bedeutet Erregung der Automatie (nach ZWAARDEMAKER durch Radioaktivität). Man erregt die Automatie, wenn man kleine Stückchen Filtrierpapier, welche in kalihaltigen Lösungen getränkt sind, auf den Sinus legt. Man bringt das Herz zum Stillstand, wenn man es insgesamt z. B. mit solchen Lösungen bepinselt.

durch die Lunge als durch den Körper laufen; daher müssen die Blutgefäße der Lunge annehmen, was ihnen zugesandt wird. Nur der Körperkreislauf verändert seine Ansprüche.

Die Reflexe, mit denen das Herz antwortet, sind kurz zusammengefaßt die folgenden:

A. Zunahme des Druckes in den Arterien bedeutet Verminderung des Herzrhythmus. (Der Körper verlangt weniger Blut, geringere Wegsamkeit seiner Gefäße.)

B. Umgekehrt nimmt bei Abnahme des Druckes in den Arterien der Herzrhythmus zu.

C. Zunahme des Druckes in der Vorkammer hat zwei Folgen: 1. Das Herz wird bei jeder Blutaufnahme voller, die Herzmuskeln gespannter. Die Kraftentfaltung des Herzens nimmt mit der Spannung seiner Muskeln zu. *Das Herz verarbeitet was es erhält.* 2. Der Druck auf die Wände der Vorkammer bedingt reflektorisch zunehmenden Rhythmus: Die gesteigerte Blutmenge verteilt sich auf mehr Einzelbewegungen, das Einzelschlagvolumen wird hierdurch vor übertriebener Größe bewahrt.

D. Umgekehrt bedingt Drucksenkung in der Vorkammer Verlangsamung des Rhythmus[1].

### *Versuche zum Blutkreislauf der Wirbeltiere.*

*1. Der Kreislauf bei Rana. Eine Korkplatte von der Größe eines Frosches erhält einen rahmenförmigen, so großen Ausschnitt, daß der Fuß (die Schwimmhaut) beim Aufbinden des Frosches auf die Platte diesen Ausschnitt bedeckt. Beim Festbinden des Frosches auf die Korkscheibe muß man, vor allem bei der Fesselung desjenigen Beines, dessen Schwimmhaut man untersuchen will, beachten, daß die Schnüren nicht zu fest gelegt werden, da sonst der Blutstrom gehemmt wird. Die Schwimmhäute werden über dem Loche, gleichwie über einem Rahmen gespannt. Dieses geschieht am besten dadurch, daß man über diejenigen Zehen, die rechts und links von dem Loche auf dem Kork liegen, kreuzweise Stecknadeln einsticht, wobei der Fuß des Tieres nicht verletzt wird. Auf diese Weise kann man die Schwimmhaut unter dem Mikroskop beobachten. Man sieht nun deutlich im Rhythmus der Herztätigkeit das Blut strömen. Man sieht die roten Blutkörperchen; man sieht von Zeit zu Zeit ein weißes Blutkörperchen sich durch die Kapillaren und kleinen Blutgefäße der Schwimmhaut bewegen. Interessant ist, daß an Stellen, wo Verzweigungen sind, ein Blutkörperchen zuweilen von dem Strom gegen die Spitze der Verzweigung getrieben wird und sich nun nach beiden Zweiggefäßen hin drücken läßt, so daß das Körperchen sich total umbiegt, bis der Drang in einer Richtung den Sieg davon trägt und das Blutkörperchen in dieser Richtung weiterschwimmt. Man suche für diesen Versuch ein pigmentarmes Tier aus, da die Farbstoffzellen die Blutbewegung unsichtbar machen.*

---

[1] Daß diese Verhältnisse nicht allgemein für die Wirbeltiere gelten, hörten wir schon, da die Blutverteilung z. B. bei den Amphibien ganz anderen Gesetzen folgt.

**2. Änderung der Kapillarweite[1].** *Der Frosch wird auf eine Korkplatte gebunden wie beim vorhergehenden Versuch, nur so, daß jetzt der Vorderrand des Mundes gerade den Rand des Loches berührt. Nun holen wir aus dem Munde die Zunge hervor, die bekanntlich bei diesem Tiere vorn am Mundrande befestigt ist, spannen sie über dem Rahmen und stechen sie mit einigen Nadeln fest. Wir überzeugen uns erst von der Weite und der Zahl der durchströmten Kapillaren und bringen nun einige Tropfen Urethanlösung (Äthylurethan) von 25 vH auf die Oberfläche der Zunge. Daraufhin verfolgen wir das sich Öffnen einiger Kapillaren, von denen sich manche außerordentlich reichlich mit Blutkörperchen füllen (Austritt des Blutplasmas in die Gewebe).*

**3. Die Einrichtung der Reizapparate für Herzbewegung und Nerven-Muskelsystem.** *Die folgenden Versuche über Herzbewegung und Nerven-Muskelsystem sollen von uns beschrieben werden sowohl für Laboratorien, deren Hilfsmittel keine Registrierungen durch ein Kymographion zulassen, als auch für solche, bei denen dieses wohl möglich ist. Das Utrechter Laboratorium für Vergleichende Physiologie verfügt über die folgende Ausrüstung, um einem Kursus von etwa 25 Teilnehmern das gleichzeitige Arbeiten an Kymographien zu erlauben. Auf zwei langen Tischen stehen je sechs, um eine vertikale Achse drehbare Zylinder. Diese Zylinder laufen oben und unten mit einer Spitze in den Achsenlagern eines Stativs; dieses Stativ trägt zugleich einen Bügel, der die Schreibinstrumente trägt. Unter beiden Tischen befindet sich je eine Achse. Beide Achsen werden zugleich durch einen Elektromotor mit einem Triebwerk in Bewegung gesetzt; die Aufgabe des Triebwerkes ist es, die Umdrehungsgeschwindigkeit sehr herabzusetzen. Von den Achsen geht zu jedem Zylinder je ein Treibriemen, der mit Hilfe einer Schraube aus- und eingeschaltet werden kann. Unter dem Zylinder, auf seiner Achse, befinden sich Riemenscheiben von drei verschiedenen Größen.*

*An Stelle dieser Einrichtung kann man auch mit kleinen Zylindern arbeiten, die durch irgendein Uhrwerk getrieben werden, z. B. durch eine Weckeruhr usw. Naturgemäß muß die Oberfläche des Zylinders genau gearbeitet sein, so daß eine derartige Anlage immer kostspielig ist.*

*Zu jedem dieser Kymographien werden gegeben: ein bis zwei Hebel, die an der einen Seite Löcher haben zur Aufnahme des Fadens, der sie mit dem Herzen oder dem Muskel verbindet. An dem anderen Hebelarme aber ist ein spitz zugeschnittenes Stück Pergamentpapier befestigt, dessen Spitze auf der berußten Fläche des Zylinders die Kurven aufschreibt (Abb. 63). Die Hebel müssen in einer Gabel fein gelagert sein und sich leicht drehend bewegen; diese Gabel ist am Ende eines Stabes befestigt, der mit Hilfe von Doppelschrauben am Bügel befestigt ist.*

*Ferner erhält jeder Praktikant ein Reizsignal, d. h. einen kleinen Schreibhebel, unter dem sich ein Elektromagnet befindet, so daß, sobald ein elektrischer Strom durch diesen Magnet geht, der Hebel etwas angezogen wird, eine Bewegung, die er auf dem Zylinder aufschreibt; wird der Strom unter-*

---

[1] A. Krogh, Anatomie und Physiologie der Kapillaren. Berlin: Julius Springer, 1924.

brochen, so springt der Hebel wieder in die Ruhelage zurück. Endlich ist erwünscht ein genau gleich gebauter elektromagnetischer Hebel, dessen Aufgabe es ist, die Zeit auf dem Zylinder zu markieren. Zu diesem Zwecke steht der Magnet in Verbindung mit einer elektrischen Leitung, die rhythmisch jede Sekunde einmal eingeschaltet wird durch einen Sekundenpendel, wie man sie im Handel erhalten kann. Der Schwachstrom für Sekundenpendel und Reizungen wird bei uns geliefert durch einen Transformator, der den Stadtstrom auf wenige Volt reduziert, wobei allerdings zu erwähnen ist, daß ein solcher Transformationsstrom nur durch Parallelschaltung mit Akkumulatoren hinreichend konstant erhalten werden kann für Versuche, bei denen es auf eine wirklich konstante Stromquelle ankommt. An Stelle des Transformators kann man sich, zumal für exaktes Arbeiten, entweder kleiner Taschenbatterien oder Akkumulatoren bedienen. Akkumulatoren eignen sich übrigens für Kursuszwecke wenig, da Anfänger sie leicht schwer beschädigen, durch Kurzschluß usw.

Die Einstellung der Hebel. Der Kursusteilnehmer soll sich gewöhnen, den Schreibhebel genau als Tangente auf den Zylinder zu orientieren. Die Spitze des schreibenden Teiles bildet den Berührungspunkt. Diese Spitzen sollen bei allen Hebeln, die man bei dem Versuch gebraucht, genau untereinander stehen. Die Bügel, welche die Hebel tragen, sowie die Befestigungsschrauben der Hebel müssen hinreichende Beweglichkeit der Hebel zulassen, um die genaue Einstellung zu ermöglichen. Das Papier um die Zylinder soll glatt liegen und so geklebt werden, daß die Spitzen bei der Umdrehungsrichtung der Zylinder nicht gegen den geklebten Rand laufen; d. h. wenn der Zylinder von rechts nach links läuft, so soll das linke Ende des Papierstreifens über das rechte geklebt sein. Die Berußung erfolge gleichmäßig, aber nicht so dick, daß die Pergamentspitzen der Hebel darin einen Widerstand finden. Zu den Hebeln gebe man am besten kleine, gebogene Stücke Kupferdraht, die in die zu beiden Seiten des Drehpunktes gebohrten Löcher passen, so daß man den Hebel nach Bedarf ausbalancieren kann.

Induktionsapparate, Elektroden, Schlüssel. Der Induktionsapparat von DUBOIS-REYMOND ist am besten geeignet, nur er erlaubt mit seinem langen Schlitten eine genaue Dosierung der Reize (Abb. 62). Der „primäre" Strom tritt durch eine der Polklemmen in den Apparat, gelangt zum kleinen Elektromagneten des Stromunterbrechers, von da in die größere „primäre" Induktionsrolle. Aus dieser tritt er in den NEEFschen Hammer, verläßt diesen durch einen Platinakontakt, der ihn zur Kontaktschraube leitet, von dieser zur zweiten Polklemme des Apparates. Sobald der Strom geschlossen wird, zieht der kleine Magnet den NEEFschen Hammer an und der Strom unterbricht sich hierdurch selbst: der Hammer schwingt zurück, der Strom ist wieder geschlossen usw. Bei jedem Stromschluß und jeder Öffnung entsteht in der verschiebbaren sekundären Induktionsrolle ein sehr kurzer, hochgespannter Induktionsstrom; jeder Pol dieser Rolle wird abwechselnd positiv und negativ. Solche rhythmische oszillierende Ströme nennt man faradische Ströme. Um Einzelschläge mit dem Apparate erteilen zu können, sind manche von ihnen mit Klemmschrauben versehen, die direkt zur primären Rolle führen, unter Umgehung des NEEFschen Hammers. Die stärkste Wirkung erreichen wir mit dem Apparat, wenn beide Rollen übereinander

*geschoben sind. Übrigens sind die Modelle, die im Handel sind, so ver-*
*schieden, daß wir auf weitere Beschreibung verzichten müssen. Für die*
*Versuche, die jeder Teilnehmer ausführt, benutzen wir billige Induktions-*
*apparate, wie sie zum „Elektrisieren" von Menschen gebraucht werden;*
*sie kosten nur eine geringe Summe, während die Schlitteninduktorien sehr*
*teuer sind.*

*Zum Einschalten des primären und des sekundären Stromes sollte man*
*eigentlich Vorreibeschlüssel brauchen; ein solcher ist auf Abb. 62 (rechts) zu*
*sehen; sie sind jedoch kostspielig und Quecksilberkontakte in einem Kursus,*
*wegen der Gefahr des Quecksilberverschüttens, unzulässig. Wir benutzen*
*einfache Schalter, wie sie zum Ein- und Ausschalten des elektrischen*
*Lichtes gebraucht werden und für wenig Geld im Handel zu beziehen sind.*

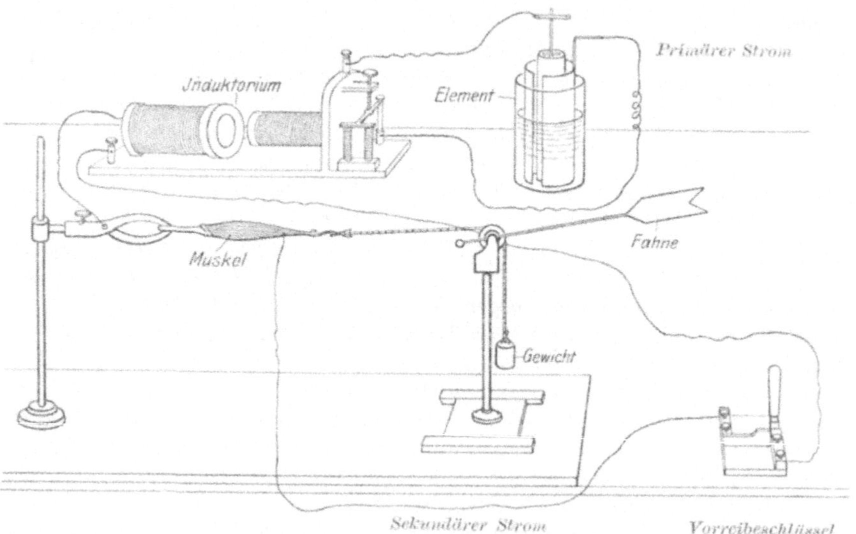


Abb. 62. *Schema eines einfachen Reizversuches* (am M. gastrocnemius von Rana). Der sich
kontrahierende Muskel hebt eine Fahne. Der sekundäre Stromkreislauf wird in diesem Schema
unipolar geschlossen und geöffnet, während Abblendung durch Kurzschluß den Vorzug verdient:
dann kommt der Kontakt (rechts) direkt zwischen beide Drähte die vom Induktorium zum
Muskel gehen und verbindet sie in geschlossenem Zustande miteinander. Bei Öffnung dieses
Kontaktes tritt dann der sekundäre Strom durch den Muskel. (Aus E. ABDERHALDEN, Praktikum 1922.)

*Auf einem Brette erhält jeder Teilnehmer zwei dieser Kontakte. Der*
*eine dient dazu, um eine der beiden Leitungen des primären Stromes*
*nach dem Induktorium zu öffnen oder zu schließen. Der andere Kontakt*
*ist mit vier Klemmschrauben versehen. Er soll so in den sekundären*
*Stromkreis geschaltet werden, daß bei Schluß des Kontaktes der*
*sekundäre Strom kurz geschlossen, daher für das Präparat unwirksam*
*wird. Es ist häufig von Wichtigkeit, daß man die Reizung in einem ganz*
*bestimmten Augenblicke anfängt. Man setzt den Hammer in Bewegung*
*und schützt das Präparat zunächst durch jenen Kurzschluß vor Reizung.*
*Im entscheidenden Augenblicke öffnet man den Kurzschluß. Hierzu kommen*
*die beiden Drähte des sekundären Stromes in je zwei gegenüberstehende*

*Klemmschrauben dieses Kontaktes; in ihre beiden Partner kommen die Enden der Reizelektroden (Abb. 62)*[1].

*Falls es darauf ankommt, Induktionsschläge einander schnell folgen zu lassen oder sie in einem ganz bestimmten Augenblicke zu erteilen, so dient zur Öffnung und Schließung des primären Stromes, an Stelle des Stromunterbrechers für Licht, ein einfacher Kontakthebel. Man macht ihn wie folgt: Auf einem Brett befestigt man einen Streifen Messingblech dadurch, daß man ihn an seinem einem Ende mit Hilfe eines Polkopfes (Klemmschraube) auf die Unterlage schraubt. Der Streifen kann eine Länge von etwa 10 cm haben. Da, wo das freie, etwas nach oben gebogene Ende des Blechstreifens, wenn man ihn niederdrückt, das Grundbrett berührt, befestigt man auf diesem eine zweite Klemmschraube. Mit diesem einfachen Apparat macht man Kontakt dadurch, daß man den Blechstreifen gegen die zweite Klemmschraube drückt. In beiden Klemmschrauben befestigt man Drähte, von denen der eine zur Batterie oder sonstiger Stromquelle, der andere zu einem Pol des Induktionsapparates geht.*

*Die Reizelektroden. Als Reizelektroden dienen zwei Platinadrähte, die, auf einem handlichen Griffe befestigt, mit zwei gut isolierten Zuleitungsdrähten (Leitungsschnur) verbunden sind. An Stelle der Platinadrähte kann man, aus Sparsamkeitsgründen, auch Neusilberdrähte nehmen, auch z. B. Stecknadeln. Der Griff selbst muß gut isoliert sein und besteht mit Vorteil aus Ebonit. Die beiden Reizdrähte selbst sollen lang genug und nicht zu weit voneinander entfernt sein, auch sollen sie genau parallel laufen.*

*Reizungen mit Einzelöffnungsschlägen. Eine Reihe von Versuchen müssen mit Einzelöffnungsschlägen angestellt werden. Während große Schlitteninduktorien hierfür, wie gesagt, besondere Polköpfe für den primären Strom haben, bei deren Benutzung der Unterbrecher ausgeschaltet ist, ist dieses bei den kleinen billigen Induktorien nicht der Fall. Die primären Drähte kommen in die hierzu dienenden Polschrauben. Die Kontaktschraube des NEEFschen Hammers wird so fest angezogen, daß der Hammer sich nicht mehr bewegen kann. Der Reiz wird wie folgt erteilt. Wir schließen den sekundären Stromkreis kurz, schließen den primären, unterbrechen den Kurzschluß im sekundären Stromkreis und unterbrechen (öffnen) nunmehr den primären. Die Folge hiervon ist, daß der Öffnungsinduktionsschlag zu den beiden Reizelektroden geleitet wird und somit zu dem Gewebe, welches die beiden verbindet.*

*Die Schaltung des Reizsignales. Das Reizsignal kann in den primären Stromkreis ohne weiteres eingeschaltet werden. Eine zweite Schaltung ist die Parallelschaltung (Shunt), wobei man beide Drähte des Signals mit beiden Polköpfen des Induktoriums verbindet. Die Art der Schaltung hängt ab von der Art der Stromquelle. Parallelschaltung beansprucht weniger hohe Spannung.*

***4. Die Präparation des Herzens beim Frosch.*** *Wir wollen zu unseren Versuchen das Präparat gebrauchen, welches man ,,den gefensterten Frosch" zu nennen pflegt. Bei dem Frosche wird unter möglichster Vermei-*

---

[1] Auf Abb. 62 ist auch der sekundäre Strom einfach unipolär unterbrochen. Wegen der Möglichkeit der Wirkung des einen nicht unterbrochenen Poles ist diese Anordnung weniger zu empfehlen als die oben beschriebene.

*dung von Blutverlust*[1], *Gehirn und Rückenmark vernichtet. Ein Einschnitt etwas hinter der Verbindungslinie der beiden Hinterränder der Trommelfelle wird gemacht, so daß hierdurch die Medulla vollkommen durchschnitten wird. Mit einer Nadel wird nach vorn das Gehirn und nach hinten
das Rückenmark zerstört. Man kann auch den Frosch in üblicher Weise
dekapitieren, d. h. zwischen beiden Kiefern eine Schere einführen und den
Kopf mit einem Schlage abtrennen. Nach Vernichtung des Rückenmarkes
mit einer langen Nadel tut man dann gut, etwa ein abgebrochenes Streich-
holz in den Rückenmarkskanal einzuführen, um die Blutung zu beschränken. Blutungen sind allerdings nicht ganz zu vermeiden. Je voller aber*

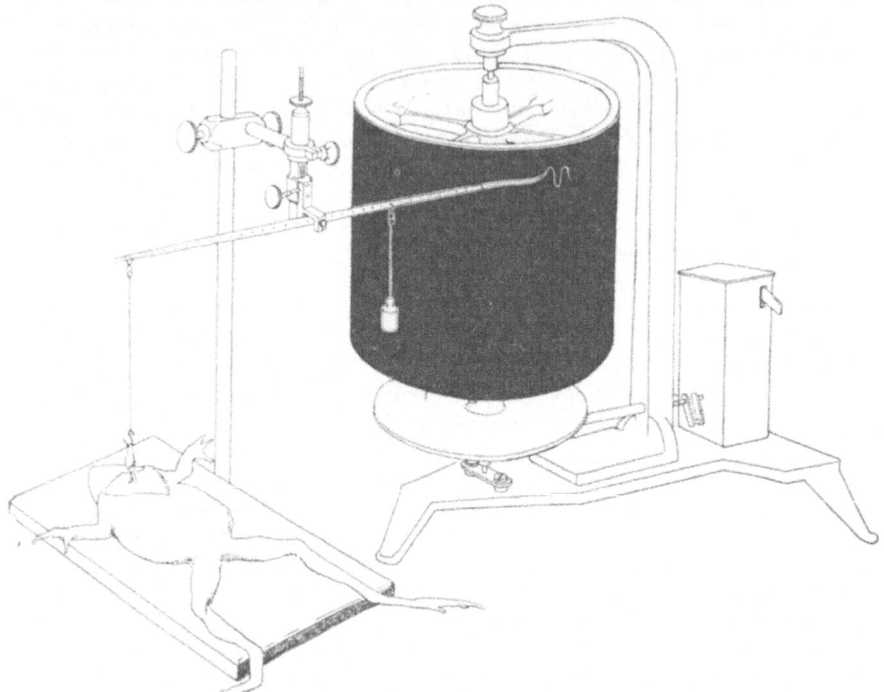

Abb. 63. *Aufzeichnen der Herzbewegung am „gefensterten" Frosche.* Die Trommel des Kymographions dreht sich von links nach rechts. (Aus E. ABDERHALDEN, Praktikum 1922.)

*das Herz bleibt, desto größer werden seine Ausschläge sein. Nunmehr kommt
der Frosch in Rückenlage. Die abdominale Haut wird in der Längsrichtung,
etwa in der Mitte, durchschnitten bis zum Hals*[2]*. Am Anfang und am
Ende dieses Längsschnittes werden, senkrecht zu diesem, seitliche Einschnitte in die Haut gemacht. Die beiden Lappen werden auseinander gebogen und auf der Unterlage fixiert. Als Unterlage nimmt man entweder*

---

[1] Es kann nicht genug darauf hingewiesen werden, wie viel deutlicher
Bau und Bewegung des vollen Herzens zu sehen sind, als des leeren.

[2] Geübtere machen das „Fenster" über dem Herzen wesentlich kleiner,
der Anfänger soll aber mit großem „Operationsfeld" arbeiten.

*ein Froschbrett oder ein Wachsbecken, wie sie zu Präparierübungen verwendet werden. In diesem Falle kann man den Frosch und auch die Hautlappen mit Stecknadeln befestigen. Das gesamte Präparat soll gut befestigt sein, damit es sich bei den Versuchen nicht verschiebt (Abb. 63).*

*Nunmehr erfolgt der Einschnitt in die Bauchwand selbst. Man achte auf die Vena abdominalis, die in der Mitte der Bauchwand deutlich zu sehen ist und durchschneide sie nicht. Der Schnitt geht nach vorn, das Sternum wird durchschnitten und soviel von diesem Skeletteil entfernt, daß das Herz vollständig sichtbar wird. Das Herz liegt zunächst noch im Herzbeutel. Dieser wird vorsichtig eröffnet[1]. Nun liegt das Herz frei vor uns. Es ist dorsal noch durch ein dünnes Häutchen, das Frenulum, mit dem Gewebe, welches ihm bei unserem Präparate als Unterlage dient, verbunden. Das Frenulum wird vorsichtig durchschnitten. Wenn die Präparation gut gelungen ist (wenig Blutverlust), so unterscheiden wir die Teile des Herzens nunmehr viel besser als bei Präparierübungen, da alle Teile des Herzens und die Gefäße voll Blut sind. Von der ventralen Seite sehen wir vornehmlich Atrium (dunkle Blutfarbe) und Ventrikel (rosa), sowie den Ursprung der Arterien (Conus arteriosus). Wenn wir nun die Herzspitze vorsichtig mit einer Pinzette fassen und aufrichten, so sehen wir dorsal die Hauptkörpervenen in den breiten, häutigen, dunkel-blutroten Sinus münden. Der Sinus grenzt in einer nicht sehr deutlichen, weißlichen, umgekehrt W-förmigen Linie an das Atrium. Am besten unterscheidet man das Atrium durch seine viel heftigeren Bewegungen (sowohl Kontraktion oder Systole als Erschlaffung oder Diastole, bei der die Herzteile durch Blutaufnahme aufschwellen). Wir beobachten nun die Tätigkeit der drei Teile ohne weitere Hilfsmittel: Die Erregung tritt auf im Sinus, seine Systole ist allerdings nicht sehr deutlich; wir werden sie besser sehen im Versuch 5, nach Ligatur zwischen Sinus und Atrium. Sie verursacht aber die sehr deutliche Diastole (Aufschwellen!) des Atriums. Kurz nach der Sinuskontraktion, also wenn der Sinus schon wieder erschlafft (Diastole), tritt die Systole von Vorkammer unter Aufschwellen (Diastole) der Kammer auf; dieser folgt die Systole (klein und blaß werden) der Kammer. Rechtes und linkes Atrium schlagen immer gleichzeitig.*

*Das Präparat kommt auf den Kymographiontisch (Abb. 63). Am Ende des Fadens, der mit dem eigentlichen Schreibhebel verbunden ist, befindet sich eine „Serre fine", also eine kleine federnde Klammer, die sich öffnet, wenn man auf die Feder drückt und sich schließt, wenn man sie los läßt, genau wie eine Klemmpinzette. Die Klammer wird nun geöffnet, ein klein wenig Gewebe der Herzspitze zwischen ihre Zange genommen und losgelassen. Der Hebel wird am Stativ soweit in die Höhe gezogen, daß das Herz in seiner Längsachse etwa vertikal steht und der Hebel genau horizontal. Nunmehr wird die Bewegung des Herzens auf den Hebel übertragen und zwar wird man bei dieser „einfachen Suspension", wobei das gesamte Herz seine Bewegung auf einen einzigen Hebel überträgt, die Systolen sowohl vom Sinus, als von den Vorkammern und der Kammer*

---

[1] Das Hautsekret des Frosches ist für das Herz giftig. Daher müssen alle Instrumente vor dieser Eröffnung gut gereinigt werden.

*in der Hebelbewegung wiederfinden. Wenn man nämlich nunmehr die Schreibspitze des Hebels auf den berußten Zylinder drückt, so daß er leicht über die berußte Papierfläche sich bewegen kann und zu gleicher Zeit den Zylinder sich drehen läßt, so schreibt die Spitze des Hebels eine Kurve auf, die aus rhythmischer Folge kleiner (Atrium) und großer (Ventrikel) Ausschläge besteht. Zu gleicher Zeit mit Schreibhebel und Zylinder setzen wir den Zeitschreiber in Gang.*

**5. Ventrikelreizung. Die Befestigung der Elektroden am Herzen.** *Man kann ohne weiteres die oben beschriebenen beiden Elektroden auf das Herz legen, es sei auf den Sinus oder auf den Ventrikel. Allein für so zarte Objekte, wie das Herz, benutzen wir die folgende Methode. Die Reizelektroden, die sich ja gut eignen, um in ein Stativ geschraubt zu werden, kommen in die Nähe des Herzens. An jedem der Reizdrähte befestigen wir ein kleines Stück Lametta oder Engelshaar, wie man es als Christbaumschmuck verwendet. Dieses wird durch einige Knoten je an die Reizdrähte gebunden und das andere Ende auf die betreffende Herzstelle gelegt, z. B. bei Ventrikelreizung, auf die wir uns beschränken wollen, rechts und links vom Ventrikel. Man verwende bei allen Reizungen keine zu starken Ströme. Bei Schlittenapparaten sollten die Rollen einander auch nicht teilweise überdecken, sondern einige Zentimeter voneinander entfernt sein. Billige Apparate lassen nur geringfügige Regulierung zu.*

*a) **Refraktäre Periode.** Der Sekundärstrom wird geschlossen (abgeblendet), der Primärstrom durch Niederdrücken des Blechstreifens unseres Kontakthebels geschlossen, nun der Sekundärkreis geöffnet und gewartet, bis die Kammer in Systole tritt. (Deutlich zu sehen an der Verkürzung und dem Bleichwerden des blutgefüllten Herzens.) Nun lassen wir plötzlich den Kontakt los und erteilen hierdurch den Öffnungsschlag, den das Reizsignal durch Zurückgang in seine Ruhelage auf dem Zylinder angibt. Diese Reizung hat keinen sichtbaren Erfolg. Die Versuche werden wiederholt und zwar unter Veränderung des Zeitabstandes zwischen Eintritt der Kammersystole und Reiz. Die Kurven werden später untersucht und die Strecke der Kontraktionskurve festgestellt, innerhalb welcher der Reiz keinerlei Erfolg hat.*

*b) **Extrasystole.** Wir machen den gleichen Versuch nach Vollendung der systolischen Kontraktion und reizen nun wieder zu verschiedenen Zeiten, zwischen dem Höhepunkt der Kurve und dem Moment, wo bei Kammerdiastole das Minimum der Kurve aufgeschrieben wird. Wir sehen dann, daß auf jeden Reiz die Kammer unmittelbar eine Kontraktion ausführt, die deutlich als „Extra"-Bewegung auf der Kurve unterschieden werden kann. Wieder wird die Strecke der Kurve später festgestellt, auf welcher die Kammer reizbar ist.*

*c) **Kompensatorische Pause.** Nach jeder erfolgreichen Reizung tritt eine verlängerte Pause auf. Man überzeuge sich auf den Kurven, daß ihre Länge etwa so groß ist, daß die folgende natürliche Systole, verglichen mit der vorhergehenden natürlichen Systole, durch die Entfernung einer (ausgefallenen) Systole geschieden ist (Abb. 61).*

**6. Fixierung der Kurven.** *Zum Ausmessen der Kurven ist es zu empfehlen, das berußte Papier nach Aufnahme der Kurven in einer alkoholi-*

*schen Schellacklösung zu baden (Schellack 50 g, Alkohol 95 vH, 1000 ccm, Rizinusöl 5 ccm. Vorsichtig auf dem Wasserbade kochen, bis der Schellack aufgelöst ist, nach Abkühlung filtrieren). Nach dem Trocknen sind die Kurven fixiert.*

***7. Die gleichen Versuche für ein Praktikum, dem Kymographien nicht zur Verfügung stehen.*** *Am eröffneten Frosche, dessen Herz freigelegt ist, kann man die genannten Erscheinungen auch hervorrufen durch Reizung des Ventrikels durch einen Stich mit einer Nadel. Sticht man in den Ventrikel während der eigentlichen Systole, so hat dieses keinen Erfolg. Ein Stich nach Ablauf der Systole, wenn die Erschlaffung beginnt, hat eine deutliche unmittelbare Beantwortung mit Extrasystole und kompensatorischer Pause zur Folge. Beide Erscheinungen sind so deutlich, daß sie ohne Hilfsmittel beobachtet werden können.*

***8. Der Versuch von STANNIUS über die Erregungsleitung im Herzen*** [1].

*a) **Erste Ligatur von STANNIUS.** Um das freigelegte Herz (siehe Versuch 4) wird eine Fadenschlinge gelegt, indem wir diese unter den Arcus aortae durchziehen. Dieses Umführen des Fadens geschieht am besten wie folgt. Man führt erstens eine Pinzette zwischen dem Sinus und dem Herzen unter der Aorta durch, faßt mit ihr den Faden und zieht ihn sehr vorsichtig nach, worauf der erste Knoten lose gelegt wird. Diese Fadenschlinge wird nunmehr vorsichtig auf die Grenze zwischen Sinus venosus und Vorkammer gebracht. Sodann wird sie kräftig angezogen und durch einen zweiten Knoten festgeknotet. Es ist wichtig, daß diese Ligatur genau auf die Grenze zwischen dem Sinus und dem Atrium kommt und daß die Abschnürung fest ist. Nunmehr werden in den allermeisten Fällen Vorkammer und Kammer stillstehen, während der Sinus sich weiter kontrahiert. (Durch die Ligatur staut sich in ihm das Blut, wodurch sein Rhythmus viel deutlicher wird als vor der Ligatur.) Diese Tatsache ist ein Ausdruck dafür, daß die normale Erregung vom Sinus kommt, jedoch nicht dafür, daß die Kammer nicht ihrerseits zu einem Rhythmus befähigt wäre. In einzelnen Fällen setzt ein solcher Rhythmus auch bald wieder ein. Dann allerdings schlägt die Kammer in einem anderen, langsameren Rhythmus als der Sinus (atrio-ventrikulärer Rhythmus). Wenn der Versuch gut gelungen ist und die Kammer still stehen bleibt, dann kann man sie, etwa durch Berühren mit einer Nadel, reizen und sie wird diesen Reiz mit einer einzelnen Verkürzung beantworten.*

*b) **Zweite Ligatur von STANNIUS.** Wir legen nun an dem gleichen Präparate eine zweite Ligatur an, die genau zwischen Atrium und Ventrikel gelegt wird. Man achte auch beim Knoten dieses Fadens darauf, daß er genau auf der Grenze zwischen beiden Herzteilen liegt. Das Atrium bleibt still stehen, der Ventrikel dagegen fängt an zu schlagen (zuweilen erst nach einiger Zeit) und zwar mit seinem eigenen, verglichen mit dem Sinus, langsameren Rhythmus. Die Bedeutung dieser zweiten Ligatur ist nicht vollkommen klar. Man kann ihr folgende Erklärung geben. Potentiell ist jeder Teil des Herzens, wie wir oben hörten, zu eigenem Rhythmus imstande,*

---

[1] Die im folgenden mitzuteilenden Versuche können je nach Wunsch mit direkter Beobachtung oder Aufschreiben auf dem Kymographion gemacht werden.

*allein in sehr viel geringerem Grade als diejenigen Teile, welche dem Herzen
Führung geben. Wenn nach der ersten Ligatur Atrium und Ventrikel keine
Erregung mehr erhalten, so sind die Umstände der Entwicklung eines
eigenen Rhythmus nicht günstig genug, um diesen zustande kommen zu
lassen. Die zweite Ligatur könnte man als eine (grobe) Form der Dauerreizung betrachten.*

*c) **Dritter Versuch von STANNIUS.** Wir schneiden nun die Herzspitze
ab (auf etwa ein Drittel der Kammerlänge, von der Spitze an gerechnet).
Ohne Anwendung von besonderen Mitteln fängt diese Spitze nicht mehr
an, spontan zu arbeiten. Einzelne Reize werden durch einzelne Kontraktionen beantwortet.*

**9. Versuche mit lokaler Wärmeapplikation.** *Wenn man Teile des
Herzens, die den übrigen Führung geben, erwärmt, so hat das, wie wir hörten,
zur Folge, daß der Rhythmus zunimmt. Bei Teilen,
die auf die Leitung anderer angewiesen sind, kann
höchstens die Ausschlaghöhe mit der Temperatur zu-
nehmen, nicht aber die rhythmische Folge. Man kann
diese Versuche sehr einfach mit einem erwärmten
Glasstabe machen. Bringt man ihn in die Nähe des
Ventrikels, so hat dieses keinen Einfluß auf die Schlag-
frequenz (zählen, oder auf dem Kymographion registrieren!). Bringt man den erwärmten Stab aber in
die Nähe des Sinus, so läßt sich eine höhere Schlag-
frequenz schon durch einfaches Zählen leicht nachweisen.*

*An Stelle des erwärmten Glasstabes kann man eine
knieförmig gebogene, enge Glasröhre nehmen, die mit
einem Gummischlauche, einem T-Stück und zwei
Hebern mit zwei Bechergläsern verbunden ist. In einem*

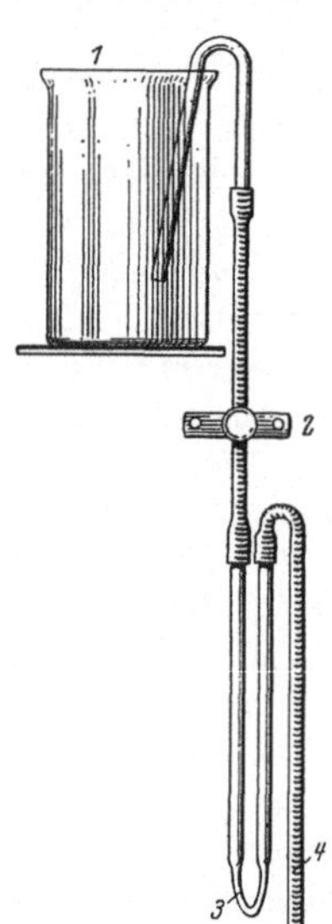

Abb. 64. *Thermode zur lokalen Wärmeapplikation auf Herzteile.*
1. Becherglas mit warmem Wasser. — 2. Quetschhahn am Stück Gummischlauch, der den Heber im Becherglase mit der Thermode 3 verbindet.
Das ausgezogene Knie bei 3 wird auf die betreffenden Herzteile gesetzt.
— 4. Ablauf des Wassers bei Durchströmung der Thermode.

*dieser Becher befindet sich Wasser von bestimmter, hinreichend hoher Tempe-
ratur (50—60°). Im anderen Becher ist kaltes Wasser (10—12°). Das durch
das Knie strömende Wasser führt dann den betreffenden Herzstellen eine
bestimmte konstante Temperatur zu (die naturgemäß niedriger ist als im
Becherglas). Zu- und ableitender Schenkel laufen dicht nebeneinander, das
Knie muß gut gebogen sein, um die Wärmewirkung gut zu lokalisieren.
(Man nennt solch eine einfache Einrichtung eine Thermode, Abb. 64.)
Die Thermode darf den betreffenden Herzteil berühren; während eines Versuches, a mit niedriger, b mit hoher, c mit niedriger Temperatur, darf
ihre Lage nicht geändert werden.*

**10. Wenn der Ventrikel in eigenem Rhythmus schlägt, kann
man diesen Rhythmus direkt durch Wärme beschleunigen.** *Wir
gebrauchen einen Frosch mit der ersten und der zweiten Ligatur von*

*Stannius; der Kammerrhythmus ist deutlich zu sehen; er ist viel langsamer als der Sinusrhythmus. (Zählen oder auf dem Kymographion registrieren; Zählen genügt jedoch.) Die Thermode mit kaltem Wasser berührt leicht den Ventrikel. Nunmehr schließen wir den Zugang zum Becher mit dem kalten und öffnen den Zugang zum Heber für das warme Wasser: Zunahme des Kammerrhythmus. Abkühlung verlangsamt ihn wieder[1].*

***11. Versuche über die Wirkung der extrakardialen, regulierenden Nerven. Vagusreizung.*** *Die Präparation des Vagus beim Frosch ist schwierig und für einen Kursus wenig geeignet. Versuche am Kaninchen sind leicht; es muß jedoch dem Kursusleiter überlassen bleiben, diesen Versuch ausführen zu lassen oder sich auf den weniger demonstrativen Versuch am Frosch zu beschränken. Diesen letzteren wollen wir kurz beschreiben.*

*In der hinteren Verbindungslinie der Trommelfellränder wird das Rückenmark vorsichtig durchschnitten, Gehirn und Rückenmark bleiben intakt. Das Herz wird freigelegt. Der Nervus vagus tritt aus der Tuba eustachii aus und kann daher gereizt werden, wenn man, es sei von außen nach Durchstechung der Trommelfelle oder aber von innen, vom Munddache her, eine Elektrode in die Tuba eustachii einführt[2]. Die andere Elektrode kann in die andere Tuba eingeführt werden. Gereizt wird mit faradischen Strömen, d. h. man läßt den NEEFschen Hammer frei schwingen. Bei schwachen Strömen wird der Herzschlag langsamer und weniger hoch. Bei starken Strömen bleibt das Herz in Diastole (erschlafft) stehen. Bei längerer Fortsetzung dieser Reizung tritt jedoch der Herzschlag wieder auf.*

***12. Gleichgewicht zwischen Kalium und Calcium.*** *Wenn man ein normal schlagendes Herz mit Kaliumsalzlösung betupft, hört der Schlag auf; er kann aber durch Hinzufügung von Calciumsalz wieder erweckt werden. (Ionengleichgewicht.) Das freiliegende Herz eines Frosches wird mit einer verdünnten Lösung von Chlorkalium mit Hilfe eines Wattebausches oder eines Pinsels befeuchtet, bis Herzstillstand auftritt. Ein Tropfen einer 1proz. Calciumchloridlösung bringt es wieder zum Schlagen.*

***13. Versuche mit HABERLANDTS Herzhormon.*** *Es werden zwei Uhrschälchen bereit gestellt. In jedes kommt ein Tropfen von Ringerscher Lösung für den Frosch (siehe S. 139). Ein Frosch wird durch Dekapitieren und Rückenmarksvernichtung getötet, das Herz sauber herauspräpariert. (Das Reinigen der Instrumente nach Hautdurchschneidung nicht vergessen!) Mit einer scharfen, feinen Schere trennen wir nunmehr den Sinus von der Kammer, etwa so, daß der Schnitt durch die Atrien geht. Beide Präparate kommen in je ein Uhrschälchen. Es muß dafür gesorgt sein, daß der Flüssigkeitstropfen gerade ausreicht, um die Präparate zu umgeben. Der Versuch wird nur fortgesetzt, wenn der Sinus weiterschlägt, der Ventrikel aber still steht. Nach etwa 1 Stunde nehmen wir den Sinus aus seiner Flüssigkeit*

---

[1] Der Versuch mißlingt zuweilen dadurch, daß der Ventrikel stillstehen bleibt. Die Gründe hierfür können nicht besprochen werden. Bei diesem Versuche, bei dem die Thermode in einem Stativ befestigt ist, darf sie den Ventrikel berühren, da diese Berührung während des ganzen Versuches nicht verändert wird.

[2] Sehr geeignet sind dicke Elektroden, die die Tuba gut füllen, etwa Eisennägel.

*und bringen vorsichtig den Ventrikel in diese Flüssigkeit hinein. Nach
kurzer Latenz wird dann der Ventrikel zu schlagen anfangen. Aus dem
Sinus ist das Hormon in die Salzlösung übergegangen und erregt den
Ventrikel.*

## C. Das Schneckenherz als Vergleichsobjekt.

Die vergleichende Physiologie des Herzens, zumal derjeniger Tiere,
die uns leicht zur Verfügung stehen, bietet noch nicht viele Versuche, die
mit Erfolg in einem Kursus angestellt werden können. Worauf es in
erster Linie ankommen wird, ist eine Beobachtung der Eigenartigkeit
des Herzrhythmus, die wir beschreiben werden. Die Grundeigenschaften
des Herzmuskels sollen auch bei den wirbellosen Tieren vorhanden sein.
Aber durch die geringere Genauigkeit, mit der die einzelnen Gesetze sich

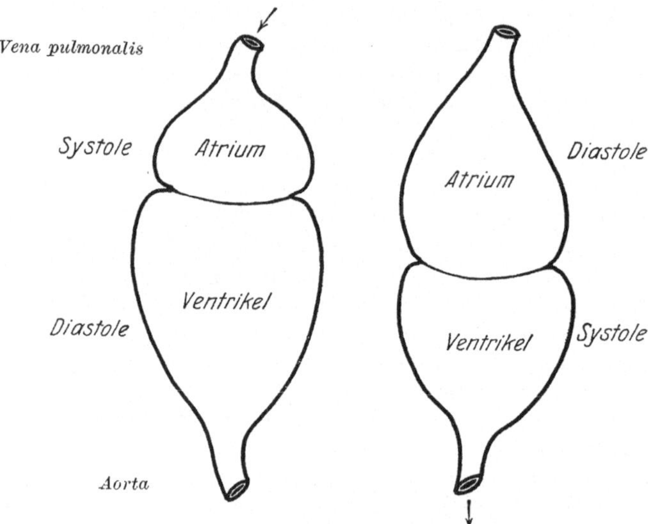


Abb. 65. Herz von Helix pomatia.

hier zeigen, eignen sich diese Objekte weniger dazu, um sie zu untersuchen. Der Rhythmus ist in der Regel nicht sehr regelmäßig, so daß
z. B. die scharfe Absetzung einer Extrasystole und die Möglichkeit genauen Messens einer etwaigen kompensatorischen Pause, mit den einfachen Hilfsmitteln eines Kursus nicht gegeben ist. In vielen Fällen ist die
refraktäre Periode bei niederen Tieren weniger absolut als beim Wirbeltierherzen. Man kann bei manchen Wirbellosen (z. B. den Crustaceen)
mit faradischer Reizung einen Tetanus erhalten. Faradische Reizung
des Schneckenherzens gibt keine eindeutigen, instruktiven Resultate.

Extrakardiale regulierende Herznerven kommen bei den Wirbellosen
vor und zwar handelt es sich bei der Schnecke um Nerven, die aus dem
Viszeralganglion kommen und Erregung sowie Hemmung (je nach
Reizstärke) erzeugen.

Das Schneckenherz besteht aus einer Vorkammer und einer Kammer (Abb. 65); es liegt im Perikard und zwar so, daß an einem Ende die Vena pulmonalis, am gegenüberliegenden Ende die Aorta das Perikard durchbohrt und an diesem befestigt ist. Dieses Perikard ist ein mit Flüssigkeit erfüllter Sack, der auch bei der Exkretion eine Rolle spielt: der Nierenkanal nimmt im Perikard seinen Ursprung. Die Flüssigkeit verleiht dem Herzbeutel eine gewisse Festigkeit; wenn das Atrium sich zusammenzieht, wobei es kurz wird, so zieht es den Ventrikel in die Länge, da ja sein eines Ende durch die gespannte Wand des Perikards festgehalten wird. Auf die Systole des Atriums folgt, mit deutlicher Pause, die Systole des Ventrikels, die ihrerseits zur Folge hat, daß das Atrium in die Länge gezogen wird. Nach einigen neuen Untersuchungen in unserem Laboratorium, die aber noch nicht abgeschlossen sind, dürfte die Koordination des Vorhof- und Kammerrhythmus bei Schnecken auf ganz anderen Prinzipien beruhen, als bei den Wirbeltieren. Es gibt vermutlich keine Stelle des Herzens, von der die Führung der anderen Teile (auf dem Wege der Reizleitung) ausgeht. Es scheint unmöglich zu sein, nach einer Extrasystole eine kompensatorische Pause zu erhalten; sowohl die Erwärmung des Atriums als des Ventrikels ruft einen beschleunigten Herzrhythmus hervor. Wir vermuten, daß bei der Koordination von Atrium und Ventrikel die genannte Erscheinung eine Rolle spielt, daß jeder Teil, der sich verkürzt, den anderen Teil dehnt. Allerdings dürfen wir diese Vermutung zunächst nur unter Vorbehalt aussprechen. Schon BIEDERMANN beobachtete, daß ein aus dem Perikard herausgenommenes Schneckenherz nicht mehr koordiniert schlägt.

### *Versuche am Schneckenherz.*

*14. Beobachtung des Herzrhythmus am unverletzten Tiere. Bei einer Reihe wirbelloser Tiere läßt sich der Herzrhythmus beim unverletzten Tiere beobachten. Eines der bekanntesten Beispiele ist Daphnia, ferner die Larve von Chironomus. Es gibt auch kleine durchsichtige Schneckenarten, bei denen schon mit der Lupe die Herzbewegung zu verfolgen ist. Trotzdem geben wir Helix pomatia den Vorzug, da wir die Beobachtung ohne Hilfe optischer Instrumente ausführen können.*

*Wir nehmen ein Exemplar von Helix pomatia, welches sich innerhalb ihres „Hauses" zurückgezogen befindet, z. B. ein Wintertier. Wir halten die Schale so, daß die Öffnung vor uns liegt und zwar derart, daß die Spitze in normaler Lage nach oben gerichtet ist. Das Herz befindet sich nun oberhalb der Öffnung in der zweiten Windung, in der Regel etwas rechts von der Mitte der Öffnung. Allerdings ist die Lage der einzelnen Organe Schwankungen unterworfen. Der Teil der Windung, in welchem wir das Herz erwarten (also in einer Zone, die etwa oberhalb der Mitte der Öffnung anfängt und sich von da noch etwas nach rechts erstreckt), wird nun vorsichtig mit Salpetersäure, mit Hilfe eines Wattebausches, der mit einer Pinzette festgehalten wird, abgewaschen, bis wir die Herzbewegung durch die durchscheinend gemachte Schale sehen können. Es erfordert einige Übung, um die Bewegung, vergleichbar einem feinen beweglichen Schatten, zu sehen. Wenn man Schwierigkeiten hat, das Herz zu sehen, so suche man die wurst-*

*förmige, weißliche Niere. Das Herz liegt unterhalb dieser in der großen Einbuchtung. Ist die Schale einmal durchscheinend genug, dann fahre man nicht fort, sie mit Salpetersäure dünner zu machen, da dies erfahrungsmäßig keinen Erfolg hat und nur die Gefahr vergrößert, daß die Schale perforiert wird. Das abwechselnde Spiel von Kammer und Vorkammer kann man hierbei nicht beobachten, dagegen läßt sich die Wirkung gesteigerter Temperatur auf den Rhythmus bei einem solchen ungeschädigten Tiere leicht nachweisen. Man bringt das Tier in einen kleinen Becher, den man in einen größeren taucht, der mit warmem Wasser gefüllt ist. Zählen der Herzschläge und mit dem Rhythmus bei Zimmertemperatur oder nach Kühlung vergleichen!*

*15. Versuche am eröffneten Tiere. Es empfiehlt sich, zu diesem Zwecke die Schnecken eine Zeitlang in Leitungswasser zu legen. Sie schwellen dann auf. Sowohl der Herzbeutel als auch das Herz sind voller als in der Norm, daher ist es leichter, Bewegungen zu sehen. Die Schale wird rechts von der Öffnung (an der linken Seite des Tieres) vorsichtig abgebröckelt. Man sieht dann bald das Herz und überzeugt sich, daß in der Tat der Rhythmus so vonstatten geht, wie wir das oben beschrieben haben. Zu Reizversuchen oder zum Aufschreiben des ziemlich unregelmäßigen Rhythmus muß das Perikard eröffnet werden. Registrierung erfolgt wie beim „gefensterten Frosch". Die Reizung ebenfalls.*

*16. Temperaturversuche am freigelegten Schneckenherzen: Beeinflussung von Atrium und Ventrikel. Wir überzeugen uns nunmehr davon, daß im Gegensatz zum Froschherzen die Wärme sowohl am Atrium als am Ventrikel eine Beschleunigung des Rhythmus hervorruft.*

*Das Herz einer Schnecke wird freigelegt, das Perikard geöffnet, die Schnecke durch die Schale auf der Unterlage durch Festkitten befestigt. Hierzu dient irgendeine Modelliermasse. Der Ventrikel wird mit einer Serre fine in der Nähe des Artriums gepackt und die Bewegung, wie wir das beim Frosch gelernt haben, unmittelbar auf einen leichten Schreibhebel übertragen. (Auch dieser Versuch läßt sich, ohne Anwendung der graphischen Methode, durch direkte Beobachtungen ausführen. Allerdings verdient die graphische Methode bei weitem den Vorzug.) Wir lassen das Herz seine Bewegungen aufschreiben, während gleichzeitig die Zeit auf der Trommel markiert wird. Nachdem wir so die Bewegung eine Zeitlang aufgenommen haben, bringen wir in die Nähe der Herzkammer das Knie einer Thermode (siehe Abb. 64). Durch diese Thermode lassen wir durch einen Heber aus einem Becherglase Wasser laufen, von 40° C oder etwas darüber[1]. Wir nehmen nun die Kurve nach der Erwärmung auf und zählen später die Systolen, erstens vor, zweitens nach der Erwärmung, um die Zunahme während eines gleichen Zeitraumes festzustellen.*

*Den gleichen Versuch wiederholen wir für die Vorkammer und zwar so, daß wir am gleichen Präparate die Thermode sorgfältig auf das Atrium lokalisieren. Das Atrium ist zu zart, um es direkt schreiben zu lassen, auch teilt sich — vielleicht infolge der passiven Dehnung — der Rhythmus eines Herzteiles dem anderen stets mit, d. h. sie arbeiten immer koordiniert:*

---

[1] Man bedenke, daß die an dem Herzen erzielte Temperaturerhöhung viel geringer ist!

*daher genügt die beschriebene Suspension[1]. Die Zunahme der Schläge im Laufe einer Periode ist nicht immer groß, auch nicht gleichmäßig, wohl aber deutlich. Sie tritt keineswegs auf Atriumerwärmung hin auf. Auch ist die Zunahme bei Atriumerwärmung im Mittel nicht größer als bei Ventrikelerwärmung, so daß der Versuch nicht auf indirekte Erwärmung des Atriums zurückzuführen ist.*

*Beispiel:*

| Vorkammer | | | Kammer | | |
|---|---|---|---|---|---|
| Zimmer-temperatur | Thermode | Zunahme | Zimmer-temperatur | Thermode | Zunahme |
| Schläge : innerhalb Sekund. | Schläge : innerhalb Sekund. | Schläge : innerhalb Sekund. | Schläge : innerhalb Sekund. | Schläge : innerhalb Sekund | Schläge : innerhalb Sekund. |
| 20 : 40 | 23 : 40 | 3 : 40 | 4 : 20 | 12 : 20 | 8 : 20 |
| 10 : 45 | 15 : 45 | 5 : 45 | 9 : 25 | 13 : 25 | 4 : 25 |
| 9 : 25 | 16 : 25 | 7 : 25 | 12 : 35 | 16 : 35 | 4 : 35 |
| 29 : 60 | 41 : 60 | 12 : 60 | 25 : 50 | 44 : 50 | 19 : 50 |

# VI. Das Nervenmuskelsystem.

## A. Allgemeine Einleitung am Nervenmuskelpräparat des Frosches.

Die Aufgabe der folgenden Untersuchungen ist, die Reizbarkeit von Muskeln und Nerven kennen zu lernen. Wir müssen erst einiges Allgemeine über diese Reizbarkeit sagen, obwohl wir schon bei der Herzphysiologie mancherlei diesbezügliches kennen gelernt haben.

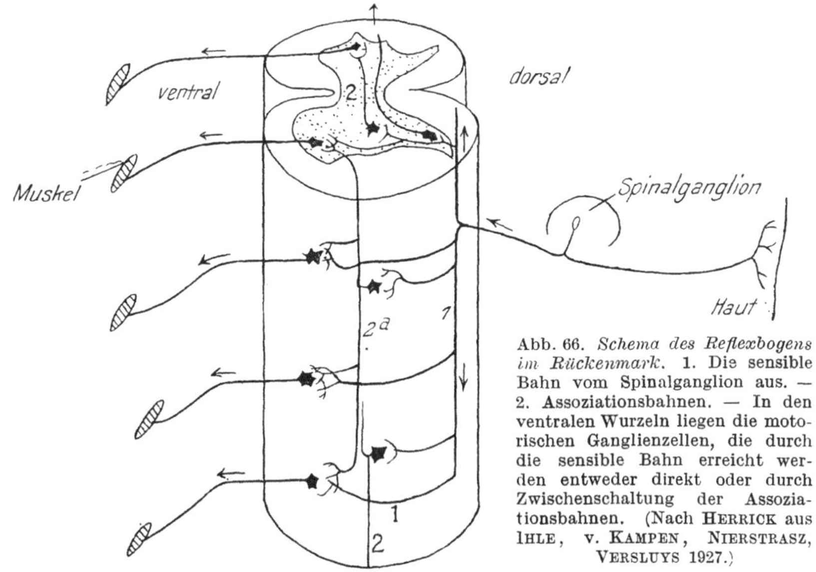


Abb. 66. *Schema des Reflexbogens im Rückenmark.* 1. Die sensible Bahn vom Spinalganglion aus. — 2. Assoziationsbahnen. — In den ventralen Wurzeln liegen die motorischen Ganglienzellen, die durch die sensible Bahn erreicht werden entweder direkt oder durch Zwischenschaltung der Assoziationsbahnen. (Nach HERRICK aus IHLE, v. KAMPEN, NIERSTRASZ, VERSLUYS 1927.)

---

[1] Unsere neueren Versuche werden mit einer komplizierteren Technik ausgeführt, die sich nicht für einen Kursus eignet, aber isolierte Registrierung von Atrium und Ventrikel erlaubt. Das Herz bleibt auch hierbei in situ. Auf Atrium und Ventrikel liegt je eine leichte Platte, die durch ein Stiftchen die Bewegung je auf einen darüberliegenden Hebel überträgt.

## 1. Der Reflexbogen.

Der sehr komplizierte Bewegungsapparat der Tiere besteht in erster Linie aus verhältnismäßig einfachen Elementen, den Reflexbögen (Abb. 65). Ein Reflexbogen besteht aus Sinnesorgan oder Rezeptor, der die Reize der Außenwelt empfängt. Die Erregung, die durch die Reizung innerhalb des Rezeptors entsteht, wird geleitet durch sensible oder afferente Nerven und zwar nach dem Zentrum. Dieses besteht im wesentlichen aus netzartigen Verbindungen von Ganglienzellen. Die Erregung tritt aus dem sensiblen Teil dieses Zentrums in den motorischen, zuletzt in den motorischen Ausläufer einer der motorischen Zellen, welche die efferente oder motorische Nervenfaser bildet; letztere leitet die Erregung dem Erfolgsorgane zu, dem Effektor, d. h. dem Muskel oder der Drüse. Ehe wir Reflexe untersuchen können, müssen wir die Einzelteile dieses Systems kennen lernen.

## 2. Die Reizbarkeit des Nerven.

Reizversuche können am besten direkt an den Nerven und den Muskeln ausgeführt werden, denn die Funktionen der Reizbarkeit finden wir bei allen Teilen des Reflexsystems und man kann sie gerade am Nerven und am Muskel in ihrer elementarsten Form studieren. Reize für den Nerven sind z. B.: Mechanische Reize, wie Schlag, Druck, Einschnitt usw., Wärme, elektrische Ströme, chemische Stoffe, osmotischer Druck. Wichtig, aus technischen Gründen, ist die Reizung durch elektrische Ströme. Man kann hierbei konstante Ströme verwenden, wie ein Akkumulator sie liefert, oder aber Induktionsströme. Im letzteren Falle stehen Einzelschläge und faradische Reize zur Verfügung, wie wir sie schon für die Herzreizung verwendet haben. Bei der Wirkung von konstanten Strömen ist das folgende wichtig: Sie reizen nur durch *Veränderung* der Stromdichte. Der konstant durch einen Nerven fließende Strom hat nur während seines Schlusses und während seiner Öffnung reizende Wirkung, nicht während seiner Durchströmung. Die Wirkung des konstanten Stromes auf den Nerven ist recht kompliziert, da neben der eigentlichen Reizung auch noch eine Veränderung der Ionen innerhalb des Nerven eine Rolle spielt, deren Studium jedoch für unsere speziellen Zwecke nicht in Betracht kommt. Wir werden daher unsere Arbeiten vornehmlich mit Induktionsströmen ausführen.

Um den *Erfolg der Reizung* zu studieren, bedienen wir uns hier beinahe ausschließlich der Kontraktion des Muskels, mit dem der Nerv in Verbindung steht. Es ist dabei sehr zu empfehlen, die Versuche lediglich am Kymographion auszuführen, da die Höhe des Einzelausschlags mit anderen Methoden, wegen der Geschwindigkeit der „Zuckung", schwer zu messen ist; auf diese Höhe kommt es aber bei vielen Versuchen an. — Neben dieser „myographischen" Methode, kann man den Erfolg des Reizes auch auf andere Weise untersuchen. Die Erscheinungen im Nerven und im Muskel, auf die wir sogleich zu sprechen kommen werden, gehen Hand in Hand mit einer Verschiebung des Ionengleichgewichts und eine solche gibt immer Veranlassung zu einem elektrischen

Potential, welches durch feine Galvanometer oder Elektrometer gemessen werden kann. Wir werden uns in diesem Kursus darauf beschränken, das Auftreten solcher elektrischer Ströme am Muskel mit einem Kapillarelektrometer nachzuweisen, uns aber nicht der elektrischen Methode bedienen, um den Reizerfolg festzustellen, da die elektrische Methode hierzu in einem Kursus sich nicht eignet.

### Direkte und indirekte Reizbarkeit des Muskels.

Man kann einen Muskel entweder direkt reizen mit den genannten Agentien und ihn dadurch zur Kontraktion zwingen, oder man kann seinen Nerven reizen. Letzteres nennt man indirekte, ersteres direkte Reizung. Diese Tatsache, daß beide genannten Bestandteile des Systems reizbar sind, ist nicht ganz leicht zu beweisen, ohne Anwendung von Hilfsmitteln, durch welche aber der Versuch wenig demonstrativ wird. Wenn man nämlich den Muskel unmittelbar elektrisch reizt, so werden sich die elektrischen Ströme in ihm verteilen, werden sowohl die Muskelfasern als die Endverzweigungen des Nerven in ihm durchströmen und reizen. Will man die Wirkung auf die Nervenverzweigungen ausschließen, so muß man Gifte anwenden. Am besten eignet sich als solches Curarin (oder Curaril), welches die Verbindung zwischen Nerv und Muskel aufhebt. Bei einem derartig vergifteten Muskel ist Reizung des Nerven wirkungslos, Reizung des Muskels dagegen hat Erfolg. Wir geben außerdem bei den Versuchen noch andere Methoden an, um die direkte Muskelreizung zu demonstrieren.

### Das Wesen der Reizung und Erregungsleitung im Nerven.

Das Wesen der Erregungsleitung im Nerven ist nicht näher bekannt, aber die Untersuchungen der letzten Jahrzehnte haben uns der Lösung der Frage, wenigstens beim Wirbeltiere, näher gebracht (KEITH-LUKAS, ADRIAN, KATO u. a.). Bei der Erklärung der Leitung kann man an zwei Möglichkeiten denken. Erstens an die Leitung einer Energieform, wie Elektrizität in einem Draht, oder von strömendem Wasser in einer Röhre; zweitens an die Leitung, wie sie in einer Lunte stattfindet, welche aus einer Röhre besteht, die mit einem dünnen Faden Schießpulver geladen ist. Bei der Energieleitung hängt die Größe der Erregung[1] jedenfalls ab von der Energie des Reizes, die dem System zugeführt wird. Die Leitung findet daher statt nach Maßgabe der „vis a tergo", hat aber auf ihrem Wege einen Widerstand zu überwinden; sie findet also mit *Dekrement* statt. Das Dekrement drückt sich durch das Folgende aus: je weiter ein Punkt des leitenden Systems vom Ursprungsort der Erregung entfernt ist, desto geringerer wird die Erregung; zweitens, je größer der Reiz, auf eine desto größere Strecke wird er sich geltend machen. Es unterliegt keinem Zweifel, daß eine derartige Leitung bei Tieren vorkommt, wenn wir auch keineswegs behaupten wollen, daß es sich dabei immer um eine Leitung irgendeiner Energieform handelt, die man

---

[1] Dasjenige, was der Reiz in reizbaren Geweben hervorruft, nennt man „Erregung".

z. B. mit Elektrizität vergleichen könnte. Wenn man das Pseudopodium einer Amöbe geringfügig reizt, so wird dieser Teil des Protoplasmas sich auf eine geringe Strecke hin verkürzen; erst ein starker Reiz pflanzt sich weiter fort, um schließlich das ganze Tier zur Kontraktion zu bringen. Wir werden später hören, daß auch bei Nerven wirbelloser Tiere die Abhängigkeit des Reizerfolges von der Erregungsgröße, der „vis a tergo" nachgewiesen werden kann. Bei der „*Luntenleitung*" ist das alles ganz anders. Jeder Teil des Schießpulverfadens, der entzündet wird, verbrennt durch die Energie, die in ihm selbst vorhanden ist und durch die Verbrennung frei wird. Er entzündet seinen Nachbarn, der wiederum diejenige Energiemenge dabei frei macht, über die er verfügt, unabhängig von dem Grade der kleinen Explosion, mit der sein erstgenannter Nachbar ihn entzündet hat. Eine solche Leitung kennt kein Dekrement, *sie vollzieht sich nach dem Alles- oder Nichtsgesetz*, welches wir schon beim Herzen kennen lernten. Diese Leitungsform ist für die peripheren Nerven der Wirbeltiere charakteristisch[1].

Es fragt sich nun, wie bei der Reizung eines Nerven mit Strömen verschiedener Stärke im Muskel Kontraktionen verschiedener Höhe erzeugt werden können. Jede willkürliche Muskelbewegung unseres Körpers erlaubt ja eine große Zahl der Abstufungen, die scheinbar dem Alles- oder Nichtsgesetz widersprechen, in Wirklichkeit aber die folgende Erklärung finden:

a) Die Ausschlagshöhe nach Maßgabe der gereizten Faserzahl. Reizung mit Einzelinduktionsschlägen. Die Maximalzuckung. Wenn man einen Nerven auf zwei Platinadrähte legt und einen Einzelinduktionsschlag hindurch leitet, so wird der elektrische Strom innerhalb des Nerven, je nach Stärke des Stromes, einen anderen Weg nehmen. Bei geringerer Stärke wird er auf dem kürzesten Wege von einer Elektrode zur anderen gelangen und dabei nur durch die äußersten Lagen des Nerven strömen; nur die den Elektroden unmittelbar aufliegenden Axone werden nämlich hierbei durchströmt und gereizt. Die Folge davon ist, daß nur die wenigen, mit diesen Axonen zusammenhängenden Muskelfasern sich verkürzen. Wenn dann der Strom stärker wird, so verteilt er sich auf eine größere Gewebsmasse und zwar in Form gebogener Linien zwischen beiden Elektroden; diese Stromschleifen breiten sich also auf zweierlei Weise innerhalb des Gewebes aus: einmal rechts und links vom Elektrodenpaar; ferner, in die Tiefe des Nerven durchdringend; *sie erregen auf diese Weise mehr und mehr Fasern*. Die Ausbreitung der Stromschleife in der Längsrichtung des Nerven hat nur eine technische Bedeutung, wenn man z. B. die Leitungsgeschwindigkeit messen will, oder wenn man aus dem Nerven selbst, bei Reizung, elektrische Ströme ableiten will; man muß dann wissen, daß bei stärkeren Strömen die Wirkung sich nicht auf den Ort der Elektroden beschränkt. Auch einige andere Fragen, bei denen die Kenntnis der

---

[1] Siehe die weiteren Ausführungen über dekrementlose Leitung im Zusammenhang mit diesbezüglichen Versuchen weiter unten.

in der Längsrichtung verlaufenden Schleifen wichtig ist, werden uns hier nicht beschäftigen. Wichtig für uns sind dagegen die Stromschleifen, soweit sie mit zunehmender Stromstärke tiefer in das Nervengewebe eindringen; bei jeder Zunahme der Stromstärke werden nämlich mehr Fasern gereizt, mehr Muskelfasern kontrahieren sich, die Ausschlagshöhe des mit dem Muskel verbundenen Schreibhebels nimmt zu, bis schließlich auch die letzten, von den Elektroden am weitesten entfernten Achsenzylinder durch hinreichend starke Ströme getroffen werden, hinreichend stark also um diejenige „Entladung" in ihnen zu verursachen, zu denen sie fähig sind. Dann arbeiten alle Fasern des Muskels und wir erhalten eine *maximale Kontraktion* oder *maximale Zuckung*. Wenn es leicht wäre sich ein Präparat zu verschaffen, das aus wenig Achsenzylindern und demnach wenig Muskelfasern besteht (denn beim Skelettmuskel des Wirbeltieres entspricht jede Muskelfaser einem Axon, so daß die Erregung der einzelnen Muskelfasern individuell erfolgt), so könnten wir zeigen, daß es nur soviel verschiedene Stufen der Ausschlagshöhe bei der Muskelverkürzung gibt, als Einzelfasern vorhanden sind. Die üblichen Nervenmuskelpräparate sind aber zu reich an Fasern, um dieses zu zeigen; die genannte Tatsache wird sich also für uns nur dokumentieren in der Erscheinung, daß wir bei Anwendung zunehmender Stromstärke zwar eine Steigerung des Effektes erhalten, daß hierbei aber verhältnismäßig bald ein *Maximum* erreicht wird[1].

b) **Tetanus.** Ein zweites Mittel, um abgestufte Wirkungsgrade zu erhalten, ist das Vermögen der *Reizsummation* durch den Muskel. Wenn man nicht mit einzelnen Schlägen, sondern mit zahlreichen, einander in bestimmten Abständen folgenden Einzelschlägen arbeitet, so ergibt sich, von einer gewissen Geschwindigkeit an, daß im Muskel zwischen zwei Reizungen die ihm durch den ersten Reiz mitgeteilte Erregung nicht vollkommen erlischt, so daß die Wirkung des zweiten Reizes sich zu derjenigen des ersten summiert. Der Erfolg wird sein, daß der Muskel sich bei rhythmischer Erregung etwas höher als das gefundene Maximum der Einzelzuckung kontrahiert. Je schneller nun die rhythmischen Erregungen einander folgen, desto weniger wird in der Zwischenzeit der Muskel wieder erregungsfrei werden. Unser Schreibhebel bleibt also in der Höhe und nur eine Wellenlinie, die er auf dem Kymographion schreibt, deutet an, daß wir es mit einem rhythmischen Geschehen zu tun haben. Wenn wir aber die Geschwindigkeit des Rhythmus noch mehr steigern, also z. B. die Reizung schließlich mit dem Induktionsapparat ausführen (bei freiem Spiele des NEEFschen Hammers), dann beschreibt der Hebel

---

[1] Wie bei der willkürlichen Bewegung die Kontraktionsgröße so fein reguliert werden kann, ist noch nicht bekannt. Man hat aber Gründe dafür, anzunehmen, daß auch diese Regulierung durch Erregung von mehr oder weniger Achsenzylindern stattfindet. Der Mechanismus der Erregung bestimmter Neuronen in den Zentren ist unbekannt; sicher beruht er nicht auf verschiedener Reizschwelle der Neuronen, da bei Dauerverkürzung die Erregung automatisch von einem Neuron auf den andern übergeht! (Vermeidung der Ermüdung.)

eine gerade Linie in Kontraktionshöhe. Wir haben einen *glatten Tetanus* vor uns[1].

Zusammenfassend können wir sagen, daß trotz des Alles- oder Nichtsgesetzes, verschiedene Ausschlagshöhe als Folge verschiedener Reizung zuwege gebracht wird, einmal durch mehr oder weniger große Zahl gereizter Einzelelemente, in anderen Fällen aber durch mehr oder weniger große Geschwindigkeit der erregenden Rhythmen. Die Einzelzuckung spielt übrigens, außer im Versuch, nur eine Rolle beim Herzen, dessen Systole eine Einzelzuckung ist, da ja die refraktäre Periode der Herzmuskulatur zu lange dauert, um einen Tetanus möglich zu machen. Ferner kann vielleicht als Einzelzuckung auftretender Patellarreflex, d. i. die kurze Zuckung des Unterschenkels des einen Beines (gestützt durch das Knie des anderen Beines) nach oben, wenn man auf die Kniesehne unterhalb der Kniescheibe einen kurzen, leichten Schlag ausführt. Doch besteht auch diese Verkürzung wohl meist noch aus zwei bis vier Einzelerregungen; auch im schnellsten Triller des Klaviervirtuosen ist jede Zusammenziehung ein kurzer Tetanus. Die Tatsache, daß jede Dauerverkürzung durch Summation von vielen Einzelreizen hervorgerufen wird, ist von großer Wichtigkeit. Denn hierdurch ist der arbeitende Muskel, da er in jedem Moment aufs Neue erregt werden muß, in jedem Momente auch imstande sich veränderten Befehlen von seiten des Zentralnervensystems anzupassen.

*Einleitende Versuche am Nervenmuskelpräparat des Frosches.*

*1. Die Präparation des Musculus gastrocnemius und des Nervus ischiadicus des Frosches. Ein Frosch wird dekapitiert: Einführung einer starken Schere zwischen die Kiefer. Durchdrücken der eingeführten Scherenbranche bis in den hinteren Mundwinkel. Mit einem Schlage wird dann der Kopf abgeschnitten und mit einer dicken, langen Nadel oder Sonde das gesamte Rückenmark vernichtet. In diesem Zustande kann man, im Gegensatz zu Versuchen, die wir später beschreiben werden, keine Muskelerregung erhalten durch Reizung der Haut, da hierzu das Intaktsein des zentralen Nervensystems (Rückenmarks) nötig ist. Man*

---

[1] Praktisch wird sich zeigen, daß beim Nervenmuskelpräparat des Frosches sich ein solcher Tetanus nicht sehr lange in gleicher Höhe erhält. Das kommt dadurch, daß die Blutzirkulation des Präparates unterbrochen ist. Aus Mangel an Sauerstoff ermüdet der Muskel schnell. Diese Versuche mit künstlicher Reizung erlauben uns lediglich die anoxybiontische Phase der Muskeltätigkeit zu beobachten (s. S. 174). Beim Muskel mit erhaltener Zirkulation setzt unmittelbar nach der Verkürzung die oxydative Phase ein. Sie ist notwendig, schon um die Muskelfasern von der in der ersten Phase gebildeten Milchsäure zu befreien. Geschieht dieses nicht, so häuft sich die Milchsäure im Muskel auf; allerdings geschieht das nicht da, wo sie die Kontraktion erzeugt, denn auch bei Abwesenheit von Sauerstoff kann der Muskel dadurch erschlaffen, daß die Milchsäure aus den „Verkürzungsorten" nach den „Erschlaffungsorten" gelangt, woselbst sie sich, bei fehlendem Sauerstoff anhäuft. Durch diese Anhäufung werden die Erschlaffungsorte ungeeignet, um neue Milchsäure aufzunehmen: es tritt „Ermüdung" auf. Schließlich wird der Muskel unerregbar. Diese Tatsachen mögen genügen, um uns über die Ursache der schnellen Ermüdbarkeit unseres Muskelpräparates aufzuklären.

*eröffnet die Leibeshöhle; die Baucheingeweide werden entfernt. An den Hinterbeinen wird die Haut zwischen Körper und Hinterbeinen so durchschnitten, daß die Haut wie ein Strumpf abgestreift werden kann. Man packt hierzu den Vorderkörper am Rücken mit einem Tuch und zwar so, daß man das Rückgrat dabei faßt; greift mit den Fingern oder einer Pinzette den Schnittrand des doppelten „Strumpfes" und streift ihn ab, so, daß das Innere nach außen kommt. Hände und Instrumente werden nun gut rein gemacht, um die zu untersuchenden Organe nicht mit dem giftigen Hautsekret in Berührung zu bringen.*

*Nachdem man ventral den Austritt der drei Wurzeln des Nervus ischiadicus aus dem Rückenmark gesehen und das in der Leibeshöhle verlaufende Stück des Nerven freigelegt hat, legt man das Tier nunmehr auf die Bauchseite und sieht nun, daß die Muskeln des Oberschenkels der Hinterbeine sich leicht in zwei Längsgruppen verteilen lassen. Zwischen diesen beiden Gruppen ist eine Art Spalt, den man mit dem Stiel des Skalpells erweitert, bis man in der Tiefe Blutgefäße und den Nervus ischiadicus als blendend weißen Faden sieht. Nun machen wir den Nerven vorsichtig von bindegewebigen Fasern los, so daß er bis zum Knie freiliegt. Wir vermeiden es hierbei, den Nerven durch Berührung oder gar durch Ziehen zu schädigen. Wenn es sich darum handelt, den Nerven auf eine große Strecke hin freizulegen, so kann man ihn vorn bis zum Rückgrat verfolgen. So weit wie möglich vorn wird der Nerv durchschnitten. Sodann wird der Wadenmuskel, der Musculus gastrocnemius, frei gemacht, d. h. aus seiner Umgebung gelöst und seine Sehne, die „Achillessehne", so dicht wie möglich bei der Ferse abgeschnitten. Das Stück Femur, an welchem der genannte Muskel proximal festsitzt, wird mit einer starken Schere oder Knochenzange durchschnitten, so daß mit dem Muskel ein Stück des Knochens abgelöst wird, das dann, in ein Stativ eingeschraubt, den Muskel auf eine bequeme Weise fixiert.*

*Bei den Versuchen halten wir ein Schälchen mit physiologischer Kochsalzlösung von 0,7 vH bereit. Von Zeit zu Zeit werden die Präparate mit dieser Lösung befeuchtet (Wattebausch und saubere Pinzette).*

*Der Muskel kommt jetzt in ein Stativ, an welchem wir das Stückchen Femur festklemmen. Daneben, an einem zweiten Stativ, befestigen wir einen Objektträger oder ein Uhrschälchen. Oberhalb des Muskels befindet sich der Schreibhebel. Von ihm hängt ein Faden herab, an dessen freiem Ende ein, aus einer Stecknadel gebogener Haken oder eine Serre fine sich befindet, womit die Achillessehne gefaßt wird. Der Nerv wird vorsichtig an seinem äußersten, vom Muskel abgewandten Ende gepackt und auf den oben genannten Objektträger oder das Uhrschälchen gelegt.*

***2. Chemische Reizung des Nerven.*** *Wir bringen etwas Kochsalz in Substanz oder konzentrierte Kochsalzlösung auf das äußerste Ende des Nerven und beobachten die Muskelzuckungen. Man kann die Stoffe, die reizend wirken, nach Belieben wählen. Unter anderem schlagen wir Essigsäure vor. An einem Präparat lassen sich eine Reihe von Versuchen dieser Art anstellen, wenn man am äußersten Ende des Nerven beginnt und sich dem Muskel allmählich nähert. Wenn Unerregbarkeit eingetreten ist, muß man das Präparat wechseln.*

**3. Mechanische Reize.** *Es genügt, den Nerven mit einer Pinzette zu kneifen.*

**4. Thermische Reize.** *Ein Glasstab wird stark erhitzt und dicht in die Nähe des Nerven gebracht, ohne ihn direkt zu berühren[1], jedoch hinreichend, um eine Zuckung zu erhalten.*

**5. Direkte Muskelreizung.** *Das Präparat wird gewonnen von einem Frosch, dem man mit einer Morphiumspritze 1 ccm einer Curarillösung von 10 vH eingespritzt hat, ehe man zur Präparation überging. Nun eignet sich der Muskel, der nicht mehr vom Nerven aus erregt werden kann, zu Versuchen über die Erregbarkeit des Muskels. Es können die gleichen Agentien angewandt werden, dazu elektrische Reizung, wie wir sie gleich für den Nerven beschreiben werden. Eine andere Methode, um Muskel und Nerv besonders zu reizen, ist die Anwendung von Ammoniak und Glyzerin auf das nicht curarisierte Nerven-Muskelpräparat. Ammoniak reizt nur den Muskel und lähmt den Nerven. Glyzerin dagegen wirkt nur auf den Nerven und nicht auf den Muskel.*

**6. Elektrische Reizung der Nerven mit konstantem Strome.** *Zu diesen Versuchen wird der Nerv nicht auf eine Glasunterlage, sondern auf die in einem Stativ befestigten Elektroden gelegt. Man kann zur Not auch für konstante Ströme Drahtelektroden nehmen, doch ist es korrekter (um die Polarisation durch den konstanten Strom zu vermeiden), mit unpolarisierbaren Elektroden zu arbeiten. Diese stellt man sich wie folgt her. Man nimmt einen Streifen Zinkblech oder einen Zinkstab, wie solche zur Wasserstoffbereitung im Handel sind. Das Zink muß erst amalgamiert werden. Das geschieht auf die folgende Weise: In ein Schälchen kommt etwas Quecksilber, hierauf eine Lösung käuflichen Quecksilbernitrates, dem man ein klein wenig Salpetersäure zusetzt. An der Grenze zwischen Quecksilber und Flüssigkeit läßt man das Zink sich mit Quecksilber überziehen durch einfaches Eintauchen und Umdrehen. Sodann fegt man mit grobem Papier die Quecksilbertröpfchen gründlich ab, die am Zinke haften.*

*An das eine Ende des Zinkstabes befestigt man einen Draht und bringt nun den Zinkstab in ein Glasrohr von gleicher Länge und so dick, daß der Zinkstab gerade hineinpaßt. Dann macht man aus Kaolin und physiologischer Kochsalzlösung von 0,7 vH einen konsistenten Brei, aus dem man ein „herz"förmiges Gebilde modelliert, welches gerade ausreicht, um die eine Seite des Glasrohres zu verschließen und zwar so, daß die „Herzspitze" hervorragt. Hierauf füllt man das Glasrohr mit gesättigter Lösung von Zinkchlorid, nachdem man den Zinkstab hineingebracht hat, sorgt natürlich dafür, daß das Zinkchlorid nicht an die äußere Oberfläche des Kaolinpfropfens kommt, da diese mit den Nerven in Berührung kommt. Die Entfernung zwischen dem Ende des Zinkstabes und dem Kaolinpfropfen soll so klein wie möglich sein. Zwei von diesen Elektroden werden je in einem Stativ befestigt, nebeneinander, so daß der Nerv auf beiden Kaolinpfropfen liegen kann. Die beiden Zinkstäbe werden mit einer konstanten Stromquelle verbunden unter Einschaltung eines Kontaktes (Blechstreifen mit*

---

[1] Um den Berührungsreiz auszuschließen. Dies kann auch durch Anwendung einer Flamme geschehen.

*Polköpfen wie bei den Herzversuchen): Schluß des Stromes bedingt Zuckung. Konstantes Fließen des Stromes durch den Nerven ist wirkungslos. Öffnung des Stromes bedingt wieder Zuckung. Die Einwirkung des konstanten Stromes, je nach Stärke und Strömungsrichtung, soll uns nicht beschäftigen.*

*__7. Reizung mit dem Induktionsapparat. Die Einzelzuckungskurve.__ Wir arbeiten mit den Drahtelektroden, auf welche wir den Nerven legen und reizen mit Einzelschlägen. (Die Technik des Einzelöffnungsschlages siehe im Abschnitt über das Herz, S. 193.)*

*__8. Die „maximale" Zuckung.__ Wir beginnen damit, Einzelzuckungen als Folge der Reizung mit Einzelöffnungsschlägen auf dem berußten Papier des sich drehenden Kymographions aufzunehmen.*

*Sodann vergleichen wir die Ausschlagshöhe einer Zuckung mit Öffnungs- und mit Schließungsschlag bei unveränderter Stromquelle. Die Wirkung des Öffnungsschlages ist größer. (Alle diese Versuche müssen mit schwachen Strömen ausgeführt werden!)*

*Es sollen nun zunehmende Stromstärken zur Anwendung kommen. Bei Schlittenapparaten genügt das Näherheranschieben der sekundären Rolle auf dem Schlitten an die primäre. Bei billigen Apparaten stehen zwei Regulierungen zur Verfügung, je nach Konstruktion: weiteres Einschieben des Kernes, wenn dieser aus Eisen besteht, oder weiteres Herausziehen, wenn es sich um einen Neusilbermantel, um den eigentlichen festen Magnetkern handelt. Daneben benutzt man noch zur Regulierung Widerstände, die man in den primären Stromkreis einschaltet. Bei der Verschiedenheit der Stärke und Regulierbarkeit billiger Apparate muß dieses jeweils erst ausprobiert werden. Die Regulierbarkeit muß so sein, daß der schwächste Strom eine geringe Kontraktion erzielt und daß, ehe man den stärksten Strom erreicht hat, der Muskel schon eine maximale Kontraktion ausführt, so daß weitere Verstärkung des Stromes keine Erhöhung der Zuckung mehr hervorruft. Wir fangen nun mit schwachen Einzelschlägen an und registrieren jede Kontraktion auf dem berußten Zylinder. Bei Feststellung dieser Ausschlagshöhen läßt man den Zylinder stehen und dreht ihn vor jeder neuen Reizung um ein kleines Stück mit der Hand, so daß das Resultat in einer Reihe senkrechter Striche, die nebeneinander stehen, ablesbar ist. Die Hauptsache bei diesem Versuche ist die Feststellung der Tatsache, daß es ein Maximum des Ausschlages gibt: daß Zunahme der Reizstärke über ein gewisses Maß, solange es bei Einzelzuckungen bleibt, den Hebel nicht veranlaßt, sich höher zu erheben. Dies ist ein erster Beweis für die Unabhängigkeit des Reizerfolges von der Reizstärke.*

*__9. Summation.__ In den primären Stromkreis ist der leicht zu hantierende Schlüssel eingeschaltet (der Kontakthebel). Nun lassen wir eine Reihe von Einzelschlägen einander folgen. Zur Technik des Einzelschlages ist noch das Folgende zu bemerken. Wenn die Einzelschläge einander schneller folgen sollen, so ist es schwierig, jeweilig den Schließungsschlag abzublenden und nur mit dem Öffnungsschlage zu arbeiten. Man verwendet vielfach die folgende Methode[1]. Man macht die Ströme so schwach, daß der Schließungs-*

---

[1] Da Öffnungs- und Schließungsschläge nicht gleich starke Wirkung haben, ist die Beschränkung auf Öffnungsschläge in der Tat erwünscht, jedoch nicht absolut notwendig.

*schlag als der schwächere unwirksam, der Öffnungsschlag als der stärkere
aber wirksam ist. Dieses kann jedoch nur mit genau regulierbaren Apparaten geschehen. Wir werden trotz der Verschiedenheit ihres Reizungsgrades
Öffnungs- und Schließungsschläge durcheinander gebrauchen. Als Stromstärke benutzen wir diejenige, bei welcher die Öffnungsschläge sich als „gerade maximal" erweisen. Nun lassen wir die Ströme einander immer
schneller folgen, dadurch, daß wir immer schneller den Blechstreifen auf
die Kontaktklemmschraube drücken und ihn wieder loslassen. Wir registrieren
auf dem sich drehenden Zylinder. Erst liegen die Einzelzuckungen in
gleicher Höhe nebeneinander, dann erhebt sich die zweite, während nach der
ersten der Muskel noch nicht vollständig erschlafft ist. Der Gipfel der
zweiten Zuckung liegt nun schon etwas über Maximalhöhe. Bei Fortsetzung des Versuches entsteht eine Art von Treppe (Abb. 67a) auf dem*

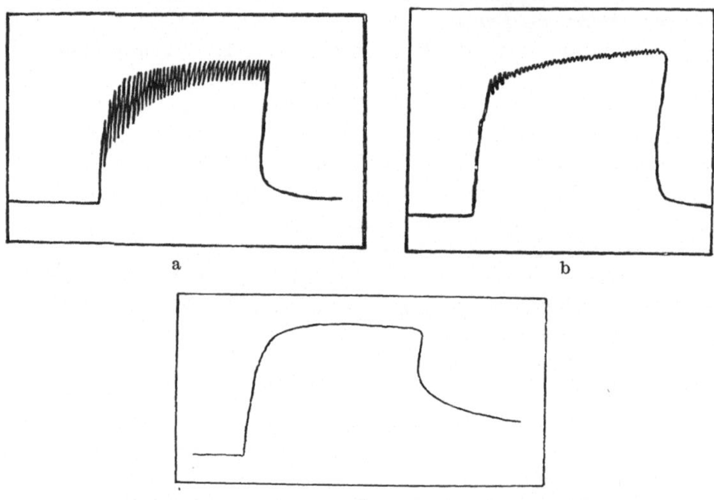


Abb. 67. *Reizsummation mit zunehmender Frequenz.* a Anstieg der Einzelzuckungen. — b Un-
vollkommener Tetanus. — c Vollkommener Tetanus. (Aus HÖBER, 1922.)

*Zylinder, die in schöner Form in der Regel erst nach einiger Übung erzielt
wird. Schließlich bleibt der Schreibhebel oben und beschreibt eine Zickzack-
oder endlich eine Wellenlinie (unvollständiger Tetanus, Abb. 67b). Einen
glatten Tetanus erzielen wir durch Anwendung des NEEFschen Hammers
(Zurückschrauben seiner Kontaktschraube), so daß wir nun die für den
Apparat typische, schnelle Stromunterbrechung erhalten. Während dieses
Versuches bleibt der Kontakt geschlossen. Wir erhalten dann einen glatten
Tetanus (Abb. 67c).*

### 3. Ableitung elektrischer Ströme aus dem Muskel.

Die elektrischen Ströme, die man aus Muskeln und Nerven ableiten
kann, wenn diese in Tätigkeit versetzt werden, haben heute in erster
Linie eine technische Bedeutung, d. h. sie sind ein Mittel genauer Messungen der genannten Tätigkeiten. Auch wird in Zukunft aus diesen

Strömen manches über die physikalisch-chemischen Eigenschaften erregbarer Gewebe festgestellt werden können. Wir wollen uns in diesem Kursus aber nur auf das Allerwichtigste beschränken; d. h. für den Fall, daß jeder Teilnehmer ein Kapillarelektrometer erhalten kann, wollen wir einige Untersuchungen anstellen, die das Vorhandensein derartiger elektrischer Ströme beweisen; sonst aber sollen diese Versuche demonstriert werden.

***10. Das Präparat.*** *Ein Nerven-Muskelpräparat wird wie in Versuch 1 hergestellt, nur wird die Spitze des Gastrocnemius (welche die Sehne trägt) mit einem scharfen Messer abgeschnitten. Das Femur wird, wie üblich, in ein Stativ geklemmt; der Muskel liegt auf einer der unpolarisierbaren Elektroden, während die andere gegen die Schnittfläche an der Spitze gedrückt wird. Der Nerv liegt auf gewöhnlichen Elektroden. Die Drähte, welche von den unpolarisierbaren Elektroden kommen, werden in die Poldrähte eines Kapillarelektrometers geführt, sie werden aber durch einen Stromunterbrecher unterbrochen, der im Ruhezustande das Kapillarelektrometer von den Elektroden abschließt, dagegen den Kreislauf des Kapillarelektrometers kurz schließt*[1]. *Drückt man auf den Kontakt, so leitet man die von dem Muskel kommenden Ströme durch das Elektrometer. Läßt man den Kontakt los, so ist, wie gesagt, das Kapillarelektrometer kurz geschlossen. Alle Teile, die bei diesen Versuchen Dienst tun, die Stative, auf denen Muskel und Elektroden befestigt sind, sowie Kontakte und Kapillarelektrometer, stehen auf Paraffinplatten zur vollständigen Isolierung.*

Das Kapillarelektrometer. Wir dürfen das Prinzip des Kapillarelektrometers als bekannt voraussetzen: In einer fein ausgezogenen Kapillare befindet sich Quecksilber unter Druck. Die Kapillare taucht in eine weitere Röhre mit Schwefelsäure (oder setzt sich ohne weiteres in eine solche fort). Der Druck, unter dem das Quecksilber in die Kapillare gedrückt wird, ist im Gleichgewicht mit dem durch die Kapillarität gebotenen Widerstand. Leitet man nun durch den feinen Quecksilberfaden einen Strom, so tritt an der Grenzfläche Polarisierung und dadurch Änderung der Kapillaritätskonstante und daher des Meniskusstandes auf. Je nach Stromrichtung steigt oder fällt der Meniskus.

Es gibt vielerlei Systeme von Kapillarelektrometern. Die teuren Apparate haben Einrichtungen zu einer feinen Regulierung des Druckes. Wir wollen einen einfacheren Apparat als Beispiel beschreiben, bei dem diese Druckregulierung sehr einfach ist[2] (s. Abb. 68). Dieses Elektrometer besteht aus einem Glasröhrensystem, welches allseitig geschlossen

---

[1] Die Kapillarelektrometer des Handels haben selbst eine Vorrichtung für den Kurzschluß (Abb. 68: 7). Diese schließen wir nur, wenn der Apparat nicht gebraucht wird. Der genannte Stromunterbrecher besteht aus einem Blechstreifen, wie der Kontakt, den wir zur Reizung vom Herzen und von Muskeln benutzen. Oberhalb des Blechstreifens befindet sich ein zweiter Blechstreifen, quer zum ersten, gegen den dieser anschlägt, wenn man ihn losläßt. Der erste Blechstreifen ist mit dem einen Pol, der zweite mit dem andern Pol des Elektrometers verbunden. Die unpolarisierbaren Elektroden stehen in Verbindung mit dem zweiten Blechstreifen und mit der Kontaktklemmschraube.

[2] Nach Liste Nr. 303 der Vereinigten Fabriken für Laboratoriumsbedarf, Berlin.

und mit Quecksilber, Schwefelsäure und etwas Luft gefüllt ist. Wir
sehen auf der Abbildung zwei große vertikale Röhren (1 und 2), die
oben und unten durch horizontale Röhren (3 und 4) verbunden sind.
Die untere, S-förmige Verbindungsröhre 4 ist die Kapillare, in deren
vertikalem Teile man den Meniskus sieht. Nun läßt man durch geeignetes Kippen den größten Teil des Quecksilbers in diejenige der beiden
vertikalen Glasröhren treten, die auf unserer Abbildung links 1 ist. Die
rechte vertikale Glasröhre trägt da, wo sie auf der Abbildung durch
das Mikroskop bedeckt ist, eine Erweiterung, die als Behälter für über-

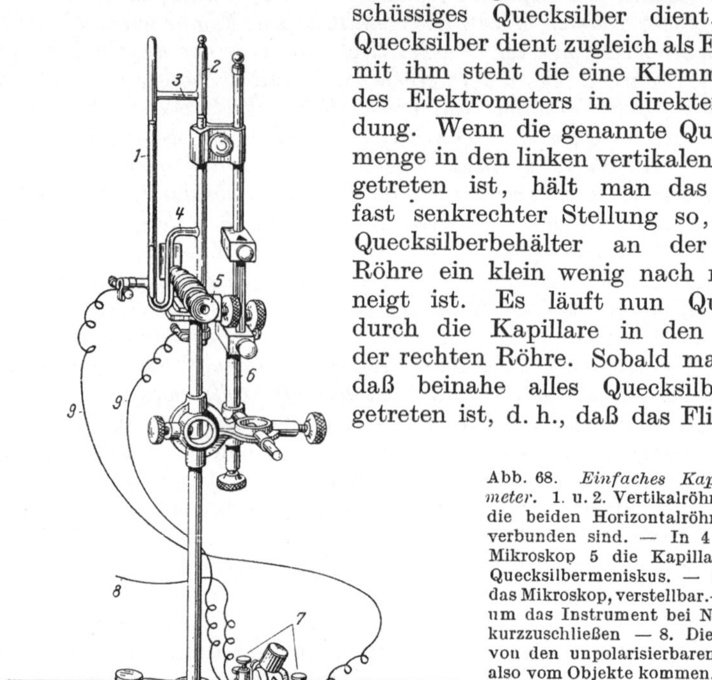

schüssiges Quecksilber dient. Dieses
Quecksilber dient zugleich als Elektrode;
mit ihm steht die eine Klemmschraube
des Elektrometers in direkter Verbindung. Wenn die genannte Quecksilbermenge in den linken vertikalen Schenkel
getreten ist, hält man das Rohr in
fast senkrechter Stellung so, daß der
Quecksilberbehälter an der rechten
Röhre ein klein wenig nach rechts ge-
neigt ist. Es läuft nun Quecksilber
durch die Kapillare in den Behälter
der rechten Röhre. Sobald man merkt,
daß beinahe alles Quecksilber über-
getreten ist, d. h., daß das Fließen bei-

Abb. 68. *Einfaches Kapillarelektrometer.* 1. u. 2. Vertikalröhren, die durch
die beiden Horizontalröhren 3 und 4
verbunden sind. — In 4 hinter dem
Mikroskop 5 die Kapillare mit dem
Quecksilbermeniskus. — 6. Stativ für
das Mikroskop, verstellbar.— 7. Kontakt,
um das Instrument bei Nichtgebrauch
kurzzuschließen — 8. Die Drähte, die
von den unpolarisierbaren Elektroden,
also vom Objekte kommen. — 9. Drähte,
die von den Klemmen von 7 die zu
untersuchenden Ströme zu den beiden
Polen der Kapillare leiten. (Der Strom
geht von 2 durch 4 erst durch Schwefelsäure, sodann durch Hg nach 1.)

nahe aufhört und daher der gewünschte Druck erreicht ist, halte man den
Apparat senkrecht. Der Quecksilbermeniskus zieht sich dann zum Teil in
die eigentliche Kapillare zurück und bleibt an der Stelle stehen, die durch
ein aufgekittetes Deckglas (auf der Abbildung direkt hinter dem Objektiv
des Mikroskopes) für mikroskopische Ablesung geeignet gemacht worden
ist. Nunmehr kommt das Instrument in das Stativ, dessen Schrauben
genaue Einstellung des Meniskus in das Gesichtsfeld des Mikroskopes
erlauben. Eine Skala ermöglicht genaue Ablesung des Ausschlages des
Quecksilbermeniskus. Durch die Drähte 8 bei geöffnetem Kurzschluß (7)
wird der aus dem Muskel kommende Strom in den Apparat geleitet.

***11. Der Demarkationsstrom.*** *Ohne den Nerven zu reizen, genügt es, Kontakt zwischen Muskel und Elektrometer zu geben, um einen Ausschlag des Quecksilberfadens in der Kapillare hervorzurufen. Dieses ist eine Folge der Präparation. Dieser Strom kann verstärkt werden dadurch, daß wir den Muskel irgendwie verletzen.*

***12. Der Aktionsstrom.*** *Wenn wir nunmehr den Nerven, in hinreichendem Abstande vom Muskel, faradisch mit schwachen Strömen reizen, so erfolgt ein deutlicher Ausschlag in umgekehrter Richtung als der Demarkationsstrom. Daß dieser „Aktionsstrom" nicht unserer Reizstromquelle entstammt, ist leicht einzusehen, vor allen Dingen, weil ein faradischer Strom aus Wechselströmen besteht, von denen der eine die Wirkungen des anderen auf das träge Elektrometer aufheben würde. (Trotzdem ist es notwendig, ein hinreichend langes Stück Ischiadicus zwischen Reizelektroden und Muskel zu lassen, sowie mit schwachen Strömen zu reizen. Man verwende auch keine allzu empfindlichen Instrumente, schon weil diese ohne besondere Hilfsmittel schwer in einem derartigen Ruhezustande zu erhalten sind, daß die Aktionsströme sich mit voller Deutlichkeit abheben.)*

***13. Beweis, daß die Leitung in den peripheren Nerven der Wirbeltiere dem Alles- oder Nichtsgesetz folgt und dekrementlos ist***[1]***.*** *In Abb. 69 sehen wir einen kleinen Apparat abgebildet: Zwei Klemmen sind vorn angebracht, in welche das Stückchen Femur eingeklemmt wird, welches nach unserer Beschreibung stets mit dem Gastrocnemius abpräpariert wird. Der Nervus ischiadicus ist so lang wie möglich präpariert worden und wird bei dem einen Präparat durch den einheitlichen Trog 2 und auf der anderen Seite durch die beiden Tröge 3 und 4 gelegt. Die proximalen Enden der Nerven liegen, je in gleicher Weise, auf zwei, als Elektroden dienenden Drähten (6). Diese werden mit den Endpolen eines Induktoriums verbunden. Die Sehnen beider Gastrocnemii werden in üblicher Weise mit Schreibhebeln verbunden. In den großen Trog 2 und in einen der kleinen kommt Urethan von 2 vH und zwar so, daß der Nerv reichlich in dieser Flüssigkeit badet. Es muß darauf geachtet werden, daß die kleinen Tröge so groß sind, daß das Stück Nerv, welches sich darin befindet, mindestens eine Länge von 6 mm hat (besser etwas größer). Der große Trog ist doppelt so lang. In den zweiten der kleinen Tröge füllen wir physiologische Kochsalzlösung oder* Ringer*sche Lösung. Zwischen die Tröge, auf die Brücken, die sie voneinander trennt, kommt Vaseline, damit verhindert wird, daß die Flüssigkeit von einem Trog in den anderen, dem Nerven entlang, überläuft. Gereizt wird, wie gesagt, durch ein einziges Induktorium und zwar mit Einzelöffnungsschlägen. Die Reizstärke wird so bestimmt, daß sie gerade maximal ist; d. h. schwächere Reize bedingen dann einen kleineren Ausschlag, während stärkere Reize eine Zunahme des Ausschlages nicht mehr ergeben. Die Reizstärke sollte jedenfalls so sein, daß das Maximum deutlich erreicht ist. Nach Feststellung dieser Reizstärke füllen wir nun die Tröge mit den genannten Lösungen, so daß also der eine Nerv auf doppelt so lange Strecke vergiftet wird als der andere.*

---

[1] Nach Genichi Kato, Further studies on decrementless conduction. Tokyo 1926.

*Sodann wird alle 5 Minuten ein Einzelöffnungsschlag konstanter Reiz-*
*stärke erteilt. Es dauert nun eine ganze Zeit, etwa 25 Minuten, bis sich*
*überhaupt eine Wirkung des Giftes nachweisen läßt. Die Ausschläge bleiben*

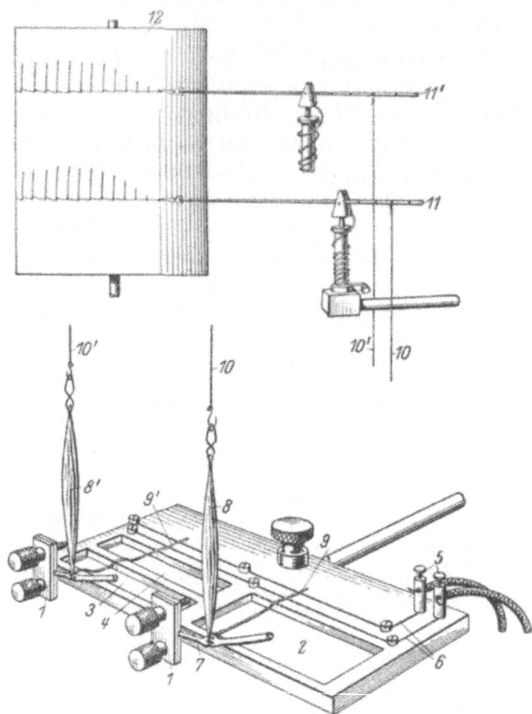

*immer die gleichen. Trotz-*
*dem naturgemäß das Gift*
*schon zu wirken angefan-*
*gen hat, ist der Effekt*
*doch immer noch normal;*
*denn die Erregung,*
*welche den geschä-*
*digten Teil des Ner-*
*ven durchlaufen hat*
*und den gesunden*
*Teil erreicht, wird*
*hier wieder normal.*
*Wir hörten ja, daß die*
*Erregungsgröße in jedem*
*Teile des Nerven unab-*
*hängig ist von der Ur-*
*sache, welche die Stoffum-*
*sätze der Nervenleitung*
*auslösen. Wäre dem nicht*
*so, so müßten die Mus-*
*kelausschläge unmittelbar*
*nach Anfang der Gift-*
*wirkung, die als Leitungs-*
*hindernis wirkt, kleiner*
*werden.*

*Auch innerhalb des*
*geschädigten Teiles*
*erfährt die Leitung*
*kein Dekrement. Es*
*gilt auch in ihm das*
*Alles- oder Nichtsgesetz,*
*nur wird nachweislich*
*das „Alles" kleiner* [1]. *Die-*
*ses Fehlen eines Dekre-*
*mentes, auch in der nar-*
*kotisierten Strecke, ergibt*
*sich daraus, daß, wenn*
*man den Versuch lange*
*genug fortsetzt, der Effekt*

Abb. 69. *Apparat zur Demonstration des Alles- oder Nichts-*
*gesetzes am Nervus ischiadicus des Frosches* (konstruiert unter
Benutzung eines Schemas von KATO). 1. Klammern zum Ein-
klemmen des Femur mit dem daran befestigten Gastrocnemius.
— 2. Großes Narkosegefäß. — 3. und 4. kleine Narkosegefäße,
je von mindestens 6 mm Länge (zum Beweise, daß auch die
Länge der Narkosestrecke ohne Einfluß auf den Leitungsprozeß
ist). — 5. Elektroden, die vom Induktionsapparate kommen,
in den Polklemmen. — 6. Die beiden Leitungsdrähte auf dem
Apparate, auf welche beide Nerven gelegt werden, so daß
sie vollkommen gleichförmig gereizt werden. — 7. Das
Femur. — 8. und 8'. Der Musculus gastrocnemius. — 9. und 9'.
N. ischiadicus. — 10. und 10'. Die Fäden, die von beiden
Muskeln zu den beiden Schreibhebeln 11, 11' führen (unter-
brochen gezeichnet). — 12. Kymographion. Auf der berußten
Fläche sieht man die letzten Aufnahmen des Versuches:
gleichzeitiges schnelles Erlöschen der Kontraktionen.

*plötzlich kleiner wird, nach ganz kurzer Zeit aufhört (steiler Abfall der Aus-*
*schlagshöhe), daß aber der Moment des Aufhörens für beide Prä-*
*parate der gleiche ist. Bedeutete die Schädigung, wie man das früher an-*

---

[1] Der Nachweis dieses Kleinerwerdens geschieht mit Hilfe eines Saitengalvanometers.

*nahm, ein Dekrement, so müßte der Impuls eher in der langen geschädigten Strecke erlöschen als in der kurzen. Man achte also bei dem Versuche darauf, daß dies nicht der Fall ist; wenn auch hier und da kleine Unterschiede sich ergeben, so läßt sich doch nicht vorhersagen, welcher von den beiden Muskeln erst seine Tätigkeit einstellen wird. Folgende Überlegung bestätigt die Annahme, daß durch unseren Versuch die Dekrementhypothese der Nervenleitung widerlegt ist. Dekrement bedeutet Abnahme des Leitungseffektes mit der Leitungslänge. Solange der Nerv gesund ist, könnte die Abnahme vorhanden sein, aber zu geringfügig, um sie nachzuweisen. Nun, durch die Schädigung erhöhen wir die Abnahme; sie tritt auf, ist aber unabhängig von der Länge des geschädigten Stückes. Daher kann sie nicht auf Leitungswiderstand beruhen und wir schließen, daß Stoffwechselprozesse die Grundlage der Nervenleitung sind, die sich sozusagen aneinander entzünden, wobei jedoch in jedem Abschnitte die Intensität nur vom Umfange der Reaktion der hier anwesenden reagierenden Stoffe abhängt und in keinem Falle von der vis a tergo (der Stärke des Induktionsschlages).*

*Wenn durch den Einfluß des Giftes die Leitung erloschen ist, so ist die Reaktion in den Nerven total aufgehoben und es hilft nichts, die Reizstärke zu vergrößern. Um nicht durch Stromschleifen getäuscht zu werden, die direkt durch die getötete Nervenstrecke geleitet werden könnten, führen wir diesen Versuch so aus, daß wir nach Erlöschen der elektrischen Reizbarkeit mit einer Pinzette an der Reizstelle Nerven quetschen: Es tritt kein Erfolg auf!*

## B. Die Reflexlehre (Rana).

### 1. Die segmentale Anordnung der Reflexbögen.

Im Gegensatz zu dem verhältnismäßig einfachen Verhalten der peripheren Organe, wie wir es beschrieben haben, stehen die Erscheinungen die man beobachtet, sobald zwischen Reizort und dem Orte des Reizerfolges (dem Effektor) zentrales Nervengewebe eingeschaltet ist. Wir wollen von den Eigenschaften des Reflexbogens hier nur die wichtigsten kennen lernen. Wenn man einen Frosch dekapitiert, ohne das Rückenmark zu zerstören, dann stehen die Muskeln seiner Extremitäten in leitender Verbindung mit den Sinnesorganen der Haut (Abb. 66). Hierdurch ist es möglich, eine Bewegung zu erzeugen, deren Erregung von den Sinnesorganen der Haut durch afferente oder sensible Nerven durch die Spinalganglien zu den dorsalen Wurzeln des Rückenmarks geleitet wird. Der Erregung stehen hier zwei Wege offen. Sie kann 1. unmittelbar im gleichen Segment auf die motorischen oder efferenten Bahnen übergehen und diejenigen Muskeln zur Bewegung veranlassen, die dem gleichen Segmente wie der Reizort zugehören. Hier wird also sozusagen die Erregung durch das Rückenmark nach den unmittelbar zugehörigen Muskeln „reflektiert". (Segmentaler Reflex.) 2. Die Erregung kann sich aber auch im Rückenmark selbst und zwar in seiner Längsrichtung fortpflanzen, so daß sie zu den motorischen Ganglienzellen *mehrerer* Segmente und von dort zu den jeweils zugehörigen

Muskeln geleitet wird[1]. (Abbildung 66 gibt die Schaltung des segmentalen Reflexes wieder.) Die Segmente sind ungefähr wie folgt auf
den peripheren Organen des Tieres repräsentiert: Das vorderste Segment ist ein Ring um den Mund. Das hinterste Segment bildet einen
Ring um den Anus. Die Extremitäten gehören zu Segmenten, die also
weniger extrem liegen, als die genannten. Auf ihnen breiten sich die
Segmente in ihrer distalen Richtung vom Körper nach den Spitzen zu
aus, sich „überlappend‟, etwa wie die einzelnen Glieder des Schachtel-
halmes. Die einzelnen Muskeln einer Extremität können hierbei durch
verschiedene Segmente innerviert werden, so z. B. der M. gastrocnemius
des Frosches durch die achte und neunte Wurzel, zu der noch eine
dritte kommt, die zehnte oder zuweilen die siebente. Hierbei gilt die
Regel, daß jedes Segment (jede Rückenmarkswurzel) nur einen Teil
der Muskelfasern innerviert; jeder Achsenzylinder versorgt eine einzige
Muskelfaser. Die ventralen Teile des Muskels werden durch die entsprechenden rostralen, die dorsalen durch die kaudalen Wurzeln innerviert (S. DE BOER, A. SAMOILOFF).

### 2. Weitere Eigenschaften der Reflexleitung.

1. In einem peripheren Nerven kann man, durch elektrische Ab-
leitung feststellen, daß die Erregung sich in beiden Richtungen vom
Reizorte ausbreitet. In einem Reflexbogen dagegen bewegt sie sich
nie anders als von der sensiblen Seite nach der motorischen. An den
Übergängen der Leitungsbahnen zu den Ganglienzellen und umgekehrt,
den sogenannten Synapsen, wird der Impuls in umgekehrter (falscher)
Richtung aufgehalten[2].

2. Die Zeit, die verläuft zwischen Reizung und reflektorischer Reiz-
beantwortung ist wesentlich größer als die Zeit, die verläuft zwischen
Reizung eines peripheren Nerven und der Muskelzuckung: Der Reflex
hat eine größere „Latenz‟.

3. Bei Reizung eines Nerven endet der Effekt praktisch mit der
Reizung. Beim Reflex braucht das nicht der Fall zu sein. Es kann eine
Nachwirkung, „after-discharge‟ (SHERRINGTON) auftreten.

4. Nicht immer ist der Effekt bei einem Reflex der Größe des Reizes
proportional.

5. Reflexe sind ermüdbar. Die peripheren Nerven dahingegen un-
ermüdbar (der Muskel ist uns in seiner Ermüdbarkeit schon bekannt).

6. Es gibt Reflexe, die von verschiedenen Punkten der Körperoberfläche hervorgerufen werden können, z. B. der Kratzreflex des Hundes.
Beim Rückenmarkshunde kann man diesen mit Sicherheit von einer bestimmten Hautzone des Rückens aus hervorrufen. Bald tritt Ermüdung
auf. Es genügt, den Reizort nur etwa 2—3 cm vom ersten zu entfernen,
um den Reflex wieder hervorzurufen. Bei einem solchen Reflex, der

---

[1] Die noch weiter gehende Leitung nach dem Gehirn soll hier nicht
besprochen werden.

[2] Unter normalen Verhältnissen kommt solch eine Leitung in umgekehrtem
Sinne nicht vor.

von zahlreichen sensiblen Nervenenden auf eine ganz bestimmte Muskelgruppe übertragen wird, geht die Erregung zunächst von jedem sensiblen Ende auf einem Wege, der ausschließlich zu diesem sensiblen Ende gehört: seine „Privatbahn" („private path", SHERRINGTON) ist. Vom Rückenmarke aus geht die Erregung, von welcher Hautstelle auch immer der Reflex ausgelöst wurde, immer auf der gleichen Bahn zu den Muskeln: „common path" des Reflexes. Der „private path" ist ermüdbar. Die ermüdbare Strecke liegt im Rückenmark, vermutlich zwischen dem zuleitenden Neuron und dem motorischen Neuron. Nicht alle Reflexe sind auf gleiche Weise ermüdbar, sondern es gibt sogenannte tonische Reflexe, die ohne zu ermüden dauernd unterhalten werden können, z. B. die schiefe Haltung des Kopfes bei einseitiger Labyrinthexstirpation.

7. Shock, Summation, Hemmung. Im Gegensatz zum peripheren Nerven zeigt zentrales Nervensystem ausgesprochene Shockerscheinungen; d. h. kurze Zeit nach der Operation oder Präparation ist das Reflexleben der übrig bleibenden Teile des Zentralorgans gestört; später verbessert sich der Zustand wieder. Wir müssen hieraus für unsere Versuche den Schluß ziehen, daß die Entfernung der Oberzentren beim Studium der Rückenmarksreflexe eine Zeitlang vor den eigentlichen Versuchen stattfinden muß, will man des Erfolges sicher sein.

Eine weitere Eigenschaft der Zentren ist das Vermögen, einzelne Reize anders zu behandeln als zahlreiche rhythmisch aufeinander folgende. Der Unterschied ist hier viel ausgesprochener als beim peripheren Nerven. Den schon erwähnten Kratzreflex des Rückenmarkshundes kann man durch einzelne Induktionsschläge nicht erzeugen, wohl aber durch rhythmische Folge bestimmter Frequenz, auch dann, wenn die Reize sehr schwach sind.

Sobald wir Reflexe studieren, beschränkt sich der Erfolg meistens nicht auf einzelne Kontraktionen. Es treten in vielen Fällen koordinierte Bewegungen auf, bei denen die einzelnen Muskeln sich rhythmisch kontrahieren und wieder erschlaffen. Wenn hierbei etwa die Beugemuskeln eines Beines sich verkürzen, so erschlaffen gleichzeitig die entsprechenden (antagonistischen) Streckmuskeln. Die antagonistische Erschlaffung beruht auf einem plötzlichen Aufheben der Erregung; man kann sie nicht vergleichen mit der Vagushemmung, wie wir sie beim Herzen kennen gelernt haben.

8. Abhängigkeit der Reflexe von der Sauerstoffzufuhr. In den peripheren Nerven ist der Sauerstoffverbrauch und die Kohlensäureabgabe, nach Maßgabe der Erregung, sehr gering, wenn auch mit neueren Methoden nachweisbar. Der Sauerstoffverbrauch der Zentren ist groß und was die Hauptsache ist, die Tätigkeit der Ganglienzellen erlischt, sobald ihnen kein neuer Sauerstoff zugeführt wird. Eine anoxybiontische Tätigkeitsphase haben sie offenbar nicht (VERZÁR). Im Zusammenhange hiermit sei darauf hingewiesen, daß bei vielen wirbellosen Tieren das zentrale Nervensystem mit Atmungspigmenten imprägniert ist (Nemertinen und viele andere), wodurch auch bei diesen Tieren der Sauerstoffbedarf der Zentren bei ihrer Tätigkeit wahrscheinlich gemacht wird.

### 3. Die Ausbreitung der Erregung in den Zentren.

#### Das PFLÜGERsche Gesetz.

Wir haben zu unterscheiden zwischen adäquaten und schädlichen Reizen. *Adäquate Reize* sind solche, zu denen ein bestimmtes Sinnesorgan als Eingangspforte für einen bestimmten Reflexmechanismus paßt. Wenn man z. B. bei einem Säugetier den Kopf um seine vertebrale Achse dreht, so daß z. B. die Schnauze nach rechts gewendet wird, so wird hierdurch eine tonische Verkürzung der Streckmuskeln des rechten Vorderbeines eintreten. (Tonischer Halsreflex auf die Extremität — R. MAGNUS.) Die Empfangsorgane dieses Reflexes sind höchstwahrscheinlich die Halsmuskeln und zwar nicht durch ihre Bewegung, sondern durch ihren Stand. Nicht die Drehung des Kopfes also, sondern die Haltung des Kopfes bedingt die Streckung des rechten Vorderbeines in unserem Falle. Von einer quantitativen Abhängigkeit zwischen Reiz und Reizerfolg ist bei dieser Erscheinung keine Rede.

Unter *schädlichen Reizen* verstehen wir im wesentlichen diejenigen Reize, die wir an unserem eigenen Körper als schmerzhaft empfinden. Wir erzeugen sie z. B. dadurch, daß wir die Haut eines Frosches durch Säure reizen oder daß wir in das Bein eines Frosches kneifen. Je nach der Konzentration der Säure oder nach der Intensität des Kneifens wird der Erfolg dieses Reizes sich auf weitere und weitere Erfolgsorgane erstrecken. Die im Rückenmark in einem einzigen Segment erzeugte Erregung wird sich innerhalb des Rückenmarks in einer ziemlich bestimmten Weise in der Längsrichtung verbreiten, desto weiter, je intensiver der Reiz war (PFLÜGER). Das Ausbreitungsschema ist für den Frosch etwa das Folgende: Bei Reizung einer Extremität greift die Erregung zuerst auf das gereizte Bein, dann auf das gleichnamige Bein der andern Seite über, um bei zunehmendem Reiz auch die Vorderbeine zu ergreifen, ohne daß hierbei gesagt werden könnte, daß das gleichseitige Bein einen Vorzug habe vor dem „kontralateralen“.

Dekrement. Aus dem Gesagten ergibt sich, daß das zentrale Nervensystem, im Gegensatz zum peripheren, mit Dekrement leitet, d. h. also, daß die Leitung in diesem Falle abhängig ist von der Stärke des Reizes. Dies muß auf einer Eigenschaft der leitenden Elemente selbst beruhen, nicht nur der Synapsen. Beim peripheren Nerven werden wir unten hören, daß, wenn die Erregung innerhalb einer Nervenstrecke Schädigung erfährt, sie aber die darauf folgende, gesunde Strecke überhaupt erreicht, in dieser die volle Erregungsgröße wieder auftritt. Es ist demnach gleichgültig, ob die Erregung durch ein oder mehrere erregungserniedrigende *Punkte* geht. Wenn die dazwischen liegenden Leitungsstrecken nach den gleichen Gesetzen wie periphere Nerven leiten, so kann ein Dekrement niemals auftreten. Es muß also in der Leitung innerhalb der Zentren ein Unterschied zwischen starker und schwacher Erregung vorhanden sein. Eine Erklärungsmöglichkeit hierzu bietet die folgende Tatsache, die wir jedoch, bei Anwendung einfacher Versuchsbedingungen, nicht untersuchen können. Wenn man mit einem sehr feinen Galvanometer (Saitengalvanometer von EINTHOVEN) die elektrischen Ströme von einem peripheren, *sensiblen* Nerven ableitet, indem man das dazu gehörige *Sinnesorgan* reizt, so erhält man, je nach Reizintensität, verschieden schnelle Rhythmen: Je stärker der Reiz, je schneller bis zu einer gewissen Grenze der Rhythmus. Durch Verminderung der Frequenz des Rhythmus in den Ganglienzellen könnte man das Dekrement erklären; allein die Untersuchungen der Schule ADRIANS sind noch nicht so weit gediehen. Wir sind auf diese Dinge so ausführlich eingegangen, weil wir ihrer zum Verständnis einiger Versuche an den Nerven wirbelloser Tiere bedürfen.

### *Versuche zur Reflexlehre.*

**14. Die segmentalen Reflexe.** *Mindestens einige Stunden vor der Untersuchung wird ein Frosch in angegebener Weise dekapitiert. Er wird in einem Stativ so aufgehängt, daß der Unterkiefer eingeklemmt wird und daß die Hinterbeine frei herabhängen. Unmittelbar nach der Dekapitierung läßt sich das meiste zwar zeigen, aber der Erfolg ist viel weniger sicher. Wenn es möglich ist, verwendet man Präparate etwa 24 Stunden nach dem Eingriff, wobei man gegebenenfalls statt der rohen Dekapitierung hinter der Medulla, also in der Verbindungslinie der hinteren Trommelfellränder, das Rückenmark durch Einstich durchschneidet (man kann von dem Einschnitt aus mit einer Nadel das Gehirn zerstören).*

**15. Adäquater Reiz: Druck auf die Planta des Hinterbeines.** *Durch einen leichten Druck auf die Planta des Fußes fühlen wir einen Widerstand in den Streckmuskeln entstehen, d. h. es tritt diejenige Streckung auf, die beim Abstoßen auch auftreten würde.*

**16. Schädliche Reize.** *Wir nehmen vorsichtig einige Zehen des Froschhinterfußes zwischen Daumen und Zeigefinger und üben einen ganz leichten Druck aus. Bei einiger Übung gelingt es, dieses so vorsichtig zu tun, daß als Antwortbewegung eine geringe Hebung dieser Zehen auftritt. Die Erregung hat sich im wesentlichen auf das erregte Segment beschränkt. Nun üben wir uns, mit zunehmender Stärke zu drücken, mit der Folge, daß erst der Fuß, dann auch der Unterschenkel, endlich das ganze Bein eingezogen wird.*

*Wir lernen zwei Dinge aus diesem Versuche. Erstens, daß „schädliche" Reizung des Fußes ein Zurückziehen des Beines zur Folge hat, durch Erregung der Beugemuskeln. (Im Gegensatz zum Druck auf die Planta: Streckmuskeln.) Zweitens sehen wir, wie sich am Beine selbst die Erregung, den Segmenten folgend, ausbreitet. Es muß also eine rostrale Ausbreitung innerhalb des Rückenmarks stattgefunden haben, da die Erregung der Muskeln in der gleichen Ordnung auftritt. Nimmt die Reizstärke nun weiterhin zu, so treten einmal auch Bewegungen im andern Hinterbein auf. Weiterhin pflanzt sich die Erregung nach den Vorderbeinen fort, endlich tritt sehr häufig rhythmische Bewegung und „after-discharge" auf. Das ganze Präparat fängt an zu strampeln und eine Reihe von Bewegungen auszuführen, die schwer analysierbar sind.*

**17. Kompliziertere Reflexe, die sich unmittelbar über die Segmentgrenze hinaus ausbreiten und koordinierte Bewegungen auslösen.** *Bei dem gleichen Froschpräparate bringen wir mit einem Pinsel etwas Essigsäure von 10v H auf die Flanke (eine Seite des Rumpfes). Zunächst* *geschieht nichts (Latenz, die für alle Reflexe charakteristisch ist), dann hebt sich das Hinterbein der gereizten Seite und es erfolgen rhythmische und wohlgeordnete, allerdings etwas krampfhafte Abfegebewegungen. Der Erfolg dieses Reflexes hängt nicht nur vom Zustande des Präparates, sondern von der Stärke der Säure ab. (Größe der Latenz, mehr oder weniger spastische [krampfhafte] Form, Ausbreitung.) Wenn die Säure zu stark, die benetzte Hautfläche zu groß, oder das Präparat sehr erregbar ist, so werden unmittelbar auch die anderen Extremitäten in Erregung gebracht; schließlich wird ein allgemeines rhythmisches Strampeln erzeugt. In diesem Falle wiederholt man den Versuch mit schwächerer Säure. Das Übergreifen von der einen Seite auf die andere kann auch dadurch befördert werden, daß man das Bein der gereizten Seite festhält und auf diese Weise die normalen Abfegebewegungen unmöglich macht.*

## C. Der Tonus.

Neben der Aufgabe, den Tierkörper zu bewegen, hat die Muskulatur auch die Aufgabe, dem Tiere Halt zu geben. Das Bein eines Säugetieres hat daher zwei ganz verschiedene Leistungen. Einmal ist es eine Säule, die den Körper trägt (Stand), dann aber, wenn das Tier anfängt sich zu bewegen, muß aus der starren Säule ein äußerst bewegliches Organ werden. Man kann unterscheiden zwischen einer *Standinnervation* und einer *Bewegungsinnervation*. Es ist Aufgabe des Rückenmarks, die eine oder die andere einzuschalten. Wenn die Bewegungsinnervation eingeschaltet ist, so werden antagonistische Muskeln niemals gleichzeitig erregt werden, sondern in rhythmischer Folge, so daß zugleich mit der Kontraktion des Beugemuskels die Erschlaffung des Streckmuskels erfolgt und umgekehrt. Sobald die Standinnervation eingeschaltet ist, spannen sich Beuge- und Streckmuskeln zugleich (vor allem die letzteren) und behaupten diesen Zustand, solange das Tier steht. Man kann bei einem Säugetier willkürlich das Bein in den einen oder andern Innervationszustand bringen. Druck auf die Planta (siehe unsern Versuch am Frosch Nr. 14), oder Beugung des Fußes *nach oben*, also in die Stellung, die er beim Stehen einnimmt, schaltet reflektorisch Standinnervation ein. Die Streckung des Fußes dahingegen macht aus dem Bein ein leicht bewegliches Lokomotionsorgan (Magnus)[1].

In diesem Abschnitte interessiert uns der Zustand dauernder Innervation des Muskels, der z. B. die Bedingung des Stehens ist. Man nennt diese Dauerinnervation *Tonus*. Der Tonus der Skelettmuskeln der Wirbeltiere ist ein Reflex, der z. B. (aber nicht ausschließlich) durch die Sinnesorgane des Muskels selbst, im Muskel erzeugt wird. Unter Tonus verstehen wir bei diesen Muskeln eine besondere Form des Tetanus. Äußerlich ist er charakterisiert durch folgende Erscheinungen: a) Er ist wenig oder nicht ermüdbar; b) er befähigt das Tier, seine Ex

---

[1] Bei unseren willkürlichen Bewegungen kommen Übergänge zwischen beiden Extremen vor. Nur bei ganz „losen" Extremitäten schließt die Kontraktion des Beugers diejenige des Streckers aus. Bei vorsichtig abgestuften Armbewegungen arbeiten wir mit genau abgestufter Innervation von Beugern und Streckern. (Wachholder, Pflügers Archiv 1926)

tremitäten in jedem beliebigen Stande zu halten, ohne daß der Muskel Spannung zeigt. Bei der Untersuchung des peripheren Muskels sahen wir bei der Reizung Verkürzung eintreten. Wenn wir diese Verkürzung verhindert hätten, so wäre proportional der Erregung, Spannung aufgetreten, die man mit einem besonderen Instrumente (dem isometrischen Schreibhebel[1] messen kann. Zwischen Spannung und Verkürzung besteht ein festes Verhältnis; sie sind einander umgekehrt proportional. Beim Tonus kann, ohne meßbare Spannung, jede beliebige Länge durch den Muskel angenommen werden, d. h. also, es können Längenveränderungen auftreten, die nicht von entsprechenden Spannungsänderungen begleitet werden. Die Erklärung, die SHERRINGTON und seine Schule für diese Erscheinung gibt, ist die folgende. Beim tonischen Festhalten einer bestimmten Verkürzung wird nur *eine kleine Zahl der Fasern* der betreffenden Muskeln erregt. Diese Erregung folgt dem Alles- oder Nichtsgesetz, aber die Zahl der Fasern ist so klein, daß ihre Spannung genügt, um der Summe aller Widerstände genau das Gleichgewicht zu halten, so daß also *äußerlich* die Spannung nicht gemessen werden kann; auftreten muß sie ja naturgemäß, da den betreffenden Muskelfasern die Totalverkürzung durch den Widerstand der ruhenden Fasern nicht gestattet ist. Die Tatsache, daß dieser Tonus nicht zu Ermüdungserscheinungen führt, wird wie folgt erklärt. Die Erregung greift, sobald eine Gruppe von Muskelfasern ermüdet ist, automatisch auf eine andere über, so daß also praktisch eine Ermüdung nicht zur Beobachtung kommt.

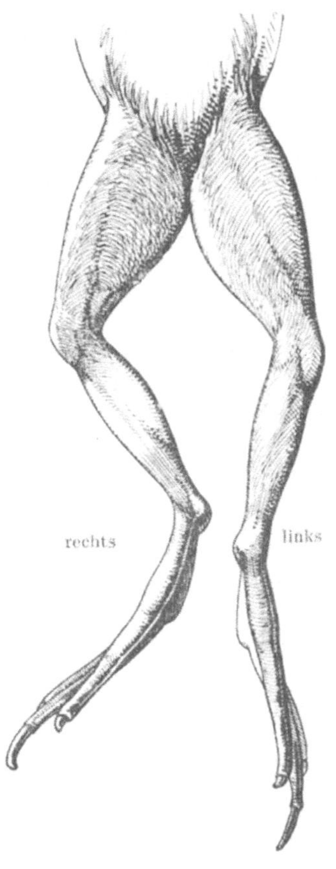


Abb. 70. *Brondgeest-Versuch:* Auf der linken Seite wurde der N. ischiadicus durchschnitten, worauf das linke Bein herabsank. Man sieht am rechten Bein deutlich den Tonus der Beugemuskeln.

### *Versuche über den Tonus.*

*18. Der Brondgeesttonus. (Abb. 70.) Das oben beschriebene Reflexpräparat des Frosches wird an einem Stativ aufgehängt. Zuvor jedoch ist die Leibeshöhle eröffnet und sind die Unterleibsorgane entfernt worden, so daß die drei Wurzeln, welche den Ischiadicus bilden, leicht zugängig sind.*

---

[1] Der Muskel spannt eine so starke Feder, daß er sich hierbei praktisch nicht verkürzt. Die Spannung der Feder können wir ablesen (ähnlich wie an einer Federwage).

*In einem zweiten Stativ befestigen wir hinter dem Frosche ein Lineal und zwar so, daß man, visierend, den unteren Rand des Lineals genau in der Verbindungslinie beider tiefsten Zehenspitzen sieht. Nun durchschneidet man auf einer Seite die Wurzeln des Ischiadicus vollständig und überzeugt sich, auf gleiche Weise visierend, daß der zugehörige Fuß etwas herabgesunken ist. Um eine große Strecke handelt es sich hier allerdings nicht. Es wird also vom zentralen Nervensystem dauernd ein Einfluß auf die Muskulatur, in diesem Falle die Beugemuskulatur der Extremitäten ausgeübt, was aus dem Ausfall dieser Erscheinung, nach Durchschneidung der Nerven, deutlich wird. Man würde den gleichen Erfolg erzielen, wenn man die dorsalen, d. h. also die sensiblen Wurzeln gleicher Segmente am Rückenmark durchschneiden würde. (Dieser Eingriff scheint uns zu kompliziert zu sein, um ihn für einen Kursus zu empfehlen.) Der Tonus wird also reflektorisch, in diesem Falle durch afferente Bahnen der gleichen Segmente erzeugt. Empfang-(Rezeptor-)organe sind die betreffenden Muskeln selbst.*

*19. Tonischer Labyrinthreflex. Wir zerstören bei einem Frosche auf einer Seite das Labyrinth. Dies geschieht am besten mit einem kleinen Exkavator, wie er in der Zahnheilkunde zum Auskratzen kariöser Zähne Verwendung findet. Zur Not kann man auch ein kleines spitzes Messer gebrauchen. Man durchschneidet eins der Trommelfelle, führt das betreffende Instrument in den inneren Gehörgang ein und zerstört einen hinreichenden Teil des Prooticum mit dem inneren Labyrinth. Das Gelingen der Operation zeigt sich dadurch, daß der Frosch den Kopf schief hält und zwar so, daß die Seite, deren Labyrinth zerstört ist, nach oben gehalten wird. Den Einfluß kann man wie folgt erklären: Jedes Labyrinth dient als Tonusquelle, und zwar für die „gekreuzten" Halsmuskeln (also für die Halsmuskeln der gegenüberliegenden Seite). Die Folge davon ist, daß jedes Labyrinth einen Einfluß ausübt, demzufolge die gegenüberliegende Seite dauernd in die Höhe strebt. Der Einfluß beider Labyrinthe bedingt den normalen Mittelstand als Gleichgewichtslage zwischen beiden Seiten. Ausschaltung eines Labyrinthes hat also den gleichen Erfolg, wie das Wegnehmen eines Gewichtes von einer Wage haben würde, deren Schalen gleichbelastet sind und daher im Gleichgewichte verkehren. Dieser Versuch ist für uns ein Beispiel nicht nur dauernder tonischer Innervation, sondern auch dafür, daß ein bestimmtes Sinnesorgan, nämlich das innere Ohr, als Tonusquelle auftreten kann.*

## D. Das zentrale Nervensystem bei den „hohlorganartigen" Tieren[1].

### 1. Ein einfaches Reflexpräparat bei wirbellosen Tieren.

Entsprechend der Leistung ihres zentralen Nervensystems kann man wirbellose Tiere in verschiedene Gruppen einteilen. Die niedrigsten dieser Gruppen zeichnen sich dadurch aus, daß innerhalb ihrer Muskulatur netzförmig ausgebreitete Nervensysteme vorkommen (Abb. 71a);

---

[1] Bei der Anordnung des Stoffes in diesem Abschnitte war u. a. der Wunsch maßgebend, jeweils so viel wie möglich an einem einzigen Exemplar eines Tieres zu sehen, um zumal mit teurem Material so sparsam wie möglich umzugehen.

diese sind die primitiven Reflexzentren. Bei den Cölenteraten sind diese Nervennetze schon lange bekannt (Gebr. HERTWIG) [1]. Ein anderes Zentralnervensystem haben die genannten Tiere nicht. Bei den Schnecken, Muscheln, Aszidien u. a. kommt zu den Nervennetzen noch ein zentralisierter Teil des Nervensystems, so z. B. bei den Aszidien ein *einziges Ganglion*, welches mit allen Teilen des Körpers, also auch mit den Nervennetzen, die innerhalb des gesamten Hautmuskelschlauches verbreitet

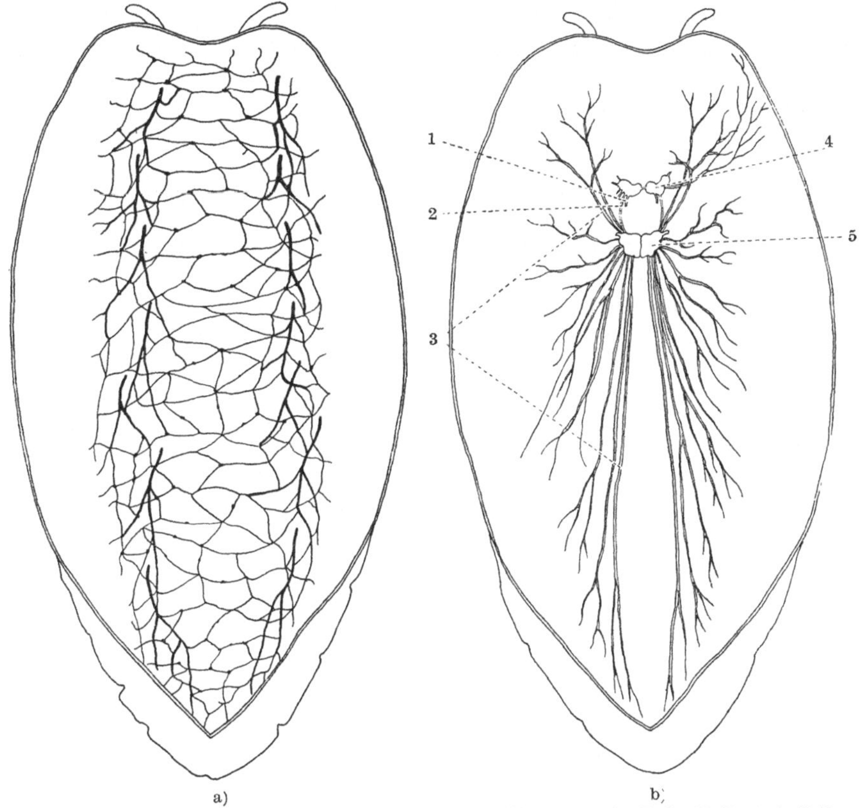

a)                                                    b)

Abb. 71. *Hauptbewegungsnerven von Helix pomatia.* a) Nervennetz im Fuß. b) Zentrale Teile des Nervensystems. 1. Cerebro-pleural-Konnektiv, abgeschnitten. — 2. Cerebro-pedal-Konnektiv. — 3. Radiär ausstrahlende Nerven des Pedalganglions. — 4. Ganglion cerebrale. — 5. Pedalganglion. (Nach E. SCHMALZ, 1914.)

sind, in Verbindung steht. Bei den Schnecken und Muscheln treten kompliziertere Gangliensysteme (Abb. 71 b) mit den Netzen in Beziehung.

Wir wollen zuerst die Reflexfunktion der Nervennetze kennen lernen. Bei den Aktinien steht dem Reflex kein anderer Weg für die Verbindung zwischen Rezeptoren und Effektoren zur Verfügung als eben jene Netze, die aus Ganglienzellen und ihren anastomosierenden Ausläufern bestehen (ähnlich wie Abb. 71 a). Die Erregung tritt durch die Rezeptionsorgane,

---

[1] Siehe neuerdings BOZLER, E.: Zeitschr. f. vergl. Physiol. Bd. 4. 1926.

oder die Sinnesorgane, in das Nervennetz ein und verteilt sich in ihm in den meisten Fällen nach allen Richtungen gleichförmig mit ausgesprochenem Dekrement[1] (BETHE). Wohin die Erregung gelangt, überall gibt sie sich durch Kontraktion der zunächst liegenden Muskeln zu erkennen. Je stärker die Erregung, desto weiter die Ausbreitung und desto höher der „Ausschlag" des Muskels (Hebels). Die Tatsache, daß wir es hier mit einer Dekrementleitung zu tun haben, äußert sich erstens durch diese Ausbreitung nach Maßgabe der Reizstärke; ferner auch dadurch, daß Reizung eines solchen Systems mit Einzelschlägen niemals zu einer bald erreichten, ausgesprochenen „maximalen Zuckung" Veranlassung gibt, wie dieses beim Nervenmuskelpräparat des Frosches der Fall war. Praktisch gilt: Je höher der Reiz, desto höher die Kontraktion, da immer entferntere Muskelgruppen gezwungen werden, an der Verkürzung teilzunehmen. Wir wollen hier noch nicht auf die Frage eingehen, wie sich diese Dekrementleitung von der dekrementlosen Leitung in den peripheren Nerven des Wirbeltieres unterscheidet. Wir halten die dekrementlose Leitung des Wirbeltiernerven für einen Spezialfall; weder in den Zentren der Wirbeltiere, noch bei den Wirbellosen kommt sie (im allgemeinen) vor. Jedenfalls darf man das Dekrement bei den Wirbellosen nicht zu erklären versuchen durch Unterschied nur in der Frequenz der Erregungsrhythmen, da man in den motorischen Nerven des Flußkrebses (P. HOFFMANN) und in sensiblen Nerven von Cephalopoden (Opticus, FRÖHLICH) höhere Ausschläge des Saitengalvanometers nach intensiverer Reizung erhält. Hier ist also im Sinnesorgan und im Nerven die Impulsgröße von der Reizintensität direkt abhängig. Wir werden diese Tatsache in einem späteren Abschnitt selbst beweisen.

Das Erregungsgesetz in den Nervennetzen nimmt bei manchen Tieren besondere Formen an. Hiervon wollen wir ein Beispiel kurz besprechen, um die in Frage stehenden Erscheinungen nicht allzu einseitig darzustellen. Wir wollen das Verhalten des einfachen Reflexes am Schneckenfuß (als „Normalfall") vergleichen mit den entsprechenden Erscheinungen bei den Aktinien.

Im praktischen Teile werden wir einen Schneckenfuß dadurch reizen, daß wir z. B. etwas verdünnte Säure auf seine Haut bringen. Hierdurch erteilen wir den Sinnesorganen der Haut Erregung, welche diese den Nervennetzen (Abb. 71a) übermitteln, diese den Muskeln. Das ist also der typische elementare Nervennetzreflex. Je nach Konzentration der Säure ǀpflanzt sich der Effekt weiter fort; und zwar kann man dieses zeigen nicht nur durch direkte Beobachtung, sondern, wie schon gesagt, dadurch, daß man die zunehmende Ausschlagshöhe des am Schreibhebel arbeitenden Muskels abliest. Das Eingreifen immer weiter liegender Muskelfasern ergibt eine immer zunehmende Ausschlagshöhe.

---

[1] Es gibt auch bei diesen „niedersten" Wirbellosen große Verschiedenheiten, auf die hier nicht eingegangen wird, da wir uns mit unseren Versuchen auf im Binnenland leicht erhältliche Tiere beschränken wollen. Wir beschreiben hier nur, was uns für das Verständnis der Versuche notwendig erscheint.

Während nun am Schneckenfuß in diesem einfachen Verhalten der elementare Reflex hinreichend beschrieben ist, ist das bei *Aktinien* keineswegs der Fall. Wenn wir eine Aktinie am Mauerblatt reizen, so erfolgt Einziehung der Mundscheibe, d. h. wo wir auch reizen, immer macht sich die Erregung am ehesten und am ausgiebigsten geltend an den Längsmuskeln der Magensepten. Sie dienen als Retraktormuskeln der Mundscheibe, ziehen diese in das Innere des Tieres zurück und überlassen es dem Wasserdruck, das Mauerblatt hoch über der Mundscheibe empor zu wölben, so daß nunmehr der Sphinkter (eine Differenzierung der Ringmuskulatur des Mauerblattes) einen Verschluß des Mauerblattes über der Mundscheibe erzielen kann. Diese Reaktion ist jedoch nur eine besondere Form des generellen Nervennetzreflexes; die Muskeln der Magensepten antworten nämlich ganz anders auf die Erregung als die Mauerblattmuskeln. Die Septenmuskeln haben eine viel niedrigere Reizschwelle und viel geringere Latenz, d. h. sie beantworten die Erregung unmittelbar. Die Ringmuskeln des Mauerblattes dagegen, zu denen auch der genannte Sphinkter gehört, treten erst in Aktion, wenn die Mundscheibe längst eingezogen ist. Hier ist es also ausschließlich die Eigenschaft der Muskulatur, welche die Erregung, die aus den Nervennetzen ihr zuströmt, jeweils verschieden ausnützt, wodurch der allgemeine Reflex kompliziert wird. Bei den *Fangarmen* der gleichen Aktinie ist dieses sicherlich anders. Schwache, chemische Reize bringen die Ringmuskulatur der Fangarme in Erregung, so daß sich die Arme verlängern (Suchen der Beute). Starke, chemische Reize erregen die Hautdrüsen, welche einen klebenden Stoff absondern (Festkleben der Beute). Berührungsreize erregen die Längsmuskeln der Arme (die Beute wird zum Munde gebracht). Mit anderen Worten: Wir werden diese dreifache Reaktionsweise nicht durch die einfachen Leitungsgesetze erklären können. Entweder die Leitung oder der Bau des leitenden Systems ist in diesem Falle komplizierter als beim Schneckenfuß. Alle diese Komplikationen sind auf Eigentümlichkeiten der peripheren Organe selbst begründet, nicht auf solchen von *zentralisierten* Nervensystemen. Hierin drückt sich die allgemeine Regel aus: *Je höher ein Tier im zoologischen Systeme steht, desto mehr liegen die Einzelleistungen den Zentren ob. Je geringer die zentrale Leistung ist (niedere Tiere), desto komplizierter sind die Leistungen der peripheren Organe.*

**2. Der viskosoide oder plastische Tonus der glatten Muskeln der „niederen" Tiere in seinem Verhältnis zur Festigkeit und Bewegung dieser Tiere.**

Sehr viele Tiere, die in die hier besprochene Gruppe fallen, nämlich z. B. die Aktinien, die Schnecken, Holothurien und die Aszidien, besitzen einen typischen Hautmuskelschlauch. Diesen kann man vergleichen mit den *Hohlorganen* des Wirbeltierkörpers, also dem Magen, dem Darm, der Blase oder dem Uterus. Auch derartige sogenannte Hohlorgane haben eine Wand aus glattem Muskelgewebe, welche einen Hohlraum umschließt, der mit Flüssigkeit erfüllt ist. Bei den Hohlorganen ist es allgemein bekannt, daß die Flüssigkeitsmenge großen Schwankungen unterliegt. Ein Magen z. B. ist geeignet, verschiedene Flüssigkeitsmengen in sich aufzunehmen, die ihm schnell zugeführt werden; der volle Magen kann sich hinwiederum entleeren. Dasselbe gilt für die Blase usw. Bei diesen Erscheinungen treten keine nennenswerten Druckschwankungen z. B. im Magen auf. KELLING[1] stellt fest, daß, wenn der Mageninhalt eines Hundes 240 ccm ist, der Druck 7,6 ccm Wasser beträgt. Bei einem Inhalte von 460 ccm mißt er einen Druck von 7,0 ccm. Man kann also sagen, *daß sich die Magenmuskulatur bei der Flüssigkeitsaufnahme dehnt, ohne Spannungszunahme zu zeigen.* Wenn der Magen entleert wird, wird die Muskulatur auf irgendeine Weise ihren alten Zustand wieder annehmen: stets wird der Inhalt genau durch die Wand des Organs umschlossen. Niemals ist der Magen in der Norm ein schlaffer Sack, denn an einem solchen würden *wirksame*, peristaltische Bewegungen nicht auftreten können. Die Wirksamkeit einer Bewegung an einem hohlorganartigen System bedarf ebensogut eines Widerlagers als die Wirksamkeit des Skelettmuskels. Dieses Widerlager ist der Flüssigkeitsdruck, der bei jeder Bewegung zunimmt und dadurch dem Muskel erlaubt, mechanische Wirkung auf seine Umgebung oder auf die Flüssigkeit selbst auszuüben. Allein in der Ruhe ist der Flüssigkeitsdruck, wie wir hörten, nicht groß und dürfte etwa gleich dem Wasserdrucke sein, so daß also eine Muskelspannung nicht besteht.

Bei den *hohlorganartigen Tieren*, wie wir die genannten Gruppen hier zusammenfassend nennen wollen, liegen die Dinge ganz ähnlich. Auch hier umschließt der Hautmuskelschlauch eine Inhaltsmasse, bestehend aus Organen und Körperflüssigkeit, welche großen Schwankungen unterworfen ist. Diese Schwankungen rühren von Aufnahme und Abgabe von Stoffen durch die Ernährungsorgane, von osmotischer Wasseraufnahme und Austrocknung und (bei der Holothurie) von wechselnder Füllung der Wasserlunge her. Ihnen muß sich die Muskulatur, durch *passive Dehnung, ohne Spannungszunahme*, anpassen, während in der Ruhe der Flüssigkeitsdruck des Leibeshöhleninneren, durch den *Widerstand der Muskulatur gegen passive Dehnung*, getragen wird. Diesem Umstande dankt etwa eine Schnecke ihre Festigkeit, ihren *Turgor*. Wenn eine Schnecke sich bewegt, z. B. eine rechte Wendung ihres Körpers ausführt, so zieht sich ein Teil der Muskulatur auf der rechten Seite zusammen. Wenn die Muskulatur die Inhaltsmasse der Leibeshöhle nicht genau umschlösse, die Schnecke also ein schlaffer Sack wäre, so würde durch genannte Kontraktion kein Umbiegen erfolgen, sondern es würde nur mehr Turgor entstehen. Da aber, wie gesagt, der Leibesinhalt durch den Hautmuskelschlauch immer genau umschlossen ist, so wird durch die genannte Muskelkontraktion der Druck im Tier über das Maß steigen dem die ruhende Muskulatur der linken Seite Widerstand zu bieten imstande ist. Daher wird die Muskulatur der linken Seite diesem Drucke auf genau die gleiche Weise nachgeben müssen wie die Gesamtmuskulatur bei Füllungszunahme.

---

[1] Zeitschrift für Biologie Bd. 44, S. 160, 1903.

Die Wendung kommt also zustande. Wir haben es demnach hier zu tun mit einem Ersatz dessen, was wir beim Skelettmuskel als Antagonismus kennen. Bei Arthropoden und Wirbeltieren sind um eine, in Gelenken bewegliche Skelettachse Beuge- und Streckmuskeln angeordnet, die, wie wir bei den Vertebraten hörten, in fester, antagonistischer Zusammenarbeit etwa die Lokomotion bewirken. *Dieser feste Antagonismus fehlt den Schneckenmuskeln.* Jede beliebige Muskelgruppe kann mit jeder andern antagonistisch zu arbeiten gezwungen werden. Dieses geschieht nicht durch antagonistischen Reflex, sondern durch ganz bestimmte Eigenschaften dieser glatten Muskeln[1].

Die tonischen Eigenschaften der Muskeln hohlorganartiger Systeme lassen sich am besten vergleichen mit den Eigenschaften einer zähen Masse, d. h. sie bieten einer Kraft, die ihre Gestalt zu ändern versucht, plastischen Widerstand, den man zunächst am besten mit Viskosität vergleichen kann. In der Ruhe kann man diesen Widerstand als eine konstante Größe betrachten. Wenn wir ihn Tonus nennen, so müssen wir ihn streng unterscheiden vom Tonus der quergestreiften Muskeln, der ja bei den Wirbeltieren auf einer tetanischen Teilkontraktion der Faser beruht[2]. Der Tonus der Skelettmuskeln ist also nur scheinbar ein Ruhezustand, derjenige der glatten Muskeln ist es in Wirklichkeit oder kann es doch sein (statische Erscheinung des viskosoiden Tonus).

Wenn man einen ruhenden Schneckenmuskel mit einem hinreichenden Gewicht etwa an einem Schreibhebel belastet, so gibt er diesem Gewichte nach. Bei dieser passiven Dehnungskurve ergeben sich folgende Eigenschaften, wenn man zunächst von einer ersten, schnellen Phase der Dehnung absieht: 1. Der Muskel bietet dem Gewicht einen dauernden, allerdings geringen Widerstand. 2. Unter Überwindung dieses Widerstandes dehnt das Gewicht den Muskel prinzipiell in Form einer geradlinigen Zeitlängenkurve[3]. 3. Wenn man nach einiger Zeit das Gewicht entfernt, *so tritt nur eine ganz geringfügige Wiederverkürzung auf.* Der Muskel behält seine passiv erlangte größere Dehnung bei. 4. Wenn man an Stelle das Gesamtgewicht zu entfernen, ein kleines Gewicht übrig läßt, so tritt auch erst eine geringe Wiederverkürzung auf, dann verläuft die Kurve eine Zeitlang horizontal, um endlich, unter Einfluß der kleinen Restlast, wieder zu einer sehr langsamen Dehnung überzugehen. Wir werden unten sehen, daß in der Muskulatur dieser Tiere, *soweit sie nicht*

---

[1] Man achte darauf, daß je nach biologischer Funktion die glatten Muskeln bei verschiedenen Tieren ganz andere Eigenschaften haben.

[2] Nach BOZLER liegen die Dinge bei der Schirmmuskulatur der Meduse ähnlich wie beim Wirbeltier. Nur fehlt diesen Muskeln, deren Eigenschaften denjenigen der Herzmuskulatur ähneln, der Tetanus. Daher kann eine tonische Kontraktion des Schirmrandes hier nur durch rhythmische Folge von Einzelzuckungen der zahlreichen konzentrischen Muskelfasern erzeugt werden. Allein, im Zusammenhange mit ihrer Aufgabe, haben diese Schirmmuskeln ganz andere Eigenschaften als die Muskeln, die wir hier besprechen.

[3] Eine Zeitlängenkurve erhält man, wenn man als Abszissen die Zeit, als Ordinaten aber die jeweils zu den betreffenden Zeitpunkten gehörigen Muskellängen nimmt. Auf einem Kymographion mit konstanter Umdrehungsgeschwindigkeit entsteht eine solche Kurve, wenn man den belasteten Schreibhebel die Dehnung aufschreiben läßt.

*gereizt ist*, sich Elemente befinden müssen, die in ihrem Verhalten an gewisse kolloidale (gelatinierte) Stoffe erinnern. Sie verhalten sich im wesentlichen wie flüssige Körper und bieten formverändernden Kräften durch Viskosität Widerstand; allein neben den Fluiditätserscheinungen treten in geringem Maße Elastizitätserscheinungen auf. Beide Erscheinungen dokumentieren sich wie folgt: *Viskosität ist irreversibel, Elastizität ist reversibel* (d. h. nach Erlöschen des formverändernden Einflusses, wird die frühere Gestalt wieder angenommen). Das passive Nachgeben oder die Dehnung des Schneckenmuskels macht von beiden Erscheinungen Gebrauch, und zwar im *umgekehrten Verhältnisse des durch sie gebotenen Widerstandes.* Dieser Widerstand ist (beinahe) konstant bei der Viskosität, er beträgt aber bei der Elastizität zu Beginn Null. Dafür nimmt aber die elastische Spannung im Laufe der Dehnung zu. Hieraus erklärt sich die erste schnelle Phase der Dehnung belasteter Schneckenmuskeln. Sobald die elastische Formveränderung der Teilchen soviel Spannung erzeugt hat, daß nach dem genannten Gesetz die Dehnung weiterhin ausschließlich durch Fluidität stattfindet, befindet sich die elastische Erscheinung in einer Art Gleichgewicht, das sich nicht mehr ändert solange der visköse Widerstand konstant bleibt. (In der Tat nimmt im Laufe der Dehnung der visköse Widerstand, allerdings in geringem Grade, zu und dadurch auch die elastische Spannung; doch wollen wir darauf hier nicht weiter eingehen.) Daher kommt es, daß die Wiederverkürzung auch ein Maß ist für den viskösen Widerstand des gedehnten Muskels.

Wirkung verschiedener Faktoren auf den viskosoiden Tonus.

1. **Chemische Stoffe. Cocain.** Cocain vermindert in hohem Maße den Widerstand der viskosoiden Elemente, ohne ihn jedoch vollständig aufzuheben. Das Wesen der Erscheinung wird durch das genannte Gift nicht aufgehoben, auch dann nicht, wenn das Präparat auf Reize hin keine Erregbarkeit mehr zeigt. Dies ist einer der Beweise für unsere Meinung, daß der Tonus ein Zustand ist, der in keiner Weise mit dem Tetanus verglichen werden darf, wie wir das gleich noch weiter ausführen wollen.

2. **Die Wirkung der Wärme.** Genau wie auf die Viskosität flüssiger Systeme einfacher Art wirkt auch die Wärme auf den tonischen Widerstand der uns interessierenden Muskeln. Wenn man einen Schneckenmuskel belastet (in Ruhe und wenn man es wünscht auch nach Cocainisierung), so erhält man eine Dehnungskurve, die je nach Temperatur anders ausfällt: mit steigender Temperatur wird der Fall des Hebels schneller, die Zeitlängenkurve also steiler. Die Erscheinung ist nicht an ein Optimum gebunden. Die Steigerung der Dehnungsgeschwindigkeit nimmt zu, bis unter Gerinnungserscheinung der Tod des Muskelsystems eintritt. In diesem Momente, ungefähr bei einer Temperatur von 60°, bleibt der Hebel plötzlich still stehen, hebt sich dann ein wenig (eintretende Gerinnung), um nun vollkommen in Ruhe überzugehen. Auch durch diesen Einfluß der Wärme auf ihn unterscheidet sich der viskosoide Tonus prinzipiell vom Tetanus: Die Erregbarkeit für tetanische

Reize ist bei unseren Objekten auch abhängig von der Temperatur. Allein hier ergibt sich ein Optimum, welches etwa bei 22° liegt (Helix pomatia). Die Erregbarkeit und damit die Kontraktion nimmt mit der Temperatur zu. Steigt die Temperatur aber über das Optimum von 22°, so nimmt die Erregbarkeit wieder ab. Bei jeder Temperatursteigerung nimmt dagegen der tonische Widerstand immer nur ab.


**Theorie des viskosoiden Tonus.    Der Tonus als Eigenschaft eines kolloidalen Systems.    Der viskosoide Tonus als statische Erscheinung.**

Wenn wir den Widerstand der Muskeln hohlorganartiger Tiere untersuchen, unter Umständen, bei denen der innere Zustand des Muskels keinerlei Schwankungen unterliegt, so finden wir eine Reihe von Erscheinungen, die man auch bei kolloidalen Stoffen, z. B. kolloidalen Gelen, nachweisen kann. Die meisten Erscheinungen, die wir besprochen haben, lassen sich in ganz ähnlicher Weise an einem Gelatinestäbchen zeigen, abgesehen natürlich von der Giftwirkung des Cocains und der Kontraktilität. Die Haupterscheinungen dieser Art sind irreversible, auf Fluidität beruhende Dehnung bei Belastung. Ganz geringfügige elastische Erscheinungen treten hierbei auf, die bei teilweiser Entlastung zu einer geringen Wiederverkürzung mit darauf folgender Weiterdehnung führen. Diese Weiterdehnung ist naturgemäß viel weniger steil als die erste unter höherem Gewichte. Endlich ist auch beim Gelatinestabe die Dehnungskurve von der Temperatur abhängig; das gilt bekanntlich für alle Viskositätserscheinungen.

Es ergibt sich aus alledem die Tatsache, daß die Muskulatur der in Frage stehenden Tiere Eigenschaften besitzt, die in mancher Beziehung an die Eigenschaften des Protoplasmas erinnern, wie wir sie etwa bei den Amöben kennen. Es bedarf kaum eines Hinweises darauf, daß bei den Amöben, mit ihren Plasmaströmungen, die Fluidität plasmatischer Systeme im Vordergrunde der Erscheinungen steht. Es ist eine allgemeine Tatsache, daß bei niederen Tieren, in viel ausgiebigerem Maße als bei höheren die Zellen zu verschiedenen protoplasmatischen Bewegungserscheinungen befähigt sind. Wir erinnern an die Phagocytose, die wir oben besprachen und kennen lernten und die im wesentlichen bei denselben Tieren vorkommt, bei denen der viskosoide Tonus eine so wichtige Rolle im Hautmuskelschlauche spielt. Auch in den Sekretionserscheinungen lernten wir Erscheinungen kennen, die wir zusammenfaßten unter dem Namen „morphokinetische" Erscheinungen. Bei diesen nämlich ist die Arbeit der Zellen verbunden mit Verschiebung der Teilchen zueinander, daher mit einer Gestaltsveränderung. Die deutlichsten Formen von Gestaltsveränderungen aber sind jene amöboiden Bewegungen, Strömungen, Phagocytose usw. Eine ähnliche Verschiebung der Teilchen zueinander dürfte auch beim viskosoiden Tonus die Hauptrolle spielen. Wir sind davon überzeugt, daß der Begriff der „morphokinetischen Funktionen" in Zukunft viel Licht auf die Unterschiede in der Physiologie niederer und höherer Tiere werfen wird, wenn auch bei den Wirbeltieren morphokinetische Erscheinungen keineswegs völlig fehlen. Diese Andeutungen mögen genügen, um die allgemeine Bedeutung der Dehnungsversuche am Schneckenfuße zu verstehen, bei denen sich die Eigenschaften dieser Muskeln, als die einer flüssigen kolloidalen Phase zu erkennen geben. Hieraus ergibt sich auch eine neue Form des Kontraktionsproblems. Sobald durch Erregung die Muskulatur sich verkürzt, ist von Flüssigkeitserscheinungen nichts mehr zu beobachten. Der kontrahierte Muskel ist ein (beinahe) rein elastischer Körper! Es sei übrigens daran erinnert, daß FREUNDLICH auch bei nicht lebenden kolloidalen Stoffen den Übergang des flüssig-viskösen in den elastischen Zustand nachgewiesen hat. Hypothetisch könnte man beim Muskel an einen Übergang vom Sol- in den Gelzustand denken, bei welch letzterem Formveränderung nicht mehr durch gegenseitige Verschiebung der Teilchen, sondern durch deren eigene, reversible, elastische Gestaltsveränderung zu erklären wäre.

Der Tonus als dynamische Erscheinung. Einfluß der Ganglien auf den Tonus.

Innerhalb des Tieres ist der tonische Zustand nicht als eine konstante Größe zu betrachten. Er unterliegt dauernder Schwankung. Es gibt eine Reihe von Versuchen, die dafür sprechen, daß der Tonus überhaupt dauernd erzeugt und dauernd reguliert wird. Wir werden die Argumente hierfür besprechen, sobald wir uns der Wirkung der Ganglien zuwenden. Hier haben wir zunächst die Aufgabe, uns zu fragen, wie in einem kolloidalen System derartige Schwankungen zu erklären sind. Neben dem Übergang aus dem Sol- in den Gelzustand (Kontraktilität, Bildung von Ektoplasma aus dem Endoplasma an der Spitze eines Pseudopodium bei der Amöbe), muß es in den Plasmakolloiden noch eine zweite Art dynamischer Erscheinungen geben, nämlich die geringere oder größere *Hydratation*. Diese Hydratation spielt auch bei den Amöben nach SCHAEFFER[1] eine Rolle. So z. B. äußert sich größere Wasseraufnahme durch das Protoplasma bei der Amöbe in lebhafteren Strömungen[2]. Bei den Schneckenmuskeln mögen die eigentlichen Schwankungen des tonischen Widerstandes auch auf Aufnahme und Abgabe von Wasser durch das kolloidale System beruhen. Bewiesen ist das noch nicht. Allein alle Schwankungen, die wir kennen, rufen Erscheinungen hervor, die man unmittelbar vergleichen kann mit dem Verhalten von Gelatinelösungen von größerer oder geringerer Konzentration. Wir wollen diese *Schwankungen* nunmehr kennen lernen, zunächst an der Cutis der Holothurien.

Die Cutis der Holothurien besitzt spezifische Tonusmuskelfasern. Das Nervensystem kann in ihnen keine Kontraktion erzeugen, sie besitzen aber alle tonischen Eigenschaften, die wir bei Schnecken, Cölenteraten usw. kennen lernten. Die Fasern haben eine gewisse Kontraktilität, die sich aber nur dann äußert, wenn man die Cutis, durch Klopfen oder Stechen, grob mechanisch reizt. Diese Tatsache dient hier nur zum Beweise, daß man diese eigenartigen Fasern als eine besondere Art von

---

[1] ASA SCHAEFFER: Amoeboid movement. Princeton 1920.
[2] EDWARD F. ADOLPH (Journ. exper. Zoöl. Vol. 44, p. 355, 1926.) beschreibt eine Verminderung der Plasmahydratation bei aktivem Kriechen (Amoeba proteus).

Muskeln betrachten kann. Auf diese muskelähnlichen Tonusfasern hat das Nervensystem einen ganz bestimmten Einfluß. Es vermag den tonischen Widerstand zu verändern, ihn nämlich herabzusetzen. Während, mit anderen Worten, bei allen Skelettmuskeln das Nervensystem lediglich Spannung oder Kürze beherrscht, hat es bei der Cutis der Holothurie nur Einfluß auf den Widerstand gegen passive Dehnung, also auf dasjenige, was wir verglichen mit Hydratation. Bei den anderen hohlorganartigen Tieren beeinflußt das Nervensystem (als Ganzes) beide Leistungen der Muskulatur. Daher wählten wir die Cutis der Holothurie als Beispiel; denn da hier das Nervensystem keine Spannung erzeugen kann, so kann unsere Erklärung seines Einflusses als Hydratationsschwankung nicht auf der Täuschung beruhen, daß die verschiedenartigen Widerstände in letzter Linie doch nur ein Ausdruck maskierter Spannung seien.

Im Zusammenhang mit dem Gesagten wollen wir noch auf die Erscheinungen hinweisen, daß die Cutisfasern der Holothurien auf „Reize", die andere Muskelsysteme zur Kontraktion bringen, lediglich mit gesteigertem Widerstand gegen passive Dehnung antworten. Dies gilt zumal für chemische Reize, wie z. B. verdünnte Essigsäure, in welche man Stücke der Cutis einlegen kann. Hierbei findet keine Formveränderung, also auch keine Kontraktion statt, aber der Widerstand gegen Dehnung nimmt stark zu.

### Die Wiederverkürzung tonischer Elemente.

Ehe wir die spontane Dynamik des Tonus kennen lernen können, ist es unsere Aufgabe, die Frage zu erörtern, wie innerhalb des lebenden Systems die eingetretene Dehnung wieder ausgeglichen werden kann. Wir haben die Faktoren kennen gelernt, die z. B. bei einer lebenden Schnecke passive Dehnung ruhender Muskelgruppen herbeiführen kann. Wir wollen hier den umgekehrten Fall besprechen. Das Tier entledigt sich größerer Inhaltsmassen. Wir gaben schon oben als Beispiel das Ausstoßen von Wasser aus der Wasserlunge der Holothurie. Aber auch bei den anderen Tieren dieser Gruppe kommen diese Erscheinungen vor. Man denke an die Schwankungen des Inhaltes im Kiemendarm einer Aszidie, im Magenraum einer Aktinie, an die Möglichkeit bei einer Schnecke, Wasser osmotisch aufzunehmen, dieses aber auch wieder in großen Mengen durch die Hautdrüsen abzugeben. In allen diesen Fällen muß es eine *tonische Verkürzung* geben.

a) Die tonische Verkürzung ist bei der Holothurie passiv. Man kann einen Cutisstreifen von Holothuria oder Stichopus, z. B. nach passiver Dehnung, derart in der Dehnungsrichtung zusammenschieben, daß man die beiden Enden des Streifens zwischen Daumen und Zeigefinger faßt und beide Finger einander nähert. Wie eine visköse Masse (z. B. Plastilin) behält der Streifen die geringere Länge, die wir ihm aufzwangen bei und leistet in dieser Gestalt neuerlicher Dehnung Widerstand, als handle es sich nicht um eine künstliche, sondern um eine natürliche Verkürzung. Wir müssen also annehmen, daß bei einer Holothurie die Kontraktion der *echten* Muskeln, die unter der Cutis liegen und die ausschließlich echte kontraktile Funktionen haben, die Cutisfasern passiv ineinanderschieben. Es ist dann die Aufgabe der Cutisfasern, durch ihren viskosoiden Tonus, die Lage fest zu halten (ohne Energieverbrauch), den die echten Muskeln eingenommen haben. Diese können daraufhin erschlaffen.

b) Gibt es aktive tonische Verkürzung? Es ist nicht wahrscheinlich, daß bei den Hohlorganartigen, bei denen Kontraktilität und viskosoider Tonus Aufgabe gleicher Elemente ist, die Wiederverkürzung der tonischen Elemente passiv geschieht wie bei der Holothurie. Auch dürfte bei der Holothurie nicht unter allen Umständen die Haut eine unmittelbare Wiederausdehnung nach tetanischer Verkürzung der echten Muskeln behindern. Es konnte gezeigt werden, daß die Muskeln einer Schnecke, z. B. Aplysia limacina, sich schnell verkürzen können und unmittelbar wieder dehnen und daß der absinkende Teil der Kurve (die „Dekreszente") von den tonischen Erscheinungen vollkommen unabhängig ist. Das beweist, daß der Muskel sich zusammenziehen kann, ohne die tonischen Elemente ineinander zu schieben. Es gibt nach DE MAREES VON SWINDEREN[1] eine spezifische tonische Verkürzung, die man vielleicht später mit den Verkürzungserscheinungen strömender Protoplasten wird vergleichen können, wobei es sich also um eine Verlagerung der Teilchen der Tonuselemente handeln dürfte. Diese tonische Verkürzung ist vermutlich ein Reflex sui generis, der unter ganz anderen Bedingungen auftritt, als die Reflexe der bewegenden Elemente. Von diesen Bedingungen hängt es ab, ob z. B. auf eine Verkürzung der Bewegungselemente unmittelbar Wiederausdehnung folgt, oder ob die Tonuselemente die durch die Verkürzungselemente erzielte Lage beibehalten. Auf die Bedingungen dieses Zusammenarbeitens können wir hier nicht eingehen.

Der „unreine" Tetanus. Vielleicht beruht auf dem gemeinsamen Auftreten tonischer und tetanischer Erscheinungen der „unreine" oder tonische Tetanus. Seiner technischen Bedeutung wegen müssen wir ihn kurz erwähnen. Es handelt sich hierbei um äußerst lang protrahierte Kontraktionen (sie erinnern an die Kontraktionen vergifteter Wirbeltiermuskeln, z. B. nach Veratrinvergiftung). Der Anfänger, der mit den in Frage stehenden Muskeln arbeitet, wird in seinen Arbeiten häufig durch solche Erscheinungen gestört werden. Ein gut behandeltes Schneckenfußpräparat zeigt Tetanus mit steiler Dekreszente; ein geschädigtes Präparat lang gedehnte Kurven als Antwort auf Reize, sogar auf Einzelreize. Bei den Aktinien sind diese Erscheinungen wohl als normal zu betrachten. Reiner Tetanus ist an manchen Teilen ihres Körpers nur schwer zu erlangen. Die Meinung, daß sich in diesen protrahierten, tonischen Kontraktionen eine Mischerscheinung zwischen Tonus und Tetanus zeigt, ist nicht hinreichend bewiesen und beruht auf Wahrscheinlichkeiten. Praktisch aber muß der Kursusteilnehmer darauf hingewiesen werden, daß er bei seinen Versuchen über Tonus und Reizbarkeit des Schneckenfußes ein Präparat herstellen muß, welches soviel

---

[1] Dissertation aus dem Institut für vergl. Physiologie Utrecht. 1927.

wie möglich frei ist von derartigen vermutlichen Mischerscheinungen. Nur durch Übung kann dieses Ziel erreicht werden. Schwer geschädigte Objekte gehen schließlich in einen Zustand über, der an „Kontrakturen"[1] anderer Muskeln erinnert.

### Das Pedalganglion der Schnecken und die dynamischen Schwankungen des Tonus.

**Tonusverminderung durch Tonusganglien.** Die Hauptfunktion der Pedalganglien der Schnecken (sowie des einzigen Ganglions der Aszidien), ist die Regulierung des viskosoiden Tonus. Daneben sind diese Ganglien als eine Art höherer Reflexzentren aufzufassen, wie wir das in den Versuchen zeigen werden. Der Einfluß des Pedalganglions auf den Tonus ergibt sich aus folgenden Versuchen: Exstirpation dieses Ganglions bei Aplysia limacina bedingt zunehmende Härte und Schrumpfung der Muskulatur. Das Tier wird kleiner und runzelig, es fühlt sich hart an. Wenn man eine normale Aplysia am Körper packt und durch das Wasser hin und her schlenkert, so wirkt der Widerstand, den die Parapodien im Wasser erfahren, wie das Gewicht bei der passiven Dehnung: Die Muskulatur gibt nach, das Tier wird weicher und weicher. Im Leben des Tieres spielt diese Tonusreaktion eine Rolle, wenn in der Brandung die Wellen es weg zu spülen drohen. Durch das Nachgeben der Muskulatur wird der Widerstand, den das Tier dem Wellenschlag bietet, vermindert. Nach Entfernung der Pedalganglien gelingt dieser Versuch nicht mehr. Wenn man die Dehnungsreaktion eines Aplysienfußes mit Pedalganglien vergleicht mit derjenigen eines Fußes ohne Pedalganglien, dann ergibt es sich, daß die Pedalganglien *dauernd* den Widerstand gegen passive Dehnung *herabsetzen. Zu jeder Zeit ist die Dehnungskurve des Fußes mit Ganglien wesentlich steiler als diejenige des Fußes ohne Ganglien.*

**Der „Umschlag" bei der Wirkung der Tonusganglien bei Helix und Ciona. Steigerung des tonischen Widerstandes, Zentraltonus.** Die Tonusganglien haben bei Helix pomatia und der Aszidie Ciona intestinalis eine mannigfaltigere Wirkung als bei Aplysia. Zwei Helixfüße gleicher Länge bei gleicher Temperatur gleicher Last ausgesetzt, aber der eine mit, der andere ohne Pedalganglien, verhalten sich zunächst wie der Fuß von Aplysia. Die Ganglien vermindern den Widerstand gegen die Dehnung. Die Kurve des „normalen" Fußes ist steiler. Nach einiger Zeit erfolgt ein „Umschlag": Der Widerstand im normalen Fuße nimmt zu, der ganglionlose holt ihn ein und überholt ihn. Nach dem Umschlage erzeugt das Pedalganglion tonischen Widerstand, während es ihn zuerst verminderte.

Aus diesen Versuchen können wir einige wesentliche Schlüsse ziehen. Da der Tonus dauernd zunimmt, nach Entfernung der Pedalganglien, so ist der scheinbar so gleichförmige Zustand der Muskulatur beim nor-

---

[1] Kontrakturen sind irreversible pathologische Verkürzungserscheinungen. Irreversibel sind diese extremen tonischen Tetani bei unseren Objekten jedoch wohl nie. Das Wort „Kontraktur" soll daher nur die Vorstellung einer pathologischen, lange dauernden Verkürzung erwecken!

malen Tiere als eine Art Gleichgewicht aufzufassen zwischen zwei Prozessen: der peripheren, vermutlich reflektorischen Widerstandserzeugung und der dauernden Verminderung dieses Zustandes von seiten der Pedalganglien.

Die Pedalganglien vermögen den Widerstand des Muskels also auch zu erhöhen. Das letztere zeigt sich nicht nur aus den genannten Versuchen. Wenn man die Pedalganglien beim ruhenden Fuß entfernt, so nimmt der Widerstand unmittelbar zu, wie wir hörten. Läßt man den Fuß aber sich erst dehnen bis zum „Umschlag" und schneidet dann mit einem kurzen, scharfen Scherenschlag die Pedalganglien weg, so sinkt die Dehnungskurve plötzlich ganz steil ab, als Beweis dafür, daß, ähnlich wie beim BRONDGEEST-Versuch, das Zentrum den Tonus jetzt, nach dem Umschlage, erhöhte oder erzeugte. Allein es besteht dieser wesentliche Unterschied zwischen dem Versuche von BRONDGEEST am Frosch und dem unsrigen: der Tonus beim Frosch ist, wie oben gesagt, eine Form von Tetanus, bei der Schnecke aber ist er „viskosoid", d. h. eine von der Kontraktion prinzipiell verschiedene Erscheinung. Die letztere Tatsache konnte z. B. wie folgt bewiesen werden: Temperaturen bis zu 22° und noch ein Stück darüber hinaus, *steigern* den Tetanus bei der Schnecke. Jede Temperaturerhöhung *vermindert* aber den beschriebenen *Zentraltonus* ebensogut wie den peripheren Tonus.

Dadurch, daß der Temperatureinfluß sich auch auf den Zentraltonus geltend macht, kommt es, daß die Erscheinung des „Umschlages" weitgehend von der Temperatur abhängig ist; sie tritt optimal auf bei 16°. Höhere Temperaturen verwischen mehr und mehr den Unterschied zwischen normalem und ganglionlosem Fuß und zwar dadurch, daß die Temperatur schließlich jeden Muskelwiderstand vernichtet.

*Versuche über den viskosoiden Tonus des Schneckenfußes und die Bedeutung der Pedalganglien.*

*20. Der Tonusapparat. Abb. 72 stellt einen Apparat dar, den wir zu Tonusversuchen verwenden. Die Registrierung der Zeit-Längenkurve auf dem Kymographion kann nicht empfohlen werden, da die Kurven von langer Dauer in vielen Fällen nicht übersichtlich sind. Wir übertragen die Dehnung des Muskels auf ein Rad mit Gradbogeneinteilung und lesen von Zeit zu Zeit den Stand des Rades, der der Muskellänge entspricht, an einem festen Zeiger ab. Die Kurven werden später so gezeichnet, daß die Zeitintervalle die Abszissen und der Stand des Rades je die Ordinaten liefern. Die Benutzung eines Rades mit festem Zeiger hat viele Vorzüge vor dem früher benutzten beweglichen Zeiger auf festem Gradbogen[1], da die Zeigerbewegung beschränkt ist, also mit ihr nur eine kurze Strecke der Dehnung gemessen werden kann. Der Schneckenfuß kommt auf eine Glasplatte[2] (siehe Abbildung 72). Am Schneckenfuß sind vorn und hinten Haken angebracht. Über die Rolle, die auf der Achse des Zeigerrades*

---

[1] DE MAREES VAN SWINDEREN: Dissertation aus dem Utrechter Institut für vergleichende Physiologie 1927.

[2] Da auf die Objektunterlage Paraffinöl kommt, so kann diese Glasplatte wohl ohne Schaden auch weggelassen werden.

*befestigt ist, läuft in einem Gewinde (also in einer Spirale) ein Faden, der
an seinem freien Ende ein Gewicht trägt, an seinem anderen Ende aber
einen Haken. Dieser letztere geht durch die Verschlußscheibe hindurch und
wird befestigt an dem einen Haken, der sich am Kopfende, im Fuße der*

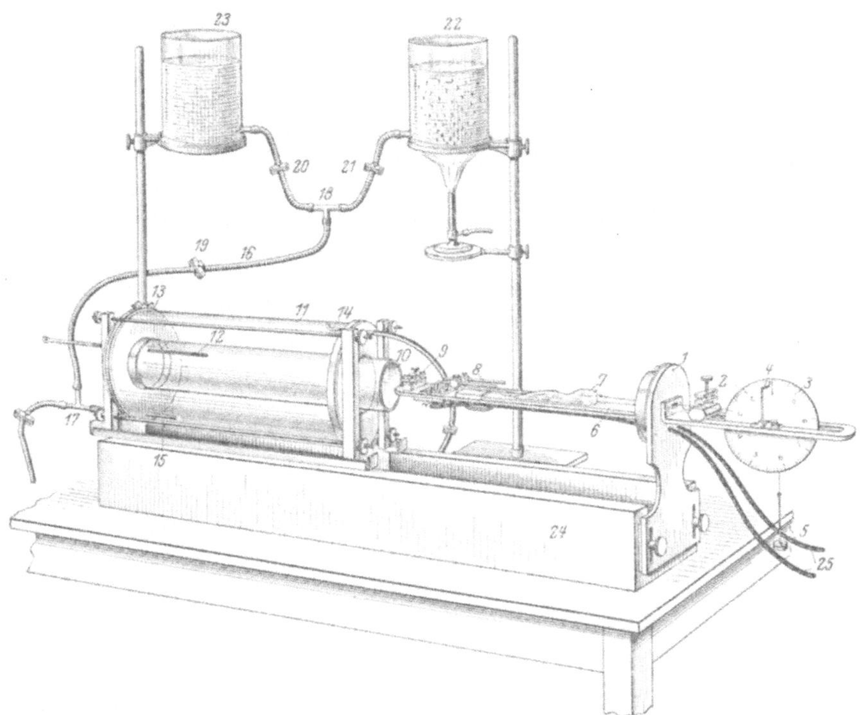

Abb. 72. *Apparat zur Untersuchung der tonischen Dehnungsreaktion der Muskeln hohlorganartiger Tiere bei verschiedenen, bestimmten Temperaturen.* (Nach JORDAN und DE MARÉES
VAN SWINDEREN.) 1. Halter. — 2. Bremse, durch welche der Faden, der vom Objekte nach der
Meßrolle 3 (mit Bogeneinteilung) führt. zeitweise festgesetzt werden kann. — 4. Der feststehende
Zeiger um die Bewegungen von 3 abzulesen. — 5. Das Gewicht, durch welches der Muskel gedehnt
wird. — 6. Die Objektunterlage. — 7. Das Objekt (Fuß von Helix pomatia). — 8. Elektroden, durch
welche das Objekt bei entsprechenden Versuchen gereizt werden kann, sie sind verstellbar: bei
diesem Versuche berühren sie das Objekt nicht. — 9. Klemme um den Faden, der am Objekte
befestigt ist, festzuschrauben und dadurch das Objekt in seiner Lage zu fixieren. — 10. Das
Innenrohr des Temperaturmantels, der das Objekt beim Versuch umschließt. — 11. Äußerer Glaszylinder des Wassermantels. — 12. Thermometer in der Luftkammer, die beim Versuche das Objekt
umschließt. — 13. Hinterer Verschluß des Wassermantels. — 14. Auslauf des Wassers, so gebogen,
um den Wassermantel so luftfrei wie möglich zu bekommen. — 15. Einströmöffnung des Wassers
in den Wassermantel. — 16. Gummirohr, durch welches das Wasser aus den Wassergefäßen in den
Wassermantel geleitet wird. — 17. T-Stück an seinem Ende, durch welches man den Wassermantel
schnell leerlaufen lassen kann — 18. T-Stück, durch welches der Gummischlauch mit beiden
Wassergefäßen verbunden ist. — 19. Quetschhahn am Gummischlauch. — 22. Gefäß für das warme,
— 23. Gefäß für das kalte Wasser, beide je durch einen Quetschhahn 20, 21 verschließbar. —
24. Der Schlitten, auf welchem der Wassermantel über das Objekt geschoben werden kann. —
25. Elektrische Drähte zu den Reizelektroden führend.

*Schnecke befindet. Der andere Haken im Fuße der Schnecke wird befestigt
an einem Faden, der hinten durch eine Schraube gehalten wird. Wenn man
die Schraube löst, so kann man den hinteren Faden anziehen (oder los-*

*lassen) und auf diese Weise den Schneckenfuß auf der Unterlage hin-*
*reichend weit von der vorderen Verschlußscheibe entfernen, so daß er den*
*nötigen Spielraum hat um sich zu dehnen. Dann schraubt man den hin-*
*teren Faden fest. Der Faden, der den Schneckenfuß mit dem Zeigerrad*
*verbindet, läuft unter einer Bremse durch. Schraubt man diese fest, so ist*
*die Verbindung zwischen Gewicht und Fuß unterbrochen. Die Objektunter-*
*lage ist eine Messingplatte, auf welcher sich die Glasplatte befindet; hierauf*
*liegt der Schneckenfuß.*

*Am Hinterende der Objektunterlage sind zwei Elektroden angebracht,*
*die man leicht auf den Fuß auflegen und durch Polköpfe mit dem*
*Induktionsapparat verbinden kann. Der Fuß des Apparates, aus Holz*
*gezimmert, trägt einen Schlitten, der sich auf ihm in der Längsrichtung*
*bewegen kann, ähnlich wie die sekundäre Rolle eines Schlitteninduktoriums.*
*Der Schlitten trägt ein Gefäß, welches aus zwei Glaszylindern besteht,*
*einem kleinen und um ihn herum einen großen Zylinder. Beide sind*
*vorn und hinten durch eine Gummi- und darauf eine Metallscheibe so*
*geschlossen, daß man den Raum zwischen beiden Zylindern mit Wasser*
*füllen kann (der ,,Wassermantel"), daß aber der Innenzylinder (die*
*Luftkammer) durch diese beiden ,,Wasserverschlüsse" hindurchragt. Im*
*hinteren Wasserverschluß befindet sich unten ein Zuleitungsrohr für Wasser.*
*Dieses ist mit Hilfe eines T-Rohres verbunden mit zwei aus Blech gelöteten*
*Behältern, die an Stativen ziemlich hoch aufgestellt sind und von denen der*
*eine mit warmem, der andere mit kaltem Wasser gefüllt ist. Quetschhähne*
*erlauben uns, nach Wunsch kaltes oder warmes Wasser einlaufen zu lassen.*
*Kurz vor der Verbindung mit dem Zuleitungsrohre des Wassermantels ist*
*in den Gummischlauch ein weiteres T-Rohr eingeschaltet, welches ein mit*
*Quetschhahn geschlossenes Auslaufrohr trägt. Dieses dient dazu, um wäh-*
*rend des Versuches das Wasser aus dem Wassermantel schnell auslaufen*
*zu lassen, so daß man in der Luftkammer einen schnellen Temperatur-*
*wechsel eintreten lassen kann. Am vorderen Wasserverschluß sieht man*
*eine zweite Öffnung, die zum Austritt der Luft bei Füllung des Wasser-*
*mantels dient; sie ist oben angebracht und setzt sich innerhalb des Zylinders*
*bis an dessen ,,Dach" fort. Bei Entleerung des Wassermantels tritt durch*
*diese Öffnung Luft ein. Nachdem man das Objekt montiert hat, kann man*
*den ,,Wassermantel", mit Wasser von bestimmter Temperatur, über das*
*Objekt schieben. Es dauert allerdings einige Zeit, bis durch die Luftschicht*
*hindurch das Objekt die gewünschte Temperatur angenommen hat. Die*
*hintere Öffnung der Luftkammer trägt einen Gummipfropfen, durch dessen*
*Bohrung ein Thermometer geht, mit dem wir die Temperatur der Luft-*
*kammer, in der sich nunmehr der Fuß befindet, kontrollieren können.*

***21. Montierung des Objektes.*** *Mit einem Hammer zertrümmern*
*wir die Schale einer Helix, fassen den Eingeweidesack zwischen Zeige- und*
*Mittelfinger und drücken von oben den Fuß aus ihm heraus. Sobald dieses*
*hinreichend geschehen ist, schneiden wir mit einem einzigen Schlage einer*
*großen Schere den Fuß unmittelbar unter dem Mantelkragen ab. Bei einiger*
*Übung gelingt es, den Fuß so abzutrennen, daß einmal alle Teile des schleim-*
*drüsenreichen Mantelkragens gut entfernt sind, andererseits aber alle Gang-*
*lien in normaler Lage, d. h. auf und unter dem Pharynx, unverletzt vor-*

*handen sind. Einige Haken aus Stecknadeln liegen bereit; ihre Knopf-
seite ist zu einer Öse gebogen. Vorn und hinten wird durch die dicke Fuß-
muskulatur je ein Haken eingestochen und zwar so, daß der Haken vollständig durch das Gewebe hindurchdringt. In diesem Zustande kommt das
Präparat auf eine Wachsplatte und wird hierauf durch Nadeln befestigt,
die durch die Ösen beider Haken in das Wachs gesteckt werden. Nun
wird die dorsale Haut des Kopfteiles der Länge nach durchschnitten, so
daß das Zerebralganglion mit dem Pharynx sichtbar wird. Da wir unsere
ersten Versuche mit dem ganglienlosen Fuße machen, heben wir den Pharynx
etwas auf und sehen das Gangliensystem, zu dem die Ganglia pedalia gehören, vor uns liegen. Wir fassen sie mit der Pinzette und mit wenig
Scherenschlägen entfernen wir sie aus dem Präparat. Auch das Zerebralganglion wird nach Durchschneidung seiner sensiblen Kopfnerven leicht
mit der Unterschlundganglienmasse entfernt. Nun kommt das Präparat
in den Apparat auf eine dünne Schicht mit Paraffinöl. Der Haken des
Fadens, der über die Zeigerrolle läuft, kommt in die Öse des einen Hakens,
der sich am Kopf der Schnecke befindet. Der Haken am Hinterende des
Tieres wird am hinteren Faden befestigt. Der Kopf muß, wie gesagt, ein
hinreichend langes Stück von der Verschlußscheibe entfernt sein. Dann
schrauben wir den hinteren Faden fest. An den Faden, der über das Zeigerrad läuft, hängen wir 2 g, so daß das ganze System gespannt ist, ohne daß
doch schon eine Dehnung auftritt. Nun schließen wir die Bremse. Es sei
hier ausdrücklich bemerkt, daß diese Methode, die Objekte zu montieren,
bei allen vergleichenden Versuchen in gleicher Weise gebraucht werden muß.
Erst wenn durch Spannung mit 2 g die Lage von Fuß zu Rad
bei allen Versuchen die gleiche ist, darf man die verschiedenen
im folgenden beschriebenen Eingriffe vornehmen. Es ist vollständig falsch,
die Lage des Objektes zum Zeigerrade erst zu bestimmen, nachdem der
Eingriff vorgenommen worden ist, da Längenänderungen am Präparat,
die als direkte Folge des Eingriffes auftreten, unserer Wahrnehmung ent-
gehen und Ablesungen miteinander verglichen werden würden, die in der
Tat unvergleichbar sind. Auch halte man sich stets an das gleiche spannende
Gewicht.*

*Nunmehr schieben wir den Doppelzylinder über das Objekt und füllen
ihn mit Wasser von gewünschter Temperatur. Dann lassen wir das Ganze
20 Minuten lang stehen, lösen zu einer bestimmten Zeit, die wir aufschreiben,
die Bremse und nehmen nun von Zeit zu Zeit, etwa alle Minuten, den
Stand des Zeigerrades auf (Zeit und Stand aufschreiben!).*

***22. Die allgemeine Erscheinung der Dehnungskurve und der Ent-
lastungskurve bei Temperatur 16°.*** *Wir beobachten die Dehnung,
schreiben sie genau auf und zeichnen eine Kurve nach unseren Zahlen. Wir
lassen den Prozeß eine Zeitlang vor sich gehen, um uns davon zu überzeugen,
daß die Dehnung theoretisch nicht zu einem Stillstand kommt. (Praktisch
nimmt der Widerstand auch des ganglionlosen Fußes mit fortschreitender
Dehnung etwas zu. Unbeschränkt dehnbar ist nur die Cutis der Holothurien; ein gedehnter Streifen von diesem Gewebe wird dünner und dünner
und zerreißt zuletzt unter Verflüssigungserscheinungen. Auch ein belastetes
Gelatinestäbchen bietet mit der Zeit höheren Widerstand.) Als Last wählen*

*wir bei diesem Versuche 15 g. Das Präparat darf keine Kontraktur („tonischen Tetanus", siehe S. 235) zeigen. Nach einer Zeit, d. h. etwa nach ¹/₂ Stunde, wird die Bremse angezogen und das Gewicht vertauscht mit einem Gewicht von 2 g. Unmittelbar darauf wird die Bremse geöffnet und die Wiederverkürzungskurve aufgenommen. Man überzeugt sich davon, daß sie nur einen ganz geringen Prozentsatz der Dehnung bildet.*

**23. Teilweise Entlastung.** *Man wiederholt den Versuch so, daß man erst ¹/₂ Stunde mit 15 g dehnt, sodann 10 g entfernt. Dann wird bei geeigneten Objekten, d. h. solchen, die keinerlei Kontraktur zeigen, eine sehr geringe Wiederverkürzung auftreten; das Präparat wird dann eine Zeitlang in Ruhe bleiben; endlich aber tritt, ohne jede Änderung äußerer Bedingungen, Weiterdehnung auf.*

**24. Versuche bei verschiedenen Temperaturen.** *Wir machen die gleichen Dehnungsversuche je an einem neuen Präparat, welches mit 10 g belastet wird,*

> *a) bei 11°,*
> *b) bei 25°,*
> *c) bei 40—50°.*

*Die Kurven werden hier etwa jeweils 20 Minuten lang aufgenommen und für alle Temperaturen zusammen auf ein gemeinsames Koordinatensystem gezeichnet. Sollten sich Schwierigkeiten ergeben bei der Präparation des Fußes und dieser, durch Mangel an Übung, häufig Kontraktur zeigen, dann kann man die Füße vor den Versuchen 5—10 Minuten in Cocainlösung von 2 vH legen. Natürlich dürfen nur in gleicher Weise behandelte Objekte miteinander verglichen werden.*

**25. Die Bedeutung des Pedalganglions für den Tonus.** *Man arbeite mit zwei möglichst gleich großen Schnecken[1]. Der Fehler, der durch geringe Größenunterschiede entsteht, ist zu geringfügig, um, bei sonstiger guter Ausführung des Versuches, das Resultat zu stören. Auf je einen Apparat kommt je ein Objekt; es wird mit 2 g gespannt, die Bremse gezogen (Temperatur 16°). Nun erst wird bei einem der beiden Objekte die gesamte Ganglienmasse entfernt. Das andere kann man intakt lassen, oder ihm das Zerebralganglion abnehmen, denn das Zerebralganglion hat keinen Einfluß auf die Dehnungskurve. Es empfiehlt sich aber aus anderen Gründen, die Versuche mit intaktem Nervensystem zu machen. Nach 20 Minuten löst man die Bremse und nimmt nun die Dehnungskurve beider Objekte (mit und ohne Pedalia) auf. Die Kurven werden auf ein gemeinsames Koordinatensystem gezeichnet. Wenn der Versuch gelungen ist, so zeigt sich deutlich der steilere Fall zu Anfang des Versuches beim „normalen" Tier, später der Umschlag, ein scharfes Knie in der Kurve des Normalen: Beide Kurven kreuzen einander.*

**26. Entfernung der Pedalganglien, wenn die Muskulatur sich im Zustande des Zentraltonus befindet.** *Wenn man eine Weile nach deutlichem Eintritt des Umschlages die Ganglienmasse mit einem kurzen Scherenschlag entfernt (scharfe Schere nehmen!), so wird zunächst eine*

---

[1] Um Exemplare gleicher Größe zu erhalten, werden Tiere genommen, die mit Schale gleiches Gewicht haben.

*kleine Kontraktion eintreten, die desto geringer ist, je geschickter die Exstirpation erfolgte. Darauf folgt schneller Abfall der Kurve. Dieser Versuch gelingt in der Regel nur Geübten.*

*27. Aufhebung des Zentraltonus durch höhere Temperatur. Während das normale Objekt sich deutlich im Zustande des Zentraltonus befindet, also eine Weile nach dem Umschlage, vertauschen wir so schnell wie möglich das Wasser von 16° im Wassermantel mit solchem von etwa 35° (schnelles Auslaufenlassen und sodann Einlaufenlassen von Wasser von etwa 40°). Wir beobachten nun, daß durch diese Temperatur der Zentraltonus „gelöst" wird: die Kurve fällt nunmehr mehr oder weniger steil ab.*

## E. Die allgemeinen Gesetze der Bewegungsregulation.

Bei den Wirbeltieren gibt es zwei prinzipiell voneinander verschiedene Arten der Bewegungsregulierung: nämlich erstens des autonomen Systems, zweitens diejenige des zerebrospinalen Systems.

### 1. Das autonome System der Säugetiere zum Vergleiche mit der motorischen Innervation hohlorganartiger Tiere.

**Beispiel: Der Säugetierdarm.** Der Darm der Säugetiere besitzt eine doppelte Muskelschicht, die aus Längs- und Ringmuskelfasern besteht. Außen liegen die Längsmuskeln, innen die Ringmuskeln. Zwischen beiden befindet sich ein Nervennetz, der AUERBACHsche Plexus. Dieses komplizierte Nervennetz steht in Verbindung mit gleichfalls sehr komplizierten, aus mehreren Zellarten bestehenden Nervennetzen, welche innerhalb der Muskelschichten selbst nachgewiesen werden können[1]. Die am weitesten peripher liegenden Teile dieses Netzes bestehen aus anastomosierenden Zellen, in welchen man Neurofibrillen nachweisen kann und die mit den Muskeln, Drüsen und Blutgefäßen in Verbindung stehen. Zum Zustandekommen der peristaltischen Bewegungen sind nur die einfachen Nervennetze innerhalb der beiden Muskelschichten nötig. Der AUERBACHsche Plexus, ja sogar gewisse Zellen des intramuskulären Netzes, die den Zellen des AUERBACHschen Plexus ähneln, dürfen fehlen.

Die Ursache der rhythmischen Bewegungen ist nicht bekannt. Früher meinte man (MAGNUS), daß diese Ursache im AUERBACHschen Plexus zu finden sei. Man kann nämlich beide Muskelschichten so voneinander trennen, daß der Plexus an der Längsmuskelschicht bleibt, und die Ringmuskelschicht vollkommen frei ist von den Elementen dieses Plexus. Das Resultat dieser Trennung war früher, daß die Ringmuskelschicht zu peristaltischen Bewegungen nicht mehr befähigt sei, die Längsmuskelschicht wohl. VAN ESVELD, ein Schüler von MAGNUS, hat aber gezeigt, daß das unrichtig ist und daß, wie gesagt, auch Muskelteile ohne AUERBACHschen Plexus sich spontan rhythmisch bewegen können. Die merkwürdigste Tatsache, die sich hierbei ergab, war die folgende:

---

[1] VAN ESVELD, L. W.: De zenuwelementen in den darmwand en het gedrag van plexushoudende en plexusvrye darmspierpreparaten. Dissertation med. Fac. Utrecht 1927.

In solchen plexusfreien Stücken des Darmes, die wir untersuchen, kann Bewegung auftreten; sie kann aber auch gelegentlich fehlen. Wenn sie fehlt, so antwortet die Muskulatur auf elektrische Einzelreize mit einer einzigen Kontraktion, welcher Ruhe folgt, während dauernde Reize (Tetanisierung mit faradischen Strömen) einen Tetanus hervorrufen. Präparate mit spontan rhythmischen Bewegungen, gleichgültig ob sie in Verbindung stehen mit dem AUERBACHschen Plexus oder nicht, zeigen bei Reizung mit schwachen galvanischen Strömen eine deutliche refraktäre Periode. Faradische Reizung solcher Präparate hat lediglich Beschleunigung ihrer rhythmischen Bewegungen zur Folge, niemals Tetanus. Allerdings ist bei plexusfreien Präparaten die refraktäre Periode weniger ausgesprochen als bei solchen, die mit dem Plexus in Verbindung stehen.

Bei derartig peristaltisch arbeitenden Organen, wie der Darm (aber auch der Schneckenfuß), ist die refraktäre Periode weniger absolut als beim Wirbeltierherzen. Nicht nur ist ihr Auftreten von Umständen abhängig, wie wir das hörten (die gleichen unbekannten Umstände nämlich, die das Auftreten oder Sistieren der Bewegung bedingen), sondern sie kann auch, wenn vorhanden, durch starke Reize gebrochen werden: starke faradische Reize können auch beim sich bewegenden Präparate Tetanus hervorrufen. Eine ähnliche „*relativ refraktäre*" Periode kommt bei manchen Invertebratenherzen vor.

Die Frage, welche Rolle gegenüber diesen Bewegungen der AUERBACHsche Plexus spielt, ist nicht mit Sicherheit zu beantworten. Bedeutungslos ist er sicher nicht, denn nicht nur ist bei seiner Gegenwart, wie wir hörten, die refaktäre Periode ausgesprochener, sondern es zeigt sich das Folgende: Bei Anwendung gewisser Gifte kann als Reizerscheinung beim Präparat mit Plexus ein beschleunigter Rhythmus auftreten. Bei plexusfreien Präparaten tritt eine derartige Beschleunigung niemals auf. VAN ESVELD schließt also auf eine regulative Funktion des Plexus.

Zu dem beschriebenen an sich komplizierten Apparat kommt nun noch eine zentrale Regulierung. Der Darm erhält, wie alle autonomen Organe des Wirbeltierkörpers, vom zentralen Nervensystem her eine doppelte Innervation. Einmal Äste des Nervus sympathicus, dann Äste des Nervus vagus und kaudal des Nervus pelvicus. Die beiden letztgenannten Nerven gehören zum parasympathischen System. Alle diese Nerven haben also mit der Erregung der Bewegung selbst nichts zu tun ebensowenig wie der AUERBACHsche Plexus: die Bewegung ist autonom. Dagegen sind die Nerven imstande, die Bewegung als Ganzes quantitativ zu beeinflussen. Nämlich der Sympathicus hemmt oder verlangsamt die Peristaltik, während die parasympathischen Nerven, wenn man sie reizt, Beschleunigung hervorrufen[1]. Die anatomische Anordnung dieser autonomen Nerven ist sehr charakteristisch für die Art ihrer Tätigkeit. Vom zentralen Nervensystem aus gehen einige wenige markhaltige Fasern zu den sogenannten sympathischen Ganglien, in welchen sie in Verbindung treten mit zahlreichen Ganglienzellen, die zahlreichere, marklose

---

[1] Also umgekehrt wie beim Herzen.

Fasern entsenden (postganglionäre Fasern). Diese verbinden sich mit den genannten Nervennetzen. Im Gegensatz zur zerebrospinalen Innervation ist die autonome nicht individuell für jedes Muskelelement, sondern größere Bezirke werden durch einzelne Fasern, die vom Zentrum kommen, als Ganzes beherrscht.

Auch bei hohlorganartigen Tieren ist die Peripherie, d. h. der Hautmuskelschlauch mit den Nervennetzen autonom, d. h. wenigstens im Prinzip zu den notwendigen Bewegungen befähigt. Die Rolle der höheren Zentren ist in erster Linie die, die Leistungen der Peripherie als ganzes zu regulieren. Wir wollen das an einem Beispiele deutlich machen.

2. Die wellenförmigen Kriechbewegungen bei den Schnecken.

Wir wollen uns auf die Schnecken beschränken. Der Fuß mit seinen Nervennetzen ist hier allerdings nicht soweit autonom, daß er ohne Hilfe eines Ganglions die wellenförmigen Kriechbewegungen auszuführen imstande wäre. Allein, wenn wir an Stelle von Helix eine Kammnacktschnecke nehmen, nämlich Limax cinereo-niger, dann genügt es, mit einem Rasiermesser das Tier durch einige Querschnitte in Teile zu zerlegen, um auch bei den ganglionlosen Teilen die Kriechbewegungen der Fußsohle nachweisen zu können (KÜNKEL). Derartige Kriechbewegungen kann man als Reflex auffassen (allerdings von ziemlich komplizierter Art). Bei niederen Tieren aber ist die Reflexleitung nicht so fest an bestimmte Bahnen gebunden, wie bei den Wirbeltieren. Die Erregung, welche die Lokomotion verursacht, wird im Prinzip durch die Nervennetze und durch die Pedalganglien mit den von ihnen zur Peripherie ausstrahlenden Nerven geleitet. Versuche zeigen aber, daß die Leitung durch die Pedalganglien viel geringere Reizstärke zur Erzielung gleicher Wirkung zur Voraussetzung hat. Wenn der Unterschied im Leitungsvermögen bei Helix größer ist, als bei Limax, so könnte man hierdurch vielleicht die Tatsache erklären, daß bei Helix die Exstirpation der Ganglien Lokomotion unmöglich macht, bei Limax cinereo-niger nicht. Dies möge motivieren, daß wir die lokomotorischen Wellen auch bei Helix mit der Peristaltik der Hohlorgane vergleichen.

Das UEXKÜLLsche Gesetz. Über die Art, wie die Bewegung selbst zustande kommt, ist nichts Genaueres bekannt. Bei allen Tieren unserer Gruppe fehlt, wie wir schon andeuteten, echter Antagonismus, wie er bei Arthropoden, Anneliden und Wirbeltieren vorkommt. Diese Tatsache lernten wir schon im Zusammenhang mit den Erscheinungen des viskosoiden Tonus kennen. VON UEXKÜLL hat gezeigt, daß im einfachsten Falle der Rhythmus zwischen zwei beliebigen Muskelgruppen dadurch entstehen kann, *daß die Erregung dem gedehnten Muskel zufließt.* Jede Kontraktion einer Muskelstrecke bedingt aber Dehnung der benachbarten Strecke dadurch, das in diese das Blut aus jener gepreßt wird. Die gedehnten Muskeln werden hierdurch für die Erregung zugänglich. So kann man auch im Schneckenfuß die rhythmische Fortleitung der Erregung erklären.

16*

*28. Beobachtung der Wellen des Schneckenfußes. Wir beobachten nun eine kriechende Schnecke. Es laufen zahlreiche Wellen über den Fuß von hinten nach vorn; ihre Zahl ist verschieden, je nach verschiedenen Umständen, unter denen die Temperatur eine große Rolle spielt (Crozier). In der Norm zählt man zehn bis zwölf Wellen. Jedes Intervall ist dreimal so breit wie eine Welle. Die Geschwindigkeit bei Zimmertemperatur beträgt für jede Welle 1 cm in 7—8 Sekunden, so daß in etwa 30 Sekunden eine einzige Welle über den ganzen Fuß läuft.[1] Wenn man beobachtet, wie eine ruhende Schnecke, deren Fuß auf einer Glasplatte festgesogen ist, zu kriechen anfängt, so sieht man die Wellen unmittelbar rhythmisch auftreten, so daß also der Rhythmus nicht ausschließlich durch das Gesetz von* von Uexküll *erklärt werden kann. Denn die Muskelstrecken, welche in bestimmten Abständen voneinander erstmalig sich verkürzen, erfüllen die Hauptbedingung der Gültigkeit dieses Gesetzes nicht: sie waren nicht in besonderem Maße gedehnt. Die Wellenbewegungen entstehen dadurch, daß eine kleine Zone der Längsmuskulatur des Fußes sich zusammenzieht. Hierbei ist dieser Teil etwas von der Unterlage entfernt und bewegt sich durch die Kontraktion nach vorn. Durch diese Kontraktion wird gleichzeitig etwas Blut aus dem verkürzten in die ruhenden Teile gepreßt, wodurch sich eine kleine Strecke vor (und vielleicht auch hinter) jeder Welle dehnt und nun in der Tat erregbarer wird. Bei allen diesen peristaltikartigen Bewegungen ist die Abgabe der Erregung an die Muskulatur in Zonen mit bestimmten Intervallen ein ungelöstes Problem.*

### 3. Einfluß des Cerebralganglions auf die Bewegung.
### Helix und Aplysia.

Wir besprechen nunmehr den Einfluß des Cerebralganglions auf den Fuß der Schnecke (mit den Pedalganglien) als Organ der peristaltischen Bewegung. Wir wollen in unsere vorbereitende Betrachtung auch die Parapodien von Aplysia mit einbeziehen. Diese Flossenorgane können schöne, wellenförmige, von außen nach innen und von innen nach außen verlaufende rhythmische Bewegungen ausführen, durch welche die Tiere zu schwimmen imstande sind. Wenn man bei einer Aplysia das Ganglion cerebrale exstirpiert, so treten dauernde *unhemmbare* Schwimmbewegungen auf. Das Tier schwimmt viele Tage lang, ohne anzuhalten im Aquarium auf und nieder, bis es entkräftet und nach enormem Volumenverlust zugrunde geht. Durchschneidet man auf einer Seite das Cerebropedalkonnektiv, so treten Kreisbewegungen *nach der unverletzten Seite* auf. Das heißt, die Teile des Fußes (in diesem Falle beobachtet man die betreffenden Erscheinungen am besten am Fuße), die nicht mehr mit dem Cerebralganglion in Verbindung stehen, bewegen sich, wenn der andere Teil ruht. Dieses äußert sich auch durch eine viel höhere Reizbarkeit „enthirnter" Teile, verglichen mit normalen. Das letztere gilt für Aplysia so gut wie für Helix, wo wir die Erscheinung werden untersuchen können.[2] Wir schließen hieraus: Das

---

[1] Parker, Journ. Morphol. Vol. 22, S. 155, 1911.

[2] Leider ist es bislang nicht gelungen, bei Helix durch einseitige Enthirnung Kreisbewegungen zu erhalten, wie bei Aplysia.

Cerebralganglion der Schnecken hat einen quantitativen Einfluß auf die Peristaltik des Fußes (mit seinen Pedalganglien), ähnlich wie wir das für die autonome Innervation des Darmes und anderer autonomer Organe kennen gelernt haben.

### 4. Die Hemmung.

Wir hörten, daß bei der Regulierung von Tonus und Bewegung bei den Tieren, mit denen wir uns beschäftigen, Hemmung eine Hauptrolle spielt, denn Entfernung der Ganglien bedeutet stets in erster Linie einen Wegfall der Hemmung, und zwar bezieht sich das, jeweils spezifisch, auf diejenigen Funktionen, welche das betreffende Ganglion regelt. Eine Schnecke, der man das Cerebralganglion entfernt hat, verhält sich wie ein Herz, bei dem man den Vagus durchschnitten hat, nicht aber wie ein Herz, bei dem *beide* regulierende Nerven durchschnitten worden sind. Ein anderer wichtiger Unterschied zwischen Herz und Schnecke ist der folgende. Wenn man den Vagus des Herzens reizt, so erhält man Verlangsamung der Bewegung, schließlich Stillstand in Diastole. Bei der Schnecke erhält man bei Reizung des Cerebralganglions mit jeder beliebigen Stromstärke nie etwas anderes als Kontraktion aller Muskeln. Dasselbe gilt für Reizung der Pedalganglien. Bei diesem letzteren Versuch tritt auch lediglich Kontraktion der Muskulatur auf, keine Änderung des Tonus. Eine Erklärung für die merkwürdige Tatsache, daß man durch Reizung der Zentren keine Hemmung erzielen kann, kann nicht gegeben werden. Es ist dieses ja um so merkwürdiger, als, wie gesagt, in der Normalfunktion der Zentren die Hemmung überwiegt. Es ist hiernach schon unwahrscheinlich, daß wir bei Reizung hemmende und erregende Fasern treffen, wobei die Erregung stets überwiegen müßte. Man kann dieses durch eine Reihe von Versuchen noch weiterhin ausschließen; wir wollen einen von diesen beschreiben, da wir ihn im praktischen Teile ausführen werden. Der Versuch gewährt uns zugleich einen Einblick in die spezifische Art der regelnden Zentrenfunktion. Wenn man ein Kristall *Kochsalz* (oder etwas konzentrierte Kochsalzlösung) *auf die Pedalganglien* bringt, so tritt eine leichte Kontraktion auf, die schnell vorübergeht. Daraufhin stellt man fest, daß der *tonische Widerstand gegen Dehnung in der Muskulatur stark zugenommen hat.* Derselbe Eingriff am *Cerebralganglion* hat einen ganz andern Effekt: an Stelle des „zähen", tonischen Tieres des ersten Versuches erhalten wir jetzt ein leicht bewegliches, äußerst reizbares Tier. *Die Reizschwelle ist stark vermindert*[1].

Umgekehrt kann man die Erregung („den aktiven Zustand") in den Ganglien dadurch vermindern, daß man die Ganglien mit verdünnter *Cocainlösung* leicht bepinselt. Wenn man dieses bei den *Pedalganglien tut,* so *sinkt der tonische Widerstand.* Geschieht es im Zustande des Zentraltonus, so äußert sich das durch unmittelbare Drehung des Rades in *Fallrichtung.* Geht die Cocainisierung so weit, daß die Pedalganglien unerregbar werden, so tritt der umgekehrte Effekt auf: das Präparat

---

[1] Man beachte, daß die „Reizschwelle" der reziproke Wert der Reizbarkeit ist, höhere Reizbarkeit also niedrige Schwelle bedeutet.

beträgt sich dann wie ein ganglionloses Präparat. Wenn man das *Cerebralganglion schwach cocainisiert*, so wird die Muskulatur des Fußes bei jeder Art der Reizung *weniger erregbar*, die Reizschwelle steigt also (während naturgemäß bei Ausschaltung des Cerebralganglions durch Cocain die Erregbarkeit zunimmt). Die Ganglien leisten also ihre *hemmende Funktion am besten* in *schwach cocainisiertem Zustande*. Durch die Vergleichung mit der Wirkung des Kochsalzes läßt sich zeigen, daß die gebrauchte Cocaindosis *nicht wie dieses erregend, sondern eben halb lähmend wirkt*. Diese halbe Lähmung könnte man nun erklären durch einseitige Lähmbarkeit der erregenden Elemente, so daß nunmehr die hemmenden Elemente überwiegen. Wenn man nun nach Halblähmung in dem beschriebenen Zustande die Ganglien mit faradischen Strömen reizt, *so tritt auch dann nie etwas anderes auf als Kontraktion, niemals irgendwelche Hemmungserscheinung*. Aus diesen und anderen Versuchen ergibt sich, daß im lokomotorischen System der Schnecken eine Hemmungsart vorkommt, die sich prinzipiell von den Hemmungserscheinungen am Wirbeltierherzen unterscheidet. Das Wesen dieser Hemmung ist unbekannt. Folgende hypothetische Überlegungen seien gestattet[1]: *Es ist die Aufgabe aller Zentren, die Erregung auf die Effektoren zu verteilen*. Die Gesetze, nach welchen diese Verteilung geschieht, sind bei den verschiedenen Tiergruppen verschieden. *Bei den Hohlorganartigen geschieht die Verteilung unmittelbar nach Maßgabe des Zustandes der Leitungsendpunkte*[2]. Als Leitungsendpunkte treten auf nicht nur die Muskeln mit den immanenten Nervennetzen, sondern vor allem auch die Ganglien. *Daher kann Hemmung so zustande kommen, daß die Erregung unter gewissen Umständen in gesteigertem Maße den Zentren und dementsprechend in geringerem Grade den Muskeln „zufließt"* (eine Erscheinung, die natürlich Dekrementleitung zur Voraussetzung hat). Der Zustand des Muskels kann, was die Tonusfunktion betrifft, durch seine mehr oder weniger weitgehende Dehnung beeinflußt (und gemessen) werden. Den Zustand in den Ganglien konnten wir durch die genannten Stoffe: Kochsalz und Cocain beeinflussen. Die Versuchsergebnisse entsprechen dann stets dem „Verteilungsgesetz", doch können wir dies hier nicht im einzelnen beweisen.

### F. Tiere mit festem Muskelantagonismus[3].

Als Tiere mit festem Muskelantagonismus behandeln wir die Arthropoden und die Anneliden. Die Wirbeltiere haben wir zwar schon besprochen, allein zum Vergleiche sollen auch sie mit herangezogen werden. Innerhalb des Geschehens bei diesen Tieren steht, wie wir das oben hör-

---

[1] Echte Hemmungsnerven fehlen übrigens an anderen Stellen auch diesen Tieren nicht: Hemmung des Schließmuskels bei den Muscheln, Hemmungsnerven des Schneckenherzens. Allein es handelt sich dabei um Muskeln mit ganz anderen Aufgaben.

[2] Eine Folge dieses „*Verteilungsgesetzes*" ist das sog. UEXKÜLLsche Gesetz.

[3] Der Übersichtlichkeit halber wollen wir die Versuche erst besprechen nach Erledigung des theoretischen Teiles über die verschiedenen Gruppen der Invertebraten.

ten, die antagonistische Arbeit *bestimmter* Muskelgruppen im Vordergrund des Interesses. Scheinbar gilt auch hier das Gesetz von UEXKÜLL, allein es läßt sich zeigen, daß die inneren Zusammenhänge viel komplizierter sind.

### 1. Der Schwanz der Katze.

MAGNUS hat am Schwanze der decerebrierten Katze gezeigt, daß dieser sich bei Reizung ganz ähnlich verhält wie der eine Arm des Schlangensterns im Versuche von VON UEXKÜLL. Wenn die Katze auf dem Bauche liegt, so daß der Schwanz symmetrisch-vertikal herabhängt und man kneift in die Schwanzspitze, so läßt sich die Richtung, in welcher der Ausschlag des Schwanzes erfolgen wird, nicht vorher sagen. Wenn man aber die Katze auf die Seite legt, so daß analog wie der Arm des Schlangensterns der Schwanz seitlich herabhängt, so schlägt der Schwanz bei jedem Kneifen immer nach oben. *Es antwortet also auch hier der gedehnte Muskel.* MAGNUS konnte aber zeigen, daß diese „Verteilung der Erregung" nicht eine unmittelbare, sondern nur eine mittelbare Wirkung der Dehnung der betreffenden Muskelgruppen ist, im Gegensatz zu den niederen Tieren; denn wenn man bei der Katze die sensiblen Wurzeln, die den gebogenen Schwanzsegmenten entsprechen, durchschneidet, die motorischen ebenso intakt läßt, so bleibt der Erfolg aus. Auch hier hat also der Zustand der Leitungsendpunkte einen Einfluß auf die Verteilung der Erregung. Allein dieser Zustand macht sich geltend durch einen Reflex.

### 2. Die Krebse. Astacus fluviatilis. Cancer pagurus.

Die Arthropoden, speziell die Krebse, geben uns ein Beispiel für einen einfachen Antagonismus, zwar komplizierter als der Scheinantagonismus der Echinodermen, aber einfacher als der echte Antagonismus der Wirbeltiere. Jeder Muskel der Extremitäten eines Krebses erhält zwei Nerven, einen erregenden und einen hemmenden. Wenn wir uns auf den Öffnungsmuskel und den Schließmuskel der Krebsschere beschränken so finden wir, daß in den der Schere vorabgehenden Gliedern des Scherenbeines der Erregungsnerv des Schließers dicht neben dem Hemmungsnerv des Öffners, der Erregungsnerv des Öffners dicht neben dem Hemmungsnerv des Schließers verläuft (Abb. 73). Erst im Scherengliede bilden beide Hemmungsnerven zusammen eine Art Chiasma, d. h. sie überkreuzen sich, so daß jeder Hemmer sich zu seinem Muskel begibt. Bei dieser Kreuzung tritt keinerlei Verbindung zwischen beiden Hemmungsnerven auf. Zur antagonistischen Innervation der beiden Muskeln ist eine individuelle Erregung der Einzelnerven nicht nötig. Man kann die Gesamtheit der genannten Nerven auf einmal reizen. *Reizt man mit starken Strömen, so erhält man Scherenschluß.* Dieser Schluß besteht aus Erregung des Schließmuskels und Hemmung etwaiger Kontraktion im Öffnungsmuskel. Reizt man dagegen mit schwachen Strömen, so erhält man Scherenöffnung, d. h. Erregung des Öffnungsmuskels und Hemmung des Schließmuskels. Wenn wir auch noch nicht beweisen können, daß beim normalen Tiere die Erregung in allen Fällen die vier

genannten Nerven gleichförmig durcheilt, *so kann doch der Antagonis-*
*mus durch die Eigenschaften der peripheren Organe erklärt werden, auf*
*schwache oder starke Impulse von Seiten der Zentren antagonistisch rea-*
*gieren.* Dies ist ein vortreffliches Beispiel für die allgemeine Regel, daß
bei niederen Tieren die Entscheidung über das Resultat durch die besondere Differenzierung der Erfolgsorgane, bei geringer Differenzierung
der Zentralorgane, gegeben ist, während bei den höheren Tieren (den
Wirbeltieren) die Entscheidung *zentral* ist.

Die Leitung in den Nerven der Krebse setzt voraus, daß das Alles-
oder Nichtsgesetz (Luntenleitung) hier nicht gültig ist, da ja sonst starke
und schwache Erregungen keinen entscheidenden Einfluß auf das Resultat haben könnten. Die Zahl der getroffenen Axone kann man hier nicht
für den abgestuften Erfolg verantwortlich machen, da der Erreger des
Schließers nur höchstens sechs, Erreger und Hemmer des Öffners aber

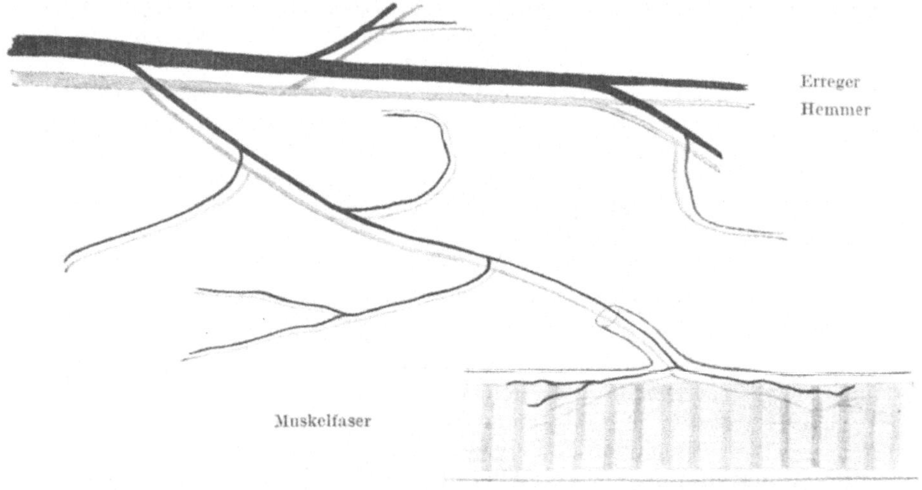


Abb. 73 *Innervation der Scherenmuskulatur des Flußkrebses.* Dunkel der Erreger, hell der Hemmer. Man sieht den gemeinsamen Eintritt beider Nerven in jede Muskelfaser. (Aus BAYLISS, 1926.)

nur einen Axon führt. P. HOFFMANN (Zeitschrift für Biologie, Band 64,
1914, S. 247) hat auch gezeigt, daß in der Tat nach Maßgabe der Reizstärke die Ausschläge des Saitengalvanometers stärkere oder schwächere
Aktionsströme anzeigen. Wir werden die Abhängigkeit des Reizeffektes
von der Reizstärke durch andere Versuche zeigen.

Die Hemmungswirkung, die bei den Krebsmuskeln ganz besonders
deutlich ist, hat bislang noch keine befriedigende Erklärung gefunden.
Die Konkurrenz der verschiedenen Reize ist dagegen leichter verständlich.
Öffnernerv und der mit ihm gemeinsam verlaufende Hemmer des Schließmuskels sind *allen Reizstärken* zugänglich. Isoliert sprechen sie auf
schwache (Rollenabstand von z. B. 18 cm) und beliebig starke Ströme
an. Die andere Gruppe: Erreger des Schließmuskels, Hemmer des Öffnungsmuskels, beantworten, wenn man sie isoliert reizt, nur starke Reize.

Wenn sie aber im Zusammenhang mit der antagonistischen Gruppe überhaupt erregt werden, so überwältigt ihre Wirkung diejenige der antagonistischen Gruppe[1].

### Die Wirkung des Zerebralganglions bei den Krebsen.

Wenn man einen Krebs einseitig dadurch enthirnt, daß man das Schlundkonnektiv (Abb. 74) einseitig durchschneidet, dann treten sehr ausgesprochene Kreisbewegungen auf; sie sind wesentlich ausgesprochener als bei Aplysia und tragen deutlich aktiven Charakter. Bei

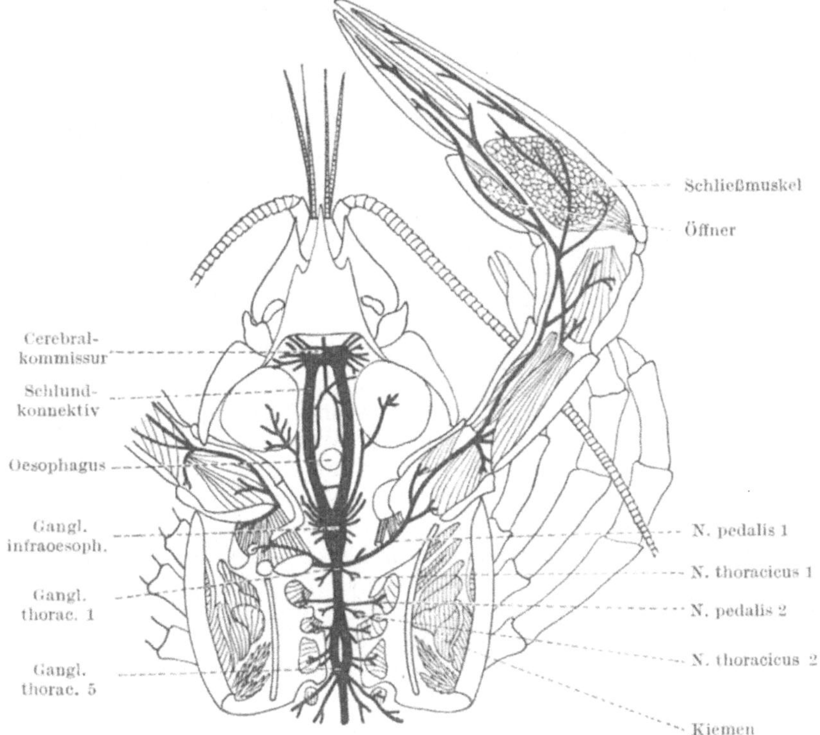


Abb. 74. *Teile des vorderen Zentralnervensystems von Astacus fluv.*
(Im Anschluß an W. KEIM, 1915.)

Aplysia kommen Kreisbewegungen nur dadurch zustande, daß *in der Ruhe* die Hemmung in der enthirnten Hälfte nicht vollkommen ist. Eine aktiv schnell kriechende Aplysia (in diesem Falle gleicht ihr Kriechen dem Schreiten einer Spannraupe) macht keine Kreisbewegungen[2]. Krebse dahingegen (und vor allen Dingen Cancer), laufen ausschließ-

---

[1] DU BUY und REITSMA im Institut für vergleichende Physiologie Utrecht.
[2] Die Verteilung der Erregung auf den Gesamtfuß in diesem Falle und die Einseitigkeit der Hemmung (die sehr ausgesprochen ist) durch das Cerebrale sind zwei Tatsachen, die einander scheinbar widersprechen. Der Widerspruch ist noch nicht aufgelöst worden.

lich im Kreise und zwar auch hier so, daß die enthirnte Seite außen liegt. Eine Kreuzung der Bahnen findet nicht statt. Es ist also unter allen Umständen richtig, daß die Seite, die nicht mehr mit dem Gehirn in Verbindung steht, die andere umkreist. Die Erklärung dieser Tatsache ist aber eine ganz andere, wie bei Aplysia, wie man sich denn überhaupt frei machen muß von der Meinung, daß in den verschiedenen Tiergruppen äußerlich gleichartige Erscheinungen dieselbe Ursache haben müssen.

Den Schlüssel zur Erklärung der Kreisbewegungen bei Krebsen liefern folgende Versuche. Wenn man bei Cancer pagurus und wohl im allgemeinen bei kurzschwänzigen Krebsen das Cerebralganglion reizt mit Strömen von mittlerer Stärke an aufwärts, so tritt allgemein *Streckung* auf, während es schwieriger ist, einen Strom von geringer Stärke zu finden, der bei Reizung des Cerebralganglions Beugung der Extremitäten hervorruft. Wir wollen uns in den folgenden Betrachtungen auf „starke Ströme‘‘ beschränken; sie haben vom Cerebralganglion und von den Schlundkonnektiven aus den umgekehrten Effekt wie vom Bauchmark oder von den peripheren Nerven aus. Beide Arten der Reizung können miteinander interferieren. Wenn man mit Strömen, die eine deutliche Beugung hervorrufen, das Bauchmark dauernd reizt, so wird der Effekt dieser ununterbrochenen Reizung aufgehoben, sobald man das Cerebralganglion mit etwas stärkerem Strome reizt. Sobald die cerebrale Reizung unterbrochen wird, tritt wieder Beugung auf. Wie im autonomen System der höheren Tiere entspricht der durch Reizung erzielten Zentrenwirkung ein *Dauereinfluß* von seiten der genannten Zentralorgane. Eine die *Beugung* bevorzugende Wirkung vom *Bauchmarke* und eine die *Streckung* bevorzugende Wirkung vom *Gehirnganglion*, halten einander die Wage und verleihen den Extremitäten den normalen Stand. Noch ausgesprochener wird diese Wechselwirkung beim Gange der Tiere. Dies wollen wir wieder an den *kurzschwänzigen Krebsen* studieren. Sie bewegen sich normalerweise im Seitengange. Zu diesem Zwecke werden die Beine etwa senkrecht zur Sagittalebene eingesetzt, so daß sie also so weit wie möglich vom Körper abstehen. Diese Haltung, die auftritt, sobald das Tier sich in Bewegung setzt, kann nur durch Cerebralerregung hervorgerufen werden und ist nicht mehr möglich nach Beseitigung dieses Ganglions. Die Folge davon ist, daß die Krabbe, nach einseitiger Enthirnung, die normalen Beine beim Gang in der dargetanen Weise ausstreckt, die enthirnten Beine aber in der Ruhelage, nach vorn gekrümmt, zum Gange ansetzt. So greifen die enthirnten Beine nach vorn innen, die normalen Beine nach außen. Es muß Kreisgang entstehen.

Beim *Flußkrebs*, der sich in der Richtung der Längsachse bewegt, ist das Verhalten weniger ausgesprochen, doch auch recht wohl vorhanden. Auch bei ihm ist die Lage der Beine eine Resultante aus Bauchmark- und Cerebraltonus (Abb. 75). Die Folge davon ist, daß nach einseitiger Enthirnung die betroffenen Beine stärker gekrümmt nach vorn und innen gehalten und beim Gang auf diese Weise falsch eingesetzt werden. Auch hier entsteht Kreisgang, wenn auch in der Regel nicht so ausgesprochen und vor allen Dingen nicht so deutlich in seiner ursächlichen Abhängigkeit von der Beinkrümmung wie bei der Krabbe.

Daß auf diese Weise *durch Interferenz das Cerebralganglion imstande sein muß das Tier zu steuern,* läßt sich durch den folgenden Versuch an Cancer pagurus beweisen. Man schneidet das Schlundkonnektiv auf einer Seite, z. B. rechts, durch und legt es auf ein Elektrodenpaar, welches man in die Wunde einkittet. Wenn nun nach der Operation dieses Tier spontane Bewegungen auszuführen anfängt, so verbindet man die äußeren Enden der beiden Elektrodendrähte mit den Polen eines Induktionsapparates und zwar vermittels einer leicht beweglichen Schnur. Am besten bedient man sich eines Induktionsapparates, der in einem Kasten eine Trockenbatterie enthält. Nun hat man sozusagen die Krabbe an der Leine, folgt ihr aber so, daß kein Zug durch die Schnur ausgeübt wird. Die Krabbe fängt an zu laufen. Die linken, normalen Beine schieben: weit vom Körper abstehend versuchen sie den Körper nach rechts zu drücken. Die rechten, hirnlosen Beine greifen nach vorn und innen, sie ziehen stets, niemals drücken sie, da in ihnen ja gerade der Streckmechanismus geschädigt ist und das Schieben auf Strecken beruht. Nun geben wir Strom durch den Induktionsapparat. In demselben Momente greifen die abnormalen Beine gleich den normalen nach außen und bei richtiger Stromstärke entsteht ein durchaus normaler Seitengang dergestalt, daß die hirnlosen Beine vorangehen. Durch Abstufung der Ströme kann man dem Tier nun jede Richtung aufzwingen. Bei schwächeren Strömen wird die Hirnwirkung nicht vollständig erreicht, die Beine bleiben etwas krumm, es treten Kreisbewegungen auf, wie ohne Reizung, allerdings mit größerem Krümmungsradius. Bei sehr starken Strömen tritt eine übertriebene Streckung der enthirnten Beine auf und das Tier läuft nun im flachen Kreisgang, die enthirnte Seite *innen.*

### 3. Die Anneliden. Der Regenwurm.

Auch bei den Regenwürmern haben wir typisch antagonistisch geordnete Muskeln. Es sind dieses die Längsmuskeln und die Ringmuskeln. Die Bewegung dieser Tiere entspricht einer Peristaltik. Wir müssen zwei Erscheinungen im Zusammenhange betrachten. Erstens die Fortpflanzung der Erregungswelle in der Ringmuskulatur, und zweitens die Tatsache, daß dieser eine ähnliche von vorn nach hinten verlaufende Welle der Längsmuskulatur folgt. Die Fortpflanzung der Erregungswelle ist an und für sich ein zentraler Prozeß, ähnlich wie beim Helixfuß. Unterbricht man nämlich die Muskulatur (BIEDERMANN) bei intaktem Bauchmarke, so wird die peristaltische Bewegung nicht unterbrochen, während eine Unterbrechung des Bauchmarkes eine Unterbrechung der Peristaltik bedeutet, wenigstens dann, wenn das Präparat an einem Stativ aufgehängt worden ist, eine Vorsichtsmaßregel, deren Bedeutung wir sogleich verstehen werden.

Wie bei der Schnecke, so wird auch beim Regenwurm die rhythmische Ausbreitung der Peristaltik durch andere Erscheinungen gestützt und gesichert. Bei der Schnecke hatten wir allen Grund, dem UEXKÜLLschen Gesetze diese Rolle zuzuschreiben. Bei dem Regenwurm treten hier, ganz ähnlich wie bei den Wirbeltieren, typische Reflexe auf, die höchstwahrscheinlich in den Muskeln selbst ihre Rezeptoren finden. Wenn eine Partie des Wurmkörpers sich verkürzt, so übt sie auf die distal folgende Partie einen Zug aus. An der Unterseite des Wurmes befinden sich bekanntlich Haken, die so gestellt sind, daß der Zug sich nur distal geltend machen kann, da die vorderen Teile verankert sind[1]. Dieser Zug erzeugt einen Reflex; die Ringmuskeln des betroffenen hinteren Körperteiles ziehen sich zusammen und verlängern das Stück dem sie zugehören, so daß dieses aktiv dem Zuge des vorangehenden verkürzten Teiles folgt. Die Erscheinung also, daß die Ringmuskelverkürzung in einem hinteren Abschnitte, jeweils auf die Längsmuskelverkürzung in einem vorderen Abschnitte folgt, wird nicht nur verursacht durch die Erregungsausbreitung im Bauchmark, sondern wird auch durch diesen Reflex sichergestellt. Wir werden ihn auf die folgende Weise kennen lernen. Wenn man einen Regenwurm durchschneidet (durch einen Querschnitt) und beide Hälften durch eine lose Fadenschlinge verbindet (Abb. 75), so kriechen beide Hälften auf feuchtem Fließpapier koordiniert. Sobald nämlich der letzte Abschnitt der vorderen

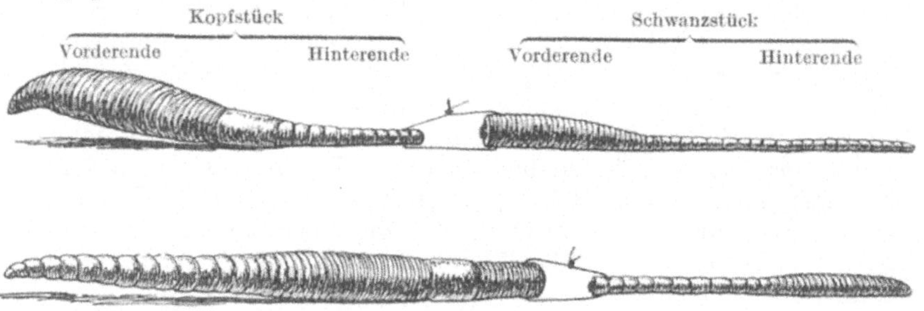


Abb. 75. *Koordination zweier Stücke eines Regenwurms* durch den Zug, den die Bewegung des Kopfstückes durch eine Fadenschlinge auf das Schwanzstück ausübt. Oben: das Hinterende des Kopfstückes befindet sich im Zustande der Ringmuskelkontraktion, wodurch der Kopf nach vorn geschoben wird. — Unten: Das Hinterende des Kopfstückes befindet sich in Längsmuskelkontraktion, wodurch auf das Vorderende des Schwanzstückes ein Zug ausgeübt wird: daraufhin erfolgt in diesem Ringmuskelkontraktion, wodurch es dem Kopfstücke folgt.

Wurmhälfte sich verkürzt, so übt er durch Vermittlung der Fadenschlinge einen Zug aus auf den vorderen Teil der hinteren Hälfte. Diese Dehnung ist der Reiz für die Ringmuskelkontraktion am Vorderende des Schwanzstückes, der dann weiterhin koordinierte Bewegung des Schwanzes folgen muß; denn diese Ringmuskelverkürzung pflanzt sich kaudalwärts fort, und ihr folgt reflektorisch Längsmuskelverkürzung. Unter den Wirbellosen treten (soweit bekannt einzig und allein beim Regenwurme) Muskeln (oder Sehnen) als Empfangsorgane lokomotorischer Reflexe auf. Die Reflexe, durch welche im gleichen Segmente auf die Ringmuskelbewegung Längsmuskelbewegung folgt, sind noch nicht untersucht worden. Vermutlich spielt auch hier bei der Erregung der Muskelsinn eine Rolle. BIEDERMANN hat es wahrscheinlich gemacht, daß die antagonistischen

---

[1] Die Peristaltik bedingt nur eine rhythmische Folge von Lang- und Kurzwerden. Zur Lokomotion wird die Peristaltik durch die genannten Haken, die so gestellt sind, daß der Wurmkörper sich leicht in rostraler, nicht aber in kaudaler Richtung über den Boden schieben kann.

Muskeln eines Segmentes auch insofern in reflektorischer Verbindung miteinander stehen, als die *Kontraktionen* einer der beiden Muskelgruppen *Erschlaffung* der andern hervorruft, wenn diese sich z. B. in einem tonischen Zustande befand. Reizung der Haut erzeugt immer Längsmuskelkontraktion. Wenn nun in einem Segmente zufällig Ringmuskeltonus besteht, so verschwindet die diesem Tonus entsprechende Einschnürung des betreffenden Segmentes unmittelbar, wenn man diesen Längsmuskelreflex hervorruft.

Man beachte, daß, während die normale Lokomotion immer mit der Ringmuskulatur anfängt, die Hautreizung, wie gesagt, immer die Längsmuskulatur ansprechen läßt. Dies ist insofern von Bedeutung, als durch diesen Reflex der Wurm, der mit seinem Kopfe etwa aus seinem Gange kommt und irgendwie gereizt wird, sich in den Gang zurückzieht (Schutzreflex).

Das *Gehirnganglion* wird neuerdings bei Anneliden als Sitz der Spontaneität beschrieben. Wir wollen aber auf diese Frage nicht eingehen.

Man sieht, daß die Anneliden eine Art Übergang zu den Wirbeltieren darstellen, bei denen ja auch die Peripherie beim Zustandekommen der Einzelbewegungen, also auch der antagonistischen Rhythmen, eine Rolle spielt, allein im Gegensatze zu den Hohlorganartigen und den Arthropoden, lediglich auf dem Wege sensibler Bahnen, also durch Reflexe.

### *Versuche an Helix pomatia*[1].

***29. Die Reizung des Fußes von Helix pomatia, ohne Ganglien. Der Fuß als einfaches Reflexpräparat.*** *Ein Fuß von Helix pomatia kommt in den Apparat, den wir benutzt haben, um die tonischen Erscheinungen zu untersuchen (Abb. 72). Der Wassermantel wird nicht über das Präparat geschoben. Wir beobachten nun, nach der zu beschreibenden Reizung, die Kontraktionserscheinungen dadurch, daß wir die Bewegung des Rades am feststehenden Zeiger ablesen. Es empfiehlt sich, einige der Versuche so auszuführen, daß man den Faden, der vom Objekte kommt, um die Rolle der Zeigerscheibe legt und von da vertikal zu einem Schreibhebel führt; so kann man die Bewegungen auf einem Kymographion aufschreiben und zumal die Form der Kurven mit denen des Froschgastrocnemius vergleichen. Wir reizen zunächst mit verdünnter Essigsäure, einmal von 5 vH und dann von 25 vH. Mit einem Pinsel, den wir leicht mit der Essigsäure befeuchten, berühren wir das vordere, dem Registrierrade zugekehrte Ende des Fußes und zwar so, daß die Essigsäure nur die Haut, keine inneren Organe benetzt. Es tritt Bewegung auf; sie ist reflektorisch, d. h. die Erregung wirkt auf die Sinnesorgane der Haut, wird von den sensiblen Nerven dem Nervennetze zugeleitet, welches sich innerhalb der Muskulatur des Hautmuskelschlauches befindet. Von diesem gelangt sie zu der Muskulatur. Es tritt bei Anwendung der verdünnten Säure nur eine ganz geringfügige Verkürzung auf. Über den Grad dieser Verkürzung läßt sich Allgemeines nicht sagen. Unmittelbar nach der Präparation ist die Verkürzung viel*

---

[1] Physiologische Kochsalzlösung 0,7 vH NaCl.

*geringer, als wenn man dem Präparate einige Ruhe gelassen hat, zumal dann, wenn es in dieser Zeit, durch ein Gewicht, um eine erhebliche Strecke gedehnt wurde. Man soll übrigens bei der Vergleichung von Reizerfolgen kein großes Gewicht benutzen (nicht mehr als 5—10 g), damit die Länge des Objektes sich während des Versuches nicht nennenswert ändert.*

*Nun nehmen wir die stärkere Essigsäure und wiederholen den gleichen Versuch, auch vorne, aber doch so, daß wir nicht genau die gleiche Stelle reizen, wie beim ersten Versuche, sondern mit Sicherheit eine neue Hautstelle (neue Rezeptoren) treffen. Der Ausschlag ist jetzt viel höher und wenn man seine Aufmerksamkeit nicht dem Rade, sondern dem Objekte zuwendet, so kann man die Ausbreitung der Erregung deutlich verfolgen. Wenn man die Reizstärke weiter abstuft, so kann man mit diesen einfachen Mitteln bis zu einem gewissen Grade sehen, wie die Ausbreitung der Reizstärke folgt: Gesetz des Dekrements.*

*__30. Reizbarkeit mit und ohne Pedalganglien.__ Wir gehen nun dazu über, die Reizbarkeit unter verschiedenen Umständen quantitativ festzustellen. Hierzu müssen wir die Bedingungen, unter denen das Tier untersucht wird, stets gleich wählen. Der Fuß wird, wie im Versuch 20, S. 236 gesagt, präpariert und auf den Apparat gebracht. Man lege das Gangliensystem frei, ohne es aber zu beschädigen (Abb. 71). Nunmehr bringt man die beiden Elektroden, die am Apparate befestigt sind, leicht auf die Haut des Tieres, befestigt am Faden, der über die Rolle des Meßrades läuft, ein geringes Gewicht, 5 g, und läßt das Ganze stehen bei einer bestimmten Temperatur (wir schlagen vor 22°), also mit übergeschobenem Wassermantel. Nach dieser Zeit bestimmen wir die Reizschwelle. Das geschieht auf die folgende Weise: Schwellenbestimmungen lassen sich nur ausführen mit Schlitteninduktorien; die billigen Apparate mit ihrer Hülse um den Magnetkern erlauben nur geringfügige Intensitätsunterschiede. Die Schwellenbestimmung findet mit dem Schlittenapparat wie folgt statt: Man fängt stets mit einem Rollenabstand an, bei dem keine Wirkung auftritt; und nun nähert man die Rolle jeweils, z. B. um $^1/_2$ cm, bis man die erste wahrnehmbare Bewegung des Rades feststellen kann. Man tut gut, durch einiges Hin- und Hergehen die Schwelle, ausgedrückt in Zentimeter-Rollenabstand (RA), zu kontrollieren und noch näher festzustellen.*

*Nunmehr schiebt man den Wassermantel zurück, schneidet so schnell wie möglich alle Ganglien heraus, schiebt den Wassermantel wieder über das Präparat und bestimmt die Schwelle aufs neue. Sie liegt bei einem wesentlich geringeren RA (stärkerer Strom), da die Ausbreitung der Erregung in den Netzen einen wesentlich höheren Widerstand erfährt, als in den „langen" Bahnen zwischen Fuß und Ganglien. Für alle Zentren nämlich gilt die Regel, daß die Leitung in langen Bahnen (hier die „Nerven" zwischen Fuß und Ganglien) besser vonstatten geht, als in Bahnen mit vielen eingestreuten Ganglienzellen (d. h. in kurzen Bahnen, hier in den Netzen).*

*__31. Das Zerebralganglion. a) Schwellenbestimmung.__ Man bestimmt die Reizschwelle eines Fußes mit allen Ganglien, wie wir das soeben getan haben. Da es sich hier nur um relativ kleine Unterschiede handelt, muß dies sehr sorgfältig geschehen. Der Anfänger, der mit dem Präparate noch nicht umzugehen weiß, schädigt durch die Präparation das*

*Objekt häufig so, daß auch ohne jeden äußeren Eingriff die Schwelle im Laufe des Versuches höher und höher wird (die Reizbarkeit abnimmt). Man wiederhole den Versuch, bis die Schwelle konstant bleibt. Nunmehr entfernt man das Zerebralganglion, gibt dem Präparate etwa 5 Minuten Ruhe und bestimmt aufs neue die Schwelle; sie ist jetzt niedriger[1].*

***32. Zerebralganglion. b) „Ausschlagshöhe".*** *Man wiederhole die Bestimmung der Reizbarkeit mit und ohne Zerebrale, aber so, daß man nunmehr die Kontraktionshöhe bei konstantem Reize mißt. Man wählt einen mittleren RA und hält ihn konstant und liest vor und nach der Zerebralexstirpation auf dem Rade jeweils die Ausschlagshöhe ab. Dies geschieht so, daß man vor Stromschluß den Zeigerstand aufschreibt und nach Reizung den Höchststand abliest und gleichfalls aufschreibt[2]. Die „Ausschlagshöhe" nimmt nach Ganglienexstirpation zu. Diese Versuche werden mit faradischer Reizung (NEEFscher Hammer) und mit Einzelöffnungsschlägen ausgeführt.*

***33. Beweis, daß die Pedalganglien keinen Einfluß auf die Reizschwelle haben.*** *Man führt unter die Nerven, welche von den Pedalganglien zu den Muskeln laufen, zwei Lamettafäden und sorgt, daß sie die Nerven gut berühren. Die beiden Fäden werden je mit einer der Elektroden unseres Apparates verbunden. Nun wird Schwelle oder Ausschlagshöhe bestimmt, erstens nach Exstirpation des Cerebrale (Zunahme der Reizbarkeit), zweitens nach Exstirpation der Pedalganglien, bei welcher die Nerven gut auf den Drähten liegen bleiben müssen: Bei gut ausgeführtem Versuch tritt jetzt keine Änderung der Schwelle auf. Dieser Versuch beweist, daß die erhöhte Reizschwelle nach Entfernung der Pedalganglien bei Hautreizung (siehe S. 240) nicht einer regulierenden Wirkung dieser Ganglien, sondern dem geringeren Leitungsvermögen der Netze zuzuschreiben ist.*

***34. Temperatur und Reizbarkeit.*** *Man bestimme die Reizschwelle eines Schneckenfußes, es sei mit, es sei ohne Ganglion, bei verschiedenen Temperaturen. Die Reizbarkeit ist eine Optimumerscheinung. Das Optimum liegt etwa bei 22°. Die Messungen sind sehr schwierig, so daß es zahlreicher Versuche bedarf, um das Optimum festzustellen. Man wird sich in einem Kursus darauf beschränken, einige Unterschiede der Schwelle oder der Ausschlagshöhe nach Maßgabe der Temperatur z. B. bei 11° oder 22° zu finden. Das Zerebralganglion vermindert den Temperatureinfluß auf die Muskulatur um ein weniges, d. h. die Optimumkurve des Fußes mit Zerebralganglion ist etwas flacher als diejenige des ganglienlosen Fußes (die Pedalganglien spielen hierbei keine Rolle).*

***35. Versuche mit Kochsalz und Kokain. Das Zerebralganglion.*** *a) Kochsalz. Wir bestimmen die Schwelle bei einem Fuße mit allen Ganglien. Sodann bringen wir ein kleines Kochsalzkristall auf das Ganglion cerebrale und bestimmen aufs neue die Schwelle. Der Versuch kann auch mit Bestimmung der Ausschlagshöhe angestellt werden: Zunahme der Reizbarkeit.*

---

[1] Der Unterschied ist bei Helix lange nicht so deutlich wie bei Aplysia.

[2] Alle diese Versuche werden zuweilen durch spontane Verkürzungen gestört, diese gehen weit über die Kontraktionshöhe hinaus, die bei Reizung erreicht wird. Versuche, bei denen solche Spontanbewegung auftritt, schaltet man aus.

***36. b) Kokain.*** *Wir bestimmen bei einem neuen Präparate wiederum die Schwelle oder die Ausschlagshöhe und wiederholen dieses, nachdem wir mit einem Pinsel ein wenig Kokainlösung von 1 vH auf das Ganglion cerebrale gepinselt haben (vorsichtig). Die Erregbarkeit nimmt ab. Sollte die Kokainisierung zu weit gegangen sein, dann nimmt die Erregbarkeit zu. Das kann aber nicht Veranlassung zu einem Irrtum werden, denn in diesem Zustande reagiert die Muskulatur nicht mehr, wenn man in das Cerebralganglion etwa mit einer Pinzette kneift; es ist dann ausgeschaltet.*

***37. Hemmungsversuch: Es gibt keine Hemmungsnerven.*** *Es empfiehlt sich, den oben beschriebenen Hemmungsversuch an den Kokainversuch am Zerebrale anzuschließen. Reizung des Zerebralganglions, solange es überhaupt noch reizbar ist, hat auf die Muskulatur nie einen anderen Effekt als Erregung.*

***Versuche an den Pedalganglien.***

***38. a) Kochsalz.*** *Das Zerebralganglion wird exstirpiert. Die Schwelle wird bestimmt. Nun bringt man ein Kochsalzkristall auf die Pedalganglien. Die Erregbarkeit nimmt nicht zu, eher ab.*

***39. Vergleichung der Dehnungskurve zweier Füße mit Pedalganglien, mit und ohne aufliegendem Kochsalzkristall.*** *Auf zwei Apparate kommt je ein Fuß mit den Pedalganglien, ohne Zerebrale. Nach Einstellung kommt ein Kochsalzkristall auf die Pedalganglien eines der Präparate. Man wartet die erregende Wirkung ab und nimmt dann die Dehnungskurve auf (Belastung je 15 g). Man zeichnet die Kurve auf Millimeterpapier, wie wir das oben beschrieben haben. Die „Kochsalzkurve" ist viel weniger steil.*

***40. Kontrolle am Zerebralganglion.*** *Um die Spezifizität der Pedalganglien als Tonuszentren zu zeigen und gleichzeitig zu beweisen, daß die geringere Steilheit der „Kochsalzkurve" nicht einer Erregung der kontraktilen Elemente zuzuschreiben ist, nehmen wir die Dehnungskurve zweier Schneckenfüße mit Zerebralganglion auf; auf das eine Zerebralganglion kommt wieder ein Kochsalzkristall: Kein deutlicher Unterschied in der Steilheit der Dehnungskurve (natürlich muß auch hier das Abklingen des Tetanus sorgfältig abgewartet werden).*

***41. b) Kokain.*** *Ein Helixfuß mit Pedalganglien wird belastet bis der Umschlag eintritt, d. h. nur noch eine geringfügige Weiterdehnung auftritt. Die Pedalganglien werden vorsichtig mit Kokainlösung 1 vH bepinselt: Schneller Fall des Zeigerrades.*

***42. Tonus und Dekreszente der Kontraktionskurve sind verschiedenartige Erscheinungen.*** *Wir bringen unseren Apparat in Verbindung mit einem Kymographion[1], reizen einen Fuß mit allen Ganglien auf die beschriebene Weise, durch Übertragung der Elektroden auf die Pedalnerven, mit mittelstarken Strömen. Am besten bedient man sich hierbei einzelner Öffnungsschläge, wobei allerdings bei der relativ geringen Er-*

---

[1] Wie oben beschrieben. Der Faden, der vorne vom Objekte kommt, wird um die „Rolle" an der Meßscheibe gelegt und läuft von da vertikal nach oben; der Apparat steht genau unter dem Schreibhebel des Kymographions und an dem Hebel ist der Faden — wie üblich — befestigt.

*regbarkeit für solche Reize „mittelstarke Ströme" erst bei geringem RA gegeben sind. Aufnahme der vollen Kurve mit und ohne Pedalganglien. Bei gut gelungenen Versuchen findet man keine wesentlichen Unterschiede in der Form der Kurve. Die Dekreszente nach Exstirpation der Pedalganglien sind nicht weniger steil als beim Fuße mit Pedalganglien. Dieser Versuch gelingt nicht, wenn bei der Präparation irgendwelche Schädigung aufgetreten ist. Wäre die Dehnung nach Kontraktion identisch mit der Dehnung, die wir dem viskosoiden Tonus zuschreiben (der Tonus also eine Form des Tetanus, wie bei den Vertebraten), so müßte der Einfluß der Pedalganglien sich auch auf die Dekreszente geltend machen. Dieser Versuch gehört zu den Beweisen der prinzipiell wichtigen Tatsache, daß der viskosoide Tonus nichts mit Tetanus zu schaffen hat. Durch verschiedene Untersucher sind beide Erscheinungen oftmals verwechselt worden!*

### *Versuche an Astacus fluviatilis*[1].

*Jeder Kursusteilnehmer erhält eine Krebsschere. Auch die übrigen Beine lassen sich für die Versuche verwenden. Sofern sie kleine Scheren tragen, gilt für sie das Gleiche wie für die großen Scheren. Bei scherenlosen Beinen tritt jeweils Beugung für Schluß, Streckung für Öffnung ein. Die Versuche mit durchschnittenen Sehnen lassen sich allerdings nur an den großen Scheren mit hinreichender Leichtigkeit ausführen.*

***43. Befestigung der Schere.*** *Die Schere wird in ein Stativ geschraubt, so daß der bewegliche Teil freies Spiel hat. Wünscht man die Bewegung auf das Kymographion zu übertragen, so kommt der bewegliche Teil unter den Schreibhebel und es wird seine Spitze mit dem Schreibhebel auf übliche Weise verbunden. Es genügt, den Faden an der Spitze der Schere fest zu binden oder mit ein wenig Wachs oder Siegellack zu befestigen. Der feste Teil der Schere soll gut eingeklemmt sein, denn bei den Reizungen treten auch Bewegungen der anderen Glieder auf, die nicht auf das Kymographion übertragen werden sollen. Die meisten der beschriebenen Versuche lassen sich auch ohne Registrierung ausführen.*

***44. Die Übertragung der Reizströme auf die Schere.*** *Zwei Wege stehen offen. 1. Um zwei aufeinanderfolgende Gelenke werden Kupferdrähte gelegt und durch Ineinanderdrehung der Enden fest angedrückt. Mit ihnen stehen beide Pole des Induktoriums in Verbindung. 2. Am Induktorium ist das gebräuchliche Griffelektrodenpaar befestigt; seine beiden Drähte, wie wir sie zu Ischiadikusreizung bei Rana benutzten, werden in die Schnittfläche (Amputationswunde) der Krebsschere eingestochen.*

*Präparation der Nerven (Abb. 76) und ihre direkte Reizung können wir für einen Kursus als zu schwierig nicht empfehlen.*

***45. Die Reizung.*** *Wir reizen nun das Präparat mit Strömen sehr verschiedener Intensität. Bald finden wir einen Bereich von Rollenabständen, innerhalb welcher die Schere sich schließt. Sodann entfernen wir die beiden Rollen um ein ziemlich großes Stück voneinander und finden bei größerem RA einen Bereich, bei welchem die Schere sich öffnet und zwar, wie man deutlich fühlen kann, aktiv öffnet; sie bietet dann unserem Finger, der sie*

---

[1] Physiologische Kochsalzlösung 1,2 vH NaCl.

*zu schließen versucht, Widerstand. Zwischen beiden Bereichen befindet sich eine Interferenzstrecke. Bei den dieser entsprechenden Stromstärken tritt unregelmäßig Öffnung oder Schluß auf.*

*46. Versuche am isolierten Öffner. Wir schneiden die Sehne des Schließmuskels durch (Abb. 77). Wir stechen mit einer feinen Schere ein am Innenrande des beweglichen Scherenastes, da, wo er beim Schluß in den festen Teil der Schere eintritt und durchschneiden sodann die Sehne.*

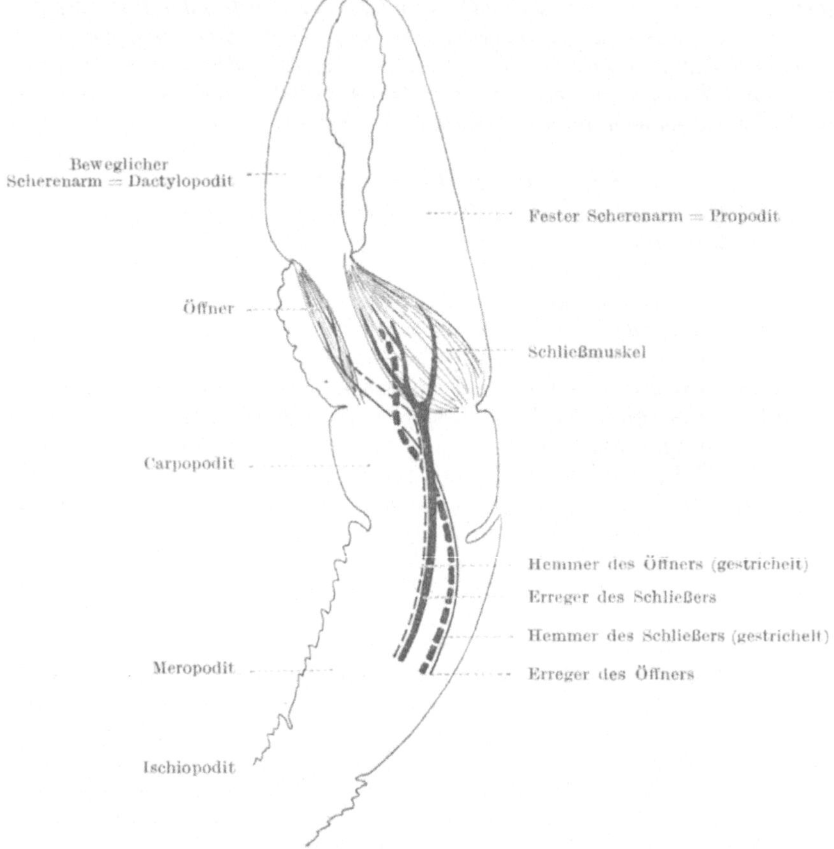


Abb. 76. *Schema der Innervierung der Scherenmuskeln von Astacus fluviatilis.*

*Der Eingriff ist gelungen, wenn ein spontaner Scherenschluß nicht mehr auftritt. Nun werden die Reizversuche mit verschiedener Stromstärke wiederholt. Es zeigt sich das paradoxe Verhalten, daß bei schwachen Strömen der isolierte Streckmuskel sich zusammenzieht und die Schere sich öffnet. Starke Ströme haben den folgenden Effekt:*

*a) Wenn der Öffnungsmuskel schlaff ist, gar keine Wirkung.*

*b) Es tritt häufig in einem solchen isolierten Muskel „Tonus" auf, dann leistet die Schere einem Druck des Fingers oder des belasteten Schreib-*

*hebels, der sie zu schließen versucht, Widerstand. Bei Reizung mit starken Strömen verschwindet dieser Widerstand unmittelbar: Typische Hemmung.*

*47. Versuche am Zerebralganglion. Exstirpation des Zerebralganglions beiderseitig oder einseitig. Vorbereitung: Beobachtungen am unverletzten Krebs. Nur wenige Beobachtungen genügen, um uns zu befähigen, die Folge unseres Eingriffes, den wir sogleich beschreiben, zu beurteilen. Wir beobachten den Lauf des Krebses. Man achte auf jedes einzelne Gelenk, seine Stellung vor und während des Schrittes.*

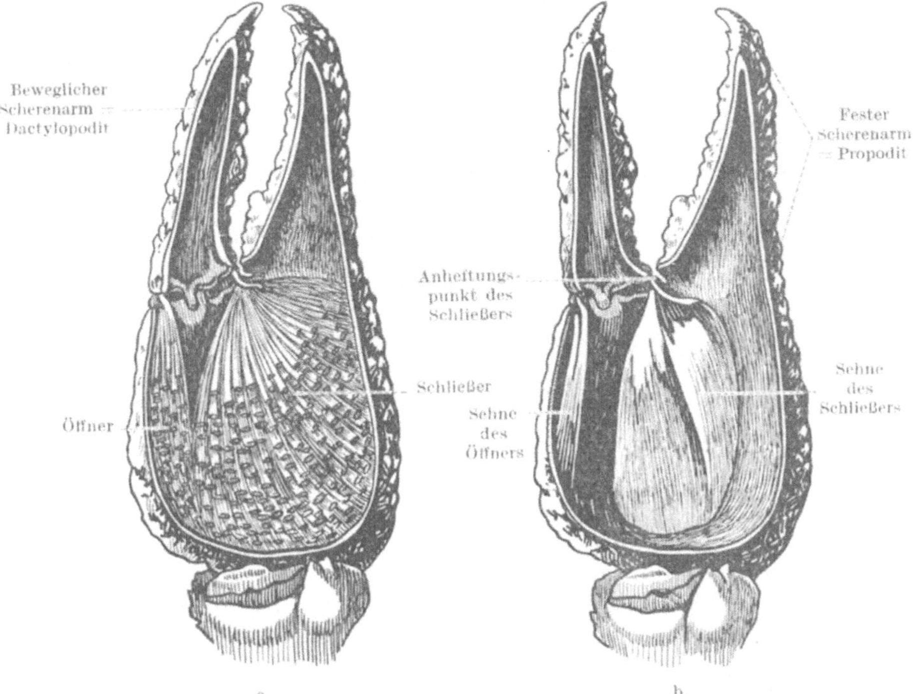


Abb. 77. *Schere von Astacus.* a. seitlich aufgeschnitten zur Demonstration der Muskeln. — b. Muskeln sind entfernt: Sehnen der Muskeln. (Im Anschluß an A. LANG - GIESBRECHT, 1921.)

*48. Berührung eines Auges: Das Auge wird nach der Medianebene zu eingezogen oder besser eingeschlagen, so daß es unter Schutz des Rostrums kommt.*

*NB. Dieser Reflex erlischt (auch bei Anwesenheit des Zerebralganglions) kurz vor dem Absterben des Tieres. Tiere (bei denen das Zerebralganglion nicht exstirpiert wurde), die diesen Reflex nicht mehr zeigen, dürfen weiter keine Verwendung finden.*

*49. Der Fluchtreflex. Unter verschiedenen Bedingungen: Anfassen des Krebses, Zurückwerfen des Krebses in das Aquarium, Druck zwischen Daumen und Zeigefinger auf den Anus (vor allen Dingen dieser letzte Reiz ist recht zuverlässig), tritt der Fluchtreflex des Krebses auf. Die Extremi-täten werden, nach vorne zu gestreckt, dicht an den Körper gedrückt (Ver-minderung des Widerstandes am Wasser). Starke Schläge des Abdomens ventralwärts mit ausgestreckten, gespreizten Ruderflächen des vorletzten Seg-mentes, dienen als Ruderbewegung, durch welche das Tier schnell rückwärts durch das Wasser schwimmt. Man beachte die Mittel, durch die beim Zurückgang des Abdomens in die Ausgangslage verhältnismäßig weniger Widerstand im Wasser erzeugt wird.*

*50. Streckreflexe. Wenn man einen normalen Flußkrebs vom Rücken her packt und aus dem Wasser holt, so daß er die Hand nicht mit den Scheren erreichen kann, so tritt in der Regel ein Streckkrampf auf. Die Extremi-täten sind nicht immer stark gestreckt. Die Rückenmuskulatur dahingegen streckt sich so sehr, daß der Rücken konkav nach oben gebogen ist (Opisto-tonus). Spreizung der Ruderflächen des vorletzten Segmentes. Diese Er-scheinung ist ein Ausdruck für eine Zerebralreizung, wie wir das weiterhin sehen werden.*

*51. Die Exstirpation. Wir haben zuvörderst jene kleine gebogene Glasröhre zurecht gelegt, mit der wir uns früher Magensaft verschafften (siehe Abb. 27). Im Inneren des Krebses herrscht, wie wir wissen, Druck. Wenn wir den Magen nicht auspumpen, so ist er uns einmal im Wege, dann aber kann auch durch den Druck ein zu großer Blutverlust auftreten. Die Entleerung des Magens ist also unter allen Bedingungen notwendig und geschieht am besten vor dem Aufschneiden des Panzers. Zum Aufsägen des Panzers können verschiedene Instrumente dienen. Am besten ist eine kleine gebogene Säge. Man denke sich eine halbe Kreissäge von etwa 1 cm Durchmesser, die in einen gebogenen Stiel gefaßt ist. Die Zähne müssen äußerst fein sein. Das Tier wird bäuchlings auf ein kleines Brett, das zu beiden Seiten eine Reihe von Nägeln trägt, mit Bindfaden gefesselt. Die rechte oder linke Seite des Zephalothorax bleibt frei. Die Scheren sind vorne gut festgebunden. Auf der gewünschten Seite, z. B. rechts, sägen wir soweit wie möglich nach vorne, eine kleine, etwa qua-dratische Platte aus dem Panzer des Zephalothorax. Die ausgesägte Platte bleibt in einem sauberen Uhrschälchen liegen. Die Hypodermis wird oben eingeschnitten und nach unten umgeschlagen. Man sieht eine Arterie, die man, wenn es irgend möglich ist, schont. Nun läßt man Licht in die Wunde fallen, hält den Kopf des Tieres nach oben, so daß das Blut soviel wie möglich in das Abdomen sinkt und sieht nun innerhalb des Kopfes (da wo außen die Augen sich befinden) das Zerebralganglion (Abb. 74), von dem aus, um den Ösophagus, rechts und links je ein dünnes Schlund-konnektiv läuft. Wir beschränken die Eingriffe in der Regel auf Durch-schneidung eines oder beider Konnektive. Es ist aber auch nicht schwierig, das Zerebralganglion als Ganzes zu entfernen. Wenn der Eingriff gelungen ist, wird die Wunde geschlossen. Die Operation bedarf einiger Übungen, schon weil man im Anfange die Konnektive schwer unterscheiden kann und weil häufig die Füllung der Nieren und der Harnblase die Opera-tion erschwert. Wir legen die Hypodermis an ihren Platz. Die „Panzer-platte" wird aufgelegt. Das Brett mit dem Krebs wird so hingelegt, daß der Kopf immer etwas höher liegt als das Abdomen. Mit Watte wird das*

*Operationsfeld gut getrocknet. Sodann lassen wir auf die Wunde mit heißem Spatel Wachs träufeln (eine Wachsplatte wird gegen einen erhitzten Spatel gehalten). Sobald das Wachs die Wundränder oberflächlich bedeckt, wird der Spatel im Bunsenbrenner erhitzt und das Wachs auf Wundrand und Platte gut angeschmolzen, bis keine Feuchtigkeit mehr austritt. Ein solcher Verband kann nach einiger Übung so fest gelegt werden, daß die Tiere beliebig lange damit leben können. Die Fesseln werden dann gelöst und das Tier in das Wasser gebracht.*

*__52. Beobachtungen.__ Bei einseitiger Durchschneidung des Zerebralkonnektivs treten Kreisbewegungen auf. Man achte auf die Haltung und Bewegung der „enthirnten" Beine. Unmittelbar nach der Operation kann das Resultat schon deutlich sein, sonst nach einiger Erholung in fließendem Wasser. Man achte auch auf das vorletzte Segment. Zumal in der Einziehung der flossenartigen Extremitäten dieses Segmentes zeigt sich der Beugetonus auf der operierten Seite sehr deutlich. Man untersuche auch die Stärke des Scherenkniffes. Dieses kann ohne schmerzhafte Empfindungen dadurch geschehen, daß man die Schere zwischen zwei aufeinandergedrückte Finger kneifen läßt. Dann kann man die Kraft beurteilen, ohne daß die Finger selbst gepackt werden.*

*__53. Beobachtungen am total enthirnten Tiere.__ Das total enthirnte Tier zeigt sich viel weitergehend beschädigt als das einseitig enthirnte. Es kann nicht recht stehen. Zu einer irgendwie geregelten Lokomotion kommt es nur bei ganz vortrefflich gelungenen Operationen, nach gründlicher Erholung. Der Fluchtreflex läßt sich nicht mehr auslösen. In einigen besonders guten Fällen erfolgen auf entsprechende Reize (z. B. Druck auf den Anus) 3—4 Schläge des Abdomens, in der Regel nur ein einziger Schlag. Beim einseitig operierten Tiere ist der Fluchtreflex leicht zu erhalten.*

*__54. Reizung des Zerebralganglions.__ Wir empfehlen den Versuch in vereinfachter Form; der oben beschriebene Interferenzversuch (Vers. 32) wurde bei Astacus noch nicht geprüft. Bei Kurzschwänzern gelingt er dagegen leicht. Zur Reizung des Zerebralganglions kann man dieses freilegen, man kann aber auch rechts und links in der Augenbasis, lateral von den Augen, je eine Stecknadel durch den Panzer einstechen und diese Stecknadeln mit dem Induktorium verbinden. Es genügt zu zeigen, daß Reizung mit stärkeren Strömen krampfhafte Streckung von Rumpf und Gliedern, Öffnen der Schere usw. hervorruft.*

*__55. Die Leitung in den Nerven des Flußkrebses gehorcht nicht dem Alles- oder Nichtsgesetz[1].__ Einer der wichtigsten Beweise für die Gültigkeit des Alles- oder Nichtsgesetzes beim Wirbeltiernerven war der folgende: Wenn man eine Strecke des Nerven narkotisiert, vor dieser Stelle reizt und die Ausschlagshöhe des Muskels aufnimmt, so hat zunehmende Narkose, wie wir uns überzeugten, keinen Einfluß auf die Ausschlagshöhe. Solange die beschädigte Stelle noch leitet und die Erregung überhaupt in den darauffolgenden gesunden Abschnitt kommt, stellt sie sich hier zur vollen Größe wieder her und wirkt dementsprechend. Geht die Schädigung so weit, daß die Leitung unterbrochen wird, so*

---

[1] Versuche von H. G. Du Buy und J. Reitsma jr. im Utrechter Laboratorium für vergl. Physiologie.

*erlischt die Muskelbewegung beinahe unmittelbar. Steigerung der Reizintensität hat dann keinen Erfolg. Bei der Krebsschere ist das anders.*

*Eine Krebsschere wird abgeschnitten und zwar so, daß wir das proximale Ende des Meropoditen (Abb. 77) durchschneiden, also in der Nähe des Gelenkes zwischen Meropodit und Ischiopodit. Die Gelenkhaut zwischen Meropodit und Carpopodit wird abgetragen (also an der Innenseite der Schere). Die Elektroden kommen in Form zweier Drähte in die proximale Schnittwunde des Meropoditen (die Amputationswunde). Das Präparat wird am Kymographion so montiert, daß Scherenschluß einen Ausschlag des Hebels nach oben zuwege bringt. Die Sehne des Scherenöffners wird durchschnitten. Nunmehr bringen wir auf die Wunde in der Gelenkhaut des Carpopoditen ein Stück Watte, die getränkt ist mit einer Lösung von 1¹/₂ vH Äthylurethan. Es wird nun ein Rollenabstand des Induktoriums aufgesucht, bei dem Reizung mit Einzelöffnungsschlägen deutlichen Scherenschluß verursacht. Hierauf wird jede Minute einmal gereizt, wie wir das beim Ischiadikus des Frosches getan haben (siehe Nr. 13). Nach einiger Zeit macht sich die Narkose geltend. Langsam werden die Ausschläge kleiner, um schließlich allmählich zu erlöschen. Dieses dauert ungefähr 20 Minuten. Nunmehr, nach vollständigem Erlöschen, wird gezeigt, daß stärkere Reize die geschädigte Nervenstrecke zu überschreiten imstande sind. Einmal kann man dieses dadurch tun, daß man die Rollen einander nähert. In diesem Falle muß man aber Täuschung durch Stromschleifen, welche die geschädigte Strecke durchlaufen und den gesunden Teil des Nerven direkt reizen könnten, ausschließen. Daß es sich nicht um solche Stromschleifen handelt, ergibt sich schon mit Wahrscheinlichkeit (abgesehen von den großen Entfernungen, die man wählen kann) daraus, daß die gesteigerte Stromstärke nach einiger Zeit wieder schwächere und schwächere Ausschläge hervorruft, die schließlich vollkommen verschwinden.*

*Der beste Beweis, daß beim Flußkrebs die Erregungsausbreitung abhängig ist von der erregenden Kraft, ist der, daß man nach dem ersten Erlöschen der Kontraktionen auf den Nerven (im Anfange des Meropoditen) eine mechanische Reizung einwirken läßt. (Kneifen mit einer Pinzette.) Ein starker Ausschlag des Schließmuskels ist die Folge hiervon[1].*

**56. Versuch mit narkotisierten Nervenstrecken verschiedener Längen.** *Dieser Versuch entspricht genau unserem Versuche am Ischiadikus von Rana, nur mit dem Unterschiede, daß die Isolierung des Nerven beim Flußkrebse nicht ausgeführt werden kann und wir die Vergiftung wieder ausführen müssen, wie wir das im vorigen Versuche taten, d. h. durch Auflegen giftgetränkter Watte.*

*Wir präparieren wiederum eine Schere, wie wir das oben angegeben haben, achten allerdings mit besonderer Sorgfalt darauf, daß das freigelegte Stück mindestens 6 mm lang ist. Eine andere Schere präparieren wir in gleicher Weise, nur entfernen wir auch zwischen Carpopodit und Propodit die Gelenkhaut und, sehr vorsichtig, um die Nerven nicht zu schädigen, noch ein Stück des Panzers, so daß die Nerven in der genannten Länge vor uns liegen.*

---

[1] Man beachte, daß die Abstufungen abnehmender Kontraktionen beim Schließernerven des Krebses nicht erklärt werden können durch die Zahl der Axone, von denen es nur sechs gibt.

*Versuche haben ergeben, daß man besser tut, an Stelle von Urethan diesen Versuch mit Kokainlösungen von 1 vH auszuführen. Beide Präparate werden mit dem gleichen Induktionsapparat gereizt und zwar so, daß sie mit diesem durch eine PohlLsche Wippe verbunden sind. Hierdurch wird erreicht, daß man, je nach Stand der Wippe, den einfach oder doppelt narkotisierten Schließernerven reizen kann und zwar in beiden Fällen mit genau gleichstarken Strömen. Gereizt wird wieder mit Einzelöffnungs-schlägen. Alle Minuten werden unmittelbar nacheinander beide Präparate untersucht. Im Gegensatz zum Versuche beim Frosch erlischt die Erreg-barkeit bei dem doppelt narkotisierten Nerven schneller als bei dem Präparat, dessen Nerv nur auf eine kurze Strecke dem Einfluß des Giftes ausgesetzt wurde. Auch bei diesem Versuche überzeuge man sich nach Erlöschen der Kontraktion durch mechanische Reize, daß die narkotisierte Strecke noch zu leiten imstande ist, wenn nur der Reiz kräftig genug ist (Quetschen mit einer Pinzette). Es kann also bei diesem Nerven weder von einer Unabhängigkeit der Erregung von der Reizgröße, noch vom Alles- oder Nichtsgesetz gesprochen werden, während in den Nerven ein deutliches Dekrement, wenigstens in den narkotisierten Strecken, durch diese Versuche nachgewiesen wurde.*

### *Versuch an Lumbricus*[1].

**57. *Retraktionsreflex und spontanes Kriechen.*** *Berührung eines Regenwurmes am Kopf oder Schwanzende hat eine Verkürzung zur Folge. Die Erregung wird also den Längsmuskeln zugeleitet. Spontanes Kriechen fängt mit einer Verlängerung des Kopfteiles an, also mit der Kon-traktion der Ringmuskulatur. Man beobachte die Bewegungen beim normal kriechenden Wurm auf feuchtem Fließpapier.*

**58. *Versuche über die reflektorische Koordination der rhythmi-schen Bewegungen.*** *Ein Regenwurm wird in der Mitte durchschnitten. Mit einer chirurgischen Nadel oder einer gewöhnlichen Nähnadel verbinden wir beide Stücke durch eine Garnschlinge (Abb. 75). Das Präparat kommt auf feuchtes Filtrierpapier. Koordinierte Bewegung. Das nämliche Prä-parat erhält eine Garnschlinge durch den Kopf und wird mittels eines Hakens an einem Stativ aufgehängt. Die Koordination unterbleibt, weil nunmehr die Kontraktion des letzten Segmentes des Kopfstückes, wegen fehlenden Widerstandes, die ersten Segmente des Schwanzstückes nicht dehnen kann.*

**59. *Stellenweise Entfernung des Bauchmarkes.*** *Ein Regenwurm wird in 10proz. Alkohol gelegt, bis vollkommene Narkose eintritt. In diesem Zustande wird in der Mitte, von der Bauchseite her, ein Längsschnitt gemacht, das Bauchmark gesucht und auf eine Länge von 1 cm entfernt. Wenn man dieses Präparat aufhängt, so pflanzen sich die peristaltischen Wellen nicht über die Wundstelle fort. In dem Schwanzteil kann ein Spon-tanrhythmus auftreten, der aber nicht koordiniert ist mit dem des Kopfteiles.*

**60. *Schädigungen einer Muskelzone.*** *Es gelingt zuweilen, durch Bestreichung einer zentimeterlangen Zone in der Mitte des Tieres mit Salpeter-säure die Muskulatur, nicht aber das Bauchmark zu beschädigen. An einer Garnschlinge am Kopfe aufgehängt, zeigt dieser Wurm koordinierte Peri-staltik über die geschädigte Stelle weg (zentrale Erregungsausbreitung).*

---

[1] Physiologische Kochsalzlösung 0,45 vH NaCl. (Bruna: Zoolog. Labor. Utrecht.)

# Sachverzeichnis.

Die auf Versuche hinweisenden Seitenzahlen sind kursiv gesetzt.